湖北烤烟密集烘烤技术

主编 ◎ 陈振国　孙光伟　孙敬国　杨艳华

華中科技大學出版社
http://press.hust.edu.cn
中国 · 武汉

内容提要

本书系统阐述了烘烤设施的发展历程，密集烤房的建设、使用及维护相关知识；讲述了烟叶成熟过程中的理化变化、不同成熟度烟叶的烘烤特性、不同部位烟叶适宜成熟度的判断方法；介绍了不同的编装烟方法和注意事项、密集烤房装烟的原则、不同烘烤特性烟叶的适宜装烟量；根据湖北烟叶特点，总结了适合湖北烟区的密集烘烤工艺以及烘烤工艺的执行；研究分析了湖北烤烟上部烟叶的烘烤特性及在烘烤中常出现的问题，提出了提高上部烟叶质量的采烤技术；针对湖北常出现的几类特殊烟叶，在分析其产生原因的基础上，介绍其烘烤特性和采烤方法；分析了常见烤坏烟叶的产生原因，提出了应对措施和技术。

本书集成了密集烤房建设、设备及配套烘烤工艺相关技术，内容丰富，图文并茂，可供烤烟生产相关人员阅读，便于其更好地掌握密集烘烤技术，也为研究密集烘烤技术的相关人员提供参考。

图书在版编目(CIP)数据

湖北烤烟密集烘烤技术/陈振国等主编. —武汉：华中科技大学出版社，2024.3
ISBN 978-7-5772-0472-7

Ⅰ.①湖… Ⅱ.①陈… Ⅲ.①烟叶烘烤-湖北 Ⅳ.①TS44

中国国家版本馆 CIP 数据核字(2024)第 059673 号

湖北烤烟密集烘烤技术
Hubei Kaoyan Miji Hongkao Jishu

陈振国　孙光伟　孙敬国　杨艳华　主编

策划编辑：曾　光
责任编辑：白　慧
封面设计：孢　子
责任监印：曾　婷

出版发行：华中科技大学出版社(中国·武汉)　　电话：(027)81321913
　　　　　武汉市东湖新技术开发区华工科技园　　邮编：430223

录　　排：武汉三月禾文化传播有限公司
印　　刷：武汉邮科印务有限公司
开　　本：787mm×1092mm　1/16
印　　张：19.75
字　　数：432 千字
版　　次：2024 年 3 月第 1 版第 1 次印刷
定　　价：89.00 元

编写人员名单

主　编　陈振国　孙光伟　孙敬国　杨艳华

副主编　覃光炯　湖北省烟草科学研究院

王　行　广东省烟草科学研究所

沈　勰　贵州省烟草公司黔西南州公司

谭方利　湖南省烟草公司郴州市公司

王松峰　中国农业科学院烟草研究所

王昌军　湖北省烟草公司襄阳市公司

赵云飞　湖北省烟草公司十堰市公司

冯　吉　湖北省烟草科学研究院

袁红涛　湖北省烟草公司

高加明　湖北省烟草公司

李建平　湖北省烟草科学研究院

毕庆文　湖北中烟工业有限责任公司

董贤春　湖北省烟草公司宜昌市公司

任晓红　湖北省烟草公司恩施州公司

刘　兰　广东省烟草科学研究所

苟光剑　贵州省烟草公司黔西南州公司

李爱华　湖北省烟草公司十堰市公司

郭　利　湖北省烟草公司襄阳市公司

秦铁伟　湖北省烟草公司宜昌市公司

程海峰　湖北省烟草公司襄阳市公司

李富强　湖北省烟草公司恩施州公司

编写人员（按姓氏笔画排序）

马俊锋　王　行　王义伟　王松峰　王昌军

邓建强　冯　吉　任晓红　向必坤　刘　兰

刘岱松　孙光伟　孙敬国　李建平　李爱华

杨艳华　何　波　沈　勰　张允政　陈振国

苟光剑　周　波　赵云飞　饶　勇　姚远华

秦铁伟　柴利广　高加明　郭　利　望运喜

董贤春　董善余　覃光炯　程海峰　曾　涛

谭方利　谭本奎　樊　俊

前　言

1960 年，美国的 Johnson 等人报道了“烟叶密集烘烤”工艺后，美国、日本等国相继进行了该工艺的研究和应用。我国在 20 世纪 60 至 80 年代曾进行了密集烤房的相关研究，但受我国当时烟草生产条件的限制，密集烤房没有得到实际应用。进入 21 世纪，随着我国烤烟生产的规模化发展，密集烤房的研究又一次形成热潮，密集烤房呈现出百花齐放的局面。为适应现代烟草农业发展需要，进一步规范烤房设备招标采购行为，2009 年 11 月，《国家烟草专卖局办公室关于印发烤房设备招标采购管理办法和密集烤房技术规范（试行）修订版的通知》（国烟办综〔2009〕418 号）中统一了密集烤房建设标准和规格，之后，密集烤房在全国烟区得到大量推广，逐步替代了普通烤房，目前全国密集烘烤的覆盖率超过了 90%。其间，烟草科研工作者、烟区技术人员、烟农都付出了辛勤的劳动，积累了丰富的经验，形成了密集烤房建设及密集烘烤的理论和技术。

密集烘烤具有装烟密度大、自动化程度高、操作简单、烟叶烘烤质量稳定等优点，得到了广大烟农的认可和欢迎。但在密集烤房使用过程中，也出现了各种各样的问题，限制了密集烘烤技术优势的发挥。为了提升湖北烟区密集烘烤的质量，在系统搜集、梳理、归纳前人研究结果的基础上，结合湖北烟区密集烘烤的研究应用结果，由湖北省烟草科学研究院牵头，联合中国烟草总公司贵州省公司、广东省烟草科学研究所、中国烟草总公司青州烟草研究所以及湖北省烟草公司恩施州公司、宜昌市公司、十堰市公司、襄阳市公司等多家单位的专家，共同编写了本书。

全书共分七个章节，阐述了烤烟密集烤房及相关设备，以及烟叶成熟采收、编装烟和烘烤相关技术。第一章“烘烤设施”，主要讲述了烘烤设施的发展历程，密集烤房的建设、使用及维护相关知识；第二章“烟叶成熟采收”，主要讲解了烟叶成熟过程中的理化变化、不同成熟度烟叶的烘烤特性、不同部位烟叶适宜成熟度的判断方法等；第三章“编装烟技术”，介绍了不同的编装烟方法和注意事项、密集烤房装烟的原则、不同烘烤特性烟叶的适宜装烟量等；第四章“密集烘烤工艺”，根据湖北烟叶特点，介绍了适合湖北烟区的密集烘烤工艺以及烘烤工艺的执行；第五章“上部烟叶烘烤”，根据上部烟叶的烘烤特性，分析了上部烟叶烘烤中常出现的问题，提出了提高上部烟叶质量的采烤技术；第六章“特殊烟叶烘烤”，针对湖北常出现的几类特殊烟叶，分析了其产生原因，讲述了特殊烟叶的烘烤特性和采烤方法；第七章“烤坏烟叶分析”，主要分析了常见烤坏烟叶产生的原因，提出了应对措施和技术。

全书由陈振国、孙光伟、孙敬国、杨艳华、冯吉负责统稿和定稿。在本书的编写过程中，得到了多家单位的专家的支持和帮助，在此对所有为本书付出辛勤劳动的老师致以诚挚的感谢！

鉴于编者水平所限，书中难免有不妥和疏漏之处，敬请广大读者不吝赐教，使本书臻于完善。

陈振国

2023 年 10 月 31 日于武汉

目　录

第一章　烘烤设施

一、烘烤设施的发展历程

烤烟一词是从调制方法而来的。烤烟源于美国的弗吉尼亚州，最初的调制方法也是晾晒，后来改用火管烘烤，也就是说，烤烟是利用人工控制的热能，在烤房里烘烤而成的烟叶。

我国烟叶烘烤设施的发展大致经历了四个阶段。第一阶段是20世纪70年代初期以前，此阶段烤烟生产水平很低，烟叶烤房十分简陋，形似农村普通住房，称为自然通风气流上升式烤房(图1-1)。其供热系统位于烤房底部，炉门外置，在烤房外烧火，燃料燃烧产生的高温烟气流经铺设在烤房底部的火管，然后从烟囱排出，火管受热后向烤房内散热，热量自下而上，由空气的自然流动来加热烘烤烟叶。自然通风气流上升式烤房的基本特点是结构和建造简单，成本较低，烘烤过程升温排湿较快，但往往因供热设备砌筑和排湿设备安装不合理造成烤房内温度不均匀，影响烟叶烘烤质量。

图1-1　自然通风气流上升式烤房外观

第二阶段是20世纪80年代，为了适应种烟5亩(1亩=666.67平方米)左右的农户需要，研究和推广了容量150竿左右的小型烤房。为确保烤房通风排湿顺畅，地洞和天窗的设置更加合理，改冷风洞为各种形式的热风洞，天窗发展为通脊长天窗，有效地解决了烟叶烘烤过程中出现的蒸片、糟片和挂灰等问题。

第三阶段是20世纪90年代，为了适应当时烤烟规模化发展、烟叶烘烤质量亟待提高的需求，中国烟叶公司组织有关科研单位研究并在全国推广烤烟三段式烘烤技术，同时加快普通烤房标准化改造步伐，以满足先进烘烤工艺的需要。烤房改造的重点为增加装烟棚数，加大底棚高度和棚距；改传统的卧式火炉为立式火炉、蜂窝煤火炉等节能型火炉，改土坯火管为陶瓷管、水泥管、砖瓦管，对火管涂刷红外线涂料以提高热能利用率；改梅花形天窗为长天窗，冷热风洞兼备并增加了热风循环系统，使普通烤房具有强制通风，热风循环的性质。改造后的热风循环烤房和标准化普通热风循环烤房见图1-2、图1-3。

图1-2　改造后的热风循环烤房

图1-3　标准化普通热风循环烤房

第四阶段是进入21世纪之后，为了匹配适度规模种植，进一步提升烟叶烘烤质量，降低装烟劳动强度，我国开始研究和应用密集烤房。2009年11月，《国家烟草专卖局办公室关于印发烤房设备招标采购管理办法和密集烤房技术规范(试行)修订版的通知》(国烟办综〔2009〕418号)中统一了烤房建设及相关设备的标准，在全国范围内推广应用。密集烤房实行强制通风和热风循环，使烤房内温湿度更均匀，以利于烟叶均匀变黄和干燥；将人工控制烤房温湿度改为自动控制，实现了烟叶烘烤温湿度的精准调控，体现出省工、热能利用率和烟叶品质提高等优越性。密集烤房与普通烤房相比具有以下优点：一是装烟密度大，装烟量大，满足了适度规模种植的需要；二是实现了温湿度自动控制，避免了人为控制不准和失误造成的烘烤损失，提升了烘烤质量；三是强制通风使烤房内温湿度更加均匀，排湿功能强大，可避免因排湿不畅造成的蒸片、糟片等损失；四是能使用烟叶加持设备如烟夹、大箱等，在提升装烟量的同时，使编夹烟更加方便；五是装烟方便，装烟高度降低、装烟室门的扩大，降低了装烟的强度和难度。密集烤房群外观如图1-4所示。

图 1-4　密集烤房群外观

二、密集烤房构造

按照密集烤房装烟室的气流运动方向，可将密集烤房分为气流上升式密集烤房和气流下降式密集烤房(图 1-5 至图 1-7)。此外，可以根据建设形式的不同，将密集烤房分为砖混结构密集烤房和板块组装密集烤房；按照编装烟方式的不同，将密集烤房分为挂竿式、烟夹式、大箱式、散叶式密集烤房。

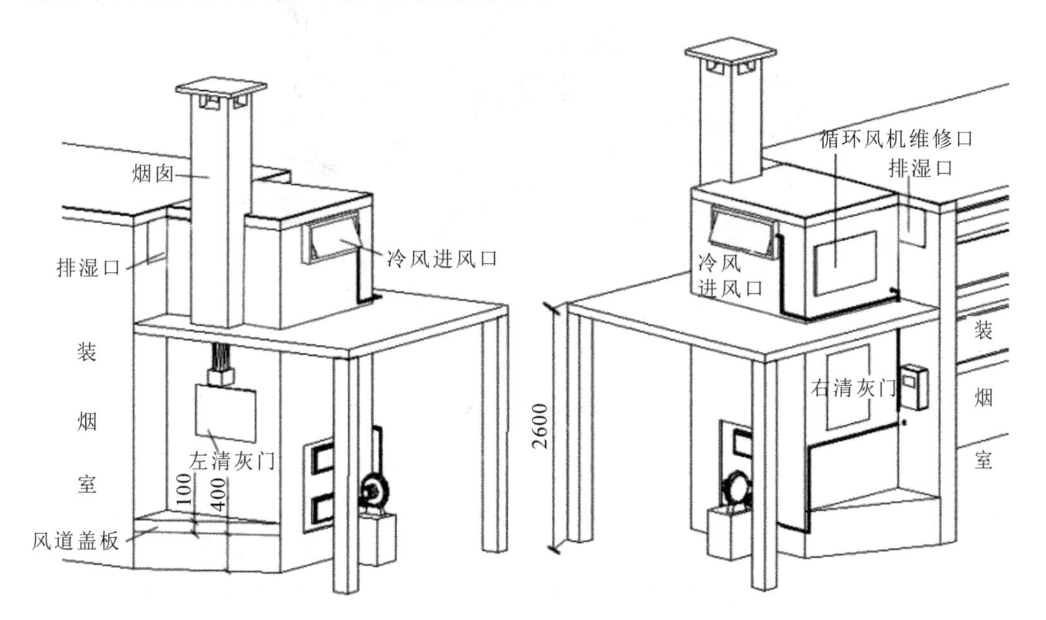

图 1-5　气流上升式密集烤房立体结构示意图

密集烤房的结构总的可分为两个部分——装烟室和加热室。顾名思义，装烟室就是密集烤房挂放烟叶的空间，主要设有装烟架梁，与加热室相连接的墙称为隔热墙，在隔热墙的上端和下端设置通风口与加热室相通。装烟室的主要构造包括墙体、房顶、

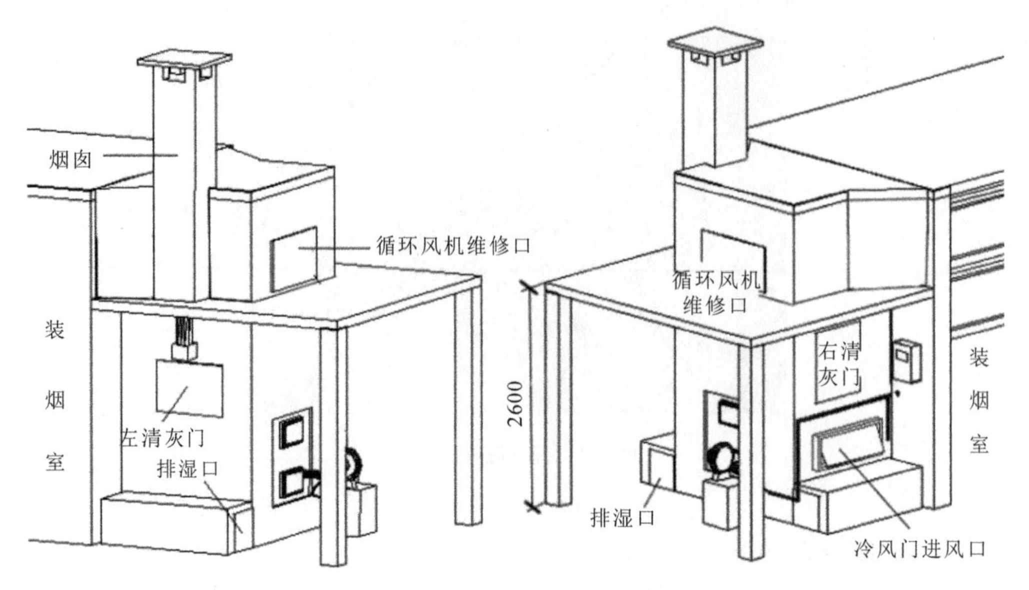

图 1-6 气流下降式密集烤房立体结构示意图

装烟室大门、装烟架梁、观察窗、进风口、回风口、排湿口等。加热室就是专门给装烟室提供热能的空间,内部安装加热设备、循环风机,设有冷风进风口、循环风机维修口、清灰门。

图 1-7 气流下降式密集烤房剖面图

加热设备是为密集烤房提供热能的核心设备,在密集烤房建设初期,加热设备分为金属和非金属两种,以金属设备为主,现阶段新建烤房都使用金属加热设备。可通过图 1-8 和图 1-9 来了解金属加热设备的结构和功能,总的来看,加热设备分为炉体和换热器两部分,炉体由炉顶、炉壁和炉底焊接而成,内部设有炉栅和耐火砖内衬,炉体上开有加煤口和出渣口,炉壁两侧各设有一根二次进风管,用于补充氧气,促进挥发分燃烧,减少废气排放。在炉顶左侧有换热器支撑架,用于固定换热器,右侧设有烟气管道,炉体内产生的高温烟气通过此管道进入换热器。换热器由换热管、火箱和烟囱三部分组成,换热管采用 3-3-4 自上而下三层横列错位排列形式,为了增加换热面积,高温区的 7 根换热管为翅片管,连接换热管两端的就是火箱,火箱内设有烟气隔板,烟气进入火箱后呈“S”形自下而上通过三层换热管，最后由烟囱排出。换热器总的换热面积是多少呢？经测算，总的换热面积为 9.73 平方米，换热效率可达 51.08%。

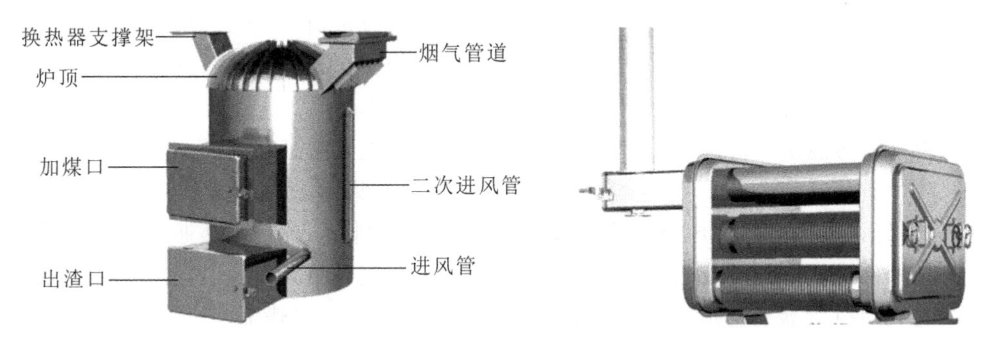

图 1-8 炉体结构图　　图 1-9 换热器结构图

密集烤房的通风排湿设备主要由循环风机（见图 1-10）、冷风进风门、排湿百叶窗组成。循环风机固定于密集烤房加热室的风机台板之上，采用的是 7 号轴流风机，按照电机转速分为单速、双速风机，按电源分为单相、三相风机。风机有 4 片风叶，风叶截面为机翼型，风叶分直片型和弯掠型，采用弯掠型风叶的风机效率更高。每座烤房配备一台风机，风机关键参数如下：风筒直径 700 mm，深度 165 mm；进风量 18 000 m^3/h；功率为 1.5～2.2 kW，风压为 150～280 Pa；电机润滑油的滴点温度大于或等于 200 ℃，采用 4/6 极变极变速的三相或单相电机；扇叶耐高温不低于 120 ℃；电机电压波动 20%（在 176～260 V 之间波动能安全运行）。

(a) 循环风机外观

(b) 循环风机安装位置

(c) 循环风机俯视图

(d) 循环风机仰视图

图 1-10 循环风机

冷风进风门由长方形的框架、风门转叶和执行器(步进电机)组成。每个烤房配备2个排湿百叶窗,每个百叶窗有8个叶片,便于排湿控制。冷风进风门和排湿百叶窗共同为控制烤房内空气湿度服务,当烤房内湿度高于设定值时,风门转叶转动打开,加热室产生负压,将烤房外干冷空气吸入,在空气压力的作用下,排湿百叶窗被吹开,将烤房内湿热空气排出。

密集烤房能实现烤房内温度和湿度的自动控制,主要是通过温湿度控制设备实现的。该设备共分为四个部分,包括密集烤房控制器、密集烤房温湿度传感器、密集烤房冷风进风门、密集烤房助燃鼓风机。其中密集烤房控制器是核心,其通过温湿度传感器实时采集烤房内温湿度数据,并根据设定的工艺数据进行计算,同时给助燃鼓风机、冷风进风门执行器下达指令,从而调节烤房内温湿度,达到烘烤需求。

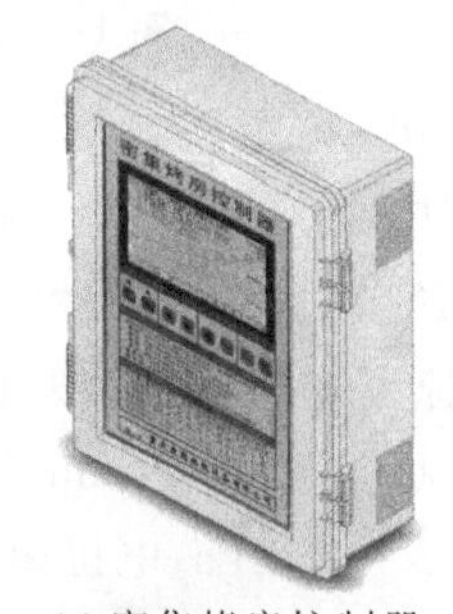

(a) 密集烤房控制器　(b) 密集烤房温湿度传感器

(c) 密集烤房冷风进风门　(d) 密集烤房助燃鼓风机

图1-11　密集烤房温湿度控制设备

密集烤房控制器规格参数如下。

(1) 机箱规格:

① 箱盖(面板)规格415 mm×295 mm,箱体厚度根据需要确定。在箱盖(面板)开设液晶显示框,规格173 mm×96 mm;8个功能按键安装孔。箱盖(面板)表面整体覆盖PC面膜,规格350 mm×228 mm。箱盖(面板)分区及相关技术参数见图1-12。

② 在机箱侧面设置循环风机高低档转换旋钮。底部开设电源线进线孔、连接助燃鼓风机的标准两孔插座及多线共用进线孔。

③ 箱盖和箱底采用阻燃ABS塑料模具成型,要求坚固、防尘、美观。阻燃达到民用V-1级,符合GB 20286—2006和UL94的规定;防护等级达到IP54,符合GB/T 4208—2017的规定;要有接地端子。

(2) 显示参数:

① 显示屏。采用段码液晶显示屏,具有防紫外线功能;最高工作温度70 ℃,视角

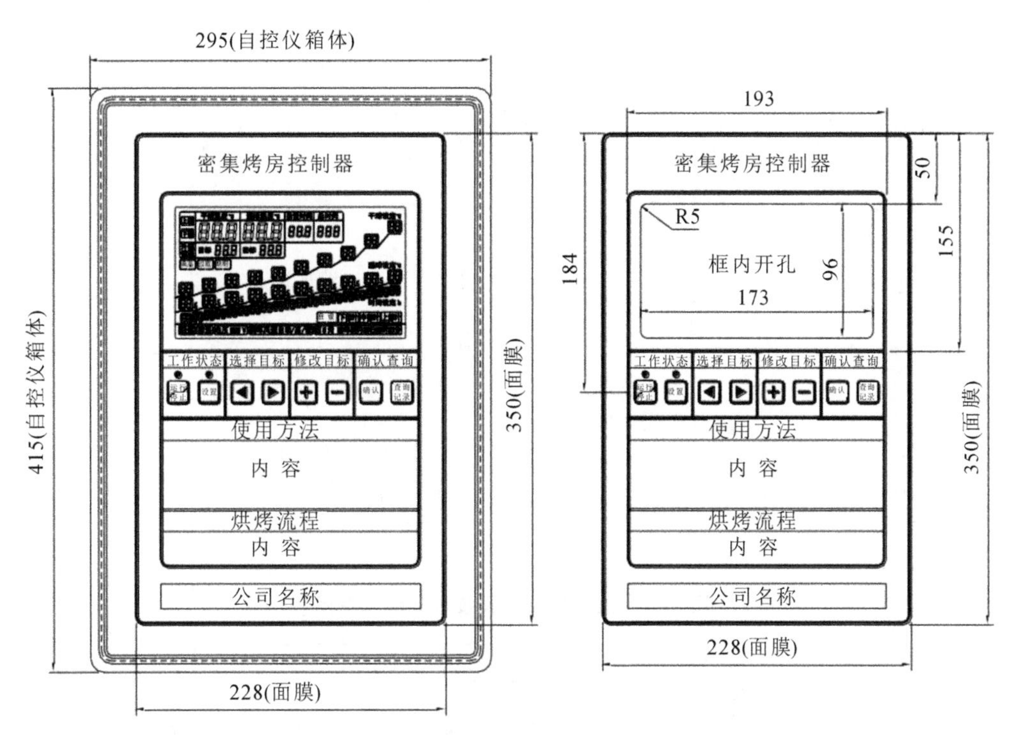

图 1-12 箱盖(面板)示意图

120°,规格 168 mm×92 mm;背光亮度均匀、稳定,对比度满足户外工作要求;采用直径≥5 mm 的高亮度状态指示灯。

② 显示内容。液晶显示包括实时显示、曲线显示、故障显示和运行状态显示。实时显示包括实时上/下棚干球温度与湿球温度、目标干球温度与湿球温度、阶段时间与总时间,升温时目标温度值显示取每 30 min 的设定计算值。曲线显示是通过对 10 个目标段的干球温度、湿球温度和对应运行时间的设置,提供曲线示意图。故障显示包括偏温、过载、缺相。运行状态显示包括自设、下部叶、中部叶、上部叶、助燃、排湿、电压、循环风速自动/高/低、烤次/日期时钟。

③ 字符高度。字体显示清晰,大小便于观察、区分。实时显示的干球温度和湿球温度的显示值字符高度为 12.6 mm,目标干球温度与湿球温度、阶段时间、总时间的显示值为 7.7 mm,曲线显示部分的干球与湿球目标设定框内的显示值为 6.4 mm,运行时间设定目标设定框内的显示值为 4.8 mm,框外的文字、符号及数字均为 4.0 mm。故障显示和运行状态显示部分的自设、下部叶、中部叶和上部叶文字为 4.7 mm,其他文字均为 4.0 mm,数字均为 3.8 mm。

显示屏及相关技术参数如图 1-13 所示。

(3) 功能按键:

① 在显示屏下方共设置 8 个功能按键,名称、功能分类、布局及字符高度见图 1-14。

② 按键采用轻触开关(tact switch),型号 1212h。单个按键机械寿命>100 000 次;按键响应灵敏,响应时间<0.5 s。

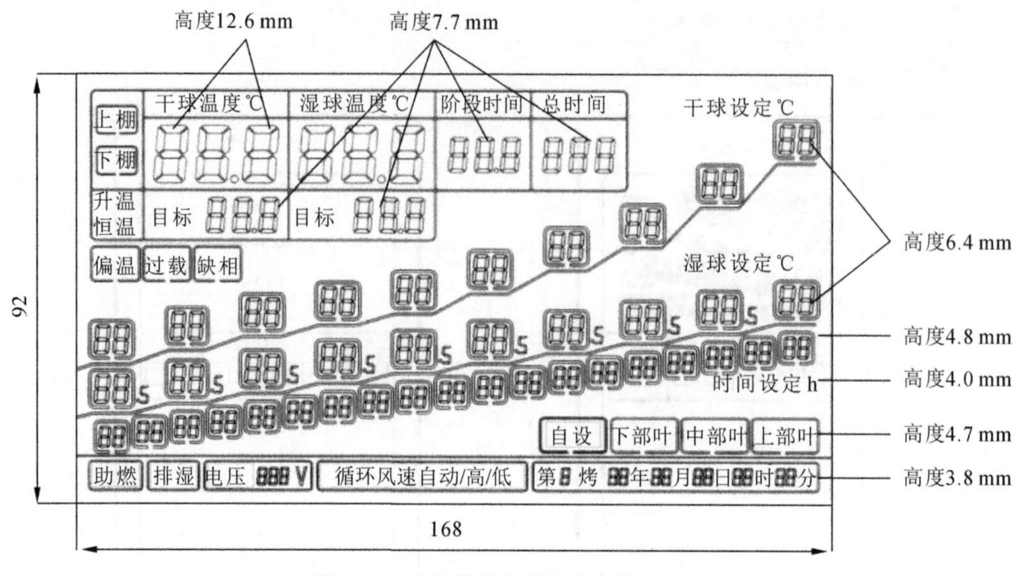

图 1-13　显示屏及相关技术参数示意图

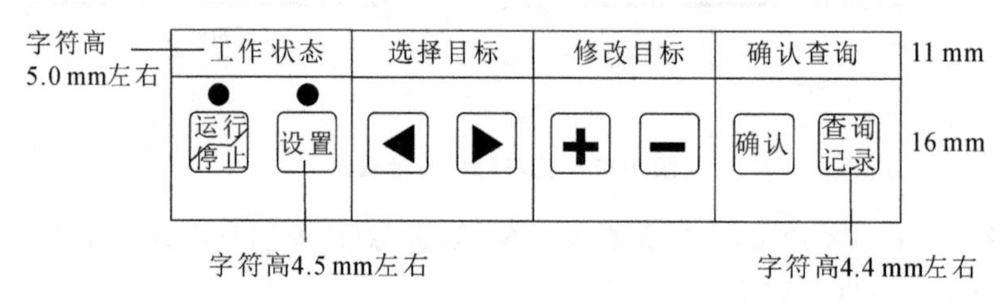

图 1-14　功能按键示意图

③ 按键功能与操作。

a. 运行/停止键。

按一次键，指示灯亮，进入运行状态。在运行状态下，按住此键 3 秒进入停止状态，指示灯灭。运行时，所有执行器正常运行，系统进入正常烘烤状态。停止时，除循环风机正常运行外，其他执行器进入停止状态。

b. 设置键。

在运行状态下，按该键一次，系统进入参数设置/修改状态，指示灯亮，此时可对曲线显示部分的各个目标设定框内的数值以及运行状态显示部分的烟叶部位、日期时钟等烘烤参数进行设置/修改。在设置/修改时，先按 ◀ ▶ 键移动选定目标，此时目标框出现闪烁，然后按 + − 键完成设置/修改目标值，按 确认 键保存并退出设置/修改状态，此时指示灯灭，目标框回到设置/修改前运行的位置；不按 确认 键，不保存数据并在 20 s 后系统自动退出设置/修改状态。在停止状态下，先按设置键，再按目标选择键 ◀ ▶ 选择阶段（按 + − 键，目标框按阶段移动），阶段选定后按运行/停止键，此时从当前选择的位置开始运行。

c. 选择目标键。

配合设置键或查询记录键使用。在查询状态时，按 ◀ ▶ 键显示不同烤次的历史数据。目标选择的运行轨迹由曲线目标设定框自上而下、自左向右，至自设、下部叶、中部叶、上部叶目标，至日期时钟目标，再至曲线目标设定框，或反向移动，形成一个闭环移动轨迹。点按时，移动至下一个目标；长按时，可连续迅速移动，直至达到目标。

d. 修改目标键。

配合设置键或查询记录键使用。在设置状态时，点按时，递加或递减一个数字单位；长按时，递加或递减多个数字单位。在查询状态时，查询显示选定烤次下的不同时段历史数据，点按时，逐条显示各时段烘烤记录；长按时，显示间隔为 10 条记录。

e. 查询记录键。

按该键一次，切换显示辅助传感器干、湿球温度和辅助状态（上棚或下棚），目标框同时闪烁，3 s 后恢复显示主控传感器干、湿球温度；按住该键 3 s，进入历史数据查询状态，显示当前烤次历史记录，并在显示屏左上侧信息栏显示本烤次开烤后第一次记录的数据。通过选择目标键选择查询不同烤次历史数据，通过修改目标键查询同一烤次不同时段历史数据。查询结束后，按确认键退出，不按确认键时，系统在 20 s 后自动退出查询状态。

f. 确认键。

用于确认设置/修改结束或解除声音报警和查询结束。在设置/修改状态时，按确认键确认操作结果并退出；选择烟叶部位时按确认键，显示屏显示所选烟叶部位的内置烘烤工艺，目标框默认移动到所选工艺的第一阶段；在报警状态时，按确认键解除声音报警，此时闪烁报警依然有效。查询结束后，按确认键退出。

g. 自设模式。

选定自设模式后，默认从曲线上的第一个阶段开始进行设置，此时可对目标温度、目标湿度、阶段时间进行设置，设置方法同上。若一次设置多个阶段，则仅显示已运行阶段和当前运行阶段的参数，不显示未设置和尚未运行到的阶段的参数；在运行状态按选择目标键和修改目标键，可查看已运行阶段参数和已设置但尚未运行的后续阶段的参数。

温湿度传感器：干球和湿球温度传感器采用 DS18B20 数字传感器。温度测量范围为 0～85 ℃，分辨率±0.1 ℃，测量精度±0.5 ℃。干球温度控制精度±2.0 ℃，湿球温度控制精度±1 ℃。传感器主线长 5 m，上棚分线长 2.5 m，下棚分线长 1.5 m。

密集烤房温湿度控制设备安装方法如下。

（1）采用便于拆卸的壁挂安装方式，将温湿度控制设备挂置在加热室右侧墙方向的隔热墙（见图 1-15）。

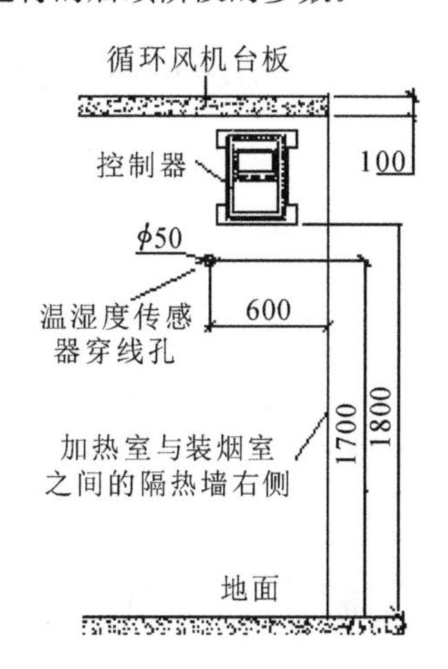

图 1-15 温湿度控制设备安装示意图

（2）在容量 500 mL 以上的水壶中装满干净清水，将湿球温度传感器感温头用脱脂纱布包裹完好，并将纱布置于水中，保持感温头与水面距离在 10～15 mm。两组干湿球温度传感器对应挂置于装烟室底棚和顶棚，挂置位置距隔热墙 2000 mm，距侧墙 1000 mm。在墙上钻出传感器穿线孔，钻孔位置如图 1-15 所示。传感器线沿循环风机台板下沿布置，避免高温区。

(3) 配备用于系统供电与自备电源切换、风机转速切换及自控设备安全的装置。供电设备、控制主机、助燃风机、进风装置、排湿装置等配备防雨设施。

(4) 电缆布置合理，导向接头用绝缘套管保护，强电插头及电缆不得裸露。

三、密集烤房建设

(一) 密集烤房的选址

密集烤房是烟叶生产基础设施建设的一个重要组成部分，要以现代烟草农业为统领，规划建设连体密集烤房群或烘烤工场。为了节省用地和便于管理，在建造形式上，一般以 5 座并排连体建设为一组。在密集烤房的选址方面，要满足以下 4 点要求：①要因地制宜，科学选址，结合常年种植面积和当地自然条件确定建设规模，选择地势高且平坦、避风向阳的地方；②位置适中，交通便利，服务半径原则上平原在5 km 以内，山区在 3 km 以内，方便烟叶运输；③建造地点要开阔，要考虑与烤房数量相配套的附属设施的空间；④电力资源充沛，减少投资成本，保障烘烤正常运行。

图 1-16 并排连体密集烤房群外观

(二) 密集烤房土建及设备

烤房群要求 2 座以上连体建设，规划编烟操作区等辅助设施，优化布局，节约用地。以 5 座并排连体建设为一组，建设 10 座烤房为例，布局规划如图 1-17 所示。

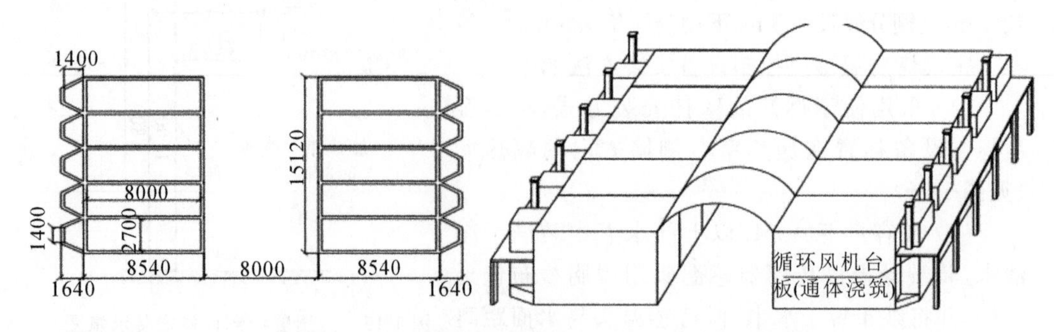

图 1-17 并排连体集群密集烤房布局平面和立体示意图

1. 烤房结构

适应连体集群建设，优化装烟室、加热室结构及通风排湿系统设置，统一土建结构、统一供热设备、统一风机电机、统一温湿度控制设备，整体浇筑循环风机台板，固定风机安装位置。以并排五连体烤房为例，加热室正面结构及单座烤房剖面结构如图1-18、图1-19所示。

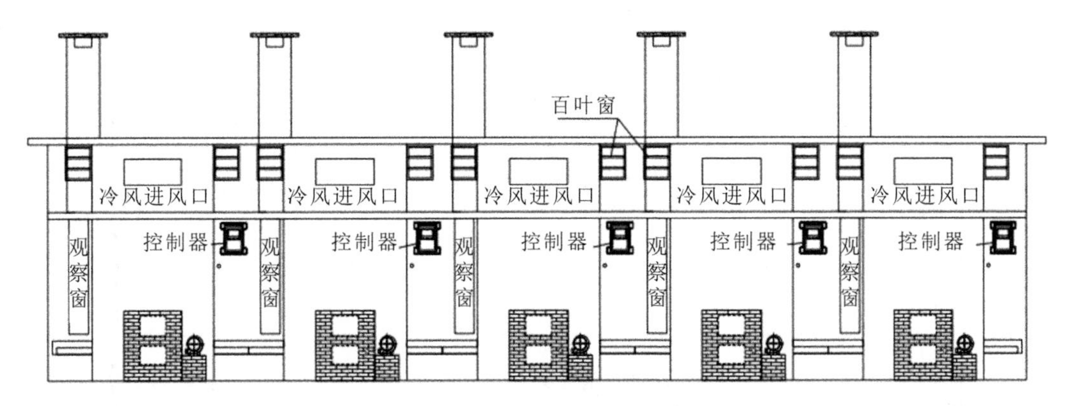

图 1-18 并排五连体密集烤房加热室正面结构示意图（气流上升式）

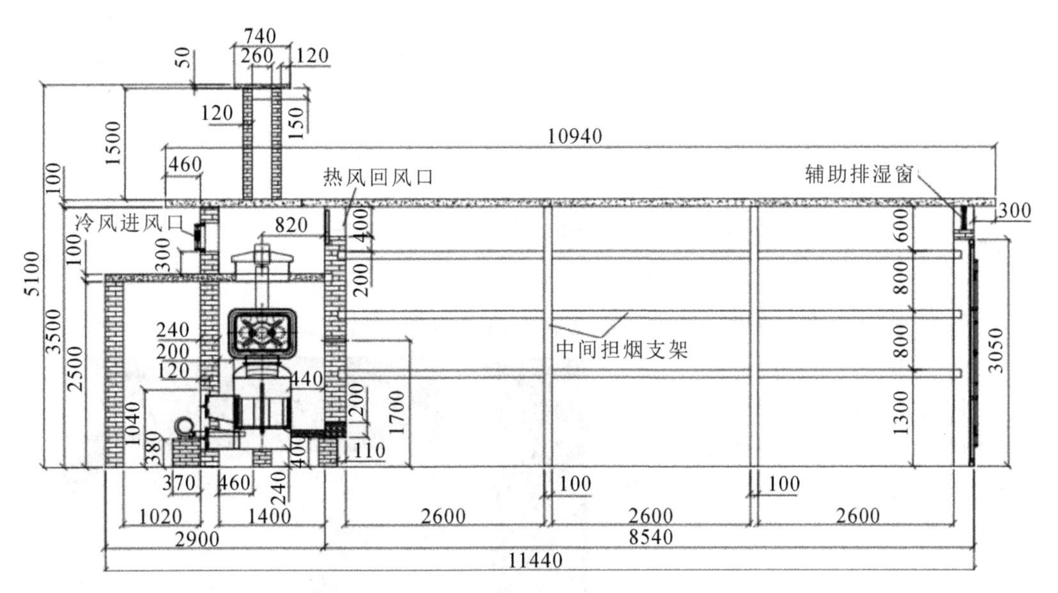

图 1-19 并排连体建设单座密集烤房剖面结构示意图（气流上升式）

土建主要包括加热室和装烟室两大部分，地面、墙体、房顶是两个部分都需要建设的，其中加热室还要设置循环风机台板、维修口、清灰口、加煤口、灰坑口、助燃风口、烟囱出口、冷风进风口、热风风道；装烟室要进行挂（装）烟架、装烟室门、观察窗、热风进（回）风口、排湿口、排湿窗、辅助排湿口的建设。

地基处理（见图 1-20）：对烤房建设区域进行基础处理，挖排水沟，排出截断坡地下渗的水，对烤房建设区域进行平整。

图 1-20　地基处理

2. 装烟室

装烟室是装烟的空间，规格为 8000 mm×2700 mm×3500 mm，主要包括挂（装）烟架、装烟室门、观察窗、热风进（回）风口、排湿口、辅助排湿口等结构。装烟室剖面结构如图 1-21 所示。

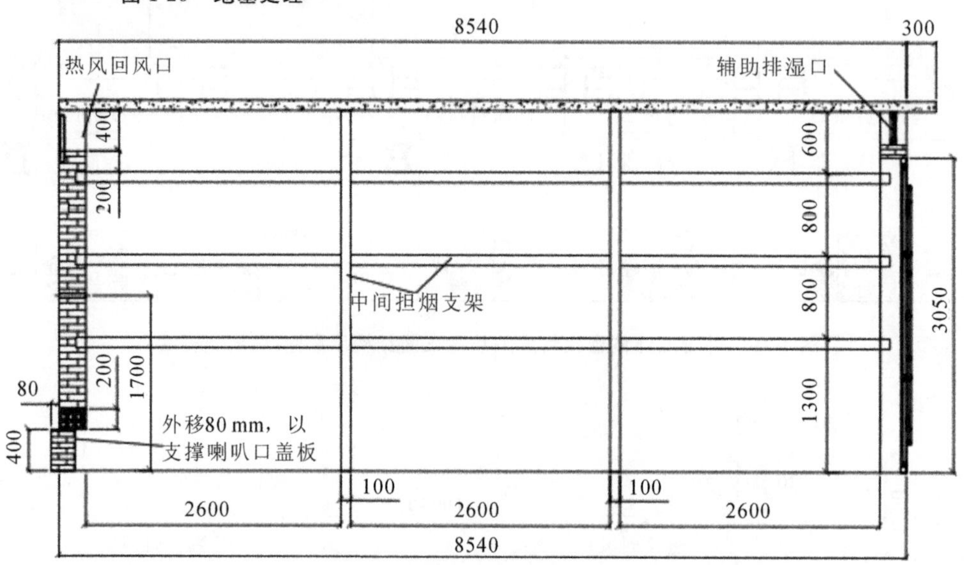

图 1-21　装烟室剖面结构示意图(气流上升式)

1）地面

找水平，不设坡度，地面加设防水塑料布或其他防水措施。

2）墙体

砖混结构或其他保温材料结构墙体（图 1-22）。砖混结构墙体砖缝要满浆砌筑，厚度为 240 mm，墙体须内外粉刷。

图 1-22　密集烤房墙体示意图

3）屋顶

与地面平行，不设坡度。预制板覆盖，厚度≥180 mm；或钢筋混凝土整体浇筑，厚度≥100 mm。加设防水薄膜或采取其他防水措施。建设房顶时，不论是加热室还是装烟室，都要做屋檐，避免雨水侵蚀墙体，影响烤房的性能。同时，房顶应通体浇筑，避免加热室顶与装烟室顶间有接缝，易造成渗水。

4) 挂(装)烟架

采用直木(100 mm 方木)、矩管(≥50 mm×30 mm,壁厚 3 mm)或角铁(50 mm×50 mm×5 mm)材料,能承受装烟重量。采用直木或其他易燃材料时,严禁伸入加热室,防止引起火灾。

挂(装)烟架底棚高 1300 mm(散叶装烟方式底棚高 500 mm),顶棚距离屋顶高度 600 mm,其他棚距依据棚数平均分配。采用挂竿、烟夹、编烟机、散叶等编烟装烟方式,鼓励使用烟夹、编烟机、散叶、叠层等编烟装烟方式。

5) 装烟室门

在端墙上装设装烟室门,门的厚度≥50 mm,采用彩钢复合保温板门,彩钢板厚度≥0.375 mm,聚苯乙烯内衬密度≥13 kg/m^3。采用两扇对开大门,保证装烟室全开,适应各种装烟方式(如装烟车方便推进推出),规格如图 1-23 所示。

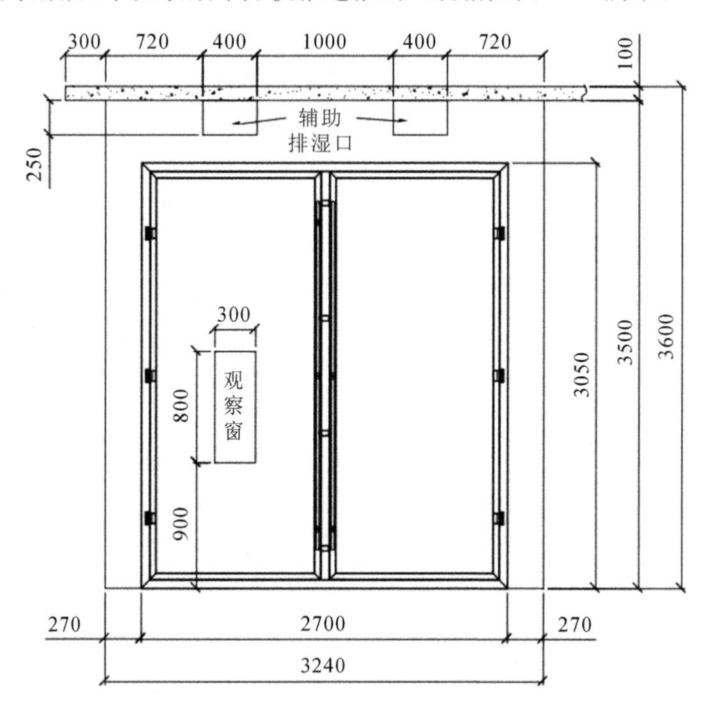

图 1-23 两扇对开大门平面结构示意图

6) 观察窗

在装烟室门和隔热墙上各设置一个竖向观察窗。门上的观察窗设置在左门,距下沿 900 mm 中间位置,规格 800 mm×300 mm,如图 1-23 所示。隔热墙上的观察窗设置在左侧距边墙 320 mm、距地面 700 mm 位置,规格 1800 mm×300 mm,如图 1-24 位置 A 所示。观察窗采用中空保温玻璃或内层玻璃外层保温板结构。

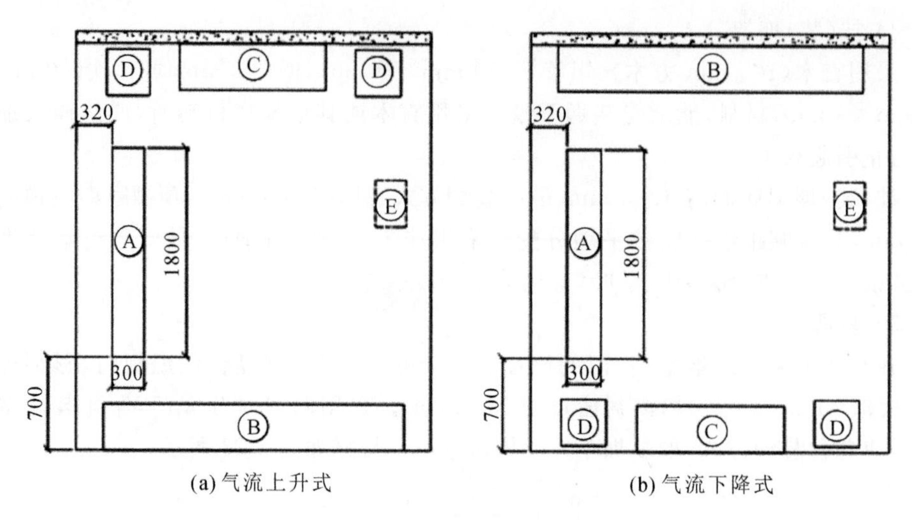

图 1-24 装烟室隔热墙开口示意图

A—观察窗；B—热风进风口；C—热风回风口；D—排湿口；E—温湿度控制设备

7）热风进(回)风口

热风进风口开设在隔热墙底端（气流上升式）或顶端（气流下降式），规格 2700 mm×400 mm，如图 1-24 位置 B 所示。热风回风口开设在隔热墙顶端（气流上升式）或底端（气流下降式），规格 1400 mm×400 mm，如图 1-24 位置 C 所示。气流下降式回风口应加设铁丝网（网孔小于 30 mm×30 mm），防止掉落在地面上的烟叶吸入加热室后被引燃，引起火灾。

8）排湿口及排湿窗

在隔热墙顶端（气流上升式）或底端（气流下降式）两侧对称位置紧贴装烟室边墙各开设一个排湿口，规格 400 mm×400 mm，如图 1-24 位置 D 所示。在排湿口安装排湿窗，排湿窗采用铝合金百叶窗结构，规格如图 1-25 所示。气流下降式的排湿口可以根据需要向上引出屋顶，以防排出的湿热空气对现场人员造成伤害。

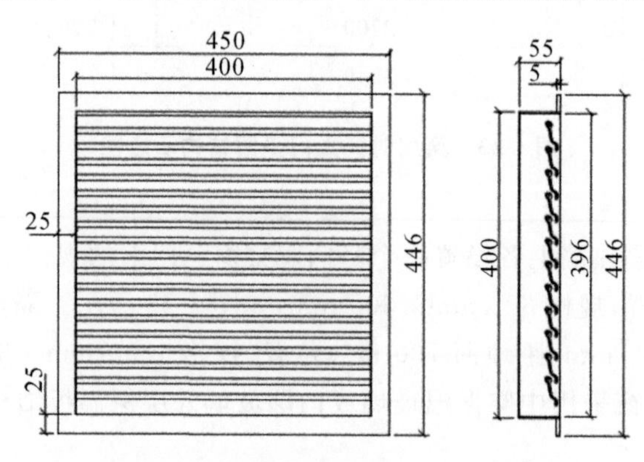

图 1-25 铝合金百叶排湿窗结构示意图

3. 加热室

加热室主要包含墙体、房顶、循环风机台板、循环风机维修口、清灰口、炉门口、灰坑口、助燃风口、烟囱出口、冷风进风口和热风风道等结构。内室长 1400 mm、宽 1400 mm、高 3500 mm，屋顶用预制板覆盖，厚度≥180 mm；或钢筋混凝土整体浇筑，厚度≥100 mm，加设防水薄膜或采取其他防水措施。墙体为砖混或其他保温材料结构。砖混结构墙体厚度 240 mm，砖缝要满浆砌筑。见图 1-26 至图 1-29。

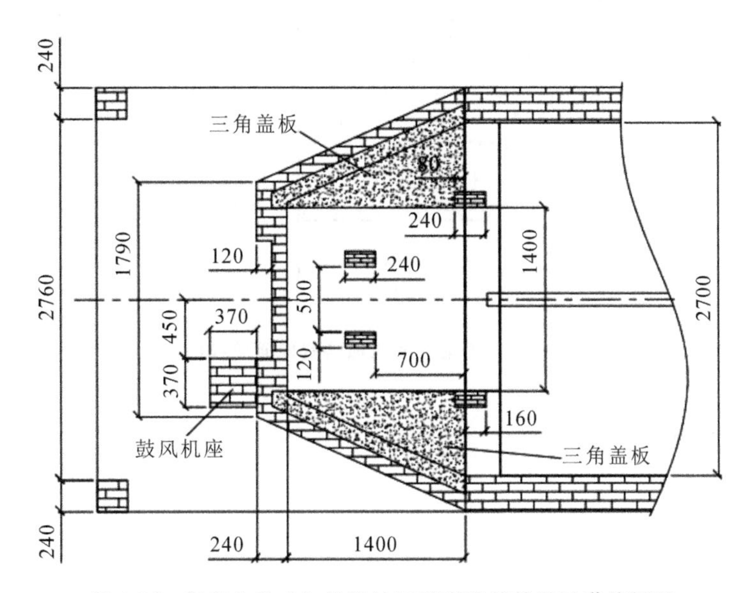

图 1-26　气流上升式加热室地面及喇叭状热风风道俯视图

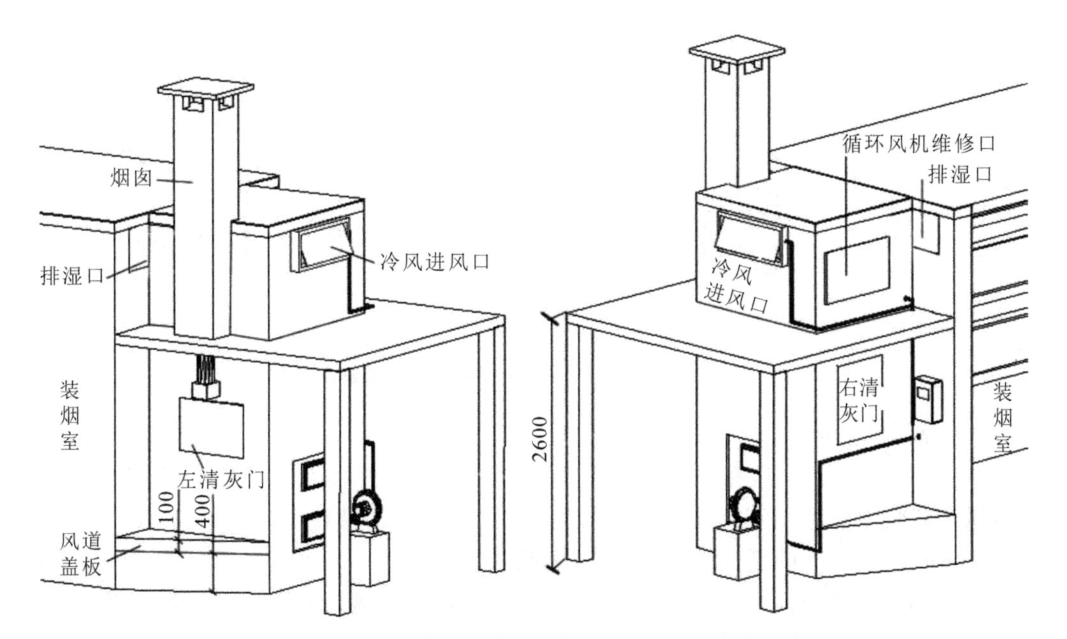

图 1-27　气流上升式加热室立体结构示意图

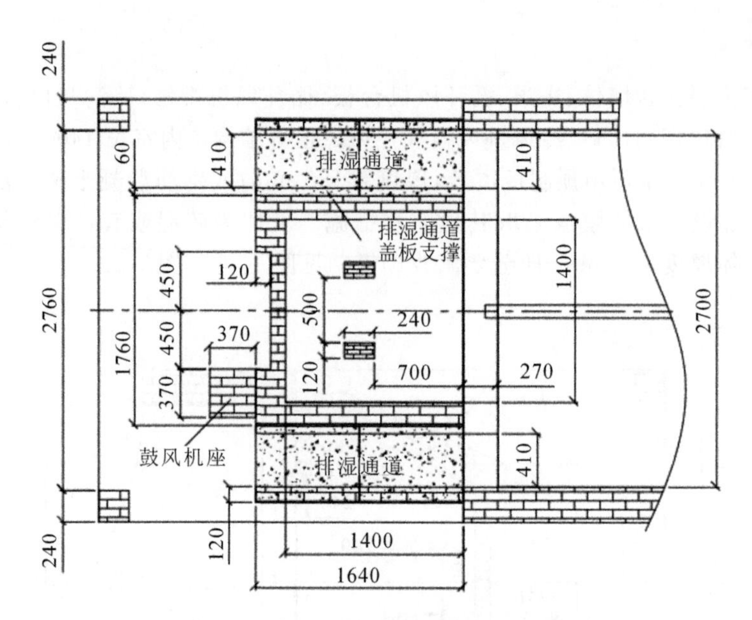

图 1-28　气流下降式加热室地面俯视图

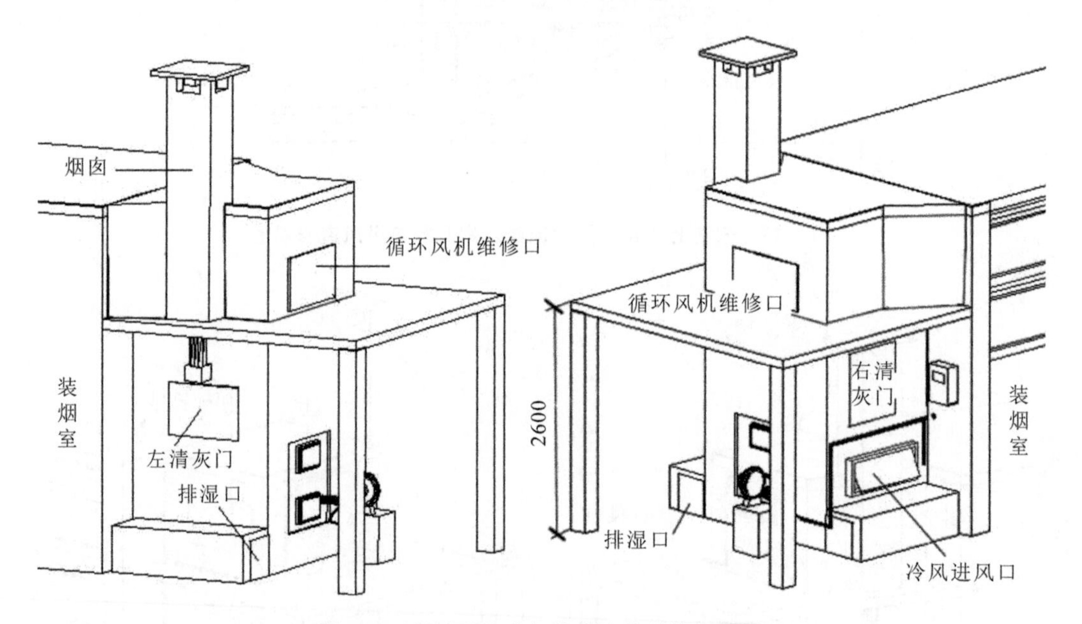

图 1-29　气流下降式加热室立体结构示意图

1）喇叭状热风风道

为了促进均匀分风，在加热室底部（气流上升式）或顶部（气流下降式）设置热风风道，风道截面为梯形，上底是长度为 1400 mm 的加热室前墙，下底是与装烟室等宽的 2700 mm×400 mm 的循环风通道，形似喇叭状。

气流上升式地面向上至 400 mm 处两边侧墙向外扩展，与装烟室边墙连接，上面覆盖厚 100 mm 预制板或混凝土浇筑结构盖板，形成梯形柱体结构，与热风进风口构成喇叭形风道；距离地面 500 mm 向上至屋顶为 1400 mm×1400 mm×3000 mm 的立方柱形。

气流下降式循环风机台板向上（2600 mm 处）至屋顶部分，两边侧墙从距离加热室前墙内墙 870 mm 处向外对折，与装烟室边墙连接，形成梯形柱体结构，与热风进风口构成喇叭形风道。循环风机台板以下为 1400 mm×1400 mm×2500 mm 的立方柱形。

2）墙体开口及冷风进风门、循环风机维修门和清灰门

在加热室三面墙体上开设冷风进风口、循环风机维修口、炉门口、灰坑口、助燃风口、清灰口及烟囱出口，并在冷风进风口、循环风机维修口及清灰口安装不同要求的门。见图 1-30。

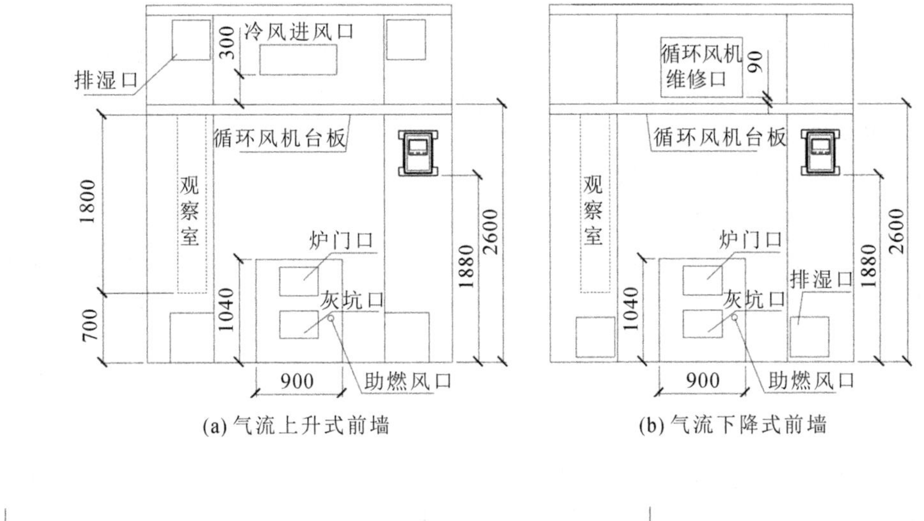

(a) 气流上升式前墙 (b) 气流下降式前墙

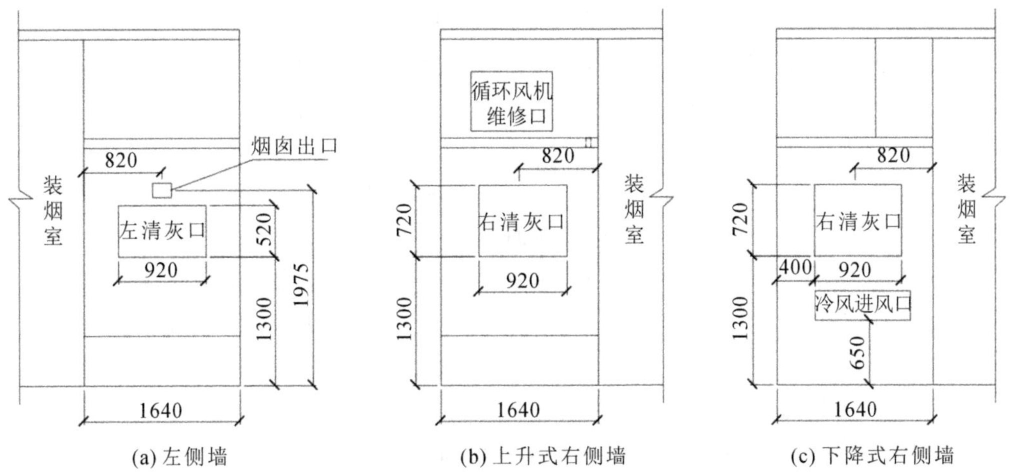

(a) 左侧墙 (b) 上升式右侧墙 (c) 下降式右侧墙

图 1-30 加热室墙体开口设置平面示意图

（1）冷风进风口及冷风进风门。

气流上升式密集烤房在加热室前墙、风机台板上方 300 mm 墙体居中位置开设冷

风进风口，气流下降式在加热室右侧墙、距离地面 650 mm 墙体居中位置开设，冷风进风口规格 885 mm×385 mm。采用 40 mm×60 mm 方木制作木框（木框内尺寸 805 mm×305 mm），内嵌在冷风进风口内，在木框上安装冷风进风门。冷风进风门应达到下列技术指标要求：

① 冷风进风门内尺寸 800 mm×300 mm；边框使用 25 mm×70 mm×1.5 mm 方管，不得使用负差板；长方形框架的四边为直线，四个角均为 90°，框架两个内对角线相差≤2 mm；转动风叶采用厚度 1.5 mm 冷轧钢标准板并设冲压加强筋。

② 风门关闭严密。所有的面为平面，风叶能够在 0～90°开启，并在任意角度保持稳定。转动风叶的面与边框的面搭接≥5 mm，不能有缝隙，在不通电条件下转动风叶自由转动＜3°；轴向与边框缝隙 1～2 mm，轴向旷动＜1 mm，两轴同轴度偏差＜1.5 mm。

③ 转动风叶和边框表面采用镀锌或喷塑处理，颜色纯正，不得有气泡、麻点、划痕和皱褶，所有边角都光滑、无毛刺，焊缝平整、无虚焊。镀锌或喷塑厚度不小于 20 μm，能满足长期户外使用。

（2）循环风机维修口及维修门。

气流上升式密集烤房在加热室右侧墙、循环风机台板上方墙体居中位置开设循环风机维修口，气流下降式在加热室前墙、循环风机台板上方墙体居中位置开设，循环风机维修口规格 1020 mm×720 mm。在循环风机维修口安装维修门，维修门采用钢制门或木制门，门框内尺寸不小于 900 mm×600 mm，门板加设耐高温≥ 400 ℃保温材料。

（3）炉门口、灰坑口和助燃风口。

在距离地平面高度为 240 mm 和 680 mm 的前墙居中位置开设灰坑口和炉门口，规格均为 400 mm×280 mm。在灰坑口右侧开设 ϕ60 mm 的助燃风口，中心点距灰坑口竖向中线 260 mm、距地面 450 mm。在开设灰坑口和炉门口的前墙下部 1040 mm×900 mm 空间内，砌 120 mm 墙，保证炉门和灰坑门开关顺畅。

（4）清灰口、烟囱出口及清灰门。

在加热室左右侧墙上各开设一个清灰口，左清灰口下沿距离地面 1300 mm，规格 920 mm×520 mm，右清灰口下沿距离地面 1300 mm，规格 920 mm×720 mm。在清灰口安装清灰门，清灰门采用钢制门或木制门，门板加设耐高温≥400 ℃保温材料，封闭严密。在左侧墙上开设 200 mm×150 mm 的烟囱出口，中心距隔热墙 820 mm、距地面 1975 mm。

3）循环风机台板

采用钢筋混凝土现浇板，厚度 100 mm，顶面距地面 2600 mm。前端延伸出加热室前墙 1260 mm，前端边角设置 240 mm×240 mm 支撑柱，形成加煤烧火操作间；两边延伸出加热室，与装烟室等宽，形成风机检修平台；连体烤房循环风机台板进行通体浇筑，遮雨防晒。浇筑时，在台板上预留 ϕ700 mm 的循环风机安装口和 ϕ220 mm 的烟囱出口，设置参数如图 1-31 所示。

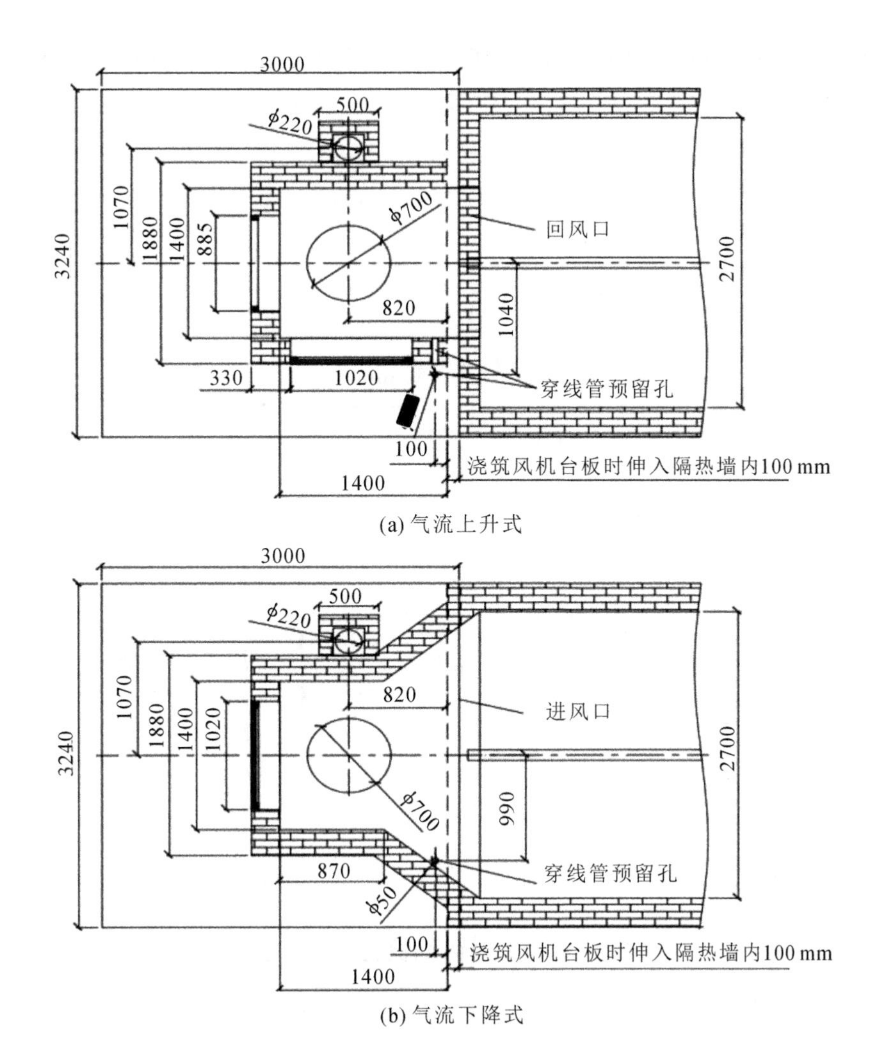

图 1-31 循环风机台板剖面俯视图

4）土建烟囱

烟囱由与换热器焊接的金属烟囱和土建烟囱组成。在循环风机台板的烟囱出口位置向上砌筑高 2500 mm 的砖墙结构的土建烟囱，墙体厚度 120 mm，内径 260 mm×260 mm。其中一面侧墙与加热室左侧墙共墙（共墙部分内外粉刷，封闭严密，严防窜烟），烟囱顶部加设烟囱帽，防止雨水从烟囱流进换热器。

4. 金属供热设备与技术参数

金属供热设备用耐腐蚀性强的特定金属制作，由分体设计加工的换热器和炉体两部分组成。两部分对接的烟气管道与支撑架均采用螺栓紧固连接。换热器采用 3—3—4 自上而下三层 10 根换热管横列结构，其中下部 7 根翅片管，上部 3 根光管。炉体由椭圆形（或圆形）炉顶、圆柱形炉壁和圆形炉底焊接而成。炉顶和炉壁采用对接或套接方式满焊，炉壁和炉底采用对接方式满焊。炉顶和烟气管道加散热片。在炉门口两侧的炉壁对称位置各设置一根二次进风管，采用正压或负压燃烧方式。炉底至火箱上沿总高度 1856 mm，其中炉体高度 1165 mm（不含炉顶翅片），底层翅片管翅片外缘距炉顶 86 mm。基本结构与技术参数如图 1-32、图 1-33 所示。

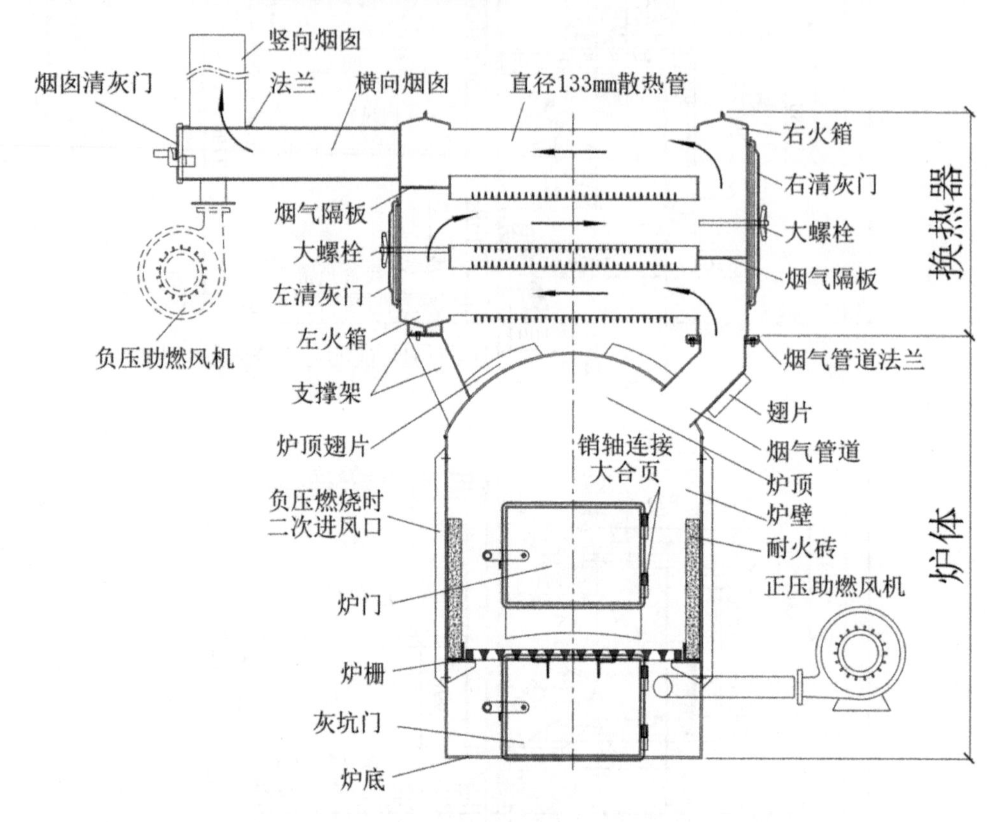

图 1-32　供热设备各部位名称示意图

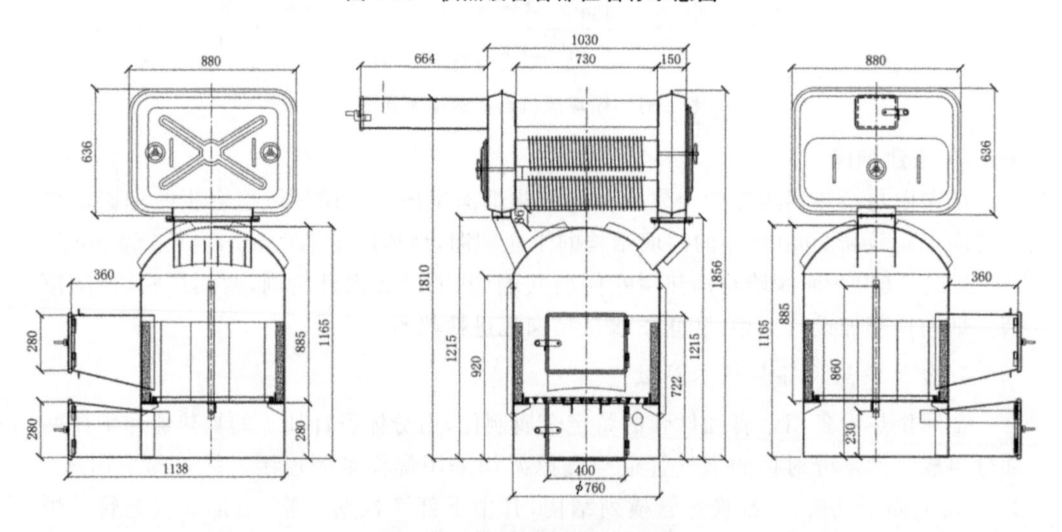

图 1-33　供热设备结构示意图

金属外表面均采用耐 500 ℃以上高温、抗氧化、附着力强的环保材料进行防腐处理。所有焊接部位选用与母材一致的焊材进行焊接，保证所有焊缝严密、平整、无气孔、无夹渣、不漏气，机械性能达到母材性能。当高等级母材与低等级母材焊接时，须选用与高等级母材一致的焊材。设备使用寿命 10 年以上。

1）换热器

换热器包括换热管、火箱和金属烟囱，配置清灰耙。烟气通过换热管两端的火箱从下至上呈“S”形在层间流通，换热器结构与技术参数如图 1-34 所示。

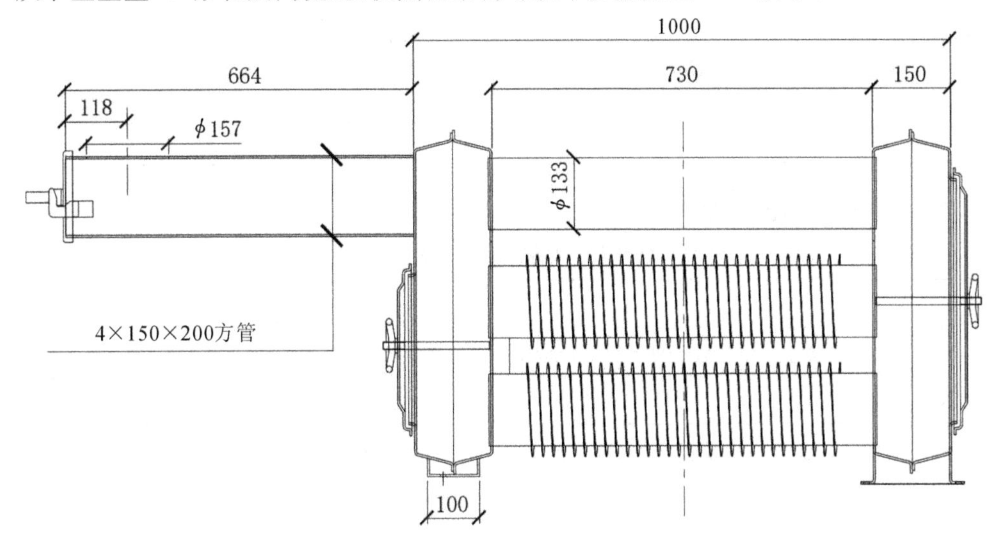

图 1-34　换热器主视图

（1）换热管。

换热管采用厚度 4 mm 耐硫酸露点腐蚀钢板（厚度 4 mm 指实际厚度不低于 4 mm，下同）卷制焊接而成。管径 133 mm，管长 745 mm，与火箱焊接后管长 730 mm，上部 3 根为光管，下部 7 根为翅片管。翅片采用 Q195 标准翅片带，推荐选用耐候钢或耐酸钢翅片带，翅片高度 20 mm，厚度 1.5 mm，翅片间距 15 mm，带翅片部分管长 645 mm（见图 1-35），钢材符合 GB/T 700、GB/T 699、GB/T 221、GB/T 15575 和 GB/T 711 规定。翅片带与光管采用高频电阻焊技术焊接，符合 HG/T 3181 规定。

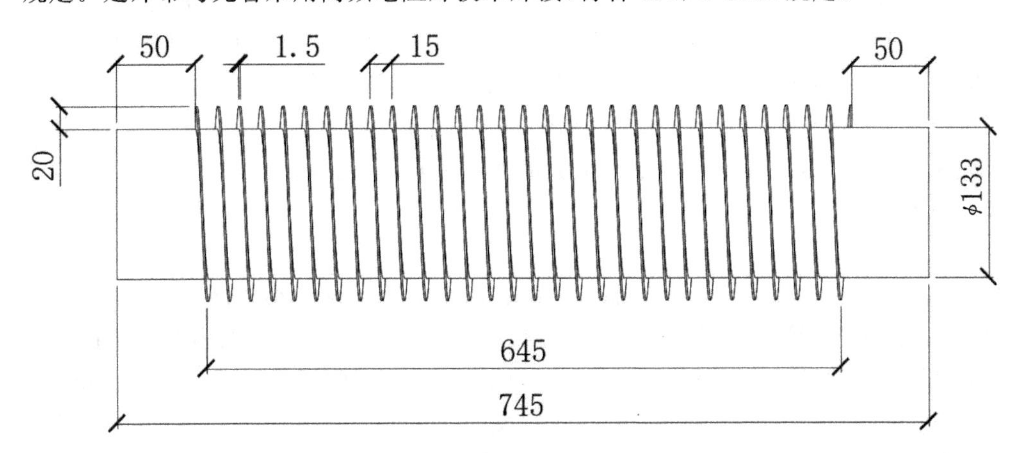

图 1-35　翅片管结构参数示意图

耐硫酸露点腐蚀钢(以下简称耐酸钢)采用少量多元合金化原理设计,主要技术指标控制符合下列要求:

① 化学成分(化学成分分析误差符合 GB/T 223 规定)见表 1-1。

表 1-1 化学成分

元素	C	Si	Mn	P	Ni
质量分数/(%)	≤0.10	≤0.40	0.40～1.0	≤0.025	0.10～0.30
元素	Cu	Ti	Sb	S	Cr
质量分数/(%)	0.25～0.50	0.01～0.04	0.04～0.15	≤0.015	0.50～1.0

② 力学性能和工艺性能见表 1-2。

表 1-2 力学性能和工艺性能

项目	拉伸试验			180°弯曲试验(试验宽度 b≥35 mm)
	R_{eL}/MPa	R_m/MPa	延伸率 A/(%)	
要求	≥300	≥410	≥22	合格

注:1. 拉伸和弯曲试验取横向试样;2. 冷弯 $d=2a$(d 为弯心直径,a 为钢板厚度)。

③ 腐蚀速率。

依据金属材料实验室均匀腐蚀全浸试验方法(JB/T 7901—1999),在温度 20 ℃、硫酸浓度 20%、全浸 24 h 条件下,相对于 Q235B 腐蚀速率小于 30%;在温度 70 ℃、硫酸浓度 50%、全浸 24 h 条件下,相对于 Q235B 腐蚀速率小于 40%。

(2) 火箱。

火箱是换热管层间烟气的流通通道,左火箱上侧与烟囱连通,右火箱下侧与炉顶烟气管道连通。火箱由内壁、外壁、清灰门、烟气隔板构成,在左右火箱的下侧分别焊接一段换热器支撑架和烟气管道,均采用 4 mm 厚耐酸钢制作。

① 火箱内壁。

火箱内壁采用冲压拉伸成型加工。左右两个火箱内壁大小相同、结构相似,均开有从上至下呈 3—3—4 排列的 3 层共 10 个 ϕ135 mm 圆形开口,纵向中心距 200 mm,横向中心距 215 mm。换热管端部与两侧火箱内壁通过嵌入式焊接连接。右内壁下部居中开设 432 mm×42 mm 烟气通道开口。内壁焊接 M14×200 mm 螺栓,左内壁 1 根,右内壁 2 根,配置有与螺栓相配套的镀铬手轮,手轮外径 ϕ100 mm,符合 JB/T 7273.3 标准。技术参数如图 1-36 所示。

② 火箱外壁。

火箱外壁采用冲压拉伸成型加工。左右两个火箱外壁大小相同,在结构上有区别,尺寸略小于火箱内壁,方便焊接。左右火箱外壁焊接在左右火箱内壁上。在左外壁上侧居中位置开设 195 mm×145 mm 的烟囱出口,下侧居中位置开设 690 mm×270 mm 的左清灰口;在右外壁居中位置开设 690 mm×446 mm 的右清灰口,下部居中开设 432 mm×42 mm 烟气通道开口;左右清灰口四周冲压成环状封闭高 12 mm 的外翻边，外翻边与清灰门上的凹陷槽闭合。技术参数如图 1-37 所示。

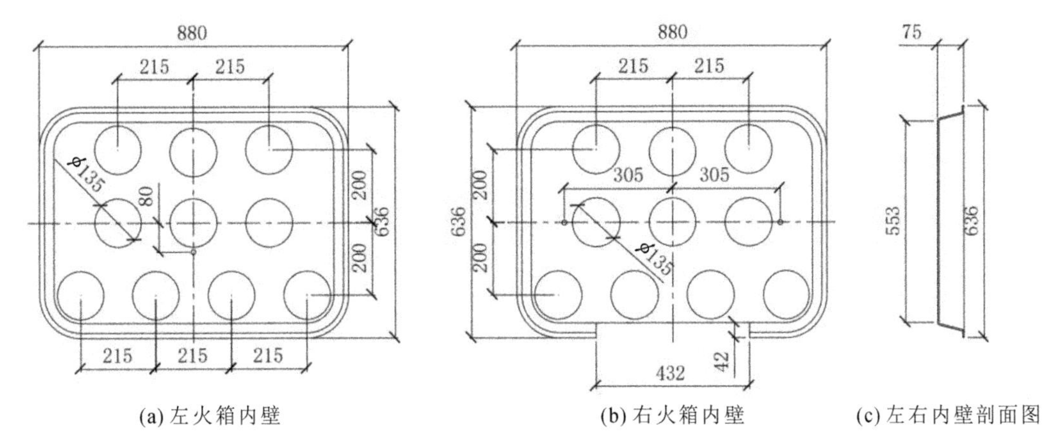

(a) 左火箱内壁　(b) 右火箱内壁　(c) 左右内壁剖面图

图 1-36　火箱内壁示意图

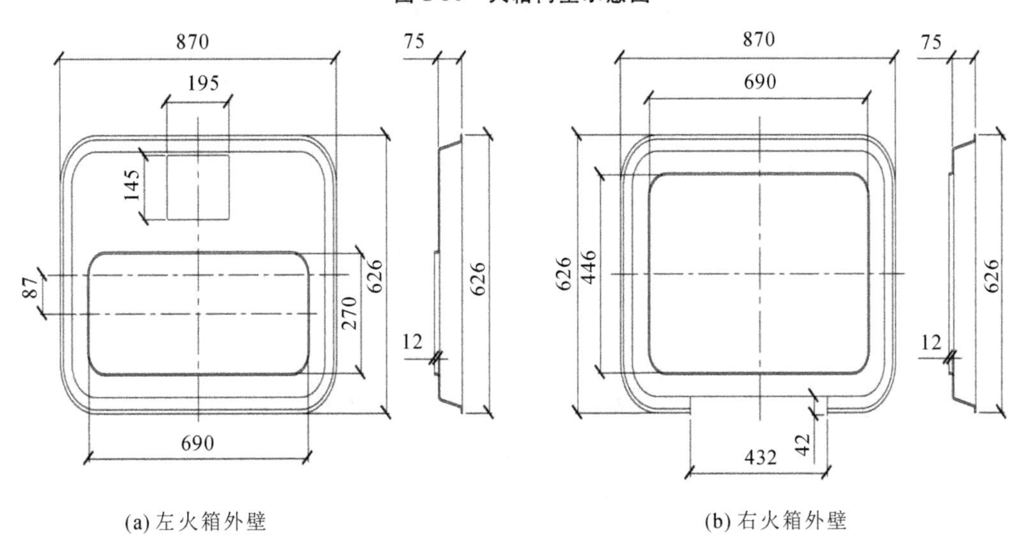

(a) 左火箱外壁　(b) 右火箱外壁

图 1-37　火箱外壁示意图

③ 清灰门。

在左右外壁开设的清灰口安装清灰门。在左右清灰门内侧四周焊有 4 mm×13 mm 的扁铁，形成一圈凹陷槽，槽内填充耐高温材料密封烟气。右清灰门设计 X 形冲压对角加强筋，防止变形(图 1-38)。左右清灰门外壁各焊接两个用 ϕ10 mm 钢筋制作的清灰门把手(图 1-39)。

④ 烟气隔板。

在左右内壁的层间中心线上焊接烟气隔板，技术参数如图 1-40 所示。

⑤ 火箱烟气管道与换热器支撑架。

在右火箱底部开设的烟气通道口焊接烟气管道，在左火箱底部居中位置焊接换热器支撑架，均设计有上卡槽和螺栓连接孔。烟气管道和支撑架分别开设 6 个孔和 2 个孔，配置 M8×25 mm 六角螺栓、螺母。技术参数如图 1-41 所示。

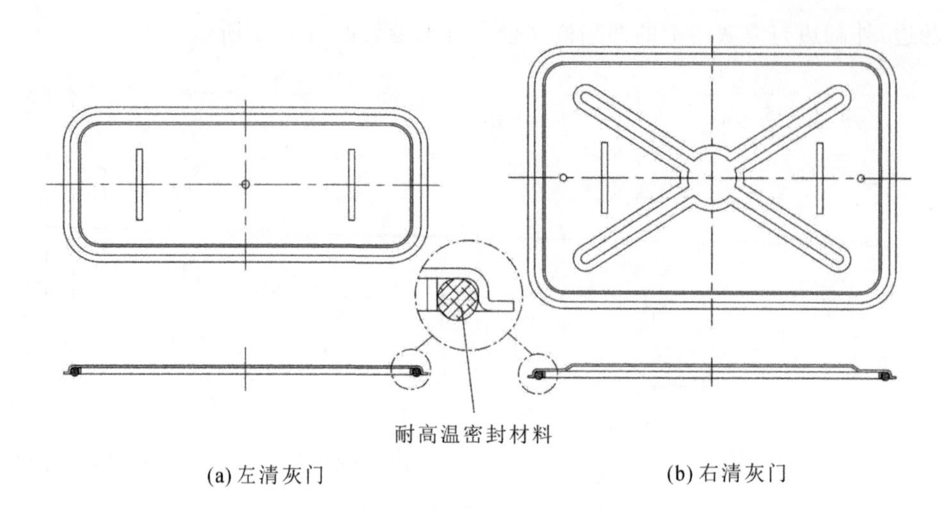

(a) 左清灰门 (b) 右清灰门

图 1-38 左右清灰门外观示意图

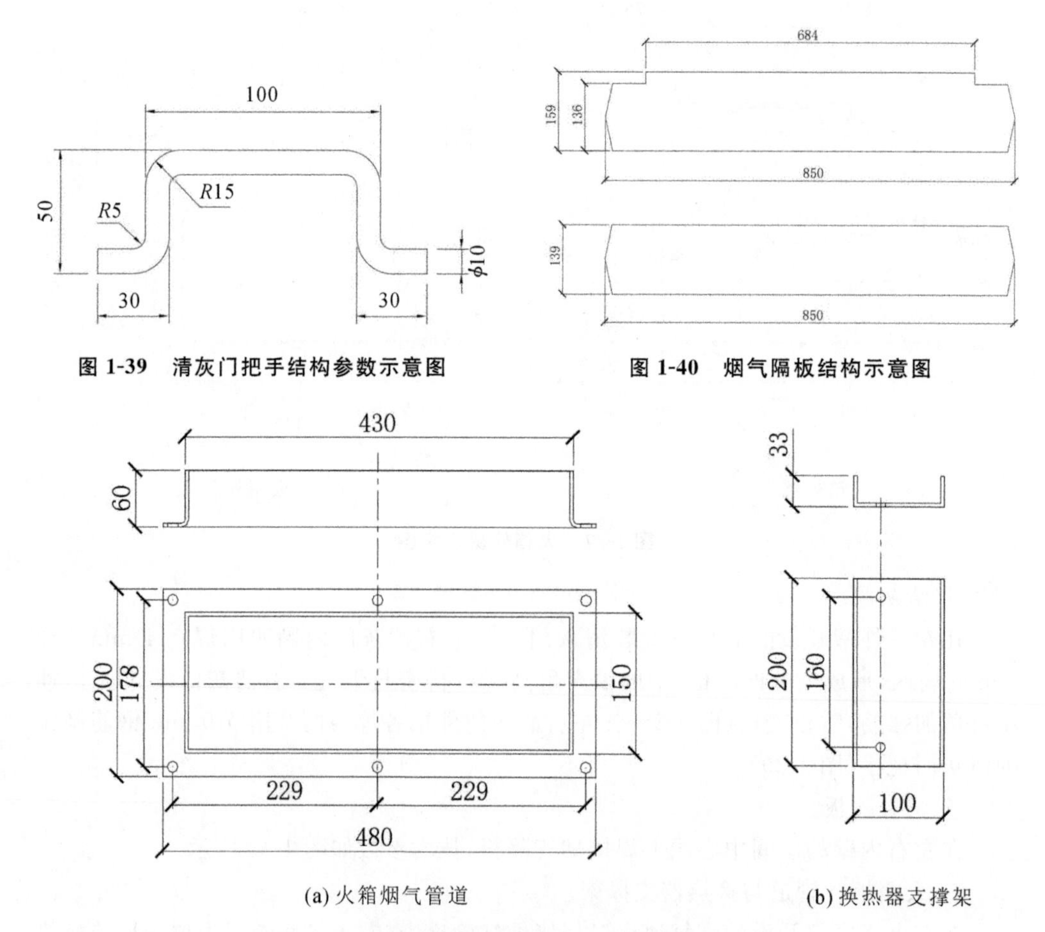

图 1-39 清灰门把手结构参数示意图

图 1-40 烟气隔板结构示意图

(a) 火箱烟气管道 (b) 换热器支撑架

图 1-41 火箱烟气管道与换热器支撑架结构示意图

(3) 金属烟囱。

金属烟囱采用 4 mm 厚耐酸钢制作，由横向段和竖向段两段组成。横向段为 150 mm×200 mm、长度 664 mm 的矩形管，一端焊接在左火箱外壁的烟囱开口处，另一端伸出加热室左侧墙外，外端口装有冲压成型的烟囱清灰门。在横向段上平面开设 ϕ165 mm 开口(中心点距外端口 118 mm)，开口四周等距开设 4 个 ϕ10 mm 孔，与竖向段通过法兰用 M8×25 mm 六角螺栓、螺母连接。竖向段是垂直高度 640 mm、ϕ165 mm 的圆形钢管，下端焊接法兰，配置耐高温密封垫。采用负压燃烧方式时，在横向段下平面开设助燃鼓风机开口。产区根据实际需要可在竖向段设置烟囱插板。技术参数如图 1-42 所示。

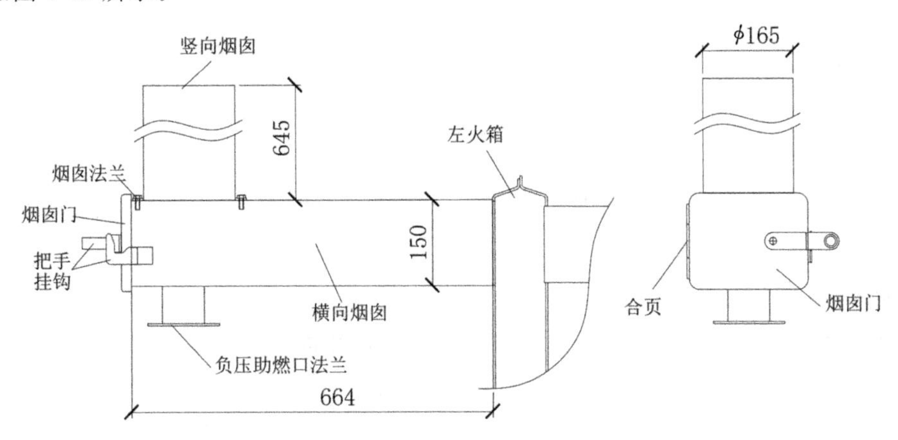

图 1-42　金属烟囱结构与技术参数示意图

(4) 清灰耙。

清灰耙的耙头为 $R=50$ mm 的半圆，用火箱内壁开口时产生的圆形钢板料片制作，结构与技术参数如图 1-43 所示。

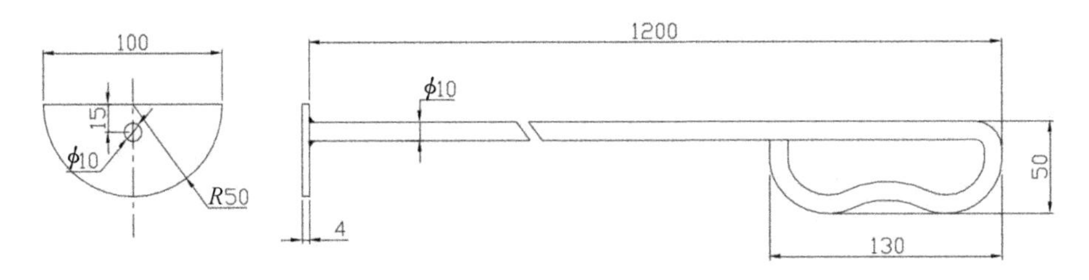

图 1-43　清灰耙结构与技术参数示意图

换热器各部件材质除以上指定材质外，可以整体采用实际厚度不小于 1.5 mm 的 304 不锈钢。采用 304 不锈钢制作时，换热管(含翅片带)、火箱(包括内壁、外壁、清灰门、烟气隔板以及焊接的换热器支撑架和烟气管道)和横向段金属烟囱均应采用 304 不锈钢。

2) 炉体

炉体包括炉顶、炉壁(含二次进风管)、炉栅、耐火砖内衬、炉门(含炉门框)和炉底。

炉顶与炉壁、炉栅构成的空间为炉膛，炉栅和炉底之间的空间为灰坑。结构与技术参数如图 1-44 所示。

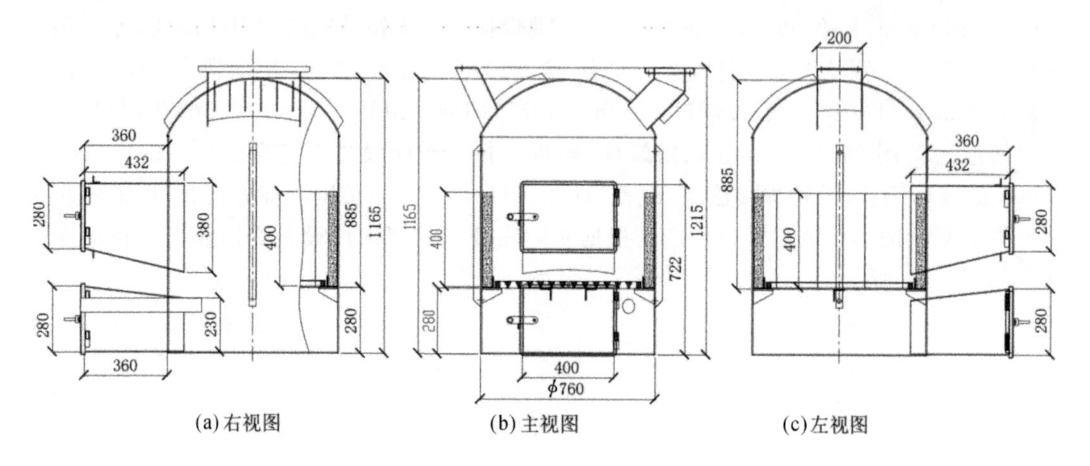

图 1-44 炉体结构与技术参数示意图

(1) 炉顶。

炉顶由封头、烟气管道、换热器支撑架、表面散热片构成。面向炉门，炉顶右侧开设烟气通道开口，焊接烟气管道，左侧焊接换热器支撑架，表面焊接散热片。封头采用实际厚度不低于 5 mm 的 09CuPCrNi 耐候钢冲压制作(或铸钢铸造)，钢材符合 GB/T 221 和 GB/T 15575 的规定。烟气管道、换热器支撑架和表面散热片采用 4 mm 厚耐酸钢制作。

① 封头。

封头呈圆形或椭圆形，内径 750 mm，内高 240 mm，参照 JB/T 4746。在封头右侧适当位置冲出 420 mm×140 mm 烟气通道开口。结构与技术参数如图 1-45 所示。

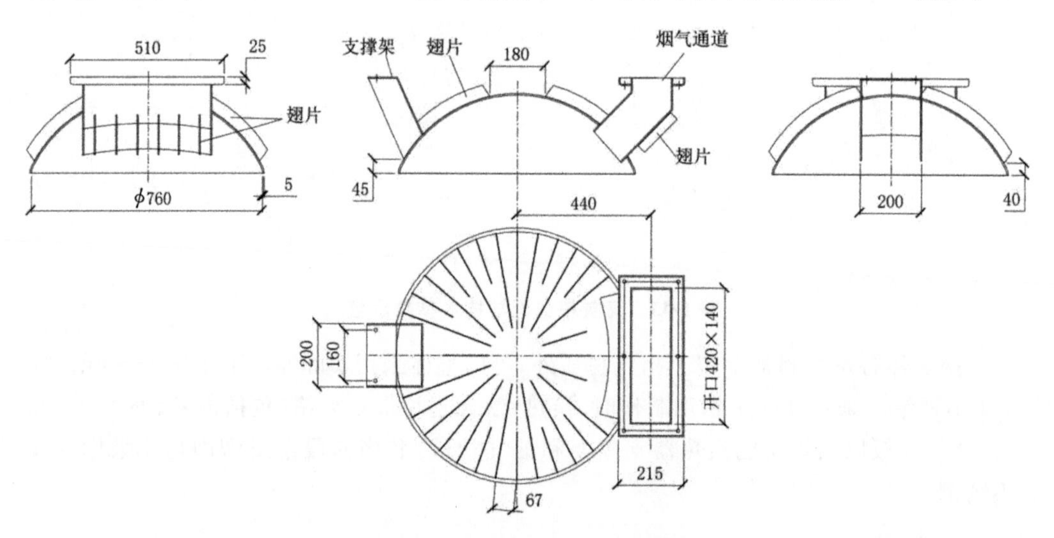

图 1-45 封头结构与技术参数示意图

② 烟气管道。

在封头右侧烟气通道开口处焊接烟气管道,烟气管道设计有凹槽和螺栓连接孔,与火箱烟气管道连接闭合(图 1-46)。烟气管道的右侧外壁等距 66 mm 均匀焊接 6 个高 30 mm、长 150 mm、厚 4 mm 的耐酸钢表面散热片。

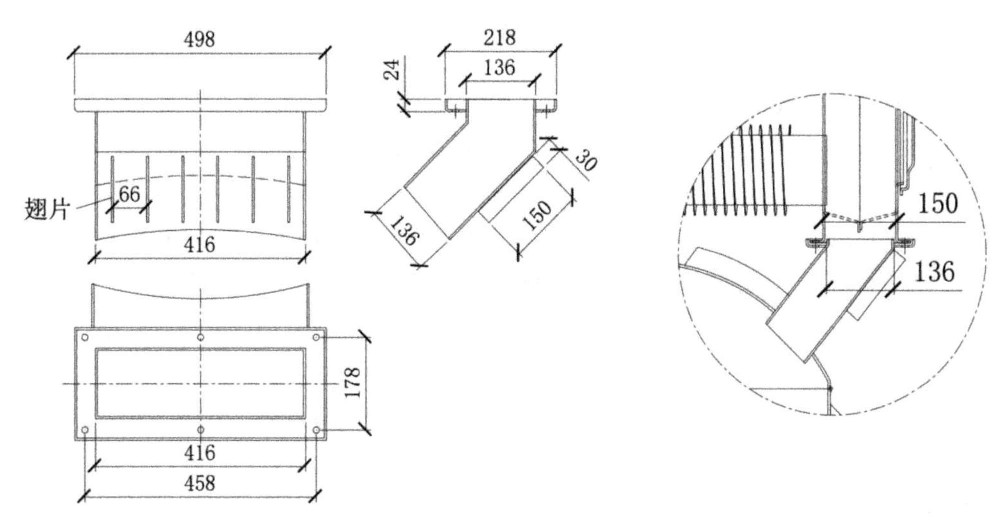

图 1-46 烟气管道结构及与火箱对接示意图

③ 换热器支撑架。

在封头左侧焊接换热器支撑架,换热器支撑架设计有螺栓连接孔(图 1-47)。

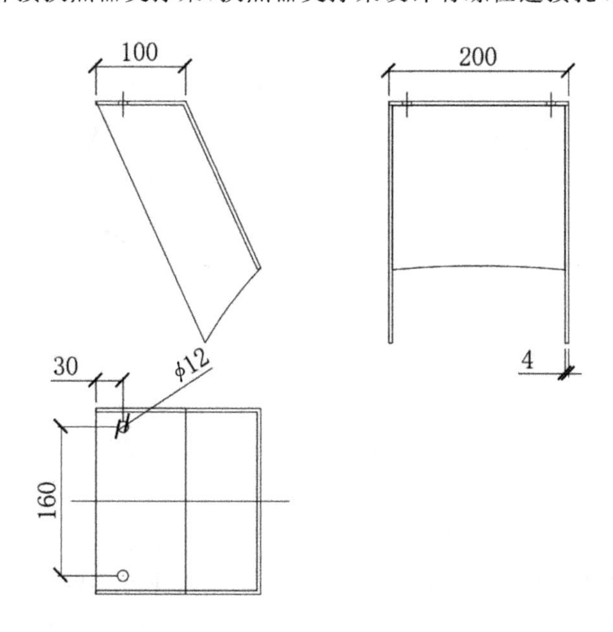

图 1-47 换热器支撑架示意图

④ 表面散热片。

在封头表面均匀焊接弧形表面散热片,包括高度 30 mm、厚度 4 mm、长度

350 mm 的长片 14 个，长度 200 mm 的短片 16 个，长短交错。铸造时封头表面散热片高度 25 mm、底部厚度 5 mm、顶部厚度 3 mm，数量及长度同上。

（2）炉壁。

炉壁采用金属钢板卷制焊接，形成高 920 mm、外径 760 mm 的圆柱形炉体，底部焊接金属炉底，高度、圆度误差不超过 5 mm，焊缝严密、平整、无气孔、无夹渣、不漏气。

在炉壁上开设炉门口、灰坑口和助燃鼓风口，在两侧炉壁的对称位置各开设两个二次进风口（中心点分别距炉底 230 mm、860 mm）并各焊接 1 根二次进风管，管内径 30 mm×30 mm，长 650 mm；在助燃鼓风口斜向焊接 ϕ60 mm、长 526 mm 助燃鼓风管，与灰坑口边框夹角为 8°，形成切向供风。炉壁和炉底采用 4 mm 厚耐酸钢板制作，二次进风管和助燃鼓风管采用 Q235 钢制作，钢材符合 GB/T 221 和 GB/T 15575 规定。技术参数图如图 1-48 所示。

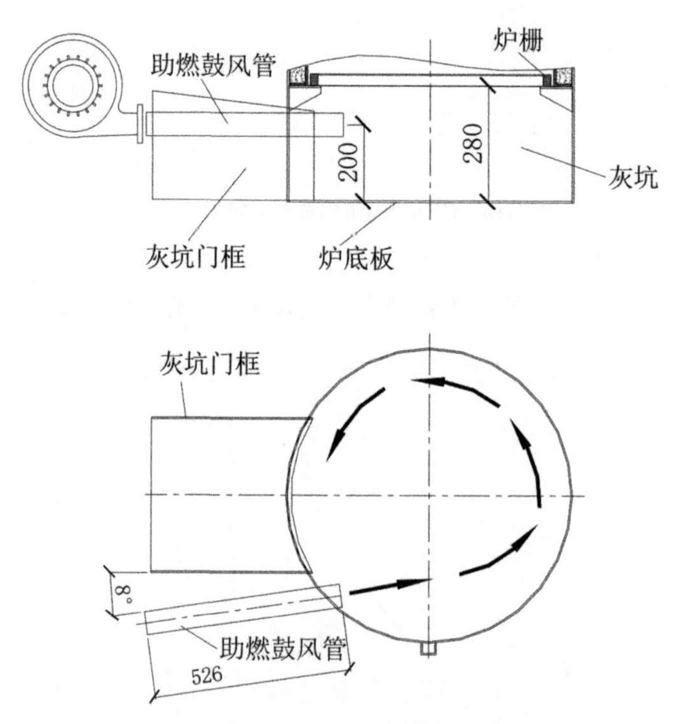

图 1-48 灰坑结构及正压助燃示意图

（3）炉栅。

在距离炉底 280 mm 的炉体内壁先焊接 6 个炉栅金属支撑架，再安装炉栅。炉栅采用 RT 耐热铸铁材料铸造，圆形，等分两块，炉条断面为三角或梯形，有足够的高温抗弯强度。炉条上部宽度为 28～30 mm，炉栅间隙为 18～20 mm，结构与技术参数如图 1-49 所示。

（4）耐火砖内衬。

在炉壁内紧贴炉栅的金属支撑架上方焊接耐火砖法兰支撑圈，在其上方沿炉体内

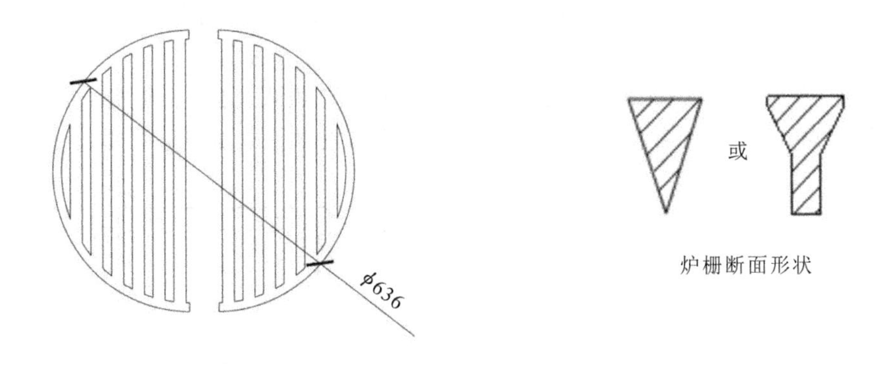

图 1-49　炉栅结构与技术参数示意图

壁安装 8 块耐火砖作为内衬。耐火砖法兰支撑圈采用 50 mm×50 mm×4 mm 的符合 GB/T 706 规定的热轧等边角钢制作。耐火砖采用耐火温度 900 ℃以上的符合 YB/T 5106 规定的耐火材料制作，高度 400 mm，厚度 40 mm，弧形。结构与技术参数如图 1-50 所示。

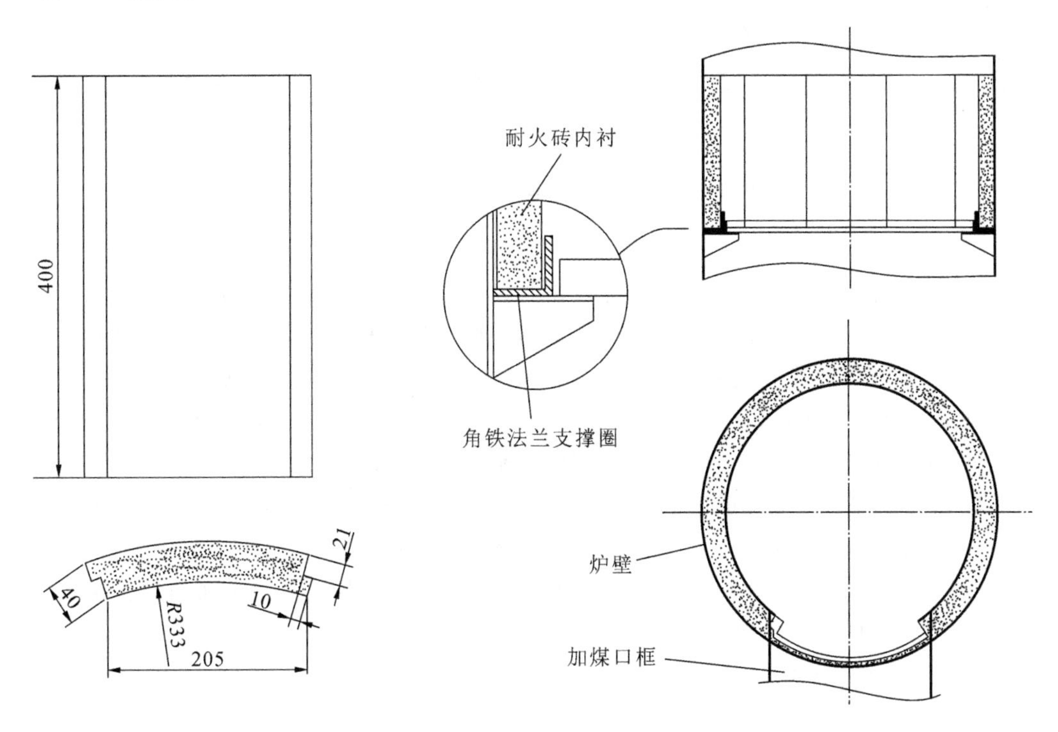

图 1-50　耐火砖内衬结构与技术参数及安装示意图

(5) 炉门、灰坑门、炉门框、灰坑框。

在炉壁上炉门口和灰坑口的开口位置焊接金属门框，安装炉门和灰坑门，炉门和灰坑门采用冲压成型加工方式，灰坑门为单层钢板结构，炉门为双层结构，外层钢板，内层扣板，层间内嵌厚度 30 mm 隔热保温耐火材料。炉门边缘内翻，与内层扣板形成宽 17 mm 的凹槽，凹槽内填充耐高温密封材料。炉门框下底面焊接 30 mm×4 mm 扁铁，其他三面焊接 30 mm×30 mm×4 mm 角铁，形成封闭的法兰。

门与门框均采用 4 mm 厚耐酸钢制作，采用轴插销锁式连接，销套外径 16 mm，销轴直径 10 mm。门扣采用手柄式。门与门框结构与技术参数如图 1-51 所示。

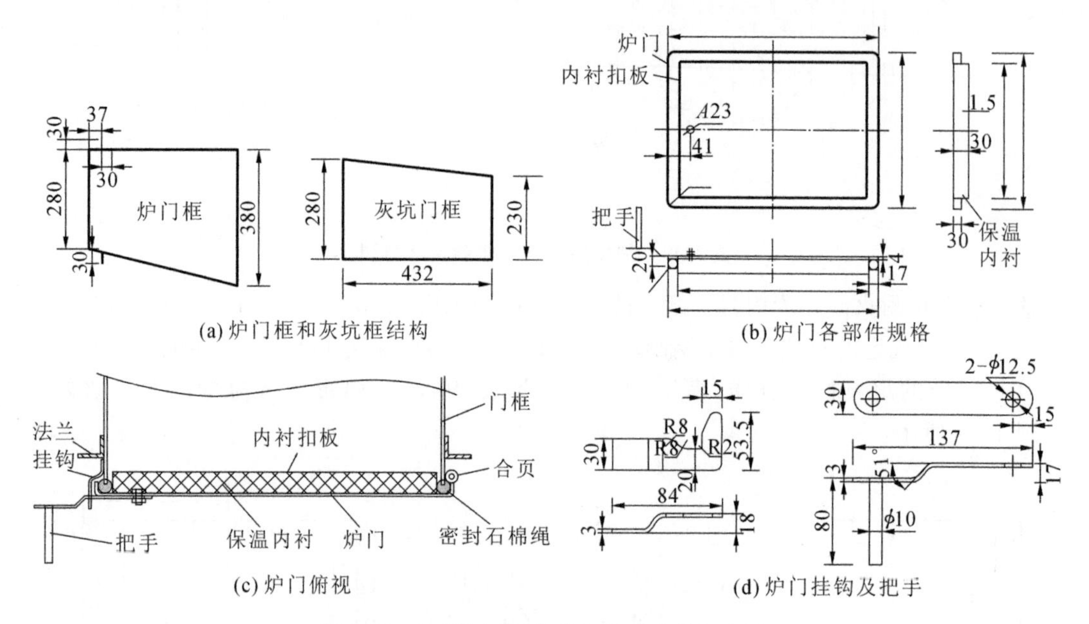

(a) 炉门框和灰坑框结构　(b) 炉门各部件规格

(c) 炉门俯视　(d) 炉门挂钩及把手

图 1-51　炉门(含框)结构与技术参数示意图

3）设备安装

（1）原则上先进行连体密集烤房的装烟室砌筑，并完成循环风机台板整体浇筑及其上方土建部分砌筑，再安装供热设备，最后完成循环风机台板下方加热室墙体砌筑。气流上升式烤房加热室底部的喇叭形热风风道在设备安装前也要先砌好，做好盖板。

（2）在加热室地面砌两个 120 mm×240 mm×240 mm 砖墩；然后将炉体座到砖墩上，再把换热器座到炉体上，要求水平、居中。换热器中心以循环风机台板上的风机安装预留口中心为准。安装完成后，要检查炉膛内耐火砖是否完好。具体如图 1-52 所示。

（3）火箱烟气管道与炉顶烟气管道连接处加耐热密封垫，找水平后先锁紧换热器支撑架上的螺丝，再按图 1-53 所示依次锁紧连接法兰上的螺丝。然后进行墙体砌筑，并完成烟囱竖向段与横向段的连接。

5. 通风排湿设备

1）循环风机

（1）轴流风机 1 台，型号 7 号，叶片数量 4 个，采用内置电动机直联结构，叶轮叶顶和风筒的间隙控制在 5 mm 左右。符合 GB/T 1236、GB/T 3235、GB/T 755、GB/T 756、GB/T 1993 规定。结构和安装尺寸如图 1-54 所示。

（2）50 Hz 电网供电，转速 1440 r/min 时的循环风机性能参数：风量 15 000 m^3/h 以上，全压 170～250 Pa，静压不低于 70 Pa，整机最高全压效率 70%以上，非变频调节

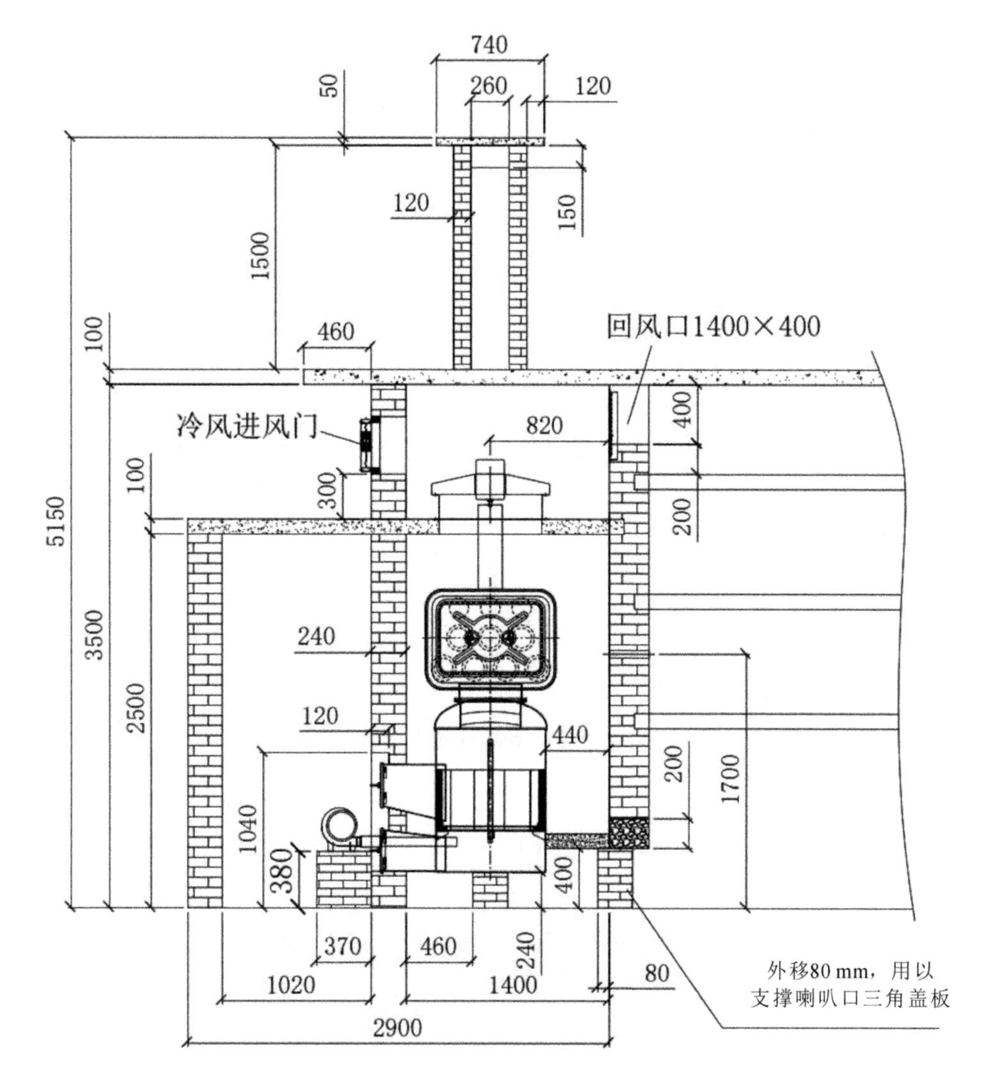

图 1-52 气流上升式设备安装示意图

装置效率(最高风机全压效率与电动机效率的乘积)不低于 58%。

(3) 风筒直径 700 mm、深度 165 mm，选用厚度 1.8 mm 以上的国标 Q195 冷轧钢板或 2 mm 以上的铝板焊接而成。焊缝严密、平整、无气孔、无夹渣、不漏气。风筒外表面清洁、匀称、平整，涂防锈涂料和装饰性涂料，内表面涂防锈涂料。

(4) 安装循环风机时，先检查风机各个部位的螺丝是否旋紧，再把循环风机风叶朝下座到风机台板上。风机中心和台板上的风机预留孔中心一致，找好水平后，把风机下面的风圈法兰同风机台板用水泥砂浆封牢固。

2) 冷风进风门

(1) 采用 12 V 直流电动机，2 孔配线连接头，连接头 1 正 2 负开，2 正 1 负关。

(2) 电动机额定功率 6 W，额定扭矩 50 kgf. cm。空载时的输出转速≥3.5 r/min，额定负载时输出转速≥3 r/min。

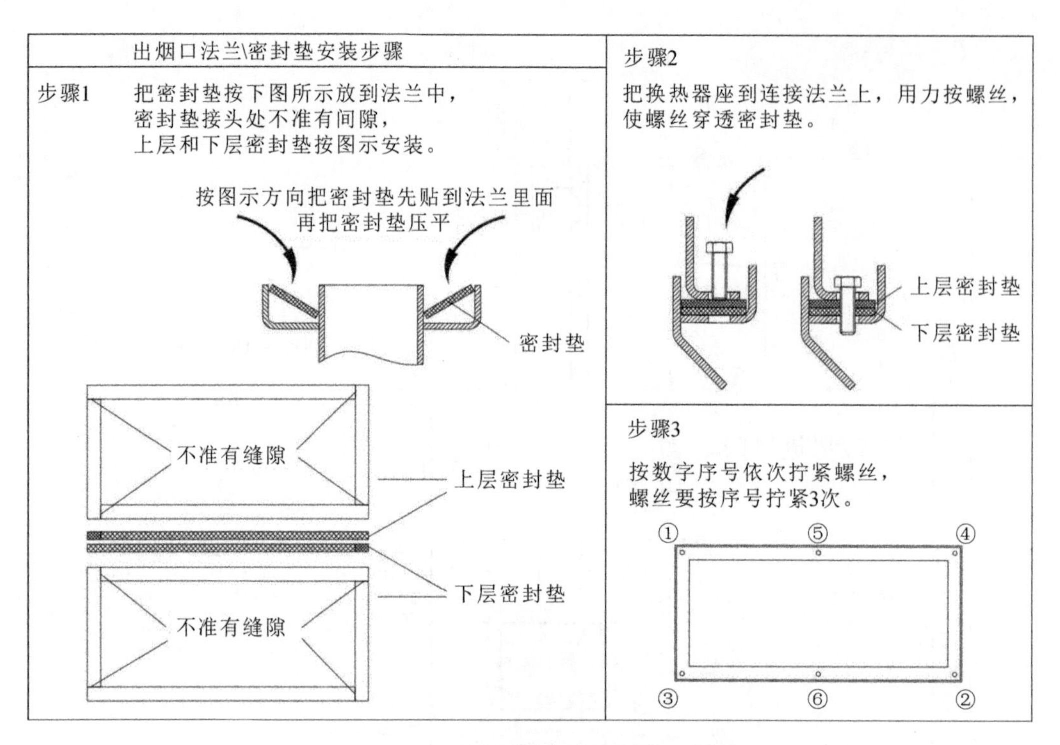

图 1-53 换热器与炉膛连接步骤示意图

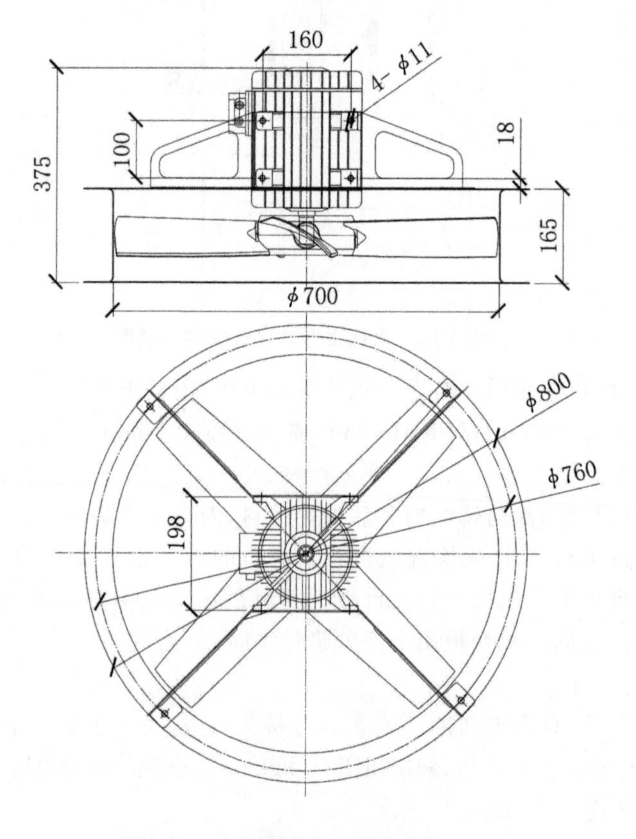

图 1-54 风机基本结构和安装尺寸

(3) 空载时电动机电流≤120 mA,额定负载时电动机电流≤480 mA。

(4) 电动机控制回路要有保护措施。插座安装可靠,电动机连接到插座的连线不能处于挤压状态,连接线绝缘层无破损,绝缘性能好,不漏电,具有防雨措施。

3) 助燃鼓风机

(1) 离心式,铸铁或钢板外壳,B级绝缘,额定电压220 V,允许波动±20%。

(2) 正压鼓风机额定功率150 W,负载电流不大于0.75 A,风压490 Pa,风量≥150 m^3/h;负压鼓风机额定功率370 W,负载电流1.7 A,风压≥1600 Pa,风量≥600 m^3/h。

四、密集烤房的使用与维护

(一) 密集烤房的检查

在密集烤房设备安装完成后,使用前需进行设备的检查和测试,确保烤房所有设备运行正常,烤房性能良好。首先,检查烤房加热室,清除加热室内、火炉内、火炉的二次通风道内、散热器内、烟囱内、冷风进风门及排湿百叶窗上的杂物,保障加热系统通畅,检查清灰门、检修窗的密封性能,冷风进风门、排湿窗是否开关灵活,助燃鼓风机接口是否密封。加热室检查完毕后即进行烤房装烟室的检查,主要看室内、进回风道有无杂物,墙体、房顶、装烟室大门是否密封,装烟室大门、辅助排湿窗开关是否灵活,装(挂)烟架是否牢固,温湿度传感器安装位置、上下探头位置、湿球水壶是否漏水及棉线吸水等情况。

(二) 密集烤房的使用

密集烤房检查完成后就可以正常使用了。密集烤房主要是通过温湿度传感器感知装烟室内的温度和湿度,进而控制冷风进风门、排湿百叶窗、循环风机、助燃鼓风机,达到烟叶烘烤需求。所以,密集烤房在使用上比较简单,主要是要知道如何使用密集烤房控制器。

密集烤房控制器面板分4栏,共设置8个按键,分别是工作状态栏的运行/停止键和设置键,选择目标栏的左、右两个键,修改目标栏的+、-键,以及确认查询栏的确认键和查询记录键(图1-55)。通过这8个按键可以实现温湿度、时间的设置和在线调整,以及控制器的运行和停止控制。

1.控制器的开机

打开控制器,可看到两个空气开关(空开),其中较小的空开是控制器的开关,而较大的空开是循环风机的开关(图1-56)。打开控制器的开关,控制器的面板亮起,控制器开始自检,当自检完成,控制器面板上就显示烤房当前的温湿度,下面就可以对控制器进行正常的设置和使用了。当循环风机的开关打开后,可通过控制器侧面的调速开关控制循环风机的转速。目前密集烤房使用的大多是双速电机,调速开关有三个档位,即高速、停止、低速,可根据密集烘烤工艺的需求,调整循环风机的转速。

图 1-55 控制器面板

图 1-56 控制器内部结构

2. 控制器参数设置及使用

运行/停止键:用于运行/停止状态的设定。

设置键:使用该键进入参数设置/修改状态,可对曲线显示部分的各个目标设定框内的数值以及运行状态显示部分的烟叶部位、日期时钟等烘烤参数进行设置/修改。

选择目标键:配合设置键或查询记录键使用,可查询不同烤次的历史数据。选择目标的运行轨迹由曲线目标设定框自上而下、自左向右,至设定模式及烟叶部位,至日期时钟目标,再至曲线目标设定框,或反向移动,形成一个闭环移动轨迹。点按时,移动至下一个目标;长按时,可连续迅速移动,直至达到目标。

修改目标键:配合设置键或查询记录键使用,可查询选定烤次下的不同时段历史数据。

查询记录键:切换显示辅助传感器干、湿球温度和辅助状态(上棚或下棚),可查询历史数据。

确认键,用于确认设置/修改结束或解除声音报警和查询结束。

控制器面板如图 1-57 所示。

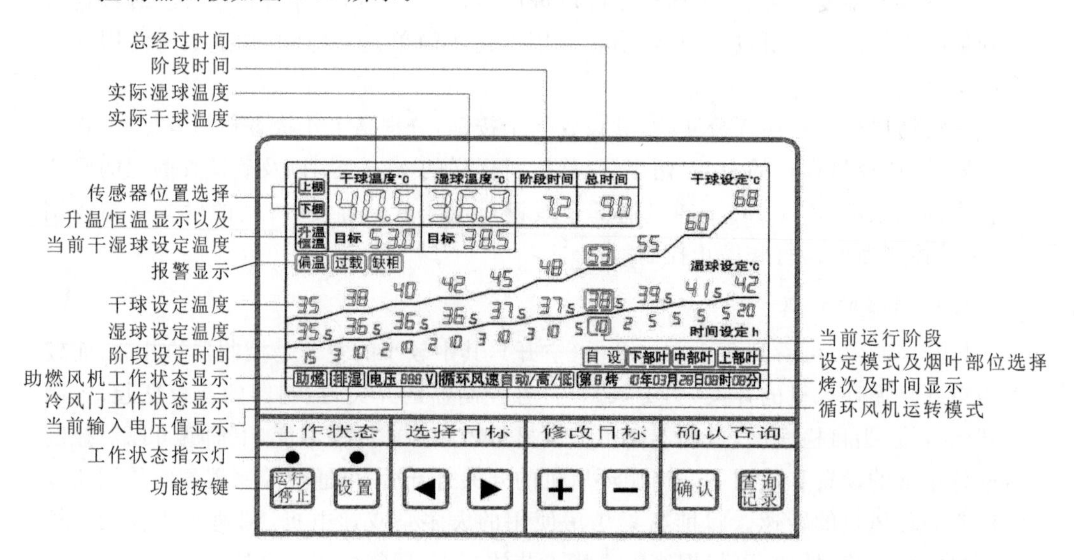

图 1-57 控制器面板示意图

（三）密集烤房的维护

密集烤房设备长期处在高温高湿环境中或暴露在户外，容易锈蚀损坏。因此，在烘烤结束后要采取有效的维护保养措施，延长设备使用寿命，确保来年烤房性能优良。

1. 供热设备的维护与保养

设备运行期间要定期清理换热器，使换热器内没有积灰，这样可以减少热量损失并保障燃烧顺利进行。设备运行期间，每烤两炉烟至少要清理一次换热器。若烤房长时间不使用，必须清理干净换热器内的积灰，并尽量保持周围环境的干燥。同时，要对供热设备进行涂油防锈和维修：主要是调紧所有松动的螺丝，并在螺帽、螺钉和门轴涂抹机油防锈；用防腐油漆对炉体、换热器和烟囱管刷漆防腐；检查炉体、换热器和烟囱管有无漏气问题；耐火内衬是否有脱落、龟裂，发现问题及时维护。供热设备的结构及清灰方法如图 1-58、图 1-59 所示。

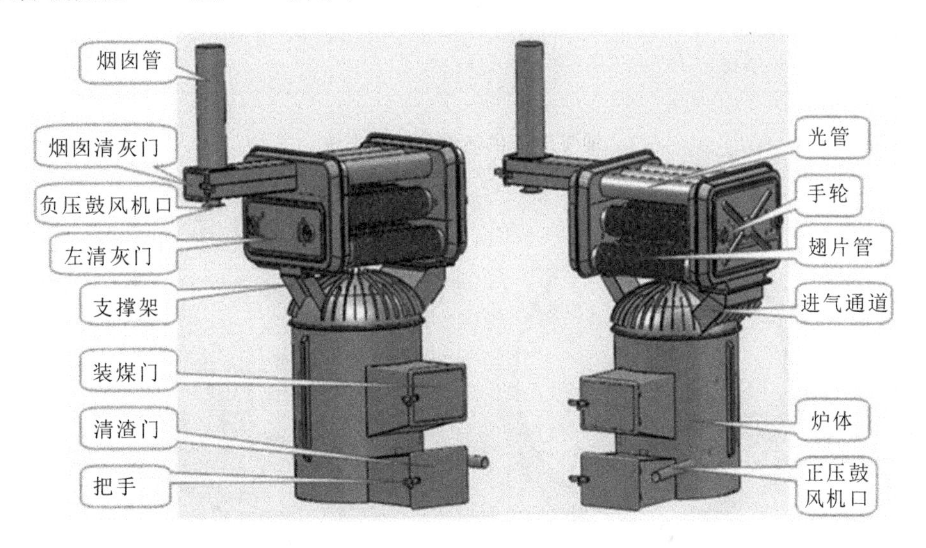

图 1-58　供热设备的结构

2. 循环风机的维护与保养

循环风机（图 1-60）的维护与保养分三步：一是检查电机、风叶是否变形，有无同外框、支架接触，电机、风机所有的螺丝是否紧固，发现问题及时维修；二是清洗和注油，清理表面污物，所有螺钉、螺母涂机油防锈，电机和风机加注耐高温润滑油（2＃或3＃复合钙基脂）；三是定期运行，为使电机保持良好状态，停烤后循环风机要 1～2 个月运行 1 次，每次运行 1 小时。

3. 温湿度控制设备的维护与保养

温湿度控制设备的维护与保养分以下四个方面。①自控主机。拆下自控主机清理干净，卸掉电池；密封在装有适量干燥剂的塑料袋内，放入原包装盒，保存于阴凉干燥处。②传感器。收好传感线，倒净湿球水壶，拭净传感器；小心拆下湿球棉纱，清洗、漂净并晾干，套在探头上用棉线扎紧；装在放有防潮剂的塑料袋中扎紧，存放在阴凉干

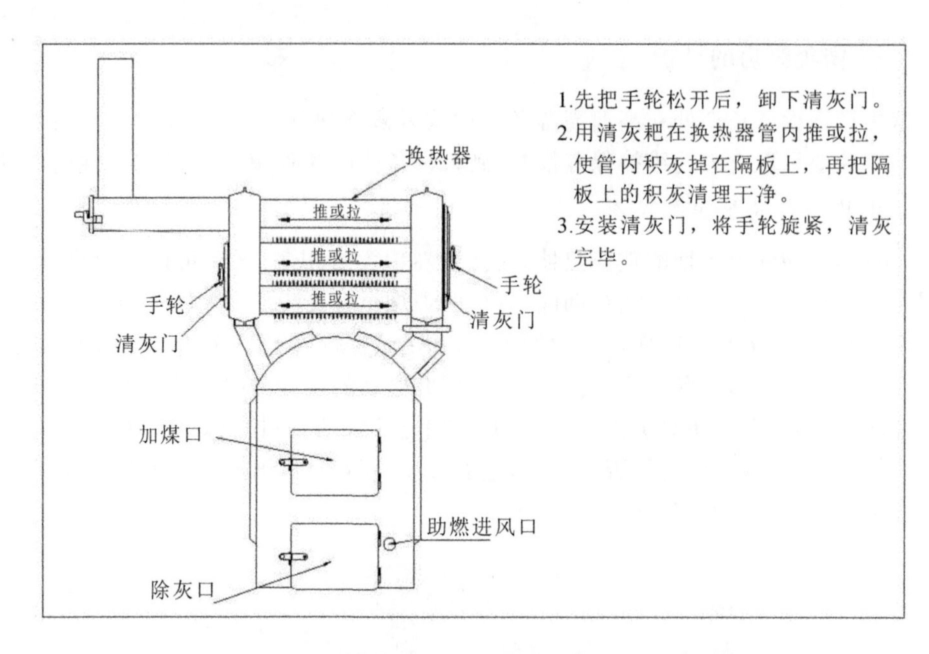

图 1-59　供热设备清灰方法

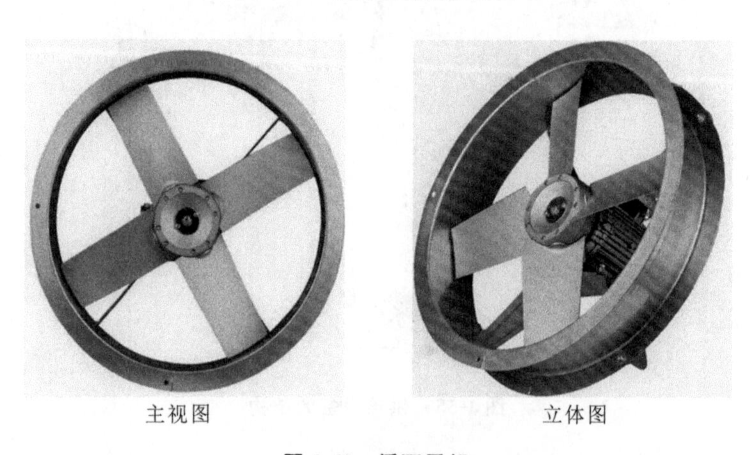

图 1-60　循环风机

燥处。③执行系统。拆下鼓风机、风门，清理表面污物，转轴处加机油润滑，放置在阴凉干燥处保存。④电器连线。用塑料薄膜包裹好电线，妥善保管，防止被老鼠啃坏；全部插头集中绑扎，用装干燥剂的塑料袋密封，防止氧化。

五、新能源烤房

燃煤烘烤存在供热不稳定、有害气体排放量大、成本较高、操作难度和劳动强度大等问题，以清洁能源为燃料替代燃煤开展密集烤房烟叶烘烤是实现烤烟绿色可持续发展的必由之路。目前我国研究和应用的主要新能源烤房主要有热泵密集烤房（图1-61）、生物质烤房、天然气烤房、醇基燃料烤房、太阳能烤房。

图 1-61 热泵密集烤房群

1.热泵密集烤房

电烤房即将电能直接转换为热能的烤房。这类烤房主要是通过由不同材料的电热板、电热棒、电热管制作的加热设备,直接将电能转化为热能,一般会将烤房原有的加热设备去除(或保留),在烤房的加热室和装烟室内安装多组电热板(棒、管),并连成电热加热体系,该体系具有设备规模小、投资少、操作维修方便等优点。由于单座标准密集电烤房的最大输入功率大都在 30 千瓦以上,并且能耗较高,因此在生产上难以推广和使用。随着热泵技术的发展,特别是高温热泵的快速发展,热泵密集烤房的研究和使用已成为当前电烤房的主流。

热泵是通过冷凝器内的制冷剂冷凝释放热量供热的一种节能装置,主要由压缩机、冷凝器、节流装置和蒸发器四大部件组成。根据低温热源的不同,热泵分为空气源热泵、地源热泵和水源热泵,一般密集烤房使用的是最经济方便的空气源热泵。空气源热泵烤房具有明显的优势:一是具有显著的节能减排效果,烘烤平均能效比为 2.19;二是减工降本效果显著,烘烤劳动强度明显降低,无须添加燃料;三是能精准控温,显著提高烟叶烘烤质量;四是总体技术较为成熟,易于推广。不足之处在于:空气源热泵烤房对电源存在较大的依赖性,要有充足稳定的电力资源基础做保障;空气源热泵烤房标准不一,亟待解决行业技术规范问题。所以,在电力资源充沛、供电保障能力强的区域,可推广应用空气源热泵烤房。

热泵烤房根据蒸发器放置位置的不同分为开式循环烤房和闭式循环烤房两种(图 1-62)。其主要区别在于,开式循环烤房蒸发温度受外界环境温度影响较大,烤烟期间环境温度在 25 ℃以上,可采用该种热泵烤房;闭式循环烤房蒸发温度受外界环境温度影响较小,环境温度<25 ℃,宜选择闭式循环烤房。

2.生物质烤房

生物质能是地球上最普通的一种可再生能源,是唯一既具有矿物燃料属性,又具有可储存、运输、再生、转换的特点,并较少受自然条件制约的能源,其优势在于资源量大、价格较便宜、含硫量低、灰分少,而且可再生。生物质能也存在诸多缺点,如含水量高、能量密度低、体积大、来源分散,导致不便收集、贮存和运输等,但这些缺点可以通

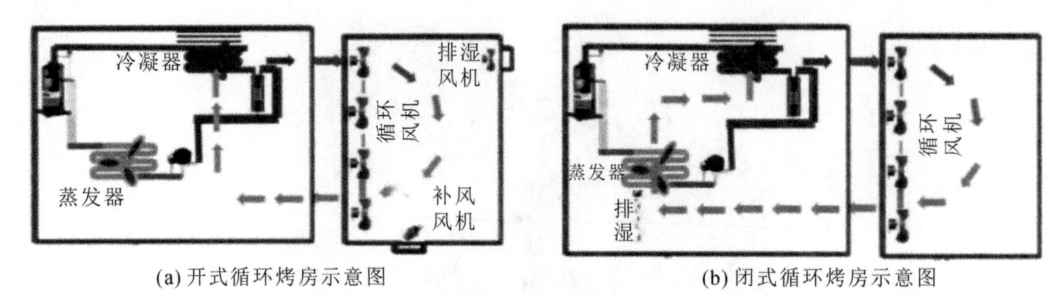

(a) 开式循环烤房示意图　　(b) 闭式循环烤房示意图

图 1-62　热泵烤房示意图

过技术与管理手段解决。

生物质在密集烤房上的应用主要有直接燃烧、生物质气化、生物质固化和生物质型煤 4 种方式(图 1-63)。生物质热解气化是优化利用生物质的技术之一,生物质在高温下通过气化装置经热化学反应或生物厌氧发酵反应转换成高效、清洁、方便使用的可燃气体。生物质气化后产生的可燃气体可以直接燃烧,但效率较低,也可将其转化成甲醇等液体燃料。20 世纪 90 年代初,叶经纬等设计了一种生物质气化燃烧炉,用于烟叶烘烤,之后多地研究了生物质气化炉和半气化炉,但由于低成本除焦问题没有得到解决,生物质气化技术没能大面积应用于烟叶烘烤。生物质固化是将具有一定粒度的生物质原料,在一定压力作用下(加热或不加热)制成棒状、粒状、块状等各种成型燃料。生物质固化的研究对象主要为秸秆压块,其简易工艺为"原料切碎—调湿—喂料—压块—成品输送"。利用生物质炭化炉可以将成型生物质块进一步炭化,生产生物炭。2005 年以来,安徽省开展了秸秆固化成型燃料的研究开发与利用,取得了较好的示范效果,但由于秸秆收集、运输费用高,以及秸秆压块燃烧过程中散热器中的焦油难以去除等问题,没能得到大面积的推广。同时,国内在烟叶烘烤中开展了大量的生物质型煤应用研究,但生物质型煤(秸秆煤)发热量较无烟煤低,总体燃料消耗量大、加料频繁,与煤炭燃料一样难以实现密集烘烤自动化控制。但 2010 年后,生物质颗粒燃烧机不断发展,具有与密集烤房匹配性高、使用简便、控温精准等特点,在烟叶生产中得到了广泛应用。

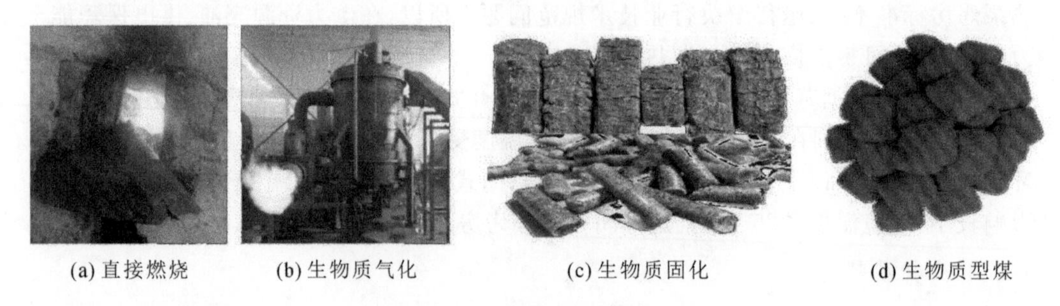

(a) 直接燃烧　　(b) 生物质气化　　(c) 生物质固化　　(d) 生物质型煤

图 1-63　生物质在密集烤房上的应用

3. 天然气烤房

天然气燃烧产生的明火热值高、火力旺。天然气加热密集烤房便于通过调节气流大小来调节火势，易升温和稳温，能显著减少燃烧过程中 SO_2、烟尘和 CO 等大气污染物的排放，同时具有操作简单、节省用工、能保证烟叶烘烤质量的优势。但目前市场天然气价格高，运输不便，存在安全隐患，导致天然气烤房使用较少。

4. 醇基燃料烤房

醇基燃料是以醇类(甲醇、乙醇等)为主的一种燃料，是一种低碳富氧的新型环保燃料。由于醇基燃料本身含氧，燃烧时需氧量较少，在燃烧充分的情况下，烟气中不含有碳粒，因此无烟尘和 SO_2 排放。醇基燃料密集烤房在温度控制上比燃煤密集烤房更精准稳定，能够满足烟叶烘烤对温湿度的要求，可以较好地执行烘烤曲线，从而保证烟叶烘烤质量；采用醇基燃料密集烤房能够减少燃料消耗，大幅度降低操作人员的劳动强度，节省劳动用工；醇基燃料密集烤房更易于操作，能够达到节能减排、增加效益的目的。此外，需要重视醇基燃料的使用安全问题，如甲醇在 64 ℃下就会由液态变成气态，形成甲醇蒸汽，如果吸入过量甲醇蒸汽，轻者会出现头晕、视力模糊、眼睛失明等症状，重者则会中毒身亡，这对烘烤工厂的管理水平提出了更高的要求。

5. 太阳能烤房

太阳能是一种清洁、安全的能源，无须开采和运输，开发利用极为方便，被广泛应用于生产生活中。目前，太阳能在烟叶烘烤上的利用形式主要有两种：一是光伏发电，利用电能进行加热；二是直接通过太阳能加热空气，将热空气引入烤房进行烟叶烘烤，这也是目前太阳能的主要利用形式。这两种形式都是以辅助烤房加热为主，全部采用太阳能进行烘烤的烤房目前还没有。太阳能资源丰富，属于清洁无污染能源，利用太阳能集热和光伏发电装置辅助烘烤能明显降低燃煤消耗，节约烘烤成本。利用太阳能进行烘烤也有显著的局限性，太阳能具有间歇性和难收集性，受天气影响较大；光伏发电烤烟烘烤系统前期投入较大、成本较高，太阳能集热装置的集热效率不高，蓄电池的电能转换效率低。可将太阳能光伏发电系统与其他热源供热系统相结合，推广混合能源密集烤房，这对我国现代烟草农业建设具有积极的促进作用。

六、烤房物联网使用与展望

物联网(internet of things)即万物相连的互联网，是通过互联网或无线网将物与物连接起来，具体指把所有物品通过电子标签(RFID 或称射频识别)、红外感应器、传感器、全球定位系统(北斗、GPS)、激光扫描器等信息传感(采集)设备与互联网连接起来，进行信息交换和互连，实现智能化识别、定位、跟踪、监控和调度管理。物联网被称为计算机、互联网之后世界信息产业的第三次浪潮。新物联网包括物联网、人工智能、大数据、云计算。

具体到烟叶烘烤，目前实现了烤房设备的联网，烤房信息交互和管理，可以将控制设备的 ID 与烤房绑定，上传烤房位置、使用情况、维护情况等信息，以及烘烤过程中烟叶状态数据(水分、颜色等)、装烟室的温度和湿度等数据，可以通过后台电脑或手机 APP 对烤房烘烤情况进行适时查看和调控(图 1-64)。近年来，在大数据、云计算、人工智能方面也开展了大量的研究探索。

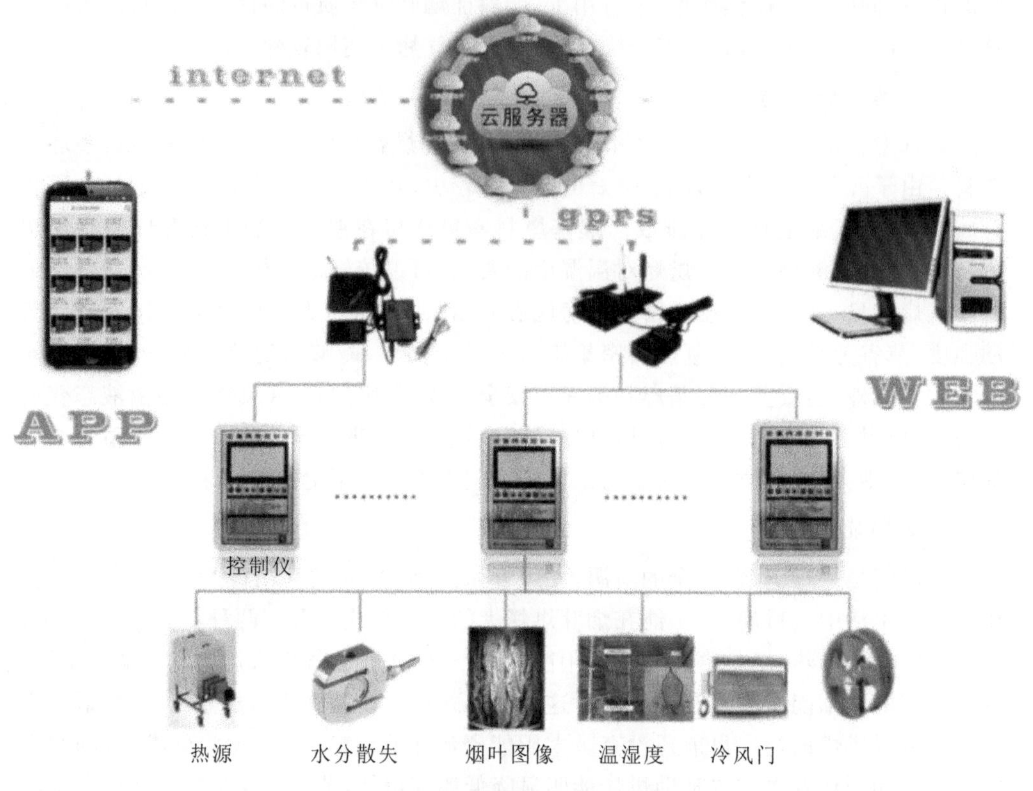

图 1-64 烤房物联网工作示意图

1. 烤房物联网手机 APP

基于烤房物联网开发的手机 APP，涵盖实时查看烤房状态、历史状态、远程控制、评价反馈等功能模块，实现了烤房的远程监测和调控。随着图像采集设备摄像、补光、图像算法的不断优化，远程适时查看烟叶图像状态的还原度越来越高，可以满足远程看烟叶变化调整烘烤参数的需求，同时，为数据采集、云计算以及机器智能学习（即人工智能）奠定了基础。见图 1-65。

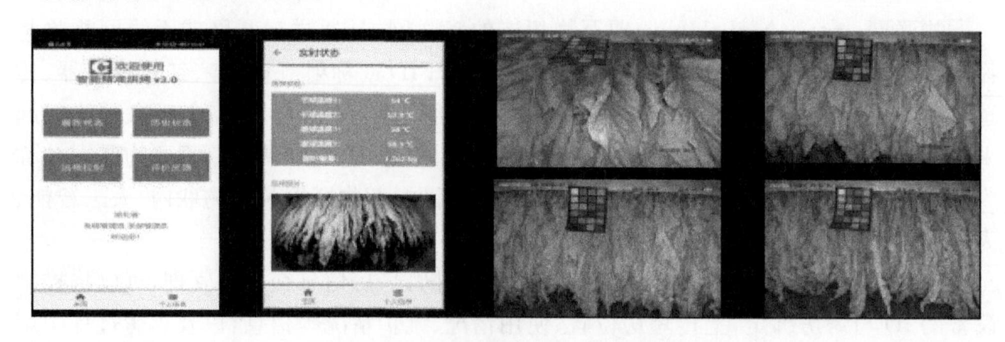

图 1-65 烤房物联网手机 APP 截图

2. 烤房物联网大数据平台

近年来，随着我国燃煤烤房改造和清洁能源烤房升级，一批可用性强的数据采集装备逐渐普及，烘烤过程数据呈爆炸式增长，海量烘烤数据的分析及应用在改善烟叶烘烤质量中发挥了巨大作用；基于现代装备和数据利用的烟叶智能烘烤技术升级成为广大烟叶产区的共同现实需求，一些产区正在搭建烘烤信息化平台。2017 年开始，各烟叶产区相继开展温湿度数据、鲜烟素质数据、烟叶图像数据的采集与分析应用；2022 年，在国家烟草专卖局重大科技项目支持下，郑州烟草研究院牵头联合云南省烟草农业科学研究院、贵州省烟草科学研究院等科研单位和产区公司，开展烘烤数据标准研制、算法模型开发和数据平台搭建工作。

3. 烘烤智能模型的建立与应用

在大数据、云计算的应用上，目前主要是烟叶烘烤相关模型的构建及验证。首先，相关研究人员初步建立了鲜烟素质的分类识别模型，开发了与之匹配的 APP，可实现鲜烟素质信息上传、云端模型识别和鲜烟素质快速判断等功能，测试集判别准确率在 90%左右（见表 1-3）。

表 1-3 模型分类结果

分类模型	特征数	训练集判别准确率/(%)	交叉验证集判别准确率/(%)	测试集判别准确率/(%)
ELM	5	96.67	83.00	84.00
GA-SVM	5	93.33	93.33	92.00
PSO-BP	5	94.00	96.67	90.00

其次，构建了烘烤工艺关键温度点的模型。烟叶的密集烘烤主要是通过叶片失水皱缩程度、颜色由绿到黄变化情况来判别和调整烟叶烘烤阶段。烟叶的颜色变化可以用颜色特征来反映，在烟叶不同颜色空间提取 10 个颜色特征和 10 个纹理特征，从而建立烘烤过程中烟叶状态特征图谱和烘烤过程中关键温度点烘烤工艺模型（图 1-66）。最终构建了烟叶烘烤智能判别模型，使机器能自动识别烟叶状态，并给出适宜的调控温度，初步实现了烟叶烘烤智能监控和决策。

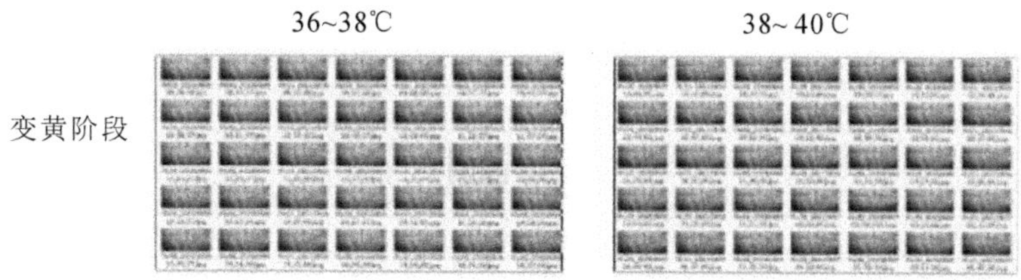

36~38℃ 38~40℃
变黄阶段

图 1-66 不同烘烤阶段烟叶状态特征图谱

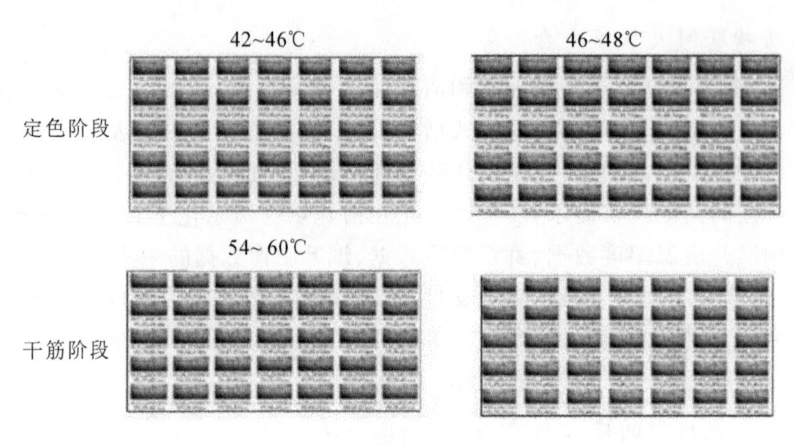

续图 1-66

4. 烤房新物联网展望

随着现代烟草农业的发展和烟叶烘烤物联网研究的不断深入，烟叶智慧化烘烤是必然的发展方向(图 1-67)。在现有烤房物联网研究应用的基础上，实现烟叶智慧化烘烤要做到以下几点：一是烘烤大数据的研究，烟叶、烤房数据的多维扩充，以及数据的标准化采集和分析利用；二是基于大数据建立鲜烟叶素质识别、烤前烘烤工艺数字化制定、烘烤过程中烟叶变化与温湿度匹配控制、烟叶烘烤质量判别等相关模型；三是建立软硬件完善的智慧化烘烤体系，实现采收烟叶素质的自动识别，根据烟叶素质参数制定烘烤工艺，通过烘烤过程参数控制模型实现智慧化烘烤。

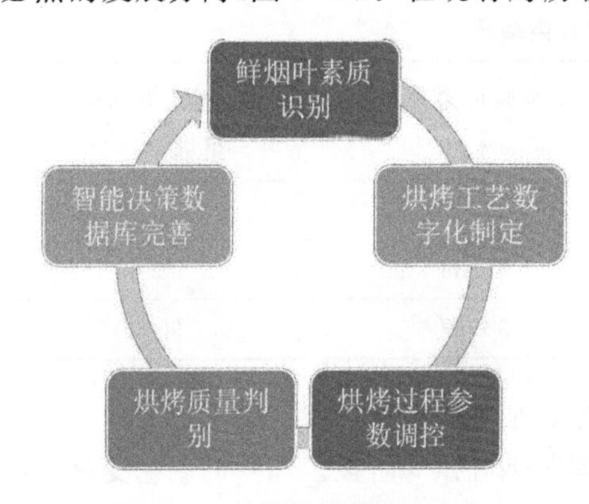

图 1-67 智慧化烘烤研究内容

第二章　烟叶成熟采收

一、烟叶成熟的生物学基础

(一) 叶片发育的一般过程

烟草叶片是由顶芽或腋芽的顶端分生组织产生的。当前种植的烤烟品种一生可分化 30～40 片叶。从生长点出现叶原基开始,经半月左右出现幼叶,再经 1～2 月烟叶基本长成。一片烟叶从叶原基分化到成熟,再到衰老是一个连续的渐变过程。生产上根据烟叶生长发育的特点,将其生长发育过程分为五个时期,即幼叶生长期、旺盛生长期、生理成熟期、工艺成熟期和过熟衰老期。

1. 幼叶生长期

幼叶出现后 10～15 d 之内称为幼叶生长期。此时期茎叶角度很小,叶片呈直立状,各叶龄小叶互相包蔽,呈嫩绿色。叶组织细胞旺盛分裂,细胞数目迅速增加,幼叶生长期末时烟叶的组织结构基本分化完备,叶长达 12～15 cm,宽 3～4 cm,叶面积、叶体积及叶重量增长缓慢,叶面积为最终叶面积的 10%,叶体积为最终叶体积的 8%,叶重量为最终叶重量的 11%左右。

2. 旺盛生长期

旺盛生长期就是指从烟叶开始迅速生长到生长速度明显减慢的这一段时间。此时期烟叶绿色组织光合作用很强,所制造的有机物先是构成新的细胞结构,并为个体生命活动提供能量,后来则用于细胞体积扩大,因此,大部分有机物为生命活动所消耗,只有很少一部分在叶组织积累。旺盛生长期结束时,叶面积为最终叶面积的 70%,叶体积为最终叶体积的 80%,叶重量为最终叶重量的 65%。

3. 生理成熟期

所谓生理成熟,就是指烟叶通过旺盛生长之后,叶细胞伸长扩大速度减慢,叶片生长从缓慢到停止,叶面积基本定型,物质合成与分解达到动态平衡,干物质积累达到最高峰,此时生物学产量最高。生理成熟期有两个特点:一是烟叶进行光合作用所形成的有机物质逐渐在叶内贮存起来,贮存的速度比因呼吸作用而消耗的速度要快,叶组织最充实，产量最高。二是叶绿素开始分解。此时期又叫始熟期或初熟期。一般的作物在生理成熟期收获，可以获得最佳的产量和经济效益。但是，烟叶是一种特殊的工业原料作物，整个烟草生产都要以质量为中心，处于生理成熟期的烟叶，其内部生理生化变化还不充分，内在质量潜势尚未达到最佳水平，物理性状也未达到最佳状态。因此，生理成熟期不是最适合采收烟叶的时期。

4. 工艺成熟期

工艺成熟期又称为适熟期。烟叶在生理成熟后，叶片的合成能力迅速减弱，分解能力增强，叶绿素快速减少，淀粉、蛋白质含量下降，组织逐渐变得疏松，内含物丰富，香气物质增多，叶内化学成分趋于协调。烟叶外观上呈现明显成熟特征，如颜色由绿转黄。这时采收的烟叶，在烘烤过程中脱水顺利、变黄均匀，烤后变成橘黄色，叶正面和叶背面的色泽相似，叶面皱褶，油分多，光泽饱满，手摸烟叶有颗粒感，烟叶内在质量好，工业利用价值最高。所以，所谓工艺成熟期，就是烟叶田间生长发育达到烘烤加工和加工后工业可用性最好、最适宜的时期。事实上，工艺成熟期不属于一般生物的生长发育时期，而是人们为了某种需要在生物生长发育过程中特意规定的某种状态或阶段。

5. 过熟衰老期

烟叶在达到工艺成熟之后，如不及时采收就转向过熟。由于养分消耗多，烟叶逐渐衰老枯黄，产量降低，叶体变薄，烤后颜色淡，油分少，光泽暗，缺乏香味，品质差，吸湿性弱，易破碎，使用价值降低。

（二）各部位烟叶的叶龄

烟叶各个生长发育时期所经历的时间为：一般幼叶生长期 8～15 d，旺盛生长期 7～15 d，生理成熟期 13～16 d，工艺成熟期 13～15 d。烟叶的叶龄指的是从出现 0.5 cm 长的幼叶开始，到适熟采收所经历的时间，一般为 45～70 d。各生长发育时期所经历的时间因品种、部位、气候条件、栽培技术等因素的不同而变化。

不同品种、不同部位烟叶的叶龄有很大的差异，表现为上部叶＞腰叶＞下部叶。一般下部叶达到成熟时的叶龄为 50～60 d，中部叶 60～70 d，上部叶 70～90 d。

（三）不同部位烟叶的解剖结构特点

烟叶解剖结构是影响烟叶品质的重要因素，不同部位烟叶的解剖结构存在很大差异。

处于同一发育阶段但着生部位不同的烟叶，叶肉细胞的疏密程度不同，一般是下部叶较稀，上部叶较密，随着着生部位的升高，单位长度栅栏细胞数和单位长度海绵细胞数量呈增多的趋势。不同部位叶片中细胞的大小也有差异，尤以栅栏细胞差异明显，一般上部叶栅栏细胞较长较粗，下部叶栅栏细胞较短较细，中部叶居中。

烟叶表皮上的腺毛密度及分泌物多少与烟叶香气质和香气量均有密切关系。烟叶的腺毛密度随着生部位的不同有明显差异，一般随着叶位升高而呈增加趋势，以上部叶腺毛密度最大，分泌物最多(见表 2-1)。

表 2-1　不同成熟度烟叶下表皮腺毛密度

品种	成熟度	上二棚		腰叶		下二棚	
		B/(根/cm^2)	变化率/(%)	B/(根/cm^2)	变化率/(%)	B/(根/cm^2)	变化率/(%)
云烟 85	CSD1	2610	160	2130	100	2036	100
	CSD2	2130	81.6	1944.5	91.3	1758.3	86.4
	CSD3	1852.8	71	1480.5	69.5	1389	68.2
	CSD4	1297.7	49.7	1389	65.2	1093	53.7
K326	CSD1	1944.5	100	1480.5	100	1365	100
	CSD2	1666.8	85.7	1397.5	94.4	1284	94.1
	CSD3	1575	81	1202.8	81.2	1201	88
	CSD4	1389	71.4	1111	75	1119.5	82

注：B 表示烟叶下表皮腺毛密度。

不同部位烟叶由于所处的环境条件不同，其内部的生理代谢和物质转化过程势必存在差异，所形成的鲜烟叶素质及烤后烟叶性状也会有所不同。

二、烟叶成熟度

(一) 烟叶成熟度与质量的关系

1. 烟叶成熟度的含义

烟叶成熟度是一个质量概念，指烟叶适于调制加工和满足最终卷烟工业可用性要求的质量状态和程度。从字面上讲，成熟度就是烟叶在田间生长发育和干物质积累走向更适宜于目的物要求的程度；从生命规律上讲，成熟度就是烟叶生长完成营养积累之后各种生理生化活动的变化达到衰老的程度；从化学构成上讲，成熟度就是烟叶化学成分在完成营养积累之后的相互交替和转化程度。

烟叶成熟度包括田间成熟度和分级成熟度。田间成熟度是烟叶在田间生长发育过程中所表现出来的成熟程度；分级成熟度是田间收获的叶片经烘烤调制后形成的产品按采收标准所划分的成熟的档次。田间成熟度和分级成熟度是密切相关而又有本质区别的两个概念。从性质上讲，田间成熟度是活体烟叶生长发育的某一阶段的表征，分级成熟度则是具备某一田间生长状态的烟叶经过调制加工所表现出来的干烟叶的表征，即前者是活烟叶的性质，后者是烤后干烟叶的性质。从生产过程上看，田间成熟度是烘烤前的鲜烟叶的特征，分级成熟度是鲜烟叶经烘烤加工所表达出来的原烟产品的特征。田间成熟度是卷烟原料生产过程中采收这个工序的一项工艺指标，分级成熟度则是最终原料产品的一项质量指标，即前者是采收标准，后者为定级标准。

从田间成熟度和分级成熟度的关系来看,前者是后者的物质基础,后者是前者的根本体现和最终要求。分级成熟度好的烟叶,田间成熟度一定好;但田间成熟度好的烟叶,分级成熟度不一定好。这是因为采收后的烟叶在烘烤加工过程中可能受到不良的影响。

2. 烟叶成熟度档次的划分

烟叶成熟度对烟叶品质影响极大,美国烟草专家认为,对烟叶品质的贡献,田间栽培占三分之一,成熟采收占三分之一,烘烤技术占三分之一,可见烟叶成熟度的重要性。为此,国际烟叶市场普遍采用烟叶成熟度作为重要的质量因素,各国烟叶分级中也都把它作为首选的品质因素。在国际烟叶市场上,根据烟叶在田间的生长发育状态和烤后烟叶的质量特点,通常将烟叶成熟度划分为生青、不熟、欠熟、生理成熟、近熟、工艺成熟、完熟、过熟和非正常情况下的假熟等不同档次。

生青(rude):烟叶仍处于生长发育状态,尚未达到最大叶面积,叶色青绿。

不熟(immature):烟叶生长发育虽已基本完成,达到最大叶面积,但叶内物质积累尚欠缺,内含物不充实。

欠熟(unripe):烟叶生长发育接近生理成熟,叶内的干物质积累已基本达到最高点。

生理成熟(mature):烟叶已完成整个干物质的积累,达到了最大的生物学产量,并开始逐渐呈现某些成熟特征。

近熟(under-ripe):完成生理成熟的烟叶发生一定的干物质降解,外观上呈现较多的成熟特征,但仍没达到卷烟工业原料所要求的最佳水平。

工艺成熟(ripe):烟叶在生理成熟的基础上充分进行内在生理生化转化,达到了卷烟工业原料所要求的可加工性和可用性,烟叶质量达最佳状态,即达到了适合采收烘烤的工艺水平。工艺成熟的烟叶具有最好的商品价值、使用价值和经济价值。

完熟(mellow):一般是指充分发育、营养充足的上部烟叶在达到工艺成熟之后,进一步进行内在生理生化转变,游离氮彻底降解,可溶糖较多消耗,色素也发生更充分的转化,叶体上通常有较多的“老年斑”(成熟斑),某些外观特征变差,但内在质量会更加完好。

过熟(over-ripe):工艺成熟或完熟的烟叶未能及时采收而继续衰老,造成叶内养分过度消耗,甚至发生一些细胞自溶,整个叶子逐渐接近死亡状态,叶体变薄,叶色变淡,严重时甚至枯焦。过熟烟叶使用价值降低。

假熟(premature):假熟不属于正常的成熟状态,它是指由于各种不良因素(如缺肥、密度过大、干旱、水涝、过多留叶等)的影响,烟叶在没有达到生理成熟之前就停止生长发育和干物质积累,同时进行大量的自身养分消耗,导致烟叶呈现外在的黄化状态。假熟不是真正的成熟,准确地讲是未老先衰。

我国现行烤烟国家标准中,将烟叶成熟度划分为过熟、成熟、尚熟和未熟四个档次。成熟相当于国外的工艺成熟和完熟;尚熟相当于国外的生理成熟和近熟;未熟是成熟度的最低档次,相当于国外的不熟和欠熟,其中包括发育不完全的烟叶;过熟为烟叶生长发育过程中的最高档次，与国外的过熟相当。

（二）烟叶成熟的一般特征

烟叶生长进入工艺成熟时，叶内的各种生理生化变化导致了化学成分和物理性状的改变，烟叶外部形态与色泽也发生明显的变化，这是判断和确定烟叶成熟的依据，是烟叶采收应遵循和掌握的带有普遍性的标准。烟叶成熟的一般特征归纳起来有以下六项。

第一，叶色变浅，整个烟株自下而上分层落黄，成熟烟叶通常表现为绿色减退，变为绿黄色、浅黄色，甚至橘黄色。

第二，主脉变白发亮，支脉退青变白。

第三，茸毛部分脱落或基本脱落，叶面有光泽，树脂类物质增多，手摸烟叶有粘手的感觉，多采几片烟叶会粘上一层不易洗掉的黑色物质，俗称烟油。

第四，叶基部产生分离层，容易采下，采摘时声音清脆，断面整齐，不带茎皮。

第五，烟叶和主脉自然支撑能力减弱，叶尖下垂，茎叶角度增大。

第六，中、上部叶片出现黄白淀粉粒成熟斑，叶面起皱，叶尖黄色程度增大，或枯尖焦边。

（三）影响烟叶成熟的因素

影响烟叶成熟的因素很多，主要有气候因素、栽培条件、土壤条件、烟叶着生部位和遗传因子等。

1. 气候因素

烟叶成熟需要充足的阳光、较高的温度和较少的降雨条件。

1）光照

烟草是喜光作物，晴朗、日照充足是生产优质烟叶的必要条件。如果光照不足，则细胞分裂缓慢，倾向于细胞延长和细胞间隙加大，机械组织发育差，植株生长纤弱，叶片组织疏松，叶片大而薄，干物质积累也相应减少。

2）温度

烟叶成熟期的热量状况对烟叶品质影响很大。烤烟生长发育的最适温度为25～28 ℃。在20～28 ℃温度范围内，烟叶的内在质量有随成熟期平均温度升高而提高的趋势。此外，在日平均温度24～25 ℃、光照充足的环境条件下成熟的烟叶，品质最好。

3）水分

烟叶成熟期间需要较少的水分。烟叶成熟期间降雨过多可使叶片含水量增加，导致细胞间隙大，组织疏松，烟叶有机物积累减少；雨滴直接冲刷烟叶表面会损伤叶面上的腺毛，使其分泌的树脂类物质流失，是烟叶香气降低的直接原因，并导致烤后烟叶叶片薄，颜色淡，缺乏弹性，芳香物质的形成受到影响，造成烟叶味淡，香气不足。同时，降雨过多使空气湿度增加，容易导致病害的发生和蔓延。

2. 栽培条件

1) 营养水平

合理的营养水平是烟叶生长发育的物质基础,“少时富,老来贫,烟叶长成肥退劲”是烟叶生长过程中土壤肥力变化的基本规律。

2) 封顶打杈

封顶打杈可以抑制烟株生殖生长,减少下部叶片的营养物质向上部叶片输送,使养分集中供应上部叶片生长,扩大叶面积,增加叶片厚度;烟株打顶可促进根系的发育,提高根系吸收和合成功能,根合成的烟碱向叶内积累,提高烟碱含量,并使叶片提早成熟。因此,适时打顶、合理留叶对烟叶的正常成熟是非常必要的。

3) 栽植密度的影响

烟株必须有适宜的群体密度才能保证通风透光和烟叶正常成熟,一般认为烟田最大叶面积系数在 2.5～3.5 是比较适宜的,根据土壤肥力的不同,种植密度一般为 15 000～19 500 株/公顷。若种植密度过大,田间郁蔽,通风不良,光照不足,特别是下部叶的环境小气候极差,往往因湿度大、光照不足造成地下水肥营养同地面以上的空间营养严重失调,叶内水分含量特别大,干物质含量非常少,最终形成“水黄”“白黄”现象,即所谓的底烘。底烘烟叶难以烘烤,烤后特别薄,质量很差。种植密度过小时,烟叶能够正常成熟,但资源利用率降低,难以保证烟叶的单位面积产量。

3. 土壤条件

土壤类型、土壤肥力、土壤酸碱度及土壤质地影响烟叶化学成分和烟叶组织结构,也影响烟叶的成熟过程。通常情况下,生长在质地黏重、土壤肥力高的偏碱性土壤上的烟叶成熟迟缓,叶片组织结构紧密;生长在砂质土壤上的烟叶往往成熟较快,耐熟性差,适熟期较短。

4. 遗传因子

遗传因子的差异即种质差异。不同的遗传因子能够形成不同内在质量的烟叶,它们在成熟时的外观特征表现有差异,制定成熟度标准时还应考虑到不同品种的成熟特征。

5. 烟叶着生部位

烟叶着生部位不同,烟叶生长所处的环境条件也不同,叶片组织结构和生理生化特点有较大的差异。下部烟叶生长在光照差、湿度大、通风不良、营养物质还要不断向上部正在生长的叶片输送的情况下,中上部烟叶处于光照充足、通风良好的有利条件下,由于生长条件的不同,烟叶成熟的特征也不一样。

(四) 烟叶采收的原则与方法

采收是烟叶田间生长过程的结束,也是叶片离体加工过程的开始,所以采收在一定程度上影响了烟叶的烘烤效果,制约着烟叶的品质、产量和经济效益。

1. 烟叶采收的原则

烟叶采收的基本原则是下部烟叶适时早采，中部烟叶成熟采收，上部烟叶 4～6 片充分成熟后集中一次性采收。

1）看烟叶采收

看烟叶采收即看烟叶农艺性状适熟采收。所谓农艺性状，是指烟叶通过田间农艺措施所获得的自身特性，包括烟叶的内在化学成分、外观形态特征、烘烤特性、潜在价值等全部自身性状。看烟叶采收的含义是在烟叶成熟度最适合烘烤加工，烤后烟叶质量最好、效益最高时采收，此时的烟叶成熟度被称为适宜的成熟度，简称适熟。

2）看品种采收

少叶型品种单株叶数少，单叶光照、通风、营养供应等条件相对较好，往往应充分显示成熟特征，约达成熟至完熟档次才算适熟；多叶型品种单株叶数多，单叶光照、通风、营养供应等条件相对较差，常常只要基本显示成熟特征，约达尚熟至成熟档次，即算适熟。单就少叶型品种而论，若以 NC89 与 G140 相比，通常对 NC89 应掌握更高的成熟度。长脖黄品种的叶片往往较厚，其上部叶容易挂灰，在采收过熟时更甚，故采收长脖黄上部叶时切莫过熟。红花大金元品种的烟叶烘烤中变黄往往较慢，在采收烟叶的成熟度不够时更甚，充分成熟时才宜采收。

3）看部位采收

下部烟叶(脚叶、下二棚叶)的生长处于通风较差、光照不良、营养条件较差、湿度较大的条件下，同时营养物质要不断向上部正在迅速生长的叶片输送，表现为叶片薄、结构松、含水多、内含物欠充实、成熟速度快、成熟期短，成熟后转为过熟亦快，当叶面出现 6.5～7 成的绿黄色、主脉变白、支脉淡绿、茸毛少数脱落、叶尖略下垂时就要采收，应适时早收，一般情况下成熟度达欠熟至尚熟档次即为适熟期。中部烟叶(腰叶)的生长处于通风较好、光照充足、湿度不大、营养条件较好的有利条件，而且打顶后叶内营养物质丰富，向上部输送的少，积累的多，叶片增厚，含水适中，生长均匀，发育良好，较耐成熟，应在叶面显现 7.5～8 成的浅黄色、有黄白色成熟斑、主脉全白发亮、支脉绿白、茸毛部分脱落、茎叶角度增大、叶尖下垂时采收。上部烟叶(上二棚叶、顶叶)光照充足、通风良好，光合作用强，干物质积累多，叶片较厚，含水较少，成熟较慢，应在叶面起皱并呈现 8.5～9 成的淡黄色、有黄白色成熟斑、主脉全白、支脉嫩白、茸毛大部分脱落、茎叶角度较大、叶尖下垂时采收。

4）看营养发育水平采收

营养充足、发育完全的烟叶，叶大片厚，内含物充实且协调，成熟较迟缓，成熟后转为过熟也较缓慢，适熟期较长，耐成熟，成熟度达到成熟至完熟档次才算适熟，决不可采收成熟度不足的烟叶。营养不良、发育不全的烟叶，叶片薄，内含物质不充实、不协调，往往成熟较快，成熟后转为过熟也快，适熟期短，不耐成熟，只要达到欠熟至尚熟档次即算适熟。脱肥的烟叶尽管全株失绿变黄，但也并非真熟。嫩黑暴烟只需稍显褪绿，便可算为适熟，理应采收。

5）看环境条件采收

土壤肥沃、土质黏重，肥料用量多，施肥过晚以及打顶过低的烟株，叶片宽大而厚，成熟时仍保持较深的绿色。这样的烟叶一定要养到主脉变白、叶面起皱、有黄白斑块，并呈现绿黄至浅黄色时才能采收。如果采收过早，烘烤时不易变黄，烤后色泽深暗，品质较差。在肥水特别充足的条件下长成叶色浓绿的黑暴烟，中下部叶片肥大而薄，可在主脉开始变白、茸毛少数脱落时提前采收；上部叶片厚实，应在主脉基本变白、叶尖部发黄、叶面起皱有黄斑、茸毛部分脱落时采收。土壤肥力差、施肥少、密度大、光照不足、打顶留叶多的烟株，由于营养不良，叶片薄，成熟快，当下部叶片出现黄绿色，中部叶片主脉变白，叶面开始转为绿黄色，上部叶片主、支脉变白，呈现浅黄时，就要及时采收。有病的烟叶，不论是否成熟，都要提早采收，隔绝病原，防止传染蔓延。

6）看气候情况采收

通常在气候正常或比较正常的年份适熟采收。过分干旱年份，由于田间持水量降低，烟株缺水脱肥，烟叶生长所需的养分制造、输送、积累较慢，叶片提前落黄，不是真正成熟，如果达到适熟程度就采收，则烤后青黄烟多，必须养到具有稍过熟特征时采收，才能提高品质。长期阴雨潮湿天气，日照不足，气温低，叶内含水量大，干物质积累不充实，除氮肥施用偏多的烟叶会返青外，一般成熟特征不明显，如果一定要到烟叶具有正常成熟特征才采收，往往已经过熟，应在出现始熟特征时采收为好。久雨之后转晴，烟叶成熟比较集中，应抓紧采收。已经成熟的烟叶，如下雨后返青，应等其重新落黄后再采收。

7）看烤房采收

看烤房烘烤能力确定采收数量。采收的烟叶数量必须与烤房的实际烘烤能力相符合，这样才能为合理装炕和科学烘烤创造条件。为此，在制订采收计划时必须准确掌握烤房的实际烘烤能力。

看烤房烘烤进程决定采收时机。为确保烟叶采后能及时装炕烘烤，应了解烤房当时的烘烤进程，计算好能够装烟的时间，并据此确定采收时间。

2. 烟叶成熟度判断

由于烟叶成熟特征受品种、部位、留叶数、土质、栽培管理水平、气候等诸多因素影响，要正确判断和掌握烟叶成熟度，首先应着重看烟叶的色泽变化和主支脉变白发亮程度，不可苛求所有的烟叶都会完全表现出典型的成熟特征，同时要根据其他特征的多样性灵活掌握。

对于叶色转黄，应分清是缺肥黄化还是成熟落黄。如果是成熟落黄，还要看落黄程度有多高，要结合叶正面与叶背面、叶尖、叶缘、叶基、叶耳等各部分的落黄差异进行综合分析。对于主支脉变白发亮，要弄清主脉变白多少，支脉变白多少，并注意氮肥用量高时烟叶很难褪色落黄，会形成叶面落黄与叶脉变白不协调的状况。对于茸毛脱落，要结合烟叶部位进行分析，下部烟叶茸毛达不到大部分脱落就已经成熟；中部烟叶有的部分脱落即为成熟，有的大部分脱落才算成熟；上部烟叶必须基本脱落或完全脱落才算成熟。对烟油多少要看天气识别，干旱天气烟油多，采摘时严重粘手；阴雨天，叶子被雨水冲洗,烟油少,采摘时不粘手。对于采摘难易程度,要结合烟叶含水量分析,因为含水量多的烟叶要比含水量少的容易摘下。对于叶面出现成熟斑、赤星病斑、枯尖焦边以及叶片皱缩等现象,也要结合具体情况进行分析。

目前,判断烟叶是否成熟还有定量标准:一是根据烟叶的叶龄判断,二是根据烟叶烘烤变黄时间判断。一般下部成熟叶的叶龄为 50～60 d,中部叶为 60～70 d,上部叶为 70～90 d;下部成熟叶烘烤变黄时间为 60～72 h,中部叶为 48～60 h,上部叶为 36～48 h。

3. 烟叶采收时间

据日本烟叶生产机构报道,烟叶第一次采收约在现蕾时,第二次采收约在现蕾打顶后,这与我国基本相似,只是每次间隔时间比我国长,一次采收叶片数较我国多。我国正常情况下第一次采收是在现蕾时,第二次采收要在打顶后 10 d 左右进行,以后每隔 7～9 d 收一次。

至于在一天内什么时间采收好,应当根据烟叶内在化学成分的变化和生产习惯确定。研究显示,烟叶内碳水化合物含量在上午增长,到中午 12 点达到最高点,随后开始下降,20 点后下降剧烈。其他干物质的增长变化与碳水化合物的变化规律相似,在下午达到最高点。

从烟叶内含物质的丰满程度和烟叶产量的角度出发,烟叶的采收应在下午 14 时以后,当萎蔫的烟叶恢复正常时进行,此时叶片干物质含量最高,对提高产量和品质有利。但是,生产实践中为了更加准确地鉴别烟叶的成熟度,并结合我国烟叶生产仍以手工操作为主的实际情况,为使采叶、绑竿、装炕、起火烘烤在一天内完成,生产上习惯上午采收。干旱天气要在早上露水未干时进行采收;多雨天气或烟叶含水量多时,应在上午露水干后采收。长时期干旱条件下成熟的烟叶,恰遇下雨不能采收,雨后次日应立即采收,以避免烘烤过程中烟叶"返青"。如长时间降雨,则应缓收,待烟叶再落黄成熟后采收。烟叶不成熟就变黄则应抢救。生长中的烟叶最怕霜冻,在霜冻前掌握时机,及时抢收完毕,以免霜冻影响产量和品质。

4. 采收方法

烟叶采收是一项非常细致的操作,当前是以手工进行的。目前,烟叶栽培尚未规范化,田块与田块间、植株与植株间的距离都不完全一致,这必然反映到烟叶的成熟特征上,因此正确地掌握每一片叶的成熟度十分重要。操作者之间在采收前应首先统一采收标准。

采收时以右手中指和食指托着叶柄基部,大拇指放在叶柄上面,向两侧拧压,随着叶柄基部产生清脆的折裂声,烟叶即摘下,这样采下的烟叶基部呈"马蹄"形。采摘中切勿单纯下压扯拉,以防撕破茎皮,影响烟株正常生长。采下的烟叶在收集、运输、放置过程中要防日晒、不沾泥土、不压伤,保持叶片洁净,送去编烟。

5. 机械化采收的现状

烟草生产的机械化程度较其他作物都要低,目前只有美国、加拿大等国的机械化采收较为普遍。

(1) 机械化采收的方式。使用采收车进行采收是较早的机械化采收方式,即用高架拖拉机牵引采收车在行间缓慢行走,采摘人员坐在车上,边走边摘,摘下的烟叶暂时堆放在车上,至地头汇总运回,有两行车、四行车等类型。这种方式只能降低劳动强度,效率仍然不高。

(2) 机械化采收的次数。目前国外采收机的采收次数有两种方式,一种是机械与人工结合,分 3~4 次采收完毕,第一次下部脚叶用人工采收,第二、三次配合催熟剂进行;另一种是全部机械化采收,每次采收 2~3 片烟叶,采收 4~5 次。

(五) 烤烟采收成熟度标准研究

1. 不同海拔不同部位烟叶成熟过程及成熟度研究

1) 试验目的

通过对不同海拔不同部位烟叶成熟过程及成熟度的研究,从改善烤烟下部烟叶偏薄问题、提高上部烟叶成熟度、提高整株烟叶质量的角度,确定不同海拔区域,烤烟各个部位适宜的采收成熟度。旨在建立不同区域烤烟成熟采收技术标准,为不同区域烤烟采收提供理论依据。

2) 试验设计

试验地点:在湖北利川选取两个不同海拔植烟区,选择平地或缓坡地作为试验地点。其中利川柏杨试验基地作为低海拔试验点(L),在高于利川柏杨试验基地 150~200 m 的海拔高度选定高海拔试验点(H),供试品种为云烟 87。两个试验点保持栽培措施一致,烟株大田长势一致,成熟一致。烘烤工艺试验实施地点在利川基地,烘烤设备为试验用小烤箱。根据采收成熟度不同设 3 个处理:T1——打顶时开始依次采收;T2——打顶后 5 天依次采收;T3——打顶后 10 天依次采收。

初花期打顶,打顶后留叶 22 片,顶部 2 片烟叶弃采,底部 2 片不适宜烟叶处理之后共有可采烟叶 18 片,下部至中部每次采收 3 片烟叶,采收 4 次,10 天为 1 个采收周期,上部 6 片烟叶一次采收,共计采收 5 次。第二次采收后 15 天再进行中部烟叶采收,第四次采收(中部烟叶)后 20 天,再进行上部烟叶一次采收。

烘烤:每个处理选取 200 株有代表性的烟株进行采烤,采用试验用小烤箱进行烘烤,每个处理装一个小烤箱,装烟 400~450 片。

3) 试验记录及测定

鲜烟叶进行拍照记录,并描述其成熟特征,主要选取指标为烟叶基本色,茸毛脱落情况,主脉、支脉颜色变化,采收时声音、断面情况,茎叶角度。

测量烟叶长、宽、厚度、SPAD 值,沿主脉划开,一半测量鲜重、干重,一半挂到烤房烘烤留样,进行常规化学成分、淀粉、多酚含量的测定。

每 4 个小时记录一次烤房内温湿度及烟叶变化情况。烘烤过程中,在 38 ℃、42 ℃、48 ℃、54 ℃转火时对各处理烟叶进行取样,每次取 5 片。对所取烟样进行拍照,测定其叶绿素含量、含水量、平均单叶干重。

烘烤结束后，对各处理烟叶进行拍照、分级测产，同时对每烤次每个处理取样，每个样品取3份，每份18～25片，分别用于化学成分、评吸、外观检测，化学成分测定淀粉、常规化学成分、香味物质。

4）结果与分析

（1）烟叶成熟特征。

由表2-2可知，顶部2片烟叶弃采方式对上部烟叶成熟特征影响不明显，采收时间的推迟可有效提高上部烟叶的成熟度。

表2-2　不同处理烟叶采收时间及成熟特征

地点	部位	处理	成熟特征
L	X	T1	烟叶基本色为绿色，叶缘绿中泛黄；茸毛部分脱落；主脉变白1/3以上，支脉变白；采收时声音不清脆、带部分茎皮
		T2	烟叶为绿色，显现绿中泛黄；茸毛部分脱落；主脉变白1/2以上，支脉大多明显变白，基部支脉褪绿转黄；采收时声音清脆、断面整齐、不带茎皮
		T3	烟叶褪绿，叶尖泛黄；茸毛部分脱落；主脉变白1/2以上，支脉大多明显变白，基部支脉褪绿转黄；采收时声音清脆、断面整齐、不带茎皮
L	C	T1	烟叶基本色为黄绿色，叶面2/3以上落黄，叶尖、叶缘呈黄色，叶耳泛黄，主脉1/2以上长度变白
		T2	烟叶基本色为黄绿色，叶面2/3以上落黄，叶尖、叶缘呈黄色，叶耳泛黄，叶面常有黄色成熟斑；主脉3/4以上长度变白，支脉大多变白发亮
		T3	烟叶基本色为黄绿色，叶面2/3以上落黄，叶尖、叶缘呈黄色，叶耳泛黄，叶面常有黄色成熟斑；主脉3/4以上长度变白，支脉大多变白发亮
	B	T1	烟叶为浅黄绿色，叶面2/3以上落黄，叶尖、叶缘呈黄色，叶耳泛黄；主脉2/3以上长度变白，支脉大多变白发亮
		T2	烟叶为黄绿色，叶面2/3以上落黄，叶尖、叶缘呈黄色，叶耳泛黄，叶面常有黄色成熟斑；主脉3/4以上长度变白，支脉大多褪绿
		T3	烟叶为黄绿色，叶面3/4以上落黄，叶尖、叶缘呈黄色，叶耳泛黄，叶面常有黄色成熟斑；主脉3/4以上长度变白，支脉大多变白发亮
H	X	T1	烟叶基本色为绿色，叶缘绿中泛黄；主脉开始变白；采收时声音不清脆、带茎皮
		T2	烟叶为绿色，显现绿中泛黄；茸毛部分脱落；主脉变白1/2以上，支脉大多明显变白，基部支脉褪绿转黄；采收时声音清脆、断面整齐、不带茎皮
		T3	烟叶褪绿，叶尖泛黄；茸毛部分脱落；主脉变白1/2以上，支脉大多明显变白，基部支脉褪绿转黄；采收时声音清脆、断面整齐、不带茎皮

续表

地点	部位	处理	成熟特征
H	C	T1	烟叶基本色为黄绿色，叶面2/3以上落黄，叶尖、叶缘呈黄色，叶耳泛黄，主脉1/2以上长度变白
		T2	烟叶基本色为黄绿色，叶面2/3以上落黄，叶尖、叶缘呈黄色，叶耳泛黄，叶面常有黄色成熟斑；主脉3/4以上长度变白，支脉大多变白发亮
		T3	烟叶基本色为黄绿色，叶面2/3以上落黄，叶尖、叶缘呈黄色，叶耳泛黄，叶面常有黄色成熟斑；主脉3/4以上长度变白，支脉大多变白发亮
	B	T1	烟叶为浅绿色，叶面2/3以上落黄，叶尖、叶缘呈黄色，叶耳泛黄；主脉1/2以上长度变白，支脉开始褪绿
		T2	烟叶为浅黄绿色，叶面2/3以上落黄，叶尖、叶缘呈黄色，叶耳泛黄，叶面常有黄色成熟斑；主脉2/3以上长度变白，支脉大多褪绿
		T3	烟叶为黄绿色，叶面3/4以上落黄，叶尖、叶缘呈黄色，叶耳泛黄，叶面常有黄色成熟斑；主脉3/4以上长度变白，支脉大多变白发亮

注：X为下部叶，C为中部叶，B为上部叶。

(2) 不同采收时间鲜叶素质比较。

第一次、第二次采收主要是下部叶，从表2-3中可以看出，低海拔试验点的第一次采收，随着采收时间的推迟，下部叶叶绿素含量显著降低，单叶干重先增加后降低，可见打顶时采收的下部叶还未成熟，干物质仍在积累，打顶后10天采收的下部叶干物质消耗严重，第一次采收在打顶后5天较合适。第二次采收在打顶后15天下部叶SPAD值显著降低，叶片进入成熟阶段。

表2-3 鲜烟素质比较

地点	采收次数	处理	采收时间	打顶后天数/d	叶长/cm	叶宽/cm	长宽比	SPAD	单叶鲜重/g	单叶干重/g
L	第一次	T1	7月15日	0	50.27^{a}	23.73^{b}	2.12^{a}	27.80^{a}	33.56^{a}	6.02^{a}
		T2	7月20日	5	51.80^{a}	24.23^{ab}	2.14^{a}	25.22^{ab}	36.30^{a}	8.37^{a}
		T3	7月25日	10	52.50^{a}	25.57^{a}	2.06^{a}	23.91^{b}	38.72^{a}	6.77^{a}
	第二次	T1	7月25日	10	58.93^{b}	25.80^{b}	2.29^{a}	28.24^{a}	43.58^{a}	7.27^{b}
		T2	7月30日	15	60.07^{ab}	26.70^{ab}	2.26^{a}	21.13^{b}	46.90^{a}	8.99^{ab}
		T3	8月4日	20	62.07^{a}	27.73^{a}	2.25^{a}	20.10^{b}	53.35^{a}	10.91^{a}
	第三次	T1	8月10日	25	62.17^{b}	24.87^{a}	2.51^{a}	26.03^{a}	48.79^{b}	10.15^{b}
		T2	8月15日	30	64.50^{ab}	24.80^{a}	2.63^{a}	22.65^{b}	53.64^{a}	11.52^{a}
		T3	8月20日	35	65.53^{a}	24.43^{a}	2.71^{a}	22.33^{b}	56.87^{a}	13.81^{a}

续表

地点	采收次数	处理	采收时间	打顶后天数/d	叶长/cm	叶宽/cm	长宽比	SPAD	单叶鲜重/g	单叶干重/g
L	第四次	T1	8月20日	35	61.87^{b}	22.07^{a}	2.82^{b}	32.97^{a}	47.17^{b}	10.91^{a}
		T2	8月25日	40	62.07^{ab}	22.40^{a}	2.78^{b}	23.94^{b}	49.23^{b}	11.96^{a}
		T3	8月30日	45	64.91^{a}	21.96^{a}	2.97^{a}	25.04^{b}	55.71^{a}	12.87^{a}
	第五次下三片	T1	9月10日	55	60.80^{b}	21.03^{a}	2.91^{b}	32.81^{a}	49.69^{a}	12.15^{a}
		T2	9月15日	60	61.40^{b}	20.60^{a}	3.14^{a}	29.91^{a}	56.67^{a}	13.63^{a}
		T3	9月20日	65	63.20^{a}	19.46^{a}	3.17^{a}	26.46^{b}	59.69^{a}	14.52^{a}
	第五次上三片	T1	9月10日	55	58.20^{b}	17.67^{a}	3.32^{a}	27.10^{a}	55.36^{a}	13.25^{a}
		T2	9月15日	60	62.90^{a}	18.90^{a}	3.34^{a}	26.06^{a}	52.33^{ab}	12.73^{ab}
		T3	9月20日	65	62.25^{a}	19.09^{a}	3.30^{a}	23.74^{b}	44.58^{b}	11.08^{b}
H	第一次	T1	7月15日	0	49.01^{a}	23.18^{a}	2.11^{a}	29.83^{a}	32.93^{a}	5.56^{b}
		T2	7月20日	5	50.51^{a}	23.67^{a}	2.13^{a}	27.06^{a}	35.62^{a}	7.73^{a}
		T3	7月25日	10	51.19^{a}	24.98^{a}	2.05^{a}	25.66^{a}	37.99^{a}	6.25^{b}
	第二次	T1	7月25日	10	57.46^{a}	25.21^{a}	2.28^{a}	30.30^{a}	42.76^{b}	6.72^{c}
		T2	7月30日	15	58.57^{a}	26.09^{a}	2.25^{a}	22.67^{b}	46.02^{b}	8.30^{b}
		T3	8月4日	20	60.52^{a}	27.09^{a}	2.23^{a}	21.56^{b}	52.35^{a}	10.08^{a}
	第三次	T1	8月10日	25	60.62^{a}	24.30^{a}	2.49^{a}	27.94^{a}	47.87^{b}	9.38^{b}
		T2	8月1日	30	62.89^{a}	24.23^{a}	2.60^{a}	24.30^{a}	52.63^{a}	10.64^{b}
		T3	8月20日	35	63.89	23.87^{a}	2.68^{a}	23.96^{b}	55.80^{a}	12.76^{a}
	第四次	T1	8月20日	35	60.32^{a}	21.56^{a}	2.80^{a}	35.38^{a}	46.28^{b}	9.12^{b}
		T2	8月25日	40	60.52^{a}	21.88^{a}	2.77^{b}	25.68^{b}	48.30^{b}	10.08^{ab}
		T3	8月30日	45	63.29^{a}	21.45^{a}	2.95^{a}	26.86^{b}	54.66^{a}	11.05^{a}
	第五次下三片	T1	9月10日	55	59.28^{a}	20.55^{a}	2.89^{b}	35.20^{a}	48.76^{c}	11.22^{b}
		T2	9月15日	60	59.67^{a}	19.01^{a}	3.14^{a}	32.10^{a}	55.60^{b}	12.59^{ab}
		T3	9月20日	65	62.79^{a}	20.13^{a}	3.12^{a}	28.38^{b}	58.57^{a}	13.41^{a}
	第五次上三片	T1	9月10日	55	56.75^{a}	17.26^{a}	3.29^{a}	29.08^{a}	54.32^{a}	12.24^{a}
		T2	9月15日	60	61.33^{a}	18.47^{a}	3.32^{a}	27.96^{a}	43.74^{b}	10.23^{b}
		T3	9月20日	65	60.69^{a}	18.65^{a}	3.25^{a}	26.54^{a}	51.35^{a}	11.76^{b}

注：每次采收每小区选取5株，表格数据为45片的平均值。

第三次、第四次采收主要是中部叶。随着叶龄的增加，叶长、单叶鲜重逐渐增加，T2、T3处理中部叶叶绿素含量、单叶干重差异不明显，即第三次采收可在打顶后30天进行，第四次采收可在打顶后40天进行。

第五次采收主要是上部叶。将上部叶的上三片和下三片分开比较，对于上三片，T3处理单叶鲜重、叶绿素含量显著降低；对于下三片，T3处理叶长显著增加、叶绿素含量显著降低。因此上部叶一次采收应在打顶后65天进行。

高海拔试验点的前四次采收与低海拔试验点表现出相同的趋势，但在第五次采收中,T3 处理的 SPAD 值变化不显著,说明上部叶没有达到充分成熟。根据 SPAD 值的降低规律,高海拔地区上部叶一次采收的时间可较低海拔地区延长 10 天。

(3) 烤后烟叶经济性状。

由表 2-4 可知,低海拔试验点的 3 个处理中,T2 处理的产量、产值较高,T3 处理的均价以及收购产量、产值、上等烟率、均价较高。

高海拔试验点的 3 个处理中,T3 处理的产量、产值以及收购产值、上等烟率较高,T2 处理的均价以及收购产量、均价较高。

表 2-4 烤后烟叶经济性状

地点	处理	产量/(kg/hm²)	产值/(元/hm²)	上等烟率/(%)	上中等烟率/(%)	均价/(元/kg)	收购产量/(kg/hm²)	收购产值/(元/hm²)	收购上等烟率/(%)	收购均价/(元/kg)
L	T1	2454.93[a]	43 967.80[a]	32.69[a]	70.77[a]	17.91[a]	1733.08[a]	39 033.71[a]	46.15[a]	22.53[a]
	T2	2488.40[a]	46 259.36[a]	30.85[a]	75.02[a]	18.59[a]	1801.37[a]	41 431.51[a]	41.31[a]	23.00[a]
	T3	2438.18[a]	45 740.26[a]	37.68[a]	76.64[a]	18.76[a]	1813.23[a]	42 048.80[a]	49.17[a]	23.19[a]
H	T1	2396.26[a]	42 891.25[a]	31.91[b]	71.08[a]	17.78[a]	1691.66[b]	37 202.18[b]	40.32[b]	21.99[b]
	T2	2379.91[a]	43 580.00[a]	36.78[a]	74.81[a]	18.31[a]	1769.89[a]	39 474.75[a]	45.05[a]	22.64[a]
	T3	2428.93[a]	44 074.58[a]	32.11[b]	73.23[a]	18.15[a]	1758.32[a]	40 062.89[a]	47.99[a]	22.45[a]

表 2-5 列出了不同部位烟叶收购经济性状,可以看出两个试验点 T1、T2 处理的下部叶产值显著高于 T3 处理,其中 T2 处理产值更高,适当早采有利于提高下部叶经济性状;关于中部叶产值,低海拔试验点中 T2 处理较高,高海拔试验点中 T3 处理较高,不同海拔试验点中部叶上等烟率均是 T2 处理最高;不同海拔试验点的上部叶产值均是 T3 处理最高,且上部叶上等烟率显著高于其他处理。下部叶采烤可在打顶后 5 天进行,推迟采收产值显著降低。

表 2-5 不同部位烟叶收购经济性状

地点	处理	下部叶产值/(元/hm²)	中部叶产值/(元/hm²)	上部叶产值/(元/hm²)	中部叶上等烟率/(%)	上部叶上等烟率/(%)
L	T1	6758.11[a]	21 767.76[a]	12 223.09[b]	50.22[b]	29.74[b]
	T2	7243.52[a]	21 904.37[a]	12 572.19[a]	54.38[a]	33.50[ab]
	T3	6041.93[b]	20 342.93[b]	12 648.85[a]	52.74[a]	38.25[a]
H	T1	6598.62[ab]	19 862.84[b]	11 434.63[b]	49.93[a]	22.04[b]
	T2	7072.57[a]	21 254.04[a]	11 775.49[b]	52.10[a]	23.78[b]
	T3	5899.34[b]	21 387.43[a]	12 150.34[a]	51.52[a]	30.35[a]

(4) 不同部位烟叶采收时化学成分含量。

从图 2-1 中可以看出,低海拔试验点下部叶的总糖、还原糖含量以 T1 处理较高,后随着采收时间的推迟逐渐降低,其他化学成分含量变化不大;中部叶的总糖、还原糖含量以 T2 处理较高,淀粉含量以 T2 处理较低,说明中部叶自打顶后 5 天开始成熟;上部叶的总糖、还原糖、淀粉含量以 T2 处理较高,T3 处理淀粉含量降低,说明此时上部叶转向成熟。

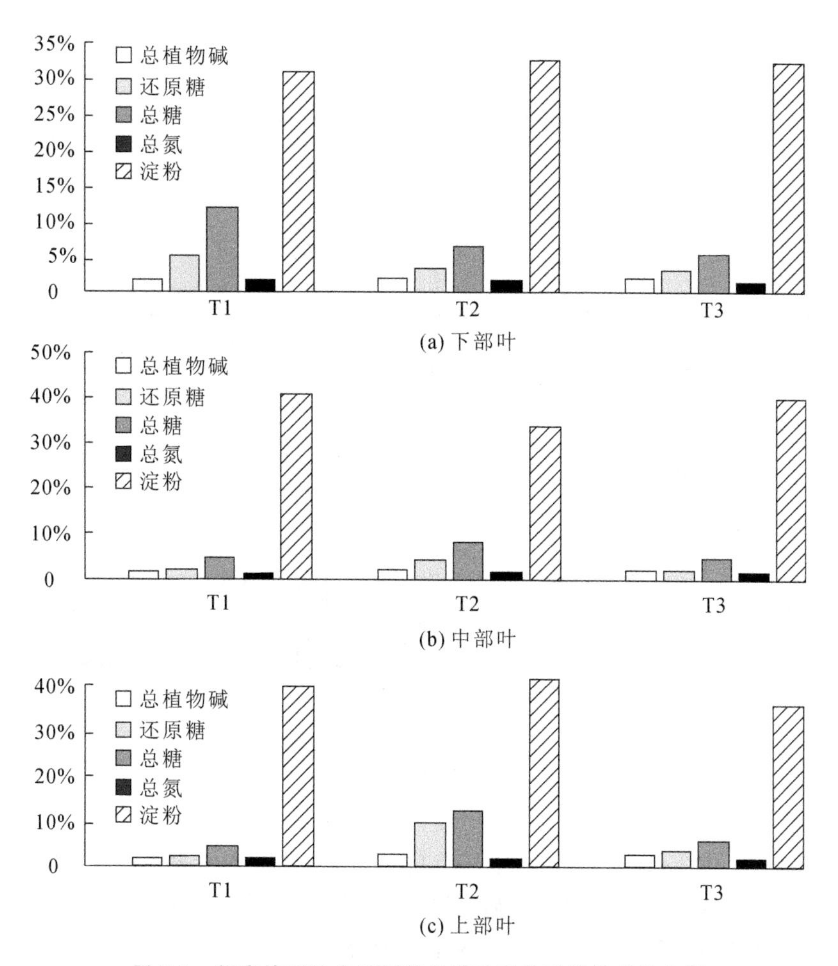

图 2-1　低海拔试验点不同部位烟叶采收时化学成分含量

从图 2-2 中可以看出，高海拔试验点下部叶的总糖、还原糖含量以 T2 处理较高，因此高海拔地区下部叶采收时间较低海拔地区可适当推迟；中部叶打顶后 5 天采收时总糖、还原糖含量较高，淀粉含量较打顶时采收有所降低，说明此时采收较为合适；随着采收时间的推迟，上部叶淀粉含量有增高的趋势，说明上部叶尚未转向成熟，需适当延长采收期。

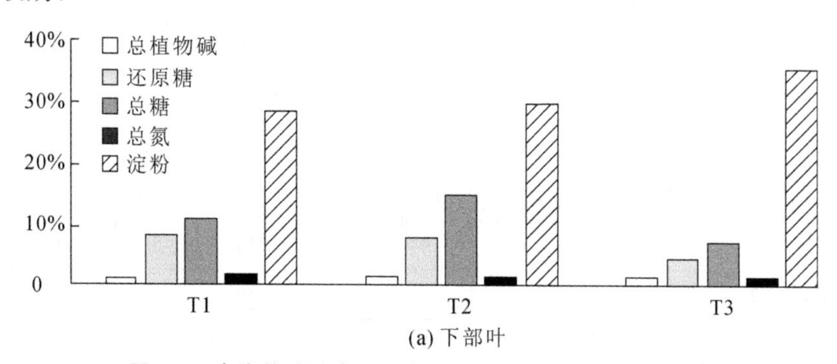

图 2-2　高海拔试验点不同部位烟叶采收时化学成分含量

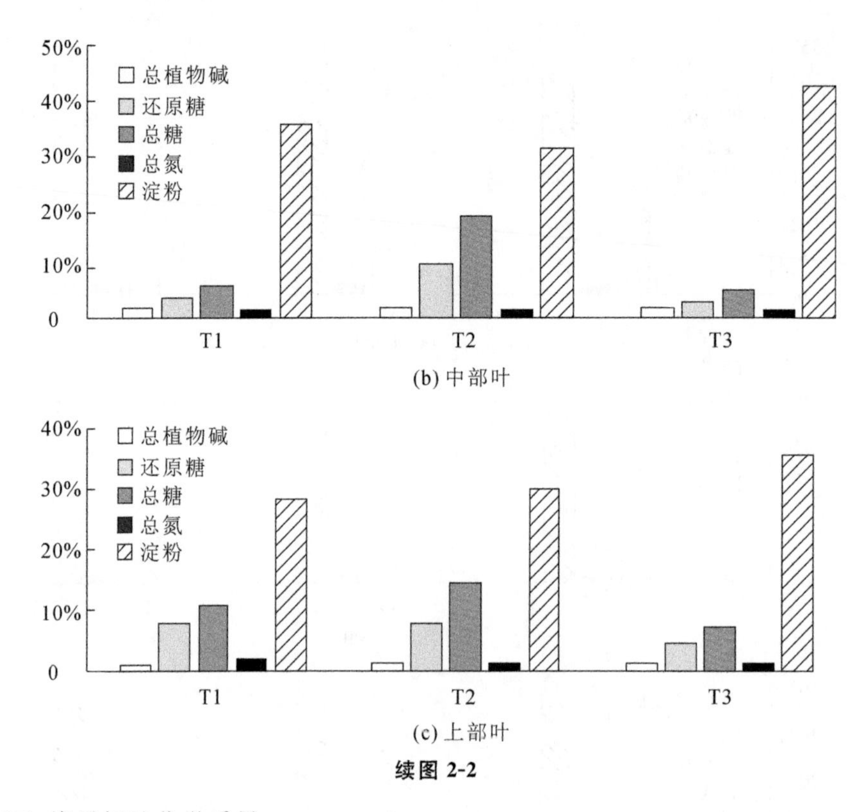

(b) 中部叶

(c) 上部叶

续图 2-2

(5) 烤后烟叶化学质量。

从表 2-6 中可以看出，下部叶、中部叶化学质量均以 T2 处理较好，各成分含量较适宜，糖碱比、氮碱比、两糖比较协调，上部叶以 T3 处理较好，烟碱、总氮含量较低，总糖、还原糖含量较高，糖碱比、氮碱比、两糖比较协调。

表 2-6 低海拔试验点烤后烟叶化学成分比较

部位	处理	烟碱含量/(%)	还原糖含量/(%)	氯含量/(%)	总糖含量/(%)	总氮含量/(%)	钾含量/(%)	糖碱比	氮碱比	两糖比
下部叶	T1	1.18	23.44	0.12	30.42	2.05	1.83	19.87	1.74	0.77
	T2	1.58	25.64	0.11	31.37	1.63	1.78	16.26	1.04	0.82
	T3	1.49	26.09	0.13	30.74	1.70	1.78	17.56	1.15	0.85
中部叶	T1	1.93	27.95	0.10	33.14	1.92	1.44	14.49	1.00	0.84
	T2	2.00	16.92	0.09	26.66	1.73	1.12	8.47	0.87	0.63
	T3	1.83	19.15	0.17	29.10	1.87	1.35	10.47	1.02	0.66
上部叶	T1	2.92	16.59	0.23	21.59	2.66	1.40	5.69	0.91	0.77
	T2	2.45	20.70	0.18	25.87	2.46	1.86	8.45	1.00	0.80
	T3	2.40	22.67	0.17	27.11	2.31	1.30	9.44	0.96	0.84

(6) 烤后烟叶感官质量。

从表 2-7 中可以看出，中部叶感官质量以 T1、T2 处理较好，明显优于 T3 处理，可见中部叶采收较晚不利于感官质量的提高；上部叶感官质量以 T3 处理较好，上部叶采收推迟有利于感官质量的提高。

表 2-7　低海拔试验点烤后烟叶感官质量比较

部位	处理	质量特征								风格特征	
		香气质 18	香气量 16	杂气 16	刺激性 20	余味 22	燃烧性 4	灰色 4	合计 100	浓度	劲头
中部叶	T1	14.5	13.5	13.5	17.0	17.5	4.0	4.0	84.0	3.0	3.0
	T2	14.5	13.5	13.5	17.0	17.5	4.0	4.0	84.0	3.0	3.0
	T3	14.0	13.0	13.0	16.5	17.0	4.0	4.0	81.5	3.0	3.0
上部叶	T1	14.0	13.0	13.0	17.0	16.5	4.0	4.0	81.5	3.0	3.0
	T2	14.0	13.0	13.0	17.0	16.5	4.0	4.0	81.5	3.0	3.0
	T3	14.0	13.5	13.0	17.0	16.5	4.0	4.0	82.0	3.0	3.0

5) 讨论与结论

综合烤烟农艺性状、经济性状、采收时化学成分含量变化和烤后烟叶化学质量、感官质量表现来看，第一次采收一般在打顶后 5 天内进行，第二次采收在打顶后 10～15 天内进行。此时下部叶成熟特征：烟叶基本色为绿色，SPAD 值在 23±2，显现绿中泛黄，茸毛部分脱落，主脉变白 1/2 以上，支脉大多明显变白，基部支脉褪绿转黄，采收时声音清脆、断面整齐、不带茎皮。第三次采收一般在打顶后 25～30 天内进行，第四次采收一般在打顶后 40～45 天内进行。此时中部叶成熟特征：烟叶基本色为黄绿色，SPAD 值在 20±2，叶面 2/3 以上落黄，叶尖、叶缘呈黄色，叶耳泛黄，叶面常有黄色成熟斑，主脉 3/4 以上长度变白，支脉大多变白发亮，茎叶角度增大。第五次上部叶一次采收一般在打顶后 65～75 天进行。此时上部叶成熟特征：烟叶基本色为黄色，SPAD 值在 18±2，叶面充分落黄、发皱、成熟斑明显，叶耳变黄，主支脉变白发亮，叶尖下垂，稍有枯尖、焦边现象，茎叶角度明显增大。

2. 上部烟叶适宜采收成熟度研究

目前生产上上部叶的欠熟问题比较普遍，欠熟的烟叶细胞排列紧密，组织不够疏松，叶片相对较厚，且叶内淀粉等大分子物质还存在着合成的趋势，烘烤过程中淀粉不易分解转化，内在化学成分不协调，因而烟叶的内、外在品质欠佳。因此，要提高上部叶的可用性，必须要明确上部叶采收成熟度。顶部两片不适用烟叶处理方式对上部叶的质量形成也有着重要的影响，在提高上部叶采收成熟度的同时，还要注意运用科学的顶部两片不适用烟叶处理方式，从而在一定程度上降低上部叶比例和提高上部叶的可用性。

开展上部叶成熟采收及调制技术研究，设置不同采收时间及采收方法，对叶片结构、叶绿素含量及色度进行测量，并确定相应烘烤工艺参数，对烤后样品进行工业评价。预期目标：根据工业评价，确定工业适用的上部叶成熟采收标准和烘烤工艺。

1）试验地点

利川柏杨烤烟试验基地，柏杨、元堡基地单元。

供试品种云烟 87，选择土壤肥力中等、地块肥力均匀的试验点。土壤养分分析结果为：有机质含量 2.39%，pH 值为 5.91，速效氮含量 91.00 mg/kg，有效磷含量 49.34 mg/kg，速效钾含量 158.00 mg/kg。

2）试验设计

试验设置五行区，小区行距 1.2 米，株距 0.55 米，每个处理 200 株，施 90 kg/hm^2 氮肥，肥料配比为 N:P:K=1:1.5:2.5。正常移栽，初花打顶，打掉下二片，留叶数 18 片，标记叶位，上部 4 片（13～16 叶位）一次采收，当地常规采收一般在中部叶采收后 15 天进行。设不同处理如下：

T1——常规采收，顶部两片弃采。

T2——推迟 5 天采收，顶部两片弃采。

T3——推迟 10 天采收，顶部两片弃采。

T4——常规采收，中部叶采收时打掉顶部两片。

T5——推迟 5 天采收，中部叶采收时打掉顶部两片。

T6——推迟 10 天采收，中部叶采收时打掉顶部两片。

每次采收挂牌标记后装入烤房，采用三段式烘烤工艺进行烘烤，每隔 2 h 观察烟叶变化情况并记录温湿度，每 24 h 检测烟叶叶绿素及水分含量变化情况。

3）结果与分析

（1）各处理采收时间及烟叶成熟特征。

由表 2-8 可知，顶部两片弃采方式对上部叶成熟特征影响不明显，采收时间的推迟可有效提高上部烟叶的成熟度。推迟 5 天采收的上部烟叶成熟度得到了明显提高，叶片稍弯曲、呈弓形，少部分叶尖叶缘有枯焦现象。推迟 5～10 天采收的上部烟叶成熟特征都比较明显，推迟 10 天采收的上部烟叶有发白现象。

表 2-8 不同处理烟叶采收时间及成熟特征表

处理	移栽	采收	成熟特征
T1	5 月 14 日	9 月 15 日	叶片淡黄，主脉变白 1/2；茎叶角度近直角，叶片稍弯曲
T2	5 月 14 日	9 月 20 日	叶片以黄为主，有成熟斑，叶面皱缩，主脉变白 1/2 以上；茎叶角度约直角，叶片稍弯曲、呈弓形，少部分叶尖叶缘有枯焦现象
T3	5 月 14 日	9 月 25 日	叶片以黄为主，有成熟斑，叶面皱缩，主脉变白近 2/3；茎叶角度约直角，叶片弯曲、呈弓形，部分叶尖叶缘有枯焦现象，顶 4 叶有发白现象
T4	5 月 14 日	9 月 15 日	叶片淡黄，主脉变白 1/2；茎叶角度近直角，叶片稍弯曲
T5	5 月 14 日	9 月 20 日	叶片以黄为主，有成熟斑，叶面皱缩，主脉变白 1/2 以上；茎叶角度约直角，叶片稍弯曲、呈弓形，少部分叶尖叶缘有枯焦现象
T6	5 月 14 日	9 月 25 日	叶片以黄为主，有成熟斑，叶面皱缩，主脉变白近 2/3；茎叶角度约直角，叶片弯曲、呈弓形，部分叶尖叶缘有枯焦现象，顶 4 叶有发白现象

(2) 不同采收处理顶部第三叶位鲜烟素质比较。

由表 2-9 可知，顶部两片不适用烟叶处理方式对顶部第三叶位烟叶单叶鲜重、干重，含氮量影响作用极显著，顶部两片弃采处理可有效降低上部叶第三叶位烟叶鲜、干重，平均降幅达 25.67%。同一采收方式下，随着采收时间的推迟，SPAD 值显著降低，叶片变黄明显。中部叶采收后停留时间对上部叶 SPAD 值、叶长影响效果显著，推迟 10 d 采收与常规采收相比，SPAD 值降低 43.32%。

表 2-9　不同采收处理顶部第三叶位鲜烟素质比较

采收方式	采收推迟时间/d	处理	SPAD	含氮量/(%)	叶长/cm	叶宽/cm	单叶鲜重/g	单叶干重/g
顶部两片弃采	0	T1	29.68^{a}	0.78^{b}	65.50^{b}	19.22^{a}	74.16^{ab}	17.15^{ab}
	5	T2	23.66^{ab}	1.05^{a}	75.00^{a}	21.33^{a}	56.43^{b}	13.02^{b}
	10	T3	17.91^{b}	0.85^{b}	72.00^{a}	20.11^{a}	58.04^{b}	13.00^{b}
中部叶采收时打掉顶部两片	0	T4	29.89^{a}	0.46^{c}	64.11^{b}	21.44^{a}	72.00^{ab}	18.48^{a}
	5	T5	23.09^{ab}	0.51^{c}	70.33^{a}	22.22^{a}	89.84^{a}	20.39^{a}
	10	T6	15.84^{b}	1.09^{a}	73.56^{a}	19.06^{a}	85.23^{a}	19.20^{a}
			k 值					
顶部两片弃采			23.75	0.89	70.67	20.22	62.88	14.39
中部叶采收时打掉顶部两片			22.94	0.69	69.33	20.91	82.36	19.36
0 d			29.78	0.62	72.67	20.33	73.08	17.82
推迟 5 d			23.37	0.78	72.78	21.78	73.13	16.71
推迟 10 d			16.88	0.97	64.56	19.58	71.64	16.10
			F 值					
顶部两片不适用烟叶处理方式			0.12	13.85^{**}	0.87	0.60	14.63^{**}	20.07^{**}
采收时间			10.49^{**}	13.21^{**}	14.59^{*}	2.11	0.04	0.82
顶部两片不适用烟叶处理方式×采收时间			0.08	16.77^{**}	1.61	1.15	4.64^{**}	2.78

(3) 不同处理烘烤过程中烟叶变化用时情况。

从表 2-10 可以看出，采收推迟处理烟叶先达到五成黄、八成黄，变黄速度快，变黄速度与采收时 SPAD 值呈负相关，随着采收时间的延迟，叶片叶绿素含量逐渐降低，采收成熟度高有利于烟叶的变黄，减少烘烤用时。

表 2-10　不同处理烘烤过程中烟叶变化用时情况　　单位：h

处理	变黄五成	变黄八成	变黄九成(黄片)	小卷筒	烘烤总时间
T1	30	52	64	79	137
T2	26	45	67	73	131

续表

处理	变黄五成	变黄八成	变黄九成(黄片)	小卷筒	烘烤总时间
T3	25	40	55	68	124
T4	32	50	58	75	139
T5	28	49	66	75	135
T6	26	44	56	72	128

(4) 烘烤过程中叶片叶绿素含量变化情况。

从图 2-3 中可以看出,不同采收成熟度烟叶烘烤过程中,叶绿素降解速率随采收时期的推迟而增快,推迟 5 天、10 天采收的烟叶在烘烤 72 h 后叶绿素降解基本完成,叶绿素降解的高峰在前 48 h。

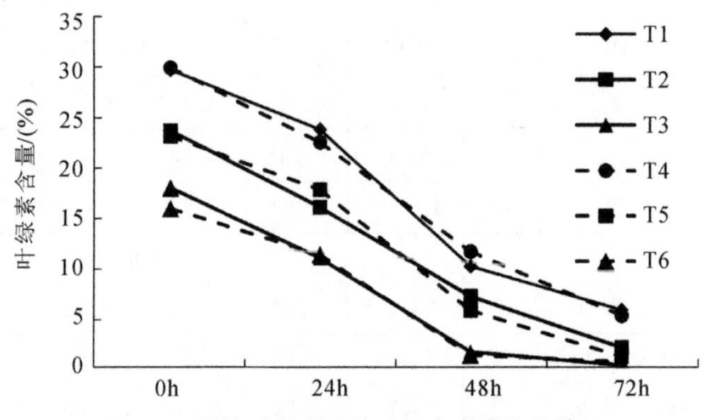

图 2-3　烘烤过程中叶片叶绿素含量变化情况

(5) 烘烤过程中叶片含水量变化情况。

从图 2-4 中可以看出,不同采收成熟度烟叶烘烤过程中,叶片失水速率与变黄趋势相同,推迟采收叶片失水较快。在前 24 h 叶片含水量变化不大,推迟 10 天采收的烟叶先失水,48 h 小时后烟叶含水量下降加快,而 T1、T4 处理的稍欠熟烟叶含水量仍变化不大。

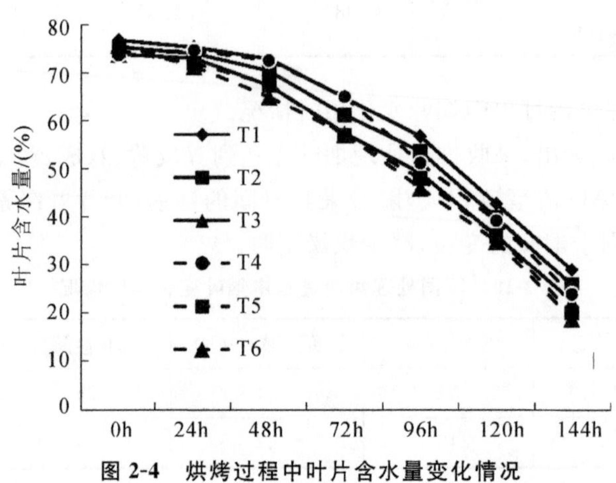

图 2-4　烘烤过程中叶片含水量变化情况

（6）能耗统计。

从图 2-5 中可以看出，顶部两片弃采方式对上部叶烘烤能耗情况影响不大，采收时间对烘烤能耗影响差异显著，随着采收时间的推迟，烘烤能耗显著降低，与常规采收相比，推迟 5 天采收可节约烘烤能耗 6.7%，推迟 10 天采收可节约烘烤能耗 9.7%。

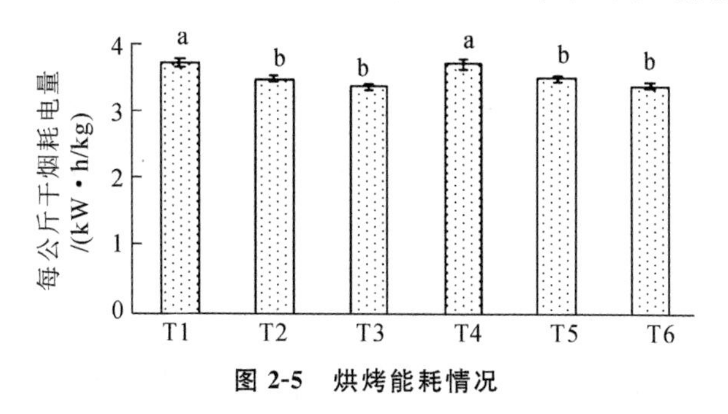

图 2-5　烘烤能耗情况

（7）上部四片叶烤后经济性状。

由表 2-11 可知，T2 处理（推迟 5 天采收，顶部两片弃采）上等烟比例、均价最高，与 T3 处理没有明显差异，但都显著高于 T1 处理。随着采收时间的推迟，两种顶部两片不适用烟叶处理方式下的上部叶均价、上等烟比例均呈上升趋势，可见采收时间是影响上部叶经济性状的关键因子，推迟采收有利于上部叶成熟。

表 2-11　上部四片叶烤后经济性状

采收方式	采收推迟时间/d	处理	产量/(kg/hm^2)	均价/(元/kg)	产值/(元/hm^2)	上等烟比例/(%)	中等烟比例/(%)
顶部两片弃采	0	T1	983.98^{a}	17.21^{b}	$16\ 934.38^{b}$	26.21^{c}	93.71^{b}
	5	T2	925.52^{a}	19.36^{b}	$17\ 918.15^{a}$	43.59^{a}	97.89^{a}
	10	T3	970.51^{a}	19.25^{a}	$18\ 682.27^{a}$	41.35^{a}	98.03^{a}
中部叶采收时打掉顶部两片	0	T4	979.45^{a}	17.43^{b}	$17\ 071.89^{b}$	31.42^{b}	91.03^{b}
	5	T5	933.64^{a}	19.13^{a}	$17\ 860.56^{a}$	33.49^{a}	96.64^{a}
	10	T6	942.57^{a}	19.12^{a}	$18\ 022.01^{a}$	42.26^{a}	97.02^{a}

（8）烤后烟叶化学成分比较。

由表 2-12 可知，顶部两片不适用烟叶处理方式对烤后烟叶烟碱、总氮、还原糖、总糖、氯离子、淀粉含量影响显著，顶部两片弃采有利于降低烟碱、总氮、氯离子含量，增加还原糖、总糖、淀粉含量，使糖碱比、钾氯比更加协调。打掉顶部两片方式下，采收成熟度对还原糖、总糖、钾离子、淀粉含量影响显著，随着采收时间的延迟，烤后烟叶钾离子含量、两糖比逐渐降低，还原糖、淀粉、总糖含量先升高后降低。各处理以顶部两片弃采、推迟 5 天采收烤后烟叶化学质量较好，烟碱、总氮含量较低，糖碱比、两糖比较协调。

表 2-12　烤后烟叶化学成分比较(B2F)

顶部两片不适用烟叶处理方式	采收推迟时间/d	烟碱含量/(%)	还原糖含量/(%)	总糖含量/(%)	总氮含量/(%)	钾含量/(%)	氯含量/(%)	糖碱比	氮碱比	两糖比	钾氯比	淀粉含量/(%)
弃采	0	3.39^{c}	25.10^{a}	29.16^{a}	1.99^{d}	1.05^{b}	0.37^{ab}	8.62^{a}	0.58^{ab}	0.86^{b}	2.80^{b}	6.42^{a}
	5	3.86^{b}	19.90^{b}	25.44^{b}	2.14^{cd}	1.11^{b}	0.31^{b}	6.59^{b}	0.56^{b}	0.78^{c}	3.59^{a}	5.19^{b}
	10	4.03^{ab}	17.32^{c}	22.45^{c}	2.75^{ab}	1.09^{b}	0.35^{ab}	5.59^{c}	0.68^{a}	0.77^{c}	3.17^{ab}	4.34^{c}
打掉	0	4.37^{a}	17.53^{c}	19.62^{d}	2.92^{a}	1.26^{a}	0.45^{a}	4.49^{d}	0.67^{a}	0.89^{a}	2.85^{b}	4.61^{bc}
	5	3.96^{b}	20.21^{b}	26.23^{b}	2.40^{bcd}	1.03^{b}	0.41^{a}	6.62^{b}	0.60^{ab}	0.77^{c}	2.53^{b}	5.18^{b}
	10	4.25^{ab}	17.54^{c}	22.81^{c}	2.52^{abc}	1.01^{b}	0.39^{ab}	5.42^{c}	0.60^{ab}	0.77^{c}	2.62^{b}	3.94^{c}
		k 值										
弃采		3.76	20.77	25.68	2.29	1.08	0.35	6.93	0.61	0.81	3.19	5.32
打掉		4.25	18.43	22.89	2.61	1.10	0.42	5.51	0.62	0.81	2.67	4.57
0		3.88	21.31	24.39	2.45	1.16	0.41	6.56	0.63	0.88	2.83	5.52
5		3.91	20.05	25.84	2.27	1.07	0.36	6.61	0.58	0.78	3.06	5.19
10		4.14	17.43	22.63	2.63	1.05	0.37	5.50	0.64	0.77	2.90	4.14
		F 值										
顶叶处理方式		20.32^{**}	16.97^{**}	18.84^{**}	9.17^{*}	0.33	7.94^{*}	38.17^{**}	0.33	0.64	9.16^{*}	13.85^{**}
成熟度		2.89	16.07^{**}	8.27^{**}	4.06^{*}	4.87^{*}	1.44	9.78^{**}	1.79	156.52^{**}	0.67	17.24^{**}
顶叶处理方式×成熟度		8.30^{**}	20.99^{**}	27.42^{**}	10.34^{**}	9.72^{**}	0.67	34.74^{**}	3.71	5.56^{*}	3.47	7.45^{**}

(9) 对烤后烟叶多酚含量的影响。

从表 2-13 中可以看出,同一采收时间下,顶部两片不适用烟叶处理方式对多酚含量影响差异不显著;同一采收方式下,推迟采收 5 天、10 天上部叶多酚含量较正常采收有显著增加。采收时间对绿原酸、莨菪亭、芸香苷含量及多酚总量有极显著影响,随着采收时间的推迟,芸香苷含量逐渐增加,绿原酸含量先上升后降低,莨菪亭含量先降低后上升,多酚总量先上升后降低,可见上部叶推迟采收有利于多酚含量的增加,但推迟时间不是越长越好。顶部不适用两片烟叶处理方式对莨菪亭含量影响显著,中部叶采收时打掉顶部两片有利于莨菪亭含量的增加,但不利于多酚总量的增加。采收时间对烤后烟叶多酚含量影响作用最大,顶部两片不适用烟叶处理方式次之,互作较小,顶部两片弃采、推迟 5 天进行上部叶一次采收组合效果最好。

表 2-13　烤后烟叶多酚含量比较

单位:mg/g

采收方式	采收推迟时间/d	绿原酸含量	莨菪亭含量	芸香苷含量	多酚总量
顶部两片弃采	0	9.83[b]	0.28[b]	11.12[b]	21.22[b]
	5	14.11[a]	0.18[c]	13.70[a]	27.99[a]
	10	13.34[a]	0.28[b]	13.31[a]	26.93[a]
中部叶采收时打掉顶部两片	0	8.80[c]	0.40[a]	10.29[b]	19.48[b]
	5	13.63[a]	0.18[c]	12.85[a]	26.65[a]
	10	13.16[a]	0.27[b]	13.43[a]	26.86[a]
		k 值			
顶部两片弃采		12.43	0.25	12.71	25.38
中部叶采收时打掉顶部两片		11.86	0.28	12.19	24.33
推迟采收 0 d		9.31	0.34	10.70	20.35
推迟采收 5 d		13.87	0.18	13.27	27.32
推迟采收 10 d		13.25	0.28	13.37	26.90
		F 值			
顶部两片不适用烟叶处理方式		4.49	12.80*	2.71	4.53
采收时间		114.70**	85.99**	30.57**	78.76**
顶部两片不适用烟叶处理方式×采收时间		0.87	18.39**	1.05	0.98

注:同列数据后带有不同小写字母者表示处理间差异达到显著水平,* 为 $P<0.05$,** 为 $P<0.01$。

(10) 对烤后烟叶中性致香物质含量的影响。

从表 2-14 中可以看出,通过对各处理烤后烟叶中性致香物质成分的 GC/MS 测定分析,共检测出 50 种中性致香物质。为了便于分析,把中性致香物质按烟叶香气前体物分类方法分为五类,分别为苯丙氨酸类、棕色化反应产物类、类胡萝卜素类、类西柏烷类、其他类及新植二烯,其中苯丙氨酸类 4 种,棕色化反应产物类 8 种,类胡萝卜素类 21 种,类西柏烷类 2 种,其他类 14 种。不同处理烤后烟叶 5 类致香物质含量分布如图 2-6 所示。

表 2-14　烤后烟叶中性致香物质含量

类型	中性致香物质	中性致香物质含量/(μg/g)					
		T1	T2	T3	T4	T5	T6
苯丙氨酸类	苯甲醇	19.91	35.90	34.96	30.71	37.39	35.53
	苯甲醛	1.23	1.22	1.26	1.25	1.62	1.61
	苯乙醇	26.34	57.54	71.57	76.29	65.11	60.88
	苯乙醛	14.04	43.21	25.69	27.86	39.82	22.68
	合计	61.52	137.87	133.48	136.11	143.94	120.70

续表

类型	中性致香物质	中性致香物质含量/(μg/g)					
		T1	T2	T3	T4	T5	T6
棕色化反应产物类	2-乙酰基吡咯	5.06	9.97	11.22	5.60	9.48	8.17
	2-乙酰基呋喃	3.94	4.06	4.01	3.38	3.51	3.89
	5-甲基糠醇	6.26	7.11	8.42	3.73	5.31	5.34
	5-甲基糠醛	4.15	5.55	6.16	4.87	5.04	6.54
	己醛	0.51	0.76	0.61	0.59	0.80	0.94
	糠醇	33.75	39.16	54.85	36.26	35.59	44.77
	糠醛	78.70	101.16	104.08	74.92	95.53	109.42
	吲哚	3.27	5.60	7.72	7.42	6.57	7.16
	合计	135.64	173.37	197.07	136.77	161.83	186.23
类胡萝卜素类	3-羟基-2-丁酮	9.80	10.50	13.77	8.82	8.68	9.74
	3-羟基-β-二氢大马酮	22.46	24.26	52.52	12.19	18.45	12.12
	α-紫罗兰酮	7.36	11.25	11.75	7.98	11.03	11.56
	β-大马酮	15.37	20.37	21.38	18.48	17.47	22.11
	β-二氢大马酮	4.42	7.46	8.15	4.90	6.68	9.48
	藏红花醛	1.93	3.09	3.95	2.29	2.00	3.39
	二氢猕猴桃内酯	9.20	16.27	20.43	11.71	15.60	20.29
	芳樟醇	2.49	3.22	3.16	3.08	3.02	3.16
	茴香醛	—	2.15	—	—	—	—
	甲基庚烯醇	1.52	2.16	1.93	1.71	1.37	3.45
	甲基庚烯酮	0.64	2.39	1.40	2.30	3.31	3.52
	金合欢基丙酮	—	—	—	2.10	—	—
	巨豆三烯酮 A	12.33	19.59	26.13	12.84	18.17	26.51
	巨豆三烯酮 B	29.09	47.17	55.59	38.53	48.22	58.92
	巨豆三烯酮 C	7.92	12.24	14.29	9.37	11.37	16.08
	巨豆三烯酮 D	14.18	11.43	17.19	4.77	6.80	4.40
	螺岩兰草酮	5.80	6.53	18.59	8.33	5.03	20.98
	香叶基丙酮	1.57	1.57	1.56	1.56	1.58	1.57
	氧代异佛尔酮	1.26	1.47	1.50	1.52	1.47	1.48
	依杜兰	9.67	7.11	5.26	12.71	5.83	22.24
	异戊酸香叶酯	0.60	1.17	1.49	0.76	0.97	1.32
	合计	157.61	211.40	280.04	165.95	187.05	252.32

续表

类型	中性致香物质	中性致香物质含量/(μg/g)					
		T1	T2	T3	T4	T5	T6
类西柏烷类	茄酮	127.95	177.37	177.06	95.41	120.32	199.68
	西柏三烯二醇	12.66	21.46	24.20	19.96	14.57	22.49
	合计	140.61	198.83	201.26	115.37	134.89	222.17
其他类	1-(4,5,5-三甲基-1,3-环戊二烯-1-基)-苯	40.36	75.45	91.28	41.44	58.73	82.03
	1,2,3,4-四氢-1,1,6-三甲基萘	4.28	6.18	7.63	3.91	4.97	8.23
	2,3-戊二酮	10.83	12.10	11.55	9.36	10.27	11.19
	2-环戊烯-1,3-二酮	7.59	9.29	8.86	5.81	8.46	8.73
	2-甲基对苯二酚	3.96	10.38	15.52	4.76	8.57	18.91
	4-(2,6,6-三甲基-1,3-环己二烯-1-基)-2-丁酮	6.03	10.20	10.87	7.42	9.94	12.69
	4-乙烯基-2-甲氧基苯酚	39.35	49.39	76.28	36.71	41.76	95.10
	柏木醇	17.35	13.82	4.38	17.18	12.06	19.53
	蒽(菲)	1.20	2.27	2.19	2.29	1.37	1.26
	甲氧基苯酚	1.10	1.11	2.37	6.18	1.37	3.71
	面包酮	10.95	10.53	10.55	8.54	8.69	9.67
	松香油	22.37	38.48	65.76	38.40	39.71	37.31
	松油醇	1.47	3.15	2.72	2.65	2.23	2.70
	植酮	67.66	56.76	144.98	115.20	66.96	99.56
	合计	234.50	299.11	454.94	299.85	275.09	410.62
新植二烯		1884.87	2547.34	3228.38	1955.03	2712.64	2876.48
总计		2614.75	3567.92	4495.17	2809.08	3615.44	4068.52

从图 2-6、表 2-14 中可以看出，在同一采收方式下，苯丙氨酸类降解产物含量随采收时间的推迟呈先上升后下降的趋势，中部叶采收后停留 15 天采收含量最高，主要表现在苯甲醇、苯乙醛的含量变化上；棕色化反应产物类含量随着采收时间的推迟逐渐升高，主要表现在糠醇、糠醛的含量变化上；类胡萝卜素类降解产物含量随着采收时间的推迟逐渐升高，其含量变化主要表现在二氢猕猴桃内酯、巨豆三烯酮、螺岩兰草酮等产物上；类西柏烷类产物有两种，西柏三烯二醇和茄酮，西柏三烯二醇在一定条件下可以转化形成茄酮，使烟叶香吃味得到改善，随着采收期的推迟，类西柏烷类产物含量增加明显；其他中性致香物质含量在同一采收方式下随着采收时间的推迟逐渐升高，其含量变化主要表现在 1-(4,5,5-三甲基-1,3-环戊二烯-1-基)-苯、4-乙烯基-2-甲氧基苯酚等产物上。

从图 2-7 中可以看出，新植二烯对中性致香物质总量贡献较大，占比在 70%左右。

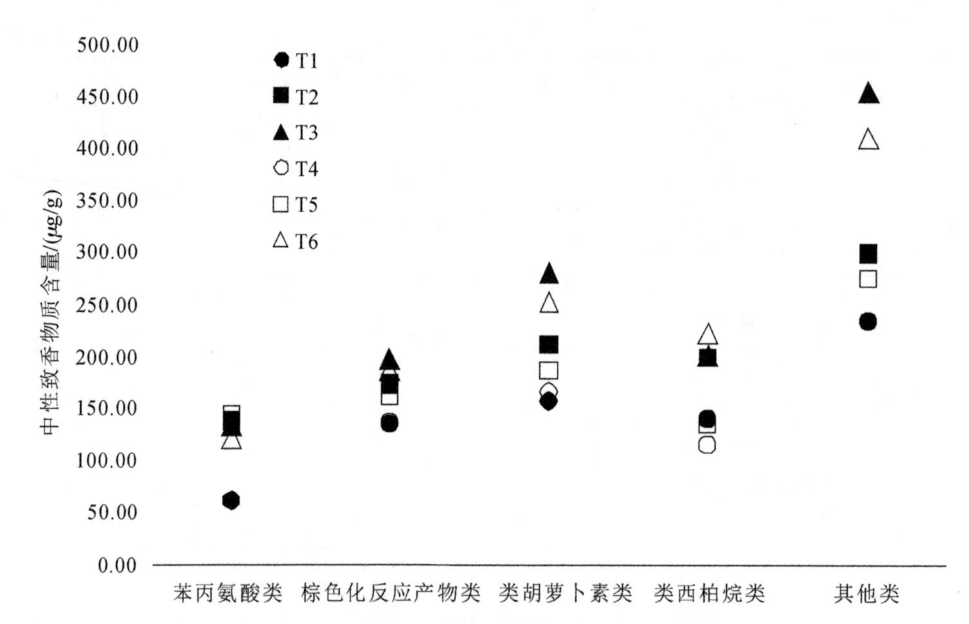

图 2-6 不同处理烤后烟叶 5 类中性致香物质含量分布

在同一采收方式下，随采收时间的推迟，新植二烯、中性致香物质含量逐步上升；同一采收时间下，不同的顶部两片不适用烟叶处理方式对新植二烯、中性致香物质含量影响差异不大，整体以顶部两片弃采处理方式新植二烯、中性致香物质含量较高。T3 处理新植二烯、中性致香物质含量最高。

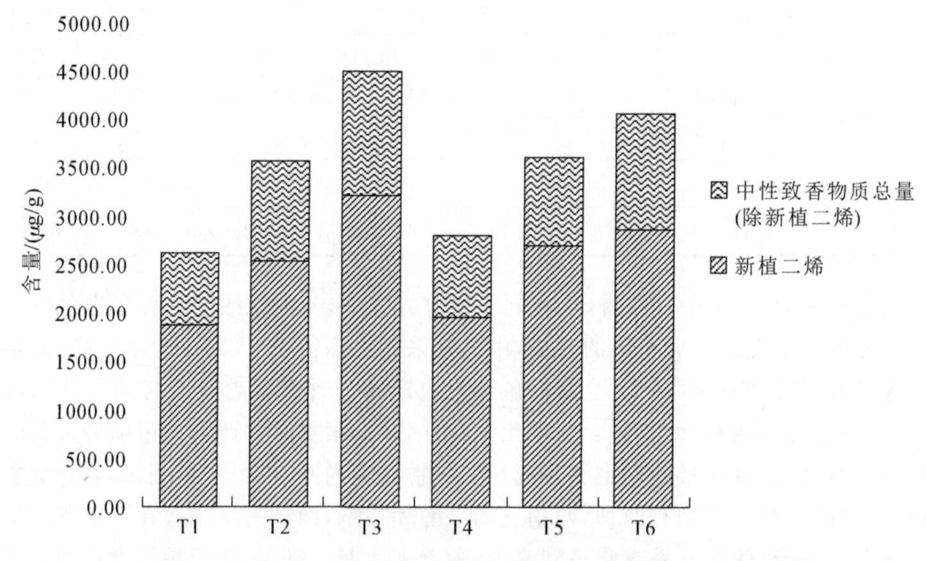

图 2-7 不同处理烤后烟叶新植二烯、中性致香物质含量比较

（11）烤后烟叶感官质量比较。

由表 2-15 可以看出，中部叶采收时打掉顶部两片组间处理评吸质量优于顶部两片弃采；同一采收方式下，烤后烟叶质量均以推迟 10 天采收较好。整体结果表现为中部叶采收时打掉顶部两片、推迟 10 天采收评吸质量最好，杂气少，刺激性较小，余味舒适。

表 2-15　烤后烟叶感官质量比较(B2F)

采收方式	采收推迟时间/d	处理	质量特征								风格特征	
			香气质 18	香气量 16	杂气 16	刺激性 20	余味 22	燃烧性 4	灰色 4	合计 100	浓度	劲头
顶部两片弃采	0	T1	14.0	13.0	12.5	16.5	17.0	4.0	4.0	81.0	3.5	3.5
	5	T2	14.0	13.0	12.5	17.5	17.0	4.0	4.0	82.0	3.5	3.0
	10	T3	14.0	13.0	13.0	17.5	17.0	4.0	4.0	82.5	3.5	3.5
中部叶采收时打掉顶部两片	0	T4	14.0	13.0	12.5	17.0	17.5	4.0	4.0	82.0	3.5	3.0
	5	T5	14.0	13.0	13.0	17.5	17.5	4.0	4.0	83.0	3.5	3.0
	10	T6	14.0	13.0	13.5	17.5	17.5	4.0	4.0	83.5	3.5	3.5

4）讨论与结论

本试验设置了不同采收期和顶部两片不适用烟叶处理方式，不同的顶部两片不适用烟叶处理方式对鲜烟成熟特征、烤后烟叶质量影响差异不大，顶部两片弃采方式下烤后烟叶化学成分协调性优于中部叶采收时打掉顶部两片，烟碱、总氮含量较低，中性致香物质含量较高，但感官质量评价以中部叶采收时打掉顶部两片较好。随着上部烟叶采收期的延长和烟叶成熟度的增加，烘烤能耗呈下降的趋势；烘烤后烟叶均价、上中等烟比例、橘黄烟比例呈增加的趋势，外观质量得到明显提高，烘烤后烟叶内在化学成分的协调性更好，糖碱比、氮碱比较协调，评吸质量最好，杂气少，刺激性较小，余味舒适，糠醇、糠醛、3-羟基-β-二氢大马酮、β-大马酮、二氢猕猴桃内酯、巨豆三烯酮、螺岩兰草酮、茄酮等中性致香物质含量显著增加。对不同成熟度上部烟叶烘烤过程中的变化和失水情况进行了研究，稍欠熟烟叶变黄速度慢，变黄、定色时间越长，越不易定色，失水特性较差，失水速度慢，变黄与失水不协调，易烤性稍差，在变黄前期应采用高温高湿条件，促进烟叶变黄，以调节烟叶失水和变黄协调性，变黄后期和定色前期适当加大排湿力度，降低烟叶水分含量，以便顺利定色；适熟烟叶变黄和失水速度适中，可采用中温中湿变黄，拉长定色时间，改善化学质量；稍过熟的烟叶变黄速度快，失水速度快，应采用低温高湿条件，使烟叶慢失水，促进内含物充分降解，改善上部叶化学成分。

顶叶由于其部位特征，接受光照较多，消耗养分较多，多数人认为应及早打掉。本试验研究表明：顶叶弃采有利于淀粉、多酚、中性致香物质含量的增加，尤其是类胡萝卜素类、新植二烯等致香物质含量增加明显，可能与顶叶在田间为上部叶形成了一定的遮阴有关。有研究表明，适度弱光能够提高烟株的光合生产能力，从而增加其物质积累量。在常规采收成熟度条件下，顶叶弃采处理烤后烟叶淀粉含量较高，中性致香物质含量较低，推迟 5 天采收淀粉含量降低了 19.16%，多酚、中性致香物质含量分别增加了 31.90%、36.45%，推迟 10 天采收中性致香物质含量进一步增加，但多酚含量开始下降，烟碱、总氮含量升高，糖碱比显著降低，上部叶品质变差，可见不能为增加香气含量而一味延长成熟时间。

综合烤后烟叶的外观质量、内在化学成分、产量和产值、中性致香物质含量，上部叶成熟采收以顶部两片弃采、中部叶采收后停留20天较好，此时上部叶外观特征表现为：叶片以黄为主，有成熟斑，叶面皱缩，主脉变白近2/3；茎叶角度约直角，叶片弯曲、呈弓形，部分叶尖叶缘有枯焦现象，SPAD值在18±2。

3. 成熟采收操作要求

1）采收方式

（1）手工采摘。

采摘时，用中指和食指托住适采烟叶叶柄基部，大拇指放在叶柄上方，向右下侧或左下侧轻轻拧下烟叶。上部叶可采用手工采摘或半斩株采收。

（2）分次采收。

自烟株下部叶开始，由下而上分次采收，下部至中部每次采收3～4片烟叶，上部4～6片烟叶一次采收，共计采收4～5次。

（3）整齐采收。

通过同品种、同部位配炕，以及采收时间的合理控制，将采后烟叶素质差异控制在适宜状态，使采后烟叶群体更适于烘烤。

2）烟叶采收成熟度

（1）下部烟叶成熟特征。

烟叶基本色为绿色，SPAD值在23±2，显现绿中泛黄；茸毛部分脱落；主脉变白1/2以上，支脉大多明显变白，基部支脉褪绿转黄；采收时声音清脆、断面整齐、不带茎皮。若盛花打顶，则第一次采收在打顶后3天内进行，若初花打顶，则第一次采收一般在打顶后5天内进行，第二次采收在打顶后10～15天内进行。第一、二次采收烟叶如图2-8所示。

(a) 第一次采收

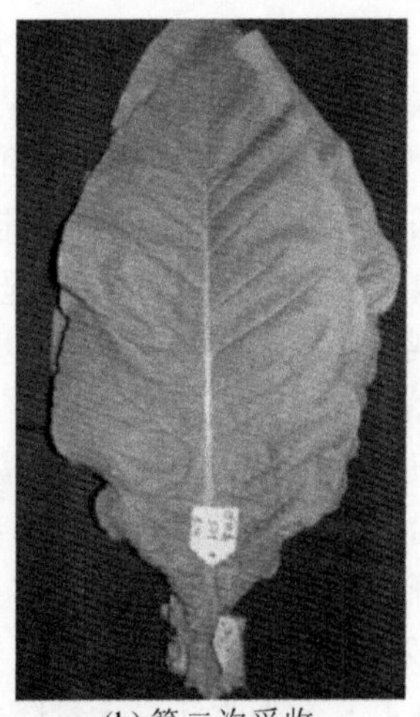
(b) 第二次采收

图2-8 第一、二次采收烟叶图片

（2）中部烟叶成熟特征。

烟叶基本色为黄绿色，SPAD 值在 20±2，叶面 2/3 以上落黄，叶尖、叶缘呈黄色，叶耳泛黄，叶面常有黄色成熟斑；主脉 3/4 以上长度变白，支脉大多变白发亮，茎叶角度增大。第三次采收一般在打顶后 25～30 天内进行，第四次采收一般在打顶后 40～45 天内进行。第三、四次采收烟叶如图 2-9 所示。

(a) 第三次采收　　(b) 第四次采收

图 2-9　第三、四次采收烟叶图片

（3）上部烟叶成熟特征。

烟叶基本色为黄色，SPAD 值在 18±2，叶面充分落黄、发皱、成熟斑明显，叶耳变黄，主支脉变白发亮，叶尖下垂，稍有枯尖、焦边现象，茎叶角度明显增大。第五次上部叶一次采收一般在打顶后 65～75 天内进行。第五次采收烟叶如图 2-10 所示。

图 2-10　第五次采收烟叶图片

3）灵活掌握采收成熟度

在多雨季节，宜适当降低烟叶采收成熟度，在干旱季节，宜适当提高烟叶采收成熟度；成熟快的烟叶宜抓紧采收，成熟较慢的烟叶（黑暴烟除外）宜延缓采收。成熟快的烟叶适采期短，一进入适采期就要抓紧采收，必要时，可适当增加采收面积以满足单炕适宜装烟量；耐熟烟叶适采期长，进入适采期还可适当延迟采收日期，以便烟叶充分成熟。但具体采收日期还要看天气状况，如果适采期烟叶遇短时降雨，应按原计划日期采收；如果耐熟烟叶遇雨 24 小时以上返青生长，应等其重新落黄再行采收；遭遇连续阴雨，烟叶容易坏死，必须及时采烤；对于成熟或接近成熟的病叶及遭受大风或冰雹危害的烟叶，应及时抢收。

第三章 编装烟技术

编烟、装烟是烟叶采烤中的重要环节，与烘烤技术密切相关。编装烟过密，排湿不顺，影响色泽；编装烟过稀，难于变黄，容易烤青。烟农常说:“装烟装不好，神仙也难烤。”同时，编装烟数量必须与烘烤能力相适应，以确保烘烤质量和不浪费烤房空间。

一、鲜烟叶分类

将鲜烟叶按品种、部位、叶片大小、颜色深浅分类，并剔除病虫危害叶(见图 3-1)。然后把同一品种、同一部位、颜色和大小一致的鲜烟叶编在同一竿上，这样才能确保烟叶烘烤质量得到提高。

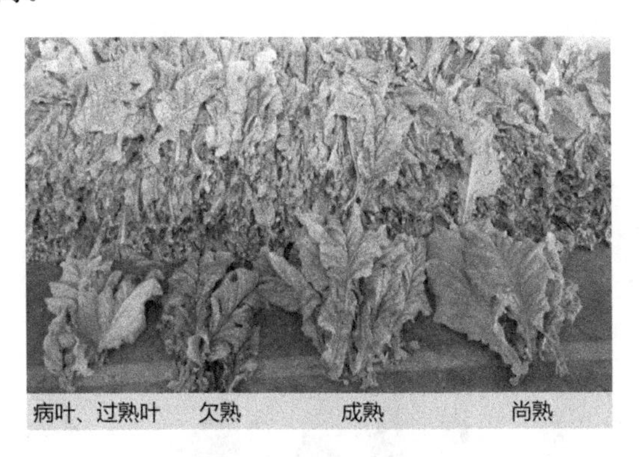

图 3-1 鲜烟叶分类

(一) 鲜烟叶分类的优点

一是可以提高烟叶整体烘烤质量。不同素质(成熟度、品种、光照、土壤、施肥、落黄程度、病害等)鲜烟叶的烘烤特性(变黄、失水特性)不同，其对烘烤工艺的要求也不同，在编烟前把不同素质烟叶进行分类，能有效提高烟叶整体烘烤质量。

二是便于烤后烟叶分级。进行分类编烟和装烟后，同竿(夹)烟叶的鲜烟素质基本相同，正常情况下，烤后烟叶也比较均匀，质量差异不大，只需简单地去青杂即可完成分级，相当于把烤烟预检工作前移至编烟环节，节约了分级用工，同时提高了烟叶分级纯度和收购质量。

(二) 鲜烟叶分类研究

1. 翠碧 1 号分类烘烤试验

1）鲜烟叶分类及烘烤参数确定

（1）鲜烟叶分类。

结合翠碧 1 号鲜烟叶外观品质特征的分析结果，将鲜烟叶分为两大类——废弃烟和适烤烟，并按照鲜烟叶外观特征的差异情况，将适烤烟分为 5 个小类，不同类别鲜烟叶外观特征指标差异见表 3-1。

表 3-1　不同类别鲜烟叶外观特征描述

类别		外观特征描述
废弃烟		叶面破损率超过 1/3 的叶片、不成熟叶片和完熟叶片
适烤烟	一类	烟叶欠熟，整体呈现绿色调，身份较厚，叶面皱折
	二类	烟叶尚熟至成熟，颜色黄中透绿，身份适中至较厚，叶面皱折
	三类	烟叶成熟，颜色黄中透绿，身份较薄，叶面平整
	四类	烟叶成熟，整体呈现黄色调，身份适中，叶面皱折
	五类	烟叶过熟，颜色通黄，身份较薄，叶面略显皱折

根据不同类别鲜烟叶的质量特性，将分类后的鲜烟叶合并为 3 个烘烤类别：适烤 1 类（欠熟类）、适烤 2 类（适熟类）、适烤 3 类（过熟类）。翠碧 1 号不同类别鲜烟叶外观特征见图 3-2。

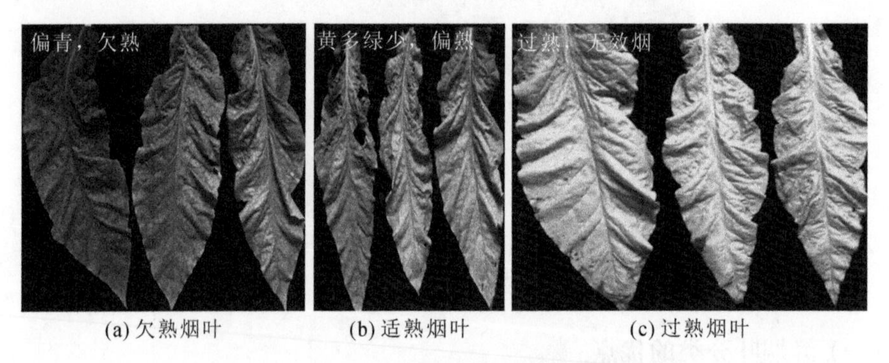

(a) 欠熟烟叶　(b) 适熟烟叶　(c) 过熟烟叶

图 3-2　翠碧 1 号不同类别鲜烟叶外观特征

（2）烘烤参数确定。

适烤 1 类烟叶成熟度偏低，其烘烤工艺的主要特点是：延长变黄期中、后期（干球温度 38～40 ℃和 42 ℃）时间，并相对提高湿球温度，促进烟叶变黄；延长定色期中期（干球温度 47～48 ℃）时间，促进烟筋变黄。具体烘烤工艺技术参数见表 3-2。

适烤 2 类按正常成熟烟叶的烘烤工艺标准进行烘烤（即采用常规烘烤工艺），在变黄期达到烟叶全部变黄，要求：在变黄期中期，烟叶变黄达不到 70%不升温，在变黄期后期，烟叶变黄达不到 90%以上不降湿。具体烘烤工艺技术参数见表 3-3。

表 3-2　翠碧 1 号适烤 1 类烘烤工艺技术参数

阶段		干球温度	湿球温度	保持时间
变黄期	前期	36～38 ℃	36～38 ℃	8 h
	中期	38～40 ℃	38～40 ℃	18～20 h
	后期	41～42 ℃	40～38 ℃	20～22 h
定色期	前期	45～46 ℃	38 ℃	16～18 h
	中期	47～48 ℃	38 ℃	16～18 h
	后期	50～54 ℃	39～40 ℃	14～16 h
干筋期	前期	56～60 ℃	40 ℃	16～18 h
	后期	60～68 ℃	41～42 ℃	14 h 以上

表 3-3　翠碧 1 号适烤 2 类烘烤工艺技术参数(正常烘烤)

阶段		干球温度	湿球温度	保持时间
变黄期	前期	36～38 ℃	36～38 ℃	6 h
	中期	38～40 ℃	38～40 ℃	14～16 h
	后期	41～42 ℃	39～38 ℃	18～20 h
定色期	前期	45～46 ℃	38 ℃	14～16 h
	中期	47～48 ℃	38 ℃	14～16 h
	后期	50～54 ℃	39～40 ℃	12～14 h
干筋期	前期	56～60 ℃	40 ℃	16～18 h
	后期	60～68 ℃	41～42 ℃	14 h 以上

适烤 3 类成熟度较高，其烘烤工艺的主要特点是：与适烤 1 类和适烤 2 类相比，稍缩短变黄期时间，湿球温度降低 0.5～1 ℃，以防止变黄过度和减少烟叶内在物质消耗。具体烘烤工艺技术参数见表 3-4。

表 3-4　翠碧 1 号适烤 3 类烘烤工艺技术参数

阶段		干球温度	湿球温度	保持时间
变黄期	前期	36～38 ℃	36～37.5 ℃	4～6 h
	中期	38～40 ℃	38～39 ℃	12～14 h
	后期	41～42 ℃	39～37 ℃	16～18 h
定色期	前期	45～46 ℃	38 ℃	12～14 h
	中期	47～48 ℃	38 ℃	14～16 h
	后期	50～54 ℃	39～40 ℃	12～14 h
干筋期	前期	56～60 ℃	40 ℃	16～18 h
	后期	60～68 ℃	41～42 ℃	14 h 以上

2）分类烘烤结果分析

（1）外观质量。

不同类别鲜烟叶分类烘烤（试验）及常规烘烤（对照）烤后烟叶外观质量评价结果见表 3-5。

由表 3-5 可知，翠碧 1 号不同类别鲜烟叶分类烘烤的烟叶主要表现为颜色以橘黄为主，色泽饱满，杂色斑少，常规烘烤烟叶主要表现为颜色偏暗，色度饱满度较低，杂色斑较多。常规烘烤中欠熟类烟叶的杂色斑块为成熟度较低导致的棕色化斑块，过熟类烟叶因烘烤过程物质消耗过度会形成黑糟等杂色斑块。

表 3-5　分类烘烤与常规烘烤烤后烟叶外观质量

类别	处理	成熟度	颜色	叶片结构	身份	油分	色度	主要特点描述
适烤 1 类	试验	成熟	橘黄	尚疏松至稍密	稍厚	有	强	色度较为饱满
	对照	成熟至尚熟	橘黄	尚疏松至稍密	稍厚一	有至稍有	强至中	色度饱满度较低，基部带棕色化斑块
适烤 2 类	试验	成熟	橘黄	尚疏松	中等	有	中	颜色为橘黄至金黄
	对照	成熟	橘黄	尚疏松	中等	有	中	颜色以橘黄为主，色度稍暗
适烤 3 类	试验	成熟	橘黄	尚疏松	中等	稍有至有	中	色度较为饱满、稍淡，杂色斑少
	对照	成熟	橘黄	尚疏松至疏松	中等一	稍有至少	中至弱	色度饱满度较低，有杂色斑块

（2）化学成分。

不同类别鲜烟叶分类烘烤及常规烘烤烤后烟叶常规化学成分检测结果见表 3-6。

由表 3-6 可知，适烤 1 类鲜烟叶分类烘烤后烟叶还原糖、淀粉含量较对照有所下降，总氮含量略有增加，其他常规化学成分变化不明显；适烤 2 类鲜烟叶分类烘烤后烟叶烟碱、还原糖、总氮含量等较对照有所增加，钾、淀粉含量有所下降，其他常规化学成分变化不明显；适烤 3 类鲜烟叶分类烘烤后烟叶总糖、钾含量较对照有所增加，还原糖含量有所下降，其他常规化学成分变化不明显。

表 3-6　分类烘烤与常规烘烤烤后烟叶常规化学成分

类别	处理	烟碱含量/(%)	总糖含量/(%)	还原糖含量/(%)	总氮含量/(%)	钾含量/(%)	淀粉含量/(%)	糖碱比	氮碱比
适烤 1 类	试验	2.29	31.03	26.83	1.91	1.27	7.88	11.70	0.83
	对照	2.12	32.34	28.76	1.72	1.23	11.61	13.57	0.81

续表

类别	处理	烟碱含量/(%)	总糖含量/(%)	还原糖含量/(%)	总氮含量/(%)	钾含量/(%)	淀粉含量/(%)	糖碱比	氮碱比
适烤2类	试验	2.55	33.06	28.17	1.66	1.05	10.64	11.06	0.65
	对照	1.94	32.79	26.19	1.46	1.24	14.51	13.48	0.75
适烤3类	试验	1.95	33.54	26.97	1.45	1.33	15.47	13.80	0.74
	对照	2.08	32.71	26.44	1.38	1.09	14.68	12.73	0.66

(3) 感官质量。

不同类别鲜烟叶分类烘烤及常规烘烤烟叶感官质量评价结果见表3-7。

由表3-7可知，适烤1类鲜烟叶分类烘烤后烟叶杂气、烟气细腻程度等较对照有明显改善，其他指标及风格特征变化不明显；适烤2类鲜烟叶分类烘烤后烟叶刺激性较对照有明显改善，其他指标及风格特征变化不明显；适烤3类鲜烟叶分类烘烤后烟叶杂气较对照有明显改善，其他指标及风格特征变化不明显。

表3-7　分类烘烤与常规烘烤烤后烟叶感官质量

类别	处理	香气质	香气量	杂气	细腻程度	浓度	劲头	刺激性	余味	风格特征
适烤1类	试验	7.0	7.0	7.0	7.0	6.5	5.5	7.0	7.0	7.5
	对照	7.0	7.0	6.5	6.5	6.5	5.5	7.0	7.0	7.5
适烤2类	试验	7.5	7.5	7.0	6.5	6.5	5.5	7.0	7.0	7.0
	对照	7.5	7.5	7.0	6.5	6.5	5.5	6.5	7.0	7.0
适烤3类	试验	7.0	7.0	7.0	6.5	6.5	5.5	6.5	7.0	7.0
	对照	7.0	7.0	6.5	6.5	6.5	5.5	6.5	7.0	7.0

(4) 经济效益分析。

不同类别鲜烟叶分类烘烤及常规烘烤烤后烟叶经济效益分析结果见表3-8。

从效益分析上看，适烤1类鲜烟叶分类烘烤后上等烟比例较对照提高39.31个百分点，中等烟比例下降34.56个百分点，下等烟比例下降4.75个百分点；适烤2类鲜烟叶分类烘烤后上等烟比例较对照提高30.63个百分点，中等烟比例下降31.60个百分点，下等烟比例增加0.97个百分点；适烤3类鲜烟叶分类烘烤与常规烘烤均未分拣出上等烟，中等烟比例分类烘烤较对照增加8.22个百分点，下等烟比例下降8.22个百分点。

表3-8　分类烘烤与常规烘烤烤后烟叶经济效益

类别	处理	上等烟比例/(%)	中等烟比例/(%)	下等烟比例/(%)
适烤1类	试验	43.69	29.29	27.02
	对照	4.38	63.85	31.77

续表

类别	处理	上等烟比例/(%)	中等烟比例/(%)	下等烟比例/(%)
适烤 2 类	试验	63.60	30.02	6.38
	对照	32.97	61.62	5.41
适烤 3 类	试验	—	45.10	54.91
	对照	—	36.88	63.12

2. 河南烟区中烟 100 分类烘烤试验

1）鲜烟叶分类及烘烤参数确定

（1）鲜烟叶分类。

结合中烟 100 鲜烟叶外观品质特征的分析结果，将鲜烟叶以成熟度为中心，以外观颜色、主脉特征为辅助分为 3 类，详见表 3-9。

表 3-9 不同部位烟叶的成熟特征

部位	处理	烟叶成熟特征
中部	欠熟	叶面浅黄色、7～8 成黄；主脉变白约 1/2，支脉开始转白
	成熟	叶面浅黄色、8～9 成黄；主脉变白 2/3 左右，支脉变白 1/2
	过熟	叶面基本全黄、9～10 成黄；主脉全白，支脉变白 2/3
上部	欠熟	叶面浅黄色、8 成黄；主脉变白 1/2 以上
	成熟	叶面基本全黄、9～10 成黄；主脉全白，叶面有黄色斑
	过熟	叶面全黄至发白，有明显成熟泡斑；主支脉全白

根据不同类别鲜烟叶的质量特性，将分类后的鲜烟叶合并为 3 个烘烤类别：适烤 1 类（欠熟类）、适烤 2 类（适熟类）、适烤 3 类（过熟类）。中烟 100 不同类别鲜烟叶外观特征见图 3-3。

(a) 欠熟烟叶

(b) 适熟烟叶

(c) 过熟烟叶

图 3-3 中烟 100 不同类别鲜烟叶外观特征

（2）烘烤参数确定。

适烤 1 类烟叶成熟度偏低，其烘烤工艺主要特点是：柔性烘烤，通过降低烘烤过程中的升温速度，增加变黄期烘烤时间，实现鲜烟叶变黄、定色。具体烘烤工艺技术参数见表 3-10。

表 3-10　中烟 100 适烤 1 类烘烤工艺技术参数

阶段		升温速度	干球温度	湿球温度	保持时间
变黄期	前期	1 ℃/1 h	35～36 ℃	35～36 ℃	8～12 h
	中期	1 ℃/1 h	38～39 ℃	38～39 ℃	30～40 h
	后期	1 ℃/4 h	41～42 ℃	37～38 ℃	20～24 h
定色期	前期	1 ℃/3 h	45～47 ℃	38 ℃	16～20 h
	中期	1 ℃/2 h	49～50 ℃	39 ℃	14～16 h
	后期	1 ℃/1 h	52～54 ℃	39～40 ℃	14～16 h
干筋期	前期	1 ℃/1 h	56～60 ℃	40 ℃	16～18 h
	后期	1 ℃/1 h	60～68 ℃	41～42 ℃	14 h 以上

适烤 2 类按正常成熟烟叶的烘烤工艺标准进行烘烤(即采用常规烘烤工艺)。其烘烤工艺的主要特点为：适当增加干球/湿球温度为 38 ℃/36 ℃的保持时间，提高定色期和干筋期的升温速度。具体烘烤工艺技术参数见表 3-11。

表 3-11　中烟 100 适烤 2 类烘烤工艺技术参数(正常烘烤)

阶段		升温速度	干球温度	湿球温度	保持时间
变黄期	前期	1 ℃/1 h	35～36 ℃	35～36 ℃	6～8 h
	中期	1 ℃/1 h	38～39 ℃	36～37 ℃	24～36 h
	后期	1 ℃/4 h	41～42 ℃	37～38 ℃	20～24 h
定色期	前期	1 ℃/3 h	45～47 ℃	38 ℃	14～16 h
	中期	1 ℃/2 h	49～50 ℃	39 ℃	14～16 h
	后期	1 ℃/1 h	52～54 ℃	39～40 ℃	12～14 h
干筋期	前期	1 ℃/1 h	56～60 ℃	40 ℃	16～18 h
	后期	1 ℃/1 h	60～68 ℃	41～42 ℃	14 h 以上

适烤 3 类成熟度较高，其烧烤工艺的主要特点是：明显缩短变黄期保持时间，适当缩短定色期、干筋期保持时间，提高定色期和干筋期的升温速度，防止变黄过度和减少烟叶内在物质消耗。具体烘烤工艺技术参数见表 3-12。

表 3-12　中烟 100 适烤 3 类烘烤工艺技术参数

阶段		升温速度	干球温度	湿球温度	保持时间
变黄期	前期	1 ℃/1 h	35～36 ℃	34～35 ℃	4～6 h
	中期	1 ℃/1 h	38～39 ℃	35.5～36.5 ℃	20～26 h
	后期	1 ℃/2 h	41～42 ℃	37～38 ℃	18～20 h

续表

阶段		升温速度	干球温度	湿球温度	保持时间
定色期	前期	1 ℃/2 h	45～47 ℃	38 ℃	12～14 h
	中期	1 ℃/2 h	49～50 ℃	38 ℃	14～16 h
	后期	1 ℃/1 h	52～54 ℃	39～40 ℃	12～14 h
干筋期	前期	1 ℃/1 h	56～60 ℃	40 ℃	16～18 h
	后期	1 ℃/1 h	60～68 ℃	41～42 ℃	14 h 以上

2）分类烘烤结果分析

(1）外观质量。

河南烟区中烟 100 中部和上部鲜烟叶烤后外观质量评价结果见表 3-13 和表 3-14。

① 中部烟叶。

由表 3-13 可知，从成熟度看，中部叶适烤 1 类表现为尚熟，其他 3 个处理均表现为成熟；从油分看，中部叶适烤 2 类的表现好于其他处理，油分为有＋，适烤 3 类和不分类的油分为有，适烤 1 类油分为少；从颜色看，中部叶适烤 1 类表现最差，其他各处理表现一致（表现为橘黄）；中部叶适烤 1 类结构表现为尚疏松，差于其他 3 个处理（疏松）；从色度看，中部叶适烤 2 类为强＋，好于其他处理，适烤 1 类色度为中，表现最差；从含青程度看，中部叶适烤 2 类和适烤 3 类含青程度明显好于其他 2 个处理，适烤 1 类表现最差；从挂灰和杂色看，中部叶适烤 2 类、适烤 3 类和不分类均为稍有，适烤 1 类为有；从嗅香看，中部叶适烤 2 类和适烤 3 类明显好于其他 2 个处理，适烤 1 类嗅香不明显。

表 3-13 中部烟叶烤后外观质量

部位	处理	成熟度	油分	颜色	身份	结构	色度	含青	挂灰、杂色	嗅香
中部叶	适烤 1 类	尚熟	少	橘偏柠	中等	尚疏松	中	有	有	稍有
	适烤 2 类	成熟	有＋	橘黄	中等	疏松	强＋	无	稍有	明显
	适烤 3 类	成熟	有	橘黄	中等	疏松	强	无	稍有	明显
	不分类	成熟	有	橘黄	中等	疏松	强	微有	稍有	有

② 上部烟叶。

由表 3-14 可知，从成熟度看，上部叶适烤 1 类表现为尚熟，其他 3 个处理均表现为成熟；从油分看，上部叶适烤 2 类和适烤 3 类均表现为有，不分类为有－，适烤 1 类表现最差，为少；从颜色看，上部叶各处理颜色均为橘黄；上部叶各处理结构均为紧密；从色度看，上部叶适烤 2 类和适烤 3 类为中＋，好于其他 2 个处理；从含青程度看，上部叶适烤 3 类表现最好，适烤 1 类最差；从挂灰和杂色看，上部叶适烤 2 类和适烤 3 类好于其他 2 个处理，适烤 1 类表现最差，为有；从嗅香看，上部叶适烤 3 类嗅香明显，适烤 1 类为稍有。

表 3-14　上部烟叶烤后外观质量

部位	处理	成熟度	油分	颜色	身份	结构	色度	含青	挂灰、杂色	嗅香
上部叶	适烤 1 类	尚熟	少	橘黄	稍厚	紧密	中	有	有	稍有
	适烤 2 类	成熟	有	橘黄	稍厚	紧密	中＋	少	少	有
	适烤 3 类	成熟	有	橘黄	稍厚	紧密	中＋	微有	少	明显
	不分类	成熟	有一	橘黄	稍厚	紧密	中	少	稍有	有

(2) 化学成分。

河南烟区中烟 100 中部和上部鲜烟叶烤后常规化学成分检测结果见表 3-15 和表 3-16。

① 中部烟叶。

由表 3-15 可知，适烤 1 类烟叶总糖、还原糖含量较常规烘烤(对照)明显减少，钾含量明显增加；适烤 2 类烟叶总糖、还原糖含量较常规烘烤明显减少，烟碱含量明显增加；适烤 3 类烟叶常规化学成分含量较常规烘烤无明显差异。

表 3-15　中部烟叶常规化学成分

部位	处理	烟碱含量/(%)	总糖含量/(%)	还原糖含量/(%)	K 含量/(%)	Cl 含量/(%)
中部烟叶	适烤 1 类	3.43	20.1	17.4	2.37	0.64
	适烤 2 类	4.99	18.7	16.3	1.39	0.56
	适烤 3 类	3.34	26.8	23.7	1.60	0.62
	对照	3.93	26.7	23.9	1.25	0.52

② 上部烟叶。

由表 3-16 可知，分类烘烤烟叶常规化学成分含量较常规烘烤差异不明显。其中，适烤 2 类烟叶烟碱含量略有增加，适烤 3 类烟叶烟碱含量略有降低。

表 3-16　上部烟叶常规化学成分

部位	处理	烟碱含量/(%)	总糖含量/(%)	还原糖含量/(%)	K 含量/(%)	Cl 含量/(%)
上部烟叶	适烤 1 类	4.18	23.5	20.8	0.91	0.41
	适烤 2 类	5.07	23.4	20.3	0.78	0.50
	适烤 3 类	3.77	23.8	21.4	0.88	0.55
	对照	4.45	25.7	22.0	0.84	0.47

(3) 感官质量。

河南烟区中烟 100 中部和上部鲜烟叶烤后感官质量评价结果见表 3-17 和表 3-18。

① 中部烟叶。

由表3-17可知，适烤1类烟叶香气量、杂气、浓度、劲头、刺激性等指标均较常规烘烤略有下降；适烤2类烟叶香气质、余味等指标较常规烘烤有改善，其他指标无明显变化；适烤3类烟叶香气质、余味等指标较常规烘烤有改善，香气量略有下降，其他指标变化不明显。

表3-17 中部烟叶感官质量

部位	处理	香气质	香气量	杂气	浓度	劲头	刺激性	余味
中部烟叶	适烤1类	6.0	6.0	6.0	6.0	5.0	6.0	6.0
	适烤2类	6.5	6.5	6.5	6.5	5.5	6.5	6.5
	适烤3类	6.5	6.0	6.5	6.5	5.5	6.5	6.5
	对照	6.0	6.5	6.5	6.5	5.5	6.5	6.0

② 上部烟叶。

由表3-18可知，适烤1类烟叶香气量较常规烘烤略有下降，其他指标无明显变化；适烤2类烟叶香气质、杂气、刺激性、余味等指标较常规烘烤有改善，其他指标无明显变化；适烤3类烟叶香气质、杂气、刺激性、余味等指标较常规烘烤有改善，香气量略有下降，其他指标变化不明显。

表3-18 上部烟叶感官质量

部位	处理	香气质	香气量	杂气	浓度	劲头	刺激性	余味
上部烟叶	适烤1类	6.0	6.0	6.0	6.5	6.0	6.0	6.0
	适烤2类	6.5	6.5	6.5	6.5	6.0	6.5	6.5
	适烤3类	6.5	6.0	6.5	6.5	6.0	6.5	6.5
	对照	6.0	6.5	6.0	6.5	6.0	6.0	6.0

(5) 经济效益。

河南烟区中烟100中部和上部鲜烟叶烤后经济效益分析结果见表3-19和表3-20。

① 中部烟叶。

由表3-19可知，分类烘烤上等烟比例为22.51%，较常规烘烤增加2.20个百分点，中上等烟比例为65.83%，较常规烘烤增加17.54个百分点；分类烘烤烟叶均价为18.28元/kg，较常规烘烤增加2.87元/kg。

② 上部烟叶。

由表3-20可知，分类烘烤上等烟比例为68.90%，较常规烘烤增加0.45个百分点，中上等烟比例为86.66%，较常规烘烤增加7.96个百分点；分类烘烤烟叶均价为23.11元/kg，较常规烘烤增加1.89元/kg。

表 3-19 中部烟叶经济效益

部位	处理	上等烟比例/(%)	上中等烟比例/(%)	均价/(元/kg)
中部烟叶	适烤 1 类	2.64	12.19	6.81
	适烤 2 类	19.18	86.47	20.98
	适烤 3 类	38.21	80.71	23.04
	分类合计	22.51	65.83	18.28
	常规烘烤	20.31	48.29	15.41

表 3-20 上部烟叶经济效益

部位	处理	上等烟比例/(%)	上中等烟比例/(%)	均价/(元/kg)
上部烟叶	适烤 1 类	23.69	70.67	15.10
	适烤 2 类	78.17	89.44	24.33
	适烤 3 类	78.56	90.88	25.50
	分类合计	68.90	86.66	23.11
	常规烘烤	68.45	78.70	21.22

3）小结

以福建烟区翠碧 1 号和河南烟区中烟 100 两个品种烟叶为研究对象，建立了以鲜烟叶“成熟度”为核心，以鲜烟叶“颜色、厚度”为辅助的鲜烟叶分类方法，通过对烘烤变黄期、定色期的温湿度及烘烤时间进行优化，形成了鲜烟叶分类烘烤工艺技术。生产验证表明：分类烘烤样品的外观质量较好，化学成分较协调，感官质量有所提高，烤后中上等烟比例明显提高，经济效益明显提升。

二、编(夹)烟

(一) 编烟

编烟(又叫绑烟，上竿)时要在编烟房或烤房附近阴凉处铺垫草席，用凳子或其他方法架着编，这样既方便操作，又能防止日晒、雨淋、粘带灰土。不要直接在地上拖着编，因为烟竿移动时烟叶与地面摩擦受损伤，烤后会成褐斑，降低品质。

1. 编烟要求

编烟前要严格进行鲜烟分类。编烟时，烟竿两端要各空出 15 cm，以便于挂烟。叶基要露出烟竿上 4 cm，并保持叶基齐平；要“叶背对叶背”，使烟叶在烘烤中逐渐干燥、收缩、卷曲时不会出现相互重叠包裹的情况，避免捂坏变褐。见图 3-4。

编烟密度和每撮叶数是否恰当对烟叶烘烤质量有很大影响。试验表明：大叶每撮编 3～4 片，或每撮(束)所占位置在 1.5 cm 以下的，编烟过密，叶内蒸发出来的水分不

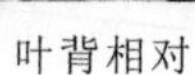

叶背相对　　均匀一致　　避免叶尖磨损　　预凋萎

图 3-4　编烟要求

能及时排出，挂灰叶数占每竿总叶数的 25.3%～34.1%，被高温水气烫伤变黑的叶数占每竿总叶数的 16.5%～22.8%。大叶每撮编 2 片，或每撮所占位置在 3 cm 以上的，编烟过稀，由于叶内水分蒸发较快，烟叶不能完全变黄就青干，烤后青黄烟占每竿总叶数的 18.6%～32.4%。所以，每撮叶数不要太多，也不能编得过稀或过密，以适中或稍稀一点为宜。大叶 2 片一撮，小叶 3 片一撮，最小的 4 片一撮，一般每撮所占位置为 2.3 cm 左右。烟竿长 1.5 m 的编 55 撮左右。含水量大的烟叶稍编稀一些，烘烤时既有利于保湿变黄，也有利于热气上升，促进排水干燥。

2. 编烟方法

1）死扣编烟法

左手拿着麻绳拉直，右手拿着烟叶，将叶基放在麻绳上，与绳子成十字形，左手拿麻绳向叶基一绕，右手把叶片向右下方一转，再向前一推，就编好左边的一撮。要编右边的烟叶时，动作正好与编左边的相反。这样左一撮右一撮，轮换地一直编到烟竿的另一头为止(见图 3-5)。这种编烟法绑得比较牢固，不易掉烟，但烤后解烟费工，不小心会把叶基部的主脉折断，从而产生碎烟。

2）走线套扣编烟法

烟竿中间向左边穿过去，使右边成扣；左手拿着烟叶，将叶基部从扣下放进去，右手拉紧麻绳向前推，就编好右边的第一撮。然后右手拿着麻绳，从走线与烟竿中间向右边穿过去，使左边成扣，左手拿着烟叶，将基部从扣下放进去，右手拉紧麻绳向前推，便编好左边的第一撮。如此，左右来回操作，直至编到烟竿的另一头为止(见图 3-6)。这种方法的编烟速度和烤后解烟的速度都比较快，省时省工，缺点是出炉时容易掉烟。

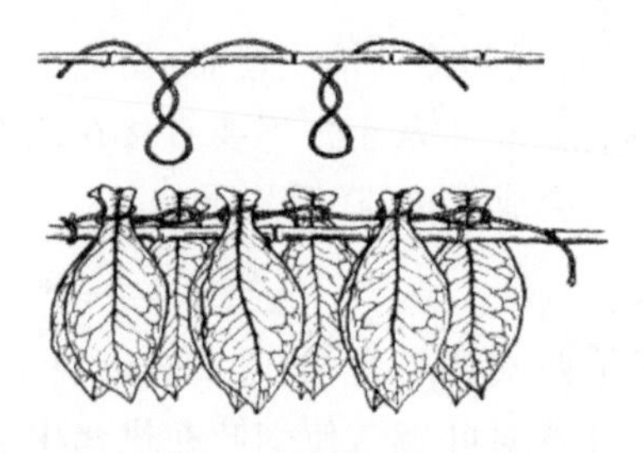

图 3-5　死扣编烟法

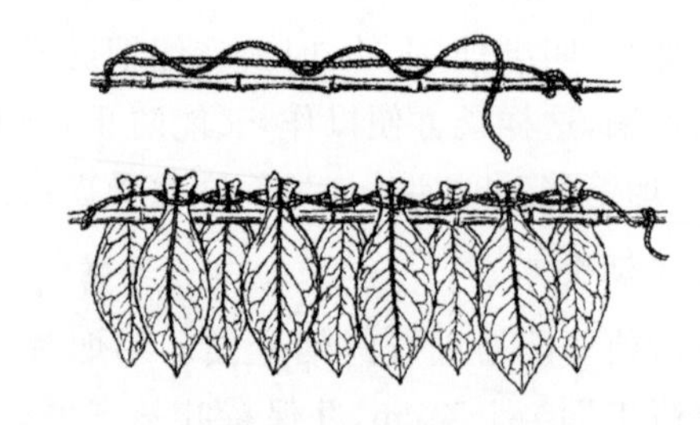

图 3-6　走线套扣编烟法

3）加扦梭线编烟法

编烟前，先将烟竿放在凳子或编烟架上，在烟竿上加一根有筷子粗、与烟竿一样长的竹条(没有竹条也可以用长度相同的粗麻绳代替),用麻绳在烟竿的一头离末端15 cm的地方绑紧,并在这上边活动地用这条麻绳绑住竹条的一头,然后开始编烟。编烟时,烟竿在下面,竹条在上面离开烟竿约2 cm,麻绳绑在烟竿与竹条的中间左右摆动,像织布机的梭子一样,所以称为梭线编烟法。当麻绳摆到左边时,左边放烟叶,待烟叶一放好,马上将麻绳摆到右边,这时左边的烟叶就被麻绳、烟竿和竹条夹住;然后烟叶从右边放进去,麻绳马上摆到左边,右边的烟叶又被固定。这样继续来回编,一直编到烟竿的另一头,最后用麻绳把烟竿、竹条像开始编烟时一样地绑好(见图3-7)。

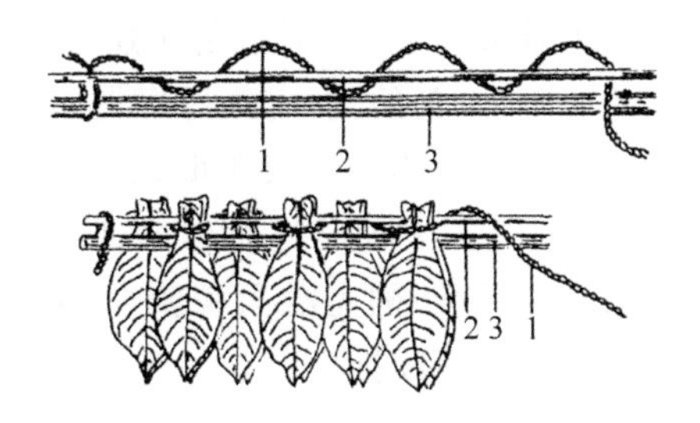

图3-7 加扦梭线编烟法

1—编烟绳;2—竹条;3—烟竿

这种编烟法有几个突出优点:一是烟竿上的烟叶能够均匀分布,有利于烘烤时烟叶均匀排湿;二是由于麻绳来回摆动固定烟叶,每撮烟叶之间可保持一定的距离,烤干后解烟速度要比一般编法快10倍以上,大大节约了劳动力,而且解下的烟叶堆放整齐,不需重新整理;三是编上竿的烟叶不论烤前烤后都不易脱落;四是可以节约1/3的麻绳。

(二)夹烟

20世纪40年代,美国出现了鲜烟叶田间采收机械,采用人工配合机械进行操作,后面进一步改进,可以在采摘后自动绑竿,大大提高了工作效率;20世纪50年代末,出现了烟叶夹持工具。1966年,Wilson出于节省编烟、装炕等环节用工的考虑,研制出适宜于密集烤房的烟夹;同年,Hassler研制出适于两层装烟的密集烤房梳式烟夹并提出了适于该设备的密集烘烤工艺,该烟夹不但极大减少了编烟、装炕环节的用工量,而且使烤房的制造成本大幅降低(图3-8)。1976年,Perry对烟夹进行了改进,改进的烟夹比以往的烟夹更简单、轻便,不但节省了材料,坚固耐用,而且更便于装卸烟叶。

图3-8 Hassler研制的梳式烟夹

我国的密集烤房研究起步较晚。1974 年，河南省烟草甜菜工业科学研究所（现中国烟草总公司郑州烟草研究院）成功设计出 3 种以煤为燃料的土木结构的密集烤房，并在福建、河南、广西和东北等地进行相关试验和小范围推广，但由于烤房本身的缺陷及当时经济社会条件的限制，最终未能大面积推广。之后的几十年间虽然有很多研究机构对密集烤房进行了大量引进、消化和研究，但是密集烤房一直没有在烟叶烘烤环节发挥主导作用。1976 年，河南省烟草甜菜工业科学研究所研制出了小巧方便的竹制烟夹，宣告中国制造的烟夹诞生。21 世纪以来，随着我国现代农业发展战略的实施，烤烟生产组织形式也发生了重大转变，我国不断加强烟叶密集烤房等生产基础设施建设，全面推进烟叶生产的规模化、集约化，密集烤房得到了极大的发展。我国在编烟方式上也在不断地进行探索，各种各样的烟夹不断出现在生产中，但实践中发现一些烟夹在烘烤过程中难以保持烟叶形态，造成叶柄弯曲、叶基倒伏，同时烤后烟叶存在颜色浅淡、叶面不能自然卷曲、叶主脉两侧光滑面积较大、油分不足等问题，影响了密集烘烤优势的发挥，因此没能得到大面积推广。

1. 现行烟夹的规格

2014 年，国家烟草专卖局下发了《关于烟夹和散叶烘烤分风板购置工作的意见》，对烟夹购置进行全额补贴，全面开启了烟夹烘烤的新时代。后因部分产区反映烟夹重量过大，2016 年增加了规格为 60 mm 宽的烟夹，80 mm 的每座配套 350 夹，60 mm 的每座配套 420 夹，总夹烟量基本相同。

烟夹参数和烟夹结构示意图如图 3-9、图 3-10 所示，装烟工作台结构如图 3-11 所示。

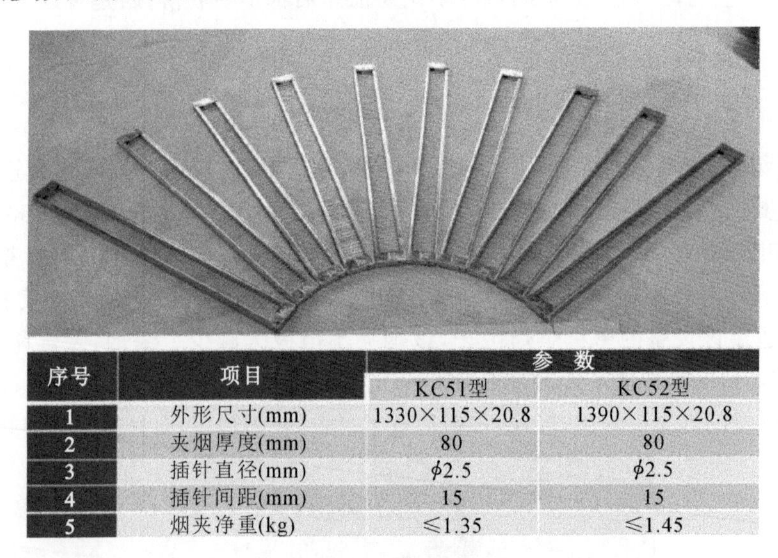

序号	项目	参数	
		KC51型	KC52型
1	外形尺寸(mm)	1330×115×20.8	1390×115×20.8
2	夹烟厚度(mm)	80	80
3	插针直径(mm)	ϕ2.5	ϕ2.5
4	插针间距(mm)	15	15
5	烟夹净重(kg)	≤1.35	≤1.45

图 3-9　烟夹参数

2. 使用烟夹的优势

1）减少用工

当前烟叶生产面对的最大问题是劳动用工问题，不是因为劳动用工减少了，是因

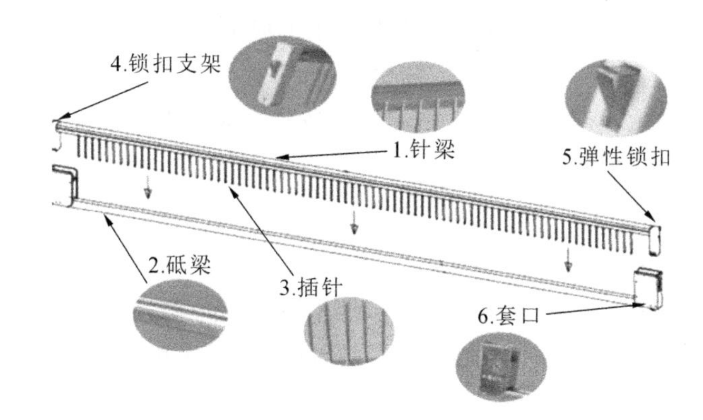

图 3-10 烟夹结构示意图

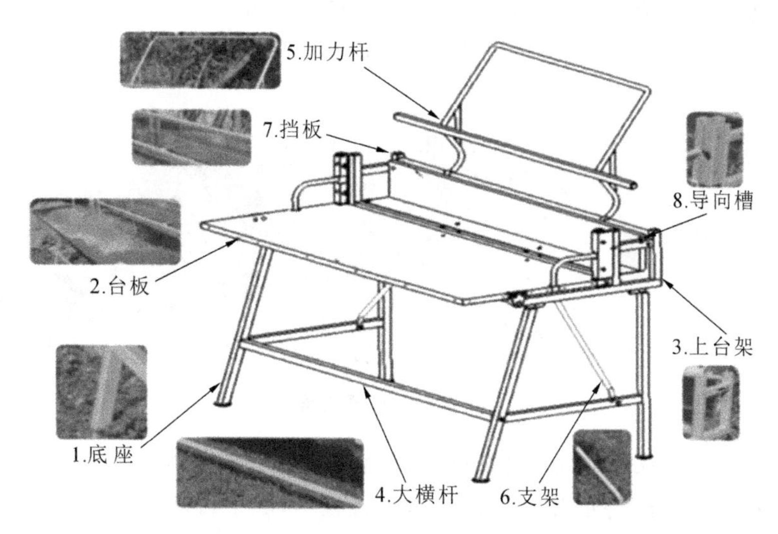

图 3-11 装烟工作台结构示意图

为新一代人对作业环境提出了更高的要求。通过调查发现，很多年轻人抱怨编烟慢，劳动强度大，而烟夹的出现正好可以解决这个问题。根据相关研究，烟夹烘烤较挂竿烘烤在装烟环节上省工 22%，在出炉卸烟过程中省工量可达到 34%，烟夹烘烤可大幅度降低烘烤过程中装、卸烟的用工时间和用工量，劳动时间的缩短在一定程度上也降低了劳动强度，缓解了烟叶采收过程中"雇工难、雇工贵"的问题。

2）增加装烟量

采用烟夹装烟，单座密集烤房可装烟 4000 公斤左右，与烟竿编装烟相比，可提高装烟比例达 20%以上，可有效提高密集烤房的利用率，缓解烤房烤能不足的压力。

3）降本增效

随着烟夹装烟量的增多，烤烟的耗煤量和耗电量增加，但单位重量烟叶的耗电量和耗煤量较挂竿烘烤有所减少，装烟密度越大，相对减少量也越大。根据相关研究，使用烟夹装烟平均每公斤干烟耗煤量较烟竿装烟减少约 0.38 公斤、耗电量减少 0.11 度，合计每公斤干烟煤电成本节省约 0.26 元。同时，按每烤减少 3 个工时、每个工时

100 元计算，使用烟夹装烟每烤次可减少劳动用工成本 300 元。

此外，使用烟夹可以不再使用编烟材料。部分烟农习惯使用塑料绳等编烟材料，塑料作为一类非烟物质，混进烟叶中一点就会造成一大批烟叶报废，影响非常大，使用烟夹可以明显减少这个问题。

3. 烟夹夹烟操作

（1）烟夹夹烟要求。

先将烟叶进行分类再夹烟，按照“同品种、同部位、同成熟度、同一素质”的原则进行分类。夹烟要做到同夹同质、每夹同量、夹内均匀，柄齐叶乱，可以简要总结为“密、匀、齐、散、乱”。

（2）夹烟操作步骤。

① 放置砥梁。调节好定位板（使钢针距定位板 10 cm 左右），打开烟夹锁扣，取下烟夹的针梁并放在操作台挡板后，将烟夹的砥梁（U 形梁）置于操作台的卡槽内。见图 3-12。

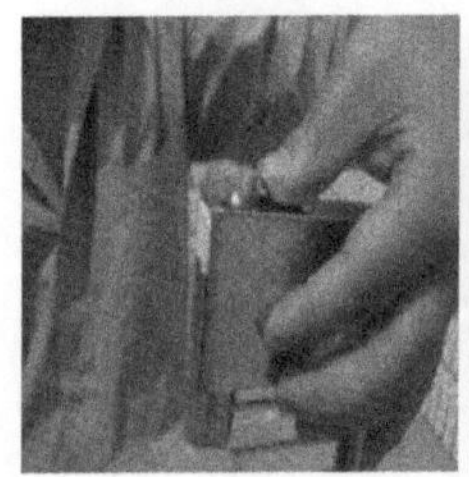
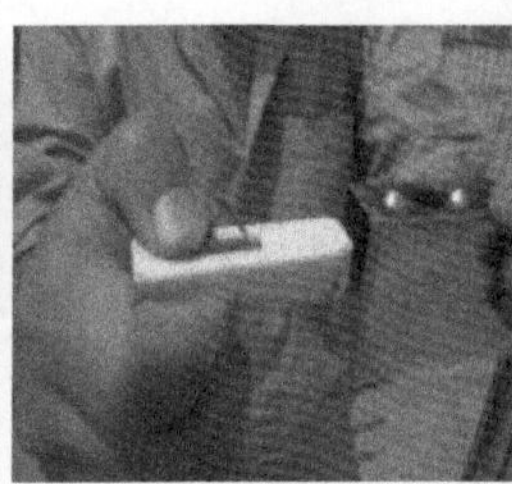

图 3-12 放置砥梁

② 铺放烟叶。双手抱起一扎烟叶，抖散后稍微用力将烟叶基部顶住定位板，利用惯性使烟叶叶柄对齐，将烟叶放置在操作台台板上，顺手再次打散并进行梳烟处理。将烟叶铺放厚度调整均匀，两端适当加铺，使烟叶不规则但均匀地铺至烟夹上，发现不适用鲜烟挑出并丢至操作台下。烟叶摆放在烟夹上时力争均匀，夹内烟叶厚薄一致，不能一处厚一处薄、稀密不一致，同时，各夹夹持量要一致，以免造成烟叶变黄、干燥速度不一致，影响烘烤质量。

③ 闭合烟夹。拿出针梁，将针梁对准砥梁导向槽垂直插下，听到弹性锁扣清脆的响声即可，使烟夹两端锁扣锁紧，然后双手握加力杆按压，未配套加力杆的，根据实际情况在适当的位置用手按压。见图 3-13。

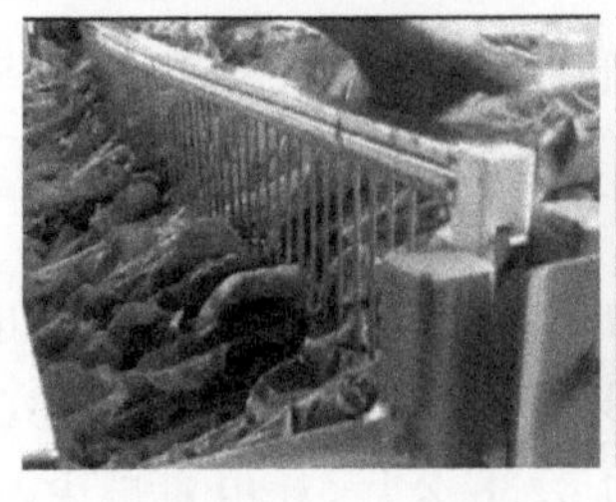

图 3-13 闭合烟夹

④ 效果检查。烟叶夹好后，旋转编烟台的置烟台板，使烟叶呈竖立状态，按照“密、匀、齐、散、乱”的要求，检查夹烟量是否合适，夹内烟叶是否均匀，是否有空洞存在，叶柄是否对齐。若不符合要求，则需重新编烟处理，以确保烟夹内烟叶的均匀。

4. 夹烟操作注意事项

(1) 打包要规范。

鲜烟打包看似简单，但容易出现图 3-14(a)所示的不规范情况，这种绑法看似方便，实际上造成了巨大的浪费，按照图上那样捆扎往往会勒坏烟叶。一房烟一般有 280 包，按照 1 包烟损坏 4 片烟叶、1 片烟叶 15 克计算，会损坏 16.8 公斤的烟叶，损失是巨大的。因此，要尽量采用不伤烟叶的包装方法，比如图 3-14(b)所示的包装绳在包装袋外面的包装方法，同时，这种包装法比较容易提高鲜烟的整齐度，减少了后期梳理烟叶的劳动强度，大大提高了编烟效率。

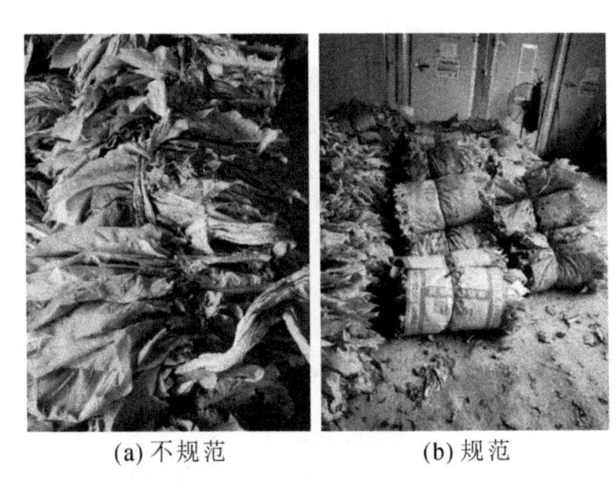

(a) 不规范　　(b) 规范

图 3-14　鲜烟打包

(2) 鲜烟要分类。

目前大部分烟区采取的是五次采收方法，五次采收也叫“两暂停一集中”，也就是下部烟采两房后暂停一星期左右，开始采中部烟，中部烟采两房以后，停十天左右再采上部烟，这种方法的采收次数相对减少，一方面可节省用工，另一方面提高了烟叶的成熟度。无论采用何种采收方法，采回来的烟叶的成熟度不可能完全一致，可能有过熟的、欠熟的，也可能有不完整的。所以我们要进行鲜烟分类，将严重过熟、过生的烟叶及病、残叶等没有烘烤价值的烟叶剔除，如果我们把鲜烟分类这个工作做好了，烤出的烟叶质量就会提高，后面的初分工作也会更加容易。

(3) 夹烟量要合理。

10 cm 规格的烟夹夹持位置为叶柄高出烟夹 10 cm 左右，下部叶适当往中部夹下，以该烟夹设计夹烟量的 80%～85%为宜，单夹夹烟量，按照下部叶(12±1) kg，中、上部叶(15±1) kg 控制，保证每片烟叶夹紧锁牢、不脱落。夹烟量不宜过少，否则夹内叶间空隙大会造成夹内通风不均及烘烤过程中掉烟。夹烟量也不宜过大，以免导致叶间风速低，流经风量小，变黄、干燥减慢，容易形成蒸片、烤糟。同时夹与夹之间的距离应保持一致，以保障烘烤质量。过熟叶，含水量大、叶片薄的烟叶适当少夹，控制在单夹夹烟量的下限，反之应多夹，控制在单夹夹烟量的上限。因此建议每一批次烟叶在大量夹烟之前要先试夹，以烟夹饱满夹紧为准，确定本批次烟叶夹持位置及鲜烟量。

（4）烟叶要散乱。

拿烟叶时要顺手将烟叶抖散（见图 3-15），并分层铺放，铺第一层时宜使叶面朝下，向右侧小幅倾斜，最上一层叶面朝上，向左侧小幅倾斜，使上下两层烟叶烟梗交叉，增大摩擦力，减少烘烤时掉烟，亦可在铺放烟叶时逐把交叉铺放。摆放烟叶要做到“齐、散、乱”。①夹烟要“齐”，烟叶摆放时叶柄头要整齐，柄头“高低不一”易形成倒伏或掉烟。②夹烟要“散”，烟叶摆放时要提前弄散，摆上工作台后把叶片扒“散”，切忌形成堆码，甚至堆间稀密不均。③夹烟要“乱”，夹烟后，在“散”的基础上把烟叶扒乱（柄齐叶乱）。如果烟叶不错开，会导致通风不均匀，中间叶片难烤干，即使烤干也容易形成蒸片、烤糟。

图 3-15　将烟叶抖散

三、装烟

装烟又叫装炕、装炉、挂烟，就是将绑好的烟竿挂在烤房的挂烟架上。烟叶绑好后应及时装炕，尽量做到一炕烟从采收、绑竿到装烟在一天内完成。装烟时要达到“密、匀、满”的要求，即装烟量要密，做到分层装烟素质均匀一致、竿距均匀一致，“满”是指烟竿（夹）不能留空过多、装炕时不能留空。装烟质量直接影响烘烤质量，因此，装烟时应注意以下技术问题。

1. 分类装烟

严格实行同烤房内装置同一品种、同一部位、整体素质相近的烟叶，要掌握同层同质、上密下稀的原则。变黄速度快的过熟叶、下部烟叶、薄叶、病虫危害的烟叶装在下层，使之尽快脱水、变黄、定色；变黄速度中等的适熟叶、大小厚薄适中的中部叶片装在中层；变黄速度慢、成熟度略低的烟叶装在上层，使其有足够的变黄时间。见图 3-16。

(a) 规范

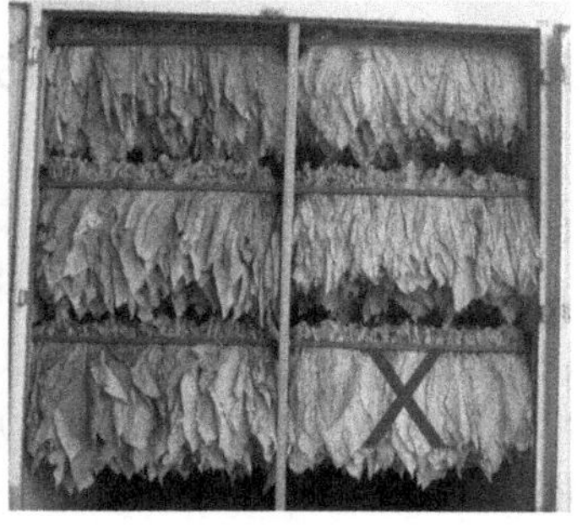
(b) 不规范

图 3-16 分类装烟

2. 装烟密度

装烟密度要根据烟叶着生部位、叶片大小、含水量以及天气情况和编烟稀密程度全面考虑。既要确保烘烤时排湿顺畅，保证烘烤质量，又要充分利用烤房空间，提高烤房利用率。雨天采收的烟叶和下部烟叶、编烟稍密的烟叶装烟稍稀一些，竿距为 24～27 cm，中部烟叶、编烟疏密适中的烟叶竿距为 21～23.5 cm；天气干旱时采收的烟叶、编烟稍稀的烟叶、上部烟叶竿距为 18～20 cm。正常情况下，烟夹之间的距离为 2 cm 左右，或不留空隙；装烟量控制在 320～350 夹，尽量装密。见图 3-17。

图 3-17 装烟密度

3. 层次调节

根据气流上升规律，装烟时应掌握上层密、下层稀、同层稀密均匀一致的原则。因为烤房热源处于烤房地面，为使气流顺利上升，缩小烤房内上下温湿差和利于排湿，下层要稍稀，上层要稍密。一般情况下，每下降一层，减少一竿烟。同一层的烟竿要分布均匀，否则，装烟密的地方气流难以上升，温度偏低；装烟稀的地方气流畅通，温度偏高，造成烤房内部温差过大，同时，影响湿气排出，烟叶干燥不一致，降低烘烤质量。

4. 便于观察

在靠近观察窗处要装上本炉内最有代表性的烟叶，以便掌握烟叶变化情况，采取相应的措施，使大部分烟叶的烘烤质量得到保证。

四、密集烤房装烟设备及装烟方式研究

在装烟方式上，目前使用的密集烤房大都采用挂竿装烟方式，造成装烟、下烟用工较多，密集烤房的装烟密度及容量降低、能耗偏高。本书以提高密集烤房烟叶烘烤质量，降低装烟、下烟用工量和劳动强度，降低烘烤能耗为出发点和落脚点，开发了密集烤房装烟设备，并研究了配套的烘烤工艺，从而实现在烟叶烘烤调制环节达到“减工、降本、提质、增效”的目的。主要研究结果如下。

叠层装烟：新建密集烤房的情况下，叠层装烟比普通密集烤房增加成本约 2657 元，现有密集烤房改造，需要改造成本约 3100 元。实施叠层装烟可提高装烟容量 15%左右；叠层装烟对烤后烟叶的外观质量没有明显的影响，但在烟叶内在化学成分的协调性上有所改善，提高了烟叶的评吸质量。叠层装烟方式与传统的分层装烟相比，煤耗降低了约 3%，每公斤干烟的电耗从 0.29 kW · h 降低至 0.257 kW · h，降低了 11.38%。

不同宽度烟夹筛选试验：相对于传统的烟竿装烟而言，烟夹装烟方式在装烟时间上有了较大的节省，在单竿装烟量上也有了明显的提升，明显提高了劳动效率，降低了用工成本；总装烟量提升了 7.65%到 13.1%，提高了烤房的烤能(装烟量)。相比传统的烟竿装烟，烟夹装烟方式的煤耗降低了 2.13%，电耗降低了 3.48%。采用烟夹烘烤后的烟叶外观质量优于挂竿，评吸质量有所提高，主要体现在烤后烟叶的香气质变好、香气值增加、杂气降低。综合装烟、下烟用工，烟叶烘烤质量和能耗等情况来看，烟夹宽度在 8 cm、10 cm 较为适宜。

移动装烟架试验：采用移动装烟架进行装烟烘烤，可在装烟室外完成装烟操作，装烟劳动强度可以大幅度降低，可提高装烟的均匀度，改善烤房内的温湿度场，提高烟叶的烘烤质量，降低煤耗约 6%，降低电耗约 19%。但移动装烟架的成本偏高，比固定装烟架高出约 4000 元。

叠层堆积烟筐的高度仅为 145 cm，烟叶层叠堆积在筐体内，在保证装烟量的同时降低了烤房高度；叠层堆积烟筐的材料采用万能角铁，便于拆卸、运输及存放；叠层堆积烟筐的通透性较强，利于烟叶干燥，提高了烟叶烘烤质量，且装卸烟操作方便，两人即可轻松完成装卸烟操作，适合小户及密集烤房群装烟操作。

抽屉式移动装烟架是一种保留烟叶装三层的装烟方式，可满足现在密集烤房大容量装烟的需求，每座烤房装烟量在一万斤左右；其装卸烟操作简单，省时省力，具有装烟多且快的优点，又避免了上烟时劳动强度的提高；装烟时在装烟操作平台上进行，装完烟后用液压装置将其竖起推到烤房中即可，适合在密集烤房群推广应用。

碳纤维远红外电加热散叶烤房的应用改变了传统烤房的装烟方式及加热方式，散叶装烟筐堆积装烟大大提高了装卸烟效率，比传统烟竿装卸烟提高效率一倍以上。由于远红外电加热散叶烤房烘烤期间无须人工加煤，烘烤全程可通过烘烤自动控制仪按照设定好的烘烤曲线进行温湿度自动调控，人工仅需根据烟叶烘烤工艺需要进行微调，极大地节约了烤烟期间的用工。

(一) 叠层装烟技术研究

1. 材料与方法

1) 试验目的

验证叠层装烟的可行性,探讨叠层装烟技术对烤房烤能、烤后烟叶质量、煤耗、电耗、烘烤时间、用工等方面的影响,为叠层装烟技术的推广应用提供理论依据。

2) 试验地点

试验地点设在恩施的利川、十堰的房县。

3) 试验处理

试验设两个处理。处理一:利用现有的密集烤房,按照叠层装烟技术要求改造和烘烤烟叶;处理二:用现有的密集烤房作为对照,进行正常烟叶烘烤。

4) 试验方法

利用现有的密集烤房,按照叠层装烟技术要求对烤房内的装烟架进行改造,棚数由原来的3棚改为4棚,棚距由原来的75～80 cm改为40 cm;对现有密集烤房装烟室门进行改造,具体要求为,改造后装烟室门与装烟室等宽,门顶要高出改造后的装烟架顶层20 cm,装烟室门必须达到保温要求,关闭后密封性能好,不变形,没有漏风现象。烘烤时,在密集烘烤工艺基础上根据烟叶变化情况进行微调。试验中使用的烟叶应是同一田块、同一品种的烟叶。在装烟时,应采用同一部位、相同成熟度的烟叶进行试验,同时取鲜烟素质一致的烟叶1000 kg,分装在对照和处理烤房,做好标记。

5) 观察记载

(1) 叠层装烟烤房改造成本统计,包括装烟架和装烟室门改造的成本。

(2) 烘烤时间记录,从装烟开始到烤后烟叶出房,记载烘烤时间(点火到闭火)及回潮时间。

(3) 装烟量及调制用工投入统计,统计对照和处理的装烟量(鲜烟量、干烟量)以统计对照和处理在烟叶调制中的用工量。

(4) 统计对照和处理在调制过程中的能耗,包括煤耗和电耗。

(5) 对调制后做标记的烟叶进行分级、统计,每个处理每部位取样3 kg,下部烟叶取X2F,中部烟叶取C3F,上部烟叶取B2F,进行常规化学分析、评吸。

2. 结果与分析

1) 叠层装烟烤房改造成本统计

根据叠层装烟技术要求,对现有的密集烤房进行改造,具体改造成本见表3-21。

表3-21　烤房改造成本

试验地点	项目	材料费/元	工时费/元	小计/元
利川	挂烟架	420.00	240.00	660.00
	装烟室门	1517.00	480.00	1997.00
	合计	1937.00	720.00	2657.00

续表

试验地点	项目	材料费/元	工时费/元	小计/元
房县	挂烟架	200.00	360.00	560.00
	装烟室门	1380.00	1160.00	2540.00
	合计	1580.00	1520.00	3100.00

注:利川为新建烤房,房县为改造烤房。

结果表明:利川新建密集烤房比普通密集烤房增加成本 2657 元,房县为现有密集烤房改造,需要改造成本 3100 元。

2）叠层装烟对装烟容量的影响

为了验证叠层装烟时烤房装烟容量的提升幅度,对处理和对照烤房装烟数量进行统计,结果见表 3-22。

表 3-22 不同烤房装烟容量

试验地点	处理装烟数量	对照装烟数量	处理比对照增加数量	处理比对照增加幅度
利川	3147.26 kg	2728.39 kg	418.87 kg	15.35%
房县	550 竿	485 竿	65 竿	13.4%

从表 3-22 可以看出,在烤房大小相同的基础上,实施叠层装烟比普通分层装烟在装烟量上可提高 65 竿、400 kg 左右,提高幅度为 15%左右。

3）叠层装烟对烤房内温湿度的影响

为了更好地了解叠层装烟对烤房内温湿度的影响,在利川试验点将不同处理下各个监测点与烤房内平均干球、湿球温度的绝对差值列入表格进行比较。结果见表 3-23、表 3-24。

表 3-23 烤房内各时期平均干球温度的绝对差值 单位:℃

	1	2	3	4	5	6	7	8	9	10	11	12	平均
叠层 BH	2.37	0.47	1.33	0.97	1.43	1.23	1.17	1.73	0.77	—	—	—	1.27
分层 BH	3.66	1.54	0.26	1.44	2.66	0.36	0.74	1.94	1.46	1.54	0.54	0.64	1.08
叠层 DS	4.89	4.79	2.11	0.69	0.09	1.71	2.59	0.59	9.81	—	—	—	3.03
分层 DS	3.81	2.41	0.59	0.81	2.89	3.31	0.11	3.99	2.71	0.71	4.09	2.29	1.55
叠层 GJ	2.47	3.07	2.43	1.53	0.57	2.53	0.77	0.97	1.33	—	—	—	1.74
分层 GJ	2.75	2.65	0.15	1.15	0.95	2.95	0.25	3.45	0.25	0.95	3.45	2.75	1.19

从表 3-23 可以看出,相对于分层装烟,叠层装烟方式的装烟密度较大,对烤房内温度的均匀性产生了一定影响。在定色期,叠层装烟方式烤房内平均干球温度的绝对差值达到了 3.03 ℃,较分层装烟提高了 1.48 ℃;而在变黄期和干筋期,叠层装烟方式烤房内平均温差较分层装烟仅提高了 0.19 ℃和 0.53 ℃,显示出叠层装烟方式在变黄期和干筋期的烤房温度分布还算均匀。这可能是因为定色期烤房内湿度较大,而相

较于分层装烟而言，叠层装烟方式没有足够的空气流动空间，导致烤房中间烟叶密集处温度较低、传热不均；而在变黄期，可能是由于加热初期温差不大，烤房内温度均匀性差异不明显；在干筋期，由于叶片逐渐干燥，空气流动空间增大，大大减少了烤房内温度的不均匀性。

表 3-24　烤房内各时期平均湿球温度的绝对差值　单位：℃

	1	2	3	4	5	6	7	8	9	10	11	12	平均
叠层 BH	0.15	0.15	0.35	0.45	—	0.54	1.74	1.16	1.74	—	—	—	1.27
分层 BH	0.25	0.65	0.85	0.55	0.45	1.15	0.05	1.05	—	0.65	0.35	0.25	0.57
叠层 DS	0.81	0.61	0.49	0.39	—	1.29	0.61	0.01	0.11	—	—	—	0.54
分层 DS	0.69	0.79	0.11	0.01	0.61	1.19	0.61	0.61	—	0.19	0.81	0.11	0.52
叠层 GJ	0.73	0.73	0.98	0.88	—	1.28	0.83	0.78	0.13	—	—	—	0.78
分层 GJ	1.42	1.42	0.28	0.22	1.02	1.62	1.28	1.18	—	0.28	0.68	1.98	1.03

从表 3-24 中的数据可以看到，叠层装烟方式所造成的湿球温度差在变黄、定色、干筋期较分层装烟分别提高了 0.7 ℃、0.02 ℃和－0.25 ℃，由此可见，叠层装烟方式在提高了装烟密度的同时，也增大了烤房内湿度的不均匀性，主要表现在变黄期。虽然在变黄期叠层装烟方式烤房内平均湿球温度的绝对差值较大，但是考虑到湿度变化的绝对值较小，并且可能存在人为误差，我们可以认为，叠层装烟对烘烤过程中各时期的烤房内湿度均匀性影响不大。

4）叠层装烟对烘烤成本的影响

表 3-25 中列出了各处理煤耗和电耗结果，通过计算可知：叠层装烟方式的煤耗比传统的分层装烟方式降低了约 3%，同时烤房的电耗也得以降低，每公斤干烟的电耗从 0.29 kW·h 降低至 0.257 kW·h，降低了 11.38%。

表 3-25　各处理煤耗与电耗

试验地点	处理	煤耗 kg/kg	电耗 kW·h/kg
利川	叠层装烟	0.91	0.257
	分层装烟	0.94	0.29
房县	叠层装烟	1.65	—
	分层装烟	1.70	—

注：表中利川试点煤耗已换算成标煤。

5）叠层装烟对烘烤烟叶质量的影响

由表 3-26 可以看出，叠层装烟方式所烤出的烟叶分级结果较为理想，下部叶和中部叶的黄烟率和中上等烟比例稍低于分层装烟，而上部叶稍高于分层装烟。这说明：采用叠层装烟在进一步增加装烟密度的同时，烤烟质量也得到了相应的保证。

表 3-26　叠层装烟各部位烟叶分级比例(利川)

处理	部位	黄烟率	中上等烟比例
叠层装烟	下部叶	86.5%	85.8%
	中部叶	94.4%	86.7%
	上部叶	89.9%	89.2%
分层装烟	下部叶	89.80%	87.34%
	中部叶	94.99%	88.99%
	上部叶	88.06%	87.32%

6）叠层装烟对烤后烟叶内在化学成分的影响

不同装烟方式烤后烟叶的内在化学成分、评吸质量见表 3-27、表 3-28。从表 3-27 可以看出，在烤后烟叶的主要内在化学成分上，叠层装烟与分层装烟差异不明显，主要表现为还原糖含量有所增加，氮碱比更趋协调。从表 3-28 可以看出，与分层装烟相比，叠层装烟烤后烟叶的香气质、香气值、灰色有所改善，杂气、刺激性有所降低，总体评吸质量提高。

表 3-27　不同装烟方式中部烟叶烤后内在化学成分

处理	烟碱含量/(%)	总氮含量/(%)	氮碱比	总糖含量/(%)	还原糖含量/(%)	钾含量/(%)
分层装烟	1.75	1.36	0.78	35.50	26.50	2.32
叠层装烟	1.61	1.38	0.86	36.50	29.70	2.10

表 3-28　不同装烟方式中部烟叶烤后评吸质量

处理	香气质 18	香气值 16	杂气 16	刺激性 20	余味 22	燃烧性 4	灰色 4	合计 100
分层装烟	15.3	13.3	13.1	16.9	18.1	4.0	3.3	84.0
叠层装烟	15.7	13.5	13.2	17.2	18.2	4.0	3.8	85.6

(二) 不同宽度烟夹筛选试验

1. 材料与方法

1）试验目的

验证不同夹烟设备对烤房烤能、烤后烟叶质量、煤耗、电耗、烘烤时间、用工等方面的影响，为烟夹的推广应用提供理论依据。

2）试验地点

试验地点设在利川市、襄阳市。

3）试验处理

试验设 3 个处理。处理一：利用现有的密集烤房进行挂竿烘烤，作为对照；处理二:利用现有的密集烤房,采用 4 cm 烟夹夹烟烘烤;处理三:利用现有的密集烤房,采用 8～10 cm 烟夹夹烟烘烤。

4）试验方法

试验中使用的烟叶应是同一田块、同一品种的烟叶。在装烟时,应采用同一部位、相同成熟度的烟叶进行试验,同时取鲜烟素质一致的烟叶 1500 kg,分装在不同处理的烤房,做好标记。采用烟夹夹烟烘烤时,在密集烘烤工艺基础上,根据烟叶变化情况进行微调,对照按照密集烘烤工艺实施。

5）观察记载

(1) 不同烟夹装、下烟用工投入统计,统计不同处理的装烟量(鲜烟量、干烟量),以及在烟叶调制中的用工量。

(2) 烘烤时间记录,从装烟开始到烤后烟叶出房,记载烘烤时间(点火到闭火)及回潮时间。

(3) 统计不同处理在调制过程中的能耗,包括煤耗和电耗。

(4) 对调制后做标记的烟叶进行分级、统计,每个处理每部位取样 3 kg,下部烟叶取 X2F,中部烟叶取 C3F,上部烟叶取 B2F,进行常规化学分析、评吸。

2. 结果与分析

1）不同装烟方式对装烟用工的影响

在试验中选取了 10 名熟练工人进行编烟和夹烟,装烟的用时、用工量和编烟、夹烟量统计结果见表 3-29 至表 3-31。从表 3-29 可以看到,熟练的编烟工人平均装一竿烟需要 6.74 min,无论是相对于小烟夹装烟的 1.91 min 还是大烟夹装烟的 2.13 min 而言,烟竿装烟的单竿时间都大大超过烟夹装烟,使用 4 cm 烟夹和 8 cm 烟夹分别比传统的烟竿装烟方式要节省 71.66%和 68.40%的时间。烟夹装烟极其有效地提高了劳动效率,降低了劳动强度,降低了生产成本。

表 3-29　工人装烟时间

装烟方式	工人用时/min										
	1	2	3	4	5	6	7	8	9	10	平均
烟竿	7	6.5	6.7	6.2	7.2	6.8	7.1	6.3	6.6	7	6.74
烟夹 4 cm	1.8	2	2.1	1.8	1.9	2	1.8	1.9	2.1	1.7	1.91
烟夹 8 cm	2	1.9	2.1	2.3	2	2.2	2.4	2.1	2.2	2.1	2.13

表 3-30　不同处理装烟用工量

装烟方式	装烟量	平均单竿(夹)烟量	平均单竿(夹)装烟时间	总装烟用时	装烟用工量
烟竿	2800 kg	7.65 kg	6.74 min	41.12 h	5.1
4 cm 烟夹	3000 kg	8.50 kg	1.91 min	11.24 h	1.4
8 cm 烟夹	3000 kg	11.86 kg	2.13 min	8.98 h	1.1

表 3-31 单竿、单夹烟叶重量 单位:kg

装烟方式	叶位	1	2	3	4	5	6	7	8	9	10	平均值
烟竿	上部叶	6.8	7	7.6	7.1	6.4	7.4	6.9	6.2	7.6	7.3	7.03
	中部叶	8.5	8.1	7.9	8.4	8.7	7.7	7.9	6.5	7.9	7.6	7.92
	下部叶	8.9	7.9	7.9	7.4	8.9	8.4	6.9	7.3	8.4	7.9	7.99
4 cm 烟夹	上部叶	7.6	7.8	8.2	7.4	7.7	7.5	7.8	8.3	7.4	7.8	7.75
	中部叶	9.1	8.7	9.5	9	8.4	8.1	8.5	8.2	9.5	9.2	8.84
	下部叶	9.4	8.9	8.9	8.4	9.1	8.9	9.4	9.4	8.4	8.4	8.92
8 cm 烟夹	上部叶	11	10.6	11.1	9.5	11.3	10.3	10.6	11.1	10.8	11.4	10.77
	中部叶	11.9	11.7	11.4	13.2	11.4	13.4	12.8	12.3	13.4	12.2	12.37
	下部叶	10.4	18.9	11.4	10.4	13.4	14.4	9.4	13.4	12.4	10.4	12.45

表 3-31 表明,无论是上部叶、中部叶还是下部叶,烟夹装烟方式的单夹烟叶净重都较烟竿装烟方式有较大提高,通过计算,使用 4 cm 烟夹相对于烟竿装烟上、中、下部烟叶的净重分别提高了 10.24%、11.62%和 11.64%,使用 8 cm 烟夹相对于烟竿装烟上、中、下部烟叶的净重分别提高了 53.20%,56.19%和 55.82%。可见烟夹装烟方式相对于传统的烟竿装烟而言,不仅在装烟时间上有了较大的节省,在装烟量上也有了明显的提升,这种提升也进一步提高了劳动效率,降低了劳动成本。

2) 不同处理对烤房烤能的影响

试验中对不同处理烤房装烟容量进行了统计,具体结果见表 3-32。从结果可以看出,与烟竿装烟相比,4 cm 烟夹总装烟量平均提升了 7.65%,8 cm 烟夹总装烟量平均提升了 13.1%。由此可见,烟夹装烟方式在减小劳动强度的同时增加了烤房装烟密度,进而提高了烤房的烤能(装烟量)。

表 3-32 装烟量对比

处理	1	2	3	4	5	6	平均
烟竿	2043.6	3070.4	3071.2	2239.8	3092.3	3158.4	2779.3
4 cm 烟夹	2500.0	2972.20	3283.00	3280.20	3576	2340	2991.9
8 cm 烟夹	2616.3	3191.6	3465.6	3492.4	3709.7	2384.9	3143.4

3) 不同处理对烘烤能耗的影响

不同处理各烤次的煤耗、电耗见表 3-33、表 3-34。

表 3-33 烟夹装烟煤耗、电耗

烟夹装烟	1	2	3	4	平均
装烟量/kg	2972.2	3283	3280.2	3576	3277.85
干烟量/kg	545.16	563	569.8	629	576.74

续表

烟夹装烟	1	2	3	4	平均
煤耗/kg	900.9	1072.5	926.64	1029.6	982.41
标煤/kg	485.86	578.40	499.74	555.27	529.82
电耗/度	160	195	154	146.6	163.90
干烟标煤比/(kg/kg)	0.89	1.03	0.88	0.88	0.92
每公斤干烟电耗/(kW·h)	0.29	0.34	0.27	0.23	0.28

表 3-34　烟竿装烟煤耗、电耗

烟竿装烟	1	2	3	4	平均
装烟量/kg	2043.6	3070.38	3071.2	3015	2800.05
干烟量/kg	339.3	481.8	470.8	643	483.73
煤耗/kg	780.78	772.2	772.2	1012.44	834.41
标煤/kg	424.12	419.46	419.46	549.96	453.25
电耗/度	125	145	129	145	136.00
干烟标煤比/(kg/kg)	1.25	0.87	0.89	0.86	0.97
每公斤干烟电耗/(kW·h)	0.37	0.3	0.27	0.23	0.29

由表 3-33、表 3-34 可以看出，使用烟竿装烟方式的烤房平均每烤耗煤 834.41 kg，而使用烟夹装烟方式的烤房耗煤量略大，达到了 982.41 kg，但是通过计算每公斤干烟所需的标准煤耗，烟夹和烟竿两种装烟方式的标准耗煤量分别为 0.92 kg/kg 干烟和 0.94 kg/kg 干烟，烟夹装烟方式比传统的烟竿装烟降低了 2.13%。在电耗方面，每公斤干烟的电耗从 0.29 kW·h 降低至 0.28kW·h，降低了 3.45%。

4）不同装烟方式对烤房内温湿度的影响

烤房内温湿度分布的均匀与否，与烤后烟叶的整体质量密切相关。在试验过程中对各测控点不同时期的测控温度与烤房内平均干球、湿球温度的绝对差值（以下简称温差）进行了记录和统计，具体结果见表 3-35、表 3-36。

表 3-35　烤房内各时期平均干球温度的绝对差值　　单位：℃

处理	1	2	3	4	5	6	7	8	9	10	11	12	平均
烟夹 BH	0.62	1.42	0.38	0.88	1.02	0.32	1.12	2.88	2.02	1.82	2.68	1.58	1.40
烟竿 BH	3.66	1.54	0.26	1.44	2.66	0.36	0.74	1.94	1.46	1.54	0.54	0.64	1.40
烟夹 DS	3.00	2.10	1.80	1.30	0.20	1.30	0.30	2.40	2.80	2.70	2.50	3.80	2.02
烟竿 DS	3.81	2.41	0.59	0.81	2.89	3.31	0.11	3.99	2.71	0.71	4.09	2.29	2.31
烟夹 GJ	3.90	2.20	2.00	3.40	0.10	3.20	1.50	2.70	2.00	2.30	4.90	5.80	2.83
烟竿 GJ	2.75	2.65	0.15	1.15	0.95	2.95	0.25	3.45	0.25	0.95	3.45	2.75	1.81

表 3-36 烤房内各时期平均湿球温度的绝对差值 单位:℃

处理	1	2	3	4	5	6	7	8	9	10	11	12	平均
烟夹 BH	1.51	0.41	0.89	0.99	0.31	0.81	0.59	0.71	0.79	0.49	0.51	0.49	0.71
烟竿 BH	0.25	0.65	0.85	0.55	0.45	1.15	0.05	1.05	—	0.65	0.35	0.25	0.52
烟夹 DS	1.37	1.13	0.37	0.23	0.77	0.43	0.07	0.03	0.63	0.43	0.87	0.53	0.57
烟竿 DS	0.69	0.79	0.11	0.01	0.61	1.19	0.61	0.61	—	0.19	0.81	0.11	0.48
烟夹 GJ	0.89	2.39	0.41	1.59	0.21	1.89	1.31	2.11	1.59	0.59	2.01	2.91	1.49
烟竿 GJ	1.42	1.42	0.28	0.22	1.02	1.62	1.28	1.18	—	0.28	0.68	1.98	0.95

注:烟竿装烟湿球温度测定过程中,9号探头损坏导致一组数据缺失。

从表 3-35 所示数据可以看出,在烘烤过程中的变黄期、定色期,两种装烟方式的平均干球温差没有明显差异,但干筋期,烟夹装烟方式增大了烤房内温度的不均匀性,平均干球温差在 2.83 ℃,对烘烤质量影响不大。从表 3-36 所示数据可以看到,在烘烤过程中的变黄期、定色期、干筋期,烟夹装烟方式所造成的湿球温差都高于烟竿装烟,由此可见,烟夹装烟方式在提高了装烟密度的同时,也增大了烤房内湿度的不均匀性,这一特征在干筋期最为明显,但干筋期湿度差对烘烤质量影响不大。

5) 不同处理对烟叶烘烤质量的影响

在每烤次结束后,对各处理的烤后烟叶进行黄烟率、中上等烟比例统计,具体结果见表 3-37。表 3-37 结果表明,4 cm 烟夹和 8 cm 烟夹烤出的烟叶黄烟率和中上等烟比例都高于烟竿装烟,其中 8 cm 烟夹更好,烟叶的黄烟率和中上等烟比例的平均值达到了 92.62%和 93.88%,而 4 cm 烟夹仅为 92.47%和 90.39%。

表 3-37 不同处理烤后烟叶分级统计结果

处理	部位	黄烟率	中上等烟比例
烟竿	下部叶	89.42%	88.02%
	中部叶	88.79%	89.54%
	上部叶	90.15%	91.16%
4 cm 烟夹	下部叶	91.49%	88.49%
	中部叶	90.66%	90.66%
	上部叶	95.25%	92.01%
8 cm 烟夹	下部叶	91.80%	93.34%
	中部叶	94.99%	94.99%
	上部叶	91.06%	93.32%

6) 不同处理对烤后烟叶内在化学成分及评吸质量的影响

不同装烟方式烤后烟叶的内在化学成分、评吸质量结果如表 3-38、表 3-39 所示。表 3-38 表明,烤后烟叶氮碱比的协调性表现为烟夹装烟稍优于对照(烟竿装烟),其中利川试点表现为 4 cm 烟夹较好,襄樊试点表现为 4 cm 烟夹、10 cm 烟夹差异不明显。表 3-39 表明,不同装烟方式烤后烟叶的评吸质量表现为 4 cm 烟夹、8 cm 烟夹、10 cm 烟夹均优于对照,主要体现在烤后烟叶的香气质变好、香气值增加、杂气减少。这说明,随着装烟密度的增加,烤后烟叶评吸质量有变优的趋势。

表 3-38 不同装烟方式烤后烟叶内在化学成分

试验地点	处理	烟碱含量/(%)	总氮含量/(%)	氮碱比	总糖含量/(%)	还原糖含量/(%)	钾含量/(%)
利川	对照	1.75	1.36	0.78	35.50	26.50	2.32
	4 cm 烟夹	1.41	1.42	1.01	33.90	30.60	1.17
	8 cm 烟夹	2.04	1.51	0.74	32.70	21.00	2.46
襄阳	对照	3.14	1.59	0.51	30.30	27.50	1.16
	4 cm 烟夹	2.44	1.35	0.55	33.90	33.50	1.04
	10 cm 烟夹	3.07	1.73	0.56	30.60	29.70	1.21

表 3-39 不同装烟方式烤后烟叶评吸质量

试验地点	处理	香气质 18	香气值 16	杂气 16	刺激性 20	余味 22	燃烧性 4	灰色 4	合计 100
利川	对照	15.3	13.3	13.1	16.9	18.1	4.0	3.3	84.0
	4 cm 烟夹	15.5	13.4	13.2	17.1	18.3	4.0	3.6	85.1
	8 cm 烟夹	15.6	13.6	13.2	16.8	18.1	4.0	3.6	84.9
襄阳	对照	14.6	12.7	12.7	16.5	17.5	3.6	3.1	80.7
	4 cm 烟夹	14.6	12.7	12.6	16.6	17.7	3.6	3.1	80.9
	10 cm 烟夹	14.8	12.9	12.8	16.4	17.6	3.7	2.9	81.1

综上所述,烟夹装烟方式相对于传统的烟竿装烟方式,对烤房密集程度有了进一步的提升,并较大幅度地较少了工人的劳动强度,提高了工人的劳动效率,提高了烟叶的烘烤质量。

(三) 半框式烟夹试验

通过对烟叶夹持设备及配套烘烤技术的研究,进一步提高密集烤房的装烟容量,达到节能减排、降低烟叶烘烤中装烟用工、增加烟农收益的目的。

1. 材料与方法

参试材料分别为:自主设计的半框式烟夹、8 cm 梳式烟夹、普通烟竿。烟叶采用试验田烟叶 10～12 叶位、16～18 叶位。注意采用同一田块、同一品种、同一部位、相同成熟度的烟叶进行试验。

采用相同的标准密集烤房 3 座,分 3 种处理方式进行装烟烘烤:T1——半框式烟夹;T2——梳式烟夹;T3——烟竿。

在三段式密集烘烤工艺的基础上，根据不同处理烟叶变化情况适当对烘烤工艺进行调整。

2. 结果与分析

1）不同处理装烟用工量统计

从表3-40中可以看出，不同处理每1000 kg鲜烟装烟用工量方面的表现为T3＞T2＞T1。与对照(T3)相比，半框式烟夹每炕可节约装烟用工3.54个，梳式烟夹可节约装烟用工4.08个。如果按照总装烟量计算，则半框式烟夹最省工，但半框式烟夹单夹装烟量大，造成装烟劳动强度较大。

表3-40　不同处理装烟用工量

处理	装烟容量/kg	用工量/个			每炕用工量/个	每1000 kg鲜烟装烟用工量/个
		编烟上炕	下炕	解竿		
T1	4507.1	3.0	0.59	1.0	4.59	1.018
T2	3947.4	2.4	0.65	1.0	4.05	1.026
T3	3524.3	6.0	0.95	1.18	8.13	2.307

就挂烟设备成本而言，T1(半框式烟夹)单个重6 kg，用料较多，成本为69元/个，按设计3层烤房装烟144夹算，共需投入9936元；T2(梳式烟夹)每个成本20元，装烟448夹需成本8960元；T3(烟竿)成本较低，每个烟竿(含麻绳)价格仅0.5元，按该烤房装烟448竿计算，仅需成本224元，见表3-41。

表3-41　挂烟设备成本

设备类型	单个设备成本/元	整炕成本/元
T1	69	9936
T2	20	8960
T3	0.5	224

2）能耗统计

从表3-42可以看出，烘烤上部叶和中部叶在能耗上各处理表现趋势一致，即煤耗、电耗均表现出T3(烟竿)＞T2(梳式烟夹)＞T1(半框式烟夹)的趋势。这主要是由装烟量不同引起的，随着装烟量的增加，干烟能耗降低。半框式烟夹煤耗比烟竿降低了8.5%～8.7%，电耗降低了13.33%～19.35%；梳式烟夹煤耗比烟竿降低了5.65%～6.52%，电耗降低了12.90%～16.67%。

表3-42　能耗统计

试验处理		装烟量	干烟量	鲜干比	干烟煤耗/(kg/kg)	干烟电耗/(kW·h/kg)
中部叶	T1	4021.5	531.24	7.57	1.68	0.26
	T2	3510.2	471.17	7.45	1.72	0.25
	T3	3350.4	455.22	7.36	1.84	0.30

续表

试验处理		装烟量	干烟量	鲜干比	干烟煤耗/(kg/kg)	干烟电耗/(kW·h/kg)
上部叶	T1	4507.1	631.25	7.14	1.62	0.25
	T2	3947.4	563.11	7.01	1.67	0.27
	T3	3524.3	507.09	6.95	1.77	0.31

3）经济性状统计

综合表 3-43、表 3-44 可知，中部叶烤后均价表现为 T1(半框式烟夹)＞T3(烟竿)＞T2(梳式烟夹)。含青烟及杂色烟比例表现出 T3(烟竿)＞T2(梳式烟夹)＞T1(半框式烟夹)的规律，说明增加单夹(竿)装烟量可以减少杂色烟比例，可能是因为装烟量的增加使烤房内的温湿度环境得以稳定，从而使含青烟及杂色烟的比例降低。

表 3-43　烤后烟叶等级结构

试验处理		上等烟比例/(%)	中等烟比例/(%)	均价/(元/kg)
中部叶	T1	19.69	69.65	15.18
	T2	11.36	71.19	13.57
	T3	9.36	76.21	13.64
上部叶	T1	30.65	56.27	9.93
	T2	18.00	51.90	11.60
	T3	13.23	43.34	8.51

表 3-34　烤后烟叶颜色分布

试验处理		橘黄烟比例/(%)	柠黄烟比例/(%)	含青烟及杂色烟比例/(%)
中部叶	T1	53.88	27.15	18.97
	T2	40.52	29.83	29.65
	T3	29.36	26.56	44.08
上部叶	T1	56.32	15.50	28.18
	T2	42.07	10.47	47.46
	T3	21.42	21.05	57.53

T1(半框式烟夹)和 T2(梳式烟夹)装烟烘烤效果好于 T3(烟竿)，由于 T1(半框式烟夹)装烟较多，烘烤过程中烤房内湿度变化幅度小，烟叶能够顺利变黄，橘黄烟比例高，杂色烟及含青烟少。T1(半框式烟夹)装烟烘烤效果优于 T2(梳式烟夹)。

4）烤后烟叶内在化学成分

从表 3-45 可以看出，在不同烟叶夹持设备烤后烟叶内在化学成分方面，烟碱、总氮含量各处理间差异不明显，但在总糖及钾含量上，半框式烟夹和梳式烟夹较烟竿均有明显提高，可能是装烟密度大，烤房内温湿度变化幅度小，促使烟叶内大分子物质的转化造成的。从而在糖碱比的协调性上表现出半框式烟夹优于梳式烟夹，梳式烟夹优于烟竿。

表 3-45 内在化学成分

试验处理		烟碱含量/(%)	还原糖含量/(%)	总糖含量/(%)	总氮含量/(%)	钾含量/(%)	氯含量/(%)	氮碱比	糖碱比
中部叶	T1	2.93	19.65	28.11	2.06	2.31	0.23	0.70	9.59
	T2	2.97	16.23	27.66	1.98	2.36	0.24	0.67	9.31
	T3	2.89	16.87	24.93	2.23	2.15	0.24	0.77	8.63
上部叶	T1	3.24	13.62	23.03	2.75	2.16	0.33	0.85	7.11
	T2	3.49	15.21	22.41	2.53	2.2	0.35	0.72	6.42
	T3	3.51	13.98	20.43	2.76	1.63	0.29	0.79	5.82

(四) 移动装烟架试验

1. 材料与方法

1) 试验目的

探讨移动装烟架对烤房烤能、烤后烟叶质量、煤耗、电耗、烘烤时间、用工等方面的影响。

2) 试验地点

试验地点设在利川南坪乡塘坊村 11 组，海拔 1180 m。土壤为黄棕壤，肥力中等，土层较深厚，质地较疏松，灌排方便，光照条件好，冬闲土，年前已翻耕。

3) 试验处理

试验设两个处理：T1 按常规固定装烟架进行挂竿烘烤，烤后烟叶在装烟室内进行回潮；T2 用移动装烟架进行挂竿烘烤，在装烟室外进行装烟，后推进装烟室进行烘烤，调制结束后，把移动装烟架整体移动到装烟室外进行回潮。

4) 试验方法

利用现有的密集烤房，按照移动装烟架要求对密集烤房装烟室门进行改造。具体要求：改造后装烟室门与装烟室等宽，门顶要高出改造后的装烟架顶层 20 cm，装烟室门必须达到保温要求，关闭后密封性能好，不变形，没有漏风现象。试验中使用的烟叶应是同一田块、同一品种的烟叶。在装烟时，应采用同一部位、相同成熟度的烟叶进行试验，同时取鲜烟素质一致的烟叶 1000 kg，分装在不同处理烤房，做好标记。

5) 观察记载

(1) 烤房改造成本统计，包括装烟架和装烟室门改造的成本。

(2) 烘烤时间记录，从装烟开始到烤后烟叶出房，记载烘烤时间(点火到闭火)。

(3) 统计不同处理在调制过程中的能耗，包括煤耗和电耗。

(4) 对调制后做标记的烟叶进行分级、统计，每个处理每部位取样 3 kg，下部烟叶取 X2F，中部烟叶取 C3F，上部烟叶取 B2F，进行常规化学分析、评吸。

2. 结果与分析

1）成本统计

由表 3-46 可知，移动装烟架的成本比固定装烟架高出约 4000 元，改造装烟室门比使用原来的小门增加成本约 1300 元。

表 3-46　烤房改造成本

处理	项目	材料费/元	工时费/元	小计/元
T2	移动装烟架	4450.00	1450.00	5900.00
	装烟室门	1517.00	480.00	1997.00
T1	固定装烟架	1660.00	300.00	1960.00
	装烟室门	—	—	700.00

2）采用移动装烟架对烤房内温湿度的影响

为了更好地了解使用移动装烟架装烟对烤房内温湿度的影响，将不同处理烤房内各个监测点温度与烤房内平均干球、湿球温度的绝对差值列入表格进行比较。结果见表 3-47、表 3-48。

表 3-47　烤房内各时期平均干球温度的绝对差值

	1	2	3	4	5	6	7	8	9	10	11	12	平均
固定变黄	2.33	0.43	1.29	0.93	1.39	1.19	1.13	1.69	0.73	—	—	—	1.23
移动变黄	2.62	1.5	0.22	1.4	1.62	0.32	0.7	1.9	1.42	1.5	0.5	0.6	1.19
固定定色	4.85	4.75	2.07	0.65	0.05	1.67	2.55	0.55	9.77	—	—	—	2.99
移动定色	3.77	2.37	0.55	0.77	2.85	3.27	0.07	3.95	2.67	0.67	4.05	2.25	2.27
固定干筋	2.43	3.03	2.39	1.49	0.53	2.49	0.73	0.93	1.29	—	—	—	1.70
移动干筋	2.71	2.61	0.11	1.11	0.91	2.91	0.21	2.41	0.21	0.91	2.41	2.71	1.60

表 3-48　烤房内各时期平均湿球温度的绝对差值

	1	2	3	4	5	6	7	8	9	10	11	12	平均
固定变黄	0.11	0.11	0.31	0.41	—	0.5	1.7	1.12	1.7	—	—	—	0.75
移动变黄	0.21	0.61	0.81	0.51	0.41	1.11	0.01	1.01	—	0.61	0.31	0.21	0.53
固定定色	0.77	0.57	0.45	0.35	—	1.25	0.57	−0.03	0.07	—	—	—	0.5
移动定色	0.54	0.64	—	—	0.46	1.04	0.46	0.46	—	0.04	0.66	0.04	0.48
固定干筋	0.69	0.69	0.94	0.84	—	1.24	0.79	0.74	0.09	—	—	—	0.75
移动干筋	0.88	0.88	—	—	0.48	1.08	0.74	0.64	—	—	0.14	1.44	0.79

从表 3-47 可以看出，相对于固定装烟架，移动装烟架装烟均匀度高，烤房内各时期干球温差较小。在定色期，固定装烟方式烤房内平均干球温差达到了 2.99 ℃，而移动装烟方式为 2.27 ℃。由此可见，移动装烟架装烟方式提高了装烟的均匀度，从而使烤房内的温度更加均匀。

从表 3-48 可以看到，采用移动装烟架装烟所造成的平均湿球温差在变黄、定色期分别降低了 0.22 ℃和 0.02 ℃，由此可见，移动装烟架装烟方式提高了装烟的均匀度，从而使烤房内的湿度更加均匀。

3）采用移动装烟架装烟对烘烤成本的影响

根据表 3-49 中各处理煤耗和电耗的结果，通过计算可知：采用移动装烟架装烟方式比固定装烟架降低煤耗约 6%，同时每公斤干烟的电耗从 0.291 kW・h 降低至 0.235 kW・h，电耗降低了 19.24%。

表 3-49　各处理煤耗、电耗

处理	煤耗/(kg/kg)	电耗/(kW・h/kg)
T2	0.92	0.235
T1	0.98	0.291

注：表中煤耗已换算成标煤。

4）采用移动装烟架对烤后烟叶外观质量的影响

烟叶调制结束后，对不同处理进行了烟叶外观质量评价，具体结果见表 3-50。

表 3-50　不同处理各部位烟叶分级比例

处理	部位	黄烟率	中上等烟比例
T2	下部叶	85.4%	84.6%
	中部叶	93.3%	85.5%
	上部叶	88.7%	88.0%
T1	下部叶	83.70%	83.31%
	中部叶	91.92%	84.09%
	上部叶	87.04%	87.44%

由表 3-50 可以看出，采用移动装烟架装烟方式所烤出的烟叶分级结果较为理想，上、中、下部叶黄烟率和中上等烟比例均高于固定装烟架。这说明，采用移动装烟架装烟提高了装烟均匀度，改善了烤房内的温湿度场，提高了烤烟质量。

5）采用移动装烟架对烤后烟叶化学质量的影响

从表 3-51 中可以看出，移动装烟架与固定装烟架烤后烟叶化学质量相差不大，其中移动装烟架下部叶烤后糖碱比、氮碱比更为协调，可见移动装烟架能够满足密集烤房烤后烟叶内在化学质量的需求。

表 3-51　各处理烤后烟叶化学质量

处理	部位	烟碱含量/(%)	还原糖含量/(%)	总糖含量/(%)	总氮含量/(%)	糖碱比	氮碱比
T2	下部叶	2.18	12.62	23.21	2.28	10.65	1.05
	中部叶	2.90	12.34	23.69	2.44	8.17	0.84
	上部叶	4.10	12.21	20.56	3.07	5.01	0.75
T1	下部叶	2.38	9.51	17.68	2.53	7.43	1.06
	中部叶	3.30	14.25	27.26	2.57	8.26	0.78
	上部叶	4.71	12.01	19.56	3.00	4.15	0.64

6）采用移动装烟架对烤后烟叶感官质量的影响

从表 3-52 可以看出，移动装烟架烤后烟叶感官质量较固定装烟架略有提高，主要表现在移动装烟架烤后烟叶刺激性降低，可能与移动装烟架装烟均匀、通透性好，促使含氮化合物消耗有关。

表 3-52　各处理烤后烟叶感官质量

处理	部位	香气质	香气量	杂气	刺激性	余味	燃烧性	灰色	合计
T2	下部叶	14.0	13.0	12.5	16.5	17.0	3.5	2.5	79.0
	中部叶	15.0	13.0	13.0	17.0	17.5	3.5	3.0	82.0
	上部叶	15.0	13.5	13.0	16.5	17.0	3.5	2.5	81.0
T1	下部叶	14.0	13.0	12.5	16.5	17.0	3.5	2.5	79.0
	中部叶	15.0	13.5	13.0	16.5	17.0	3.5	3.0	81.5
	上部叶	14.5	13.5	13.0	16.0	16.5	3.5	2.5	79.5

综上，采用移动装烟架进行装烟烘烤，可提高装烟的均匀度，改善烤房内的温湿度场，促使烟叶内含物转化，使烟叶化学成分更加协调，提高了烟叶的烘烤质量，降低煤耗约 6%，降低电耗约 19%。

（五）移动装烟车试验

1. 材料与方法

把半框式烟夹和移动装烟架结合起来，设计制作了移动装烟车，并进行了烘烤试验。烟叶采用试验田中烟 100，10～12 叶位。注意采用同一田块、同一品种、同一部位、相同成熟度的烟叶进行试验。

采用相同的标准密集烤房 2 座，分 2 种处理方式进行装烟烘烤：T1——移动装烟车；T2——烟竿。

2. 试验结果与分析

1）装烟容量

在试验过程中，对不同处理的装烟容量进行了统计，具体结果见表 3-53。

表 3-53 不同处理装烟容量

设备类型	单房装烟量/kg
烟竿	2851 kg(中上部平均)
移动装烟车	4319 kg(中上部平均)

从表 3-53 可以看出,在装烟容量上,移动装烟车与烟竿相比增幅较大,可达 51.49%。

2) 设备成本

在试验过程中,对不同处理进行了成本概算,具体结果见表 3-54。结果表明,采用移动装烟车设备比烟竿烘烤增加了近 2 万元成本。经统计,每个烤房的建造成本约为 3.5 万元(含供热设备),提高烤房容量,就相当于可以少建烤房,如果算上少建烤房的投资,结合表 3-53 和表 3-54 可以计算出:与烟竿烘烤相比,用移动装烟车实际增加投入为 1328.25 元。

表 3-54 不同处理的成本概算

设备类型	单个设备成本/元	整炕成本/元
烟竿	0.8	400
移动装烟车	3950	19 750

3) 装烟用工量

不同处理的装烟用工量见表 3-55,结果表明:与烟竿烘烤相比,采用移动装烟车可明显提高装烟效率,减少装烟用工量。

表 3-55 不同处理装烟用工量

试验处理	装烟容量/kg	用工量/个			每炕用工量/个	每 1000 kg 鲜烟装烟用工量/个
		编烟上炕	下炕	解竿		
T2	2851	6.00	0.95	1.18	8.13	2.85
T1	4319	2.63	1.5	—	4.13	0.96

4) 烘烤能耗

在试验过程中,对不同处理烘烤过程中的能耗进行了统计,具体结果见表 3-56。

表 3-56 不同处理烘烤能耗

试验处理	装烟容量/kg	总耗电量/(kW·h)	总耗煤量/kg	每公斤干烟电耗/(kW·h)	每公斤干烟煤耗/kg	每公斤干烟烘烤能耗成本/元
T2	2851	185	625	0.49	1.64	2.08
T1	4319	205	700	0.36	1.22	1.53

表 3-56 结果表明:增加装烟量后,烟叶的烘烤能耗有所降低,与烟竿烘烤相比,移动装烟车每公斤干烟电耗降低 0.13 kW·h、煤耗降低 0.42 kg,每公斤干烟烘烤能耗

成本降低 0.55 元。

5）设备投入经济效益分析

按照每年每个烤房烘烤 20 亩烟叶，每亩烤后干烟 150 kg 计算，不同处理的烤烟量、能耗成本、用工成本见表 3-57。

表 3-57 不同处理烘烤成本统计

试验处理	装鲜烟量/kg	出干烟量/kg	能耗成本/元	用工成本/元	烘烤成本/元
T2	24 000	3000	6228.74	3420	9648.74
T1	24 000	3000	4598.72	1152	5750.72

注：电价为 0.55 元/(kW·h)，煤价为 1100 元/t，工价为 50 元/个。

表 3-57 结果表明：按照每个烤房承担 20 亩烟叶进行计算，与烟竿烘烤相比，采用移动装烟车进行烘烤可节约烘烤成本 3898 元。

6）经济性状

从表 3-58 可以看出，T1 处理烤后烟叶的橘黄烟比例较 T3 处理有所提高，杂色和青筋明显减少，均价提高。

表 3-58 不同处理烤后烟叶经济性状

处理	橘黄烟比例/(%)	柠黄烟比例/(%)	含青烟及杂色烟比例/(%)	均价/(元/kg)
T2	29.36	26.56	44.08	13.60
T1	53.88	27.15	18.97	18.24

7）化学质量

从表 3-59 可以看出，与烟竿烘烤相比，移动装烟车烤后烟叶总糖、还原糖含量较高，烟碱、总氮含量较低，淀粉含量较低，糖碱比适中，化学成分较为协调。

表 3-59 不同处理烤后烟叶化学质量

处理	淀粉含量/(%)	烟碱含量/(%)	总氮含量/(%)	还原糖含量/(%)	总糖含量/(%)	糖碱比	氮碱比
T2	4.55	3.44	2.21	19.54	26.55	10.65	1.05
T1	4.22	3.06	2.11	19.82	26.75	8.17	0.84

8）感官质量

从表 3-60 可以看出，移动装烟车烤后烟叶感官质量与烟竿烘烤类似，但采用移动装烟车进行烘烤能有效降低杂气的产生，使烤后烟叶总体评吸质量上升。

表 3-60 不同处理烤后烟叶感官质量

处理	香气质 18	香气量 16	杂气 16	刺激性 20	余味 22	燃烧性 4	灰色 4	合计 100
T2	14.0	12.5	12.0	16.0	16.5	3.0	3.0	77.0
T1	14.0	12.5	12.5	16.0	16.5	3.0	3.0	77.5

(六) 抽屉式移动装烟架试验

以提高密集烤房烟叶烘烤质量、降低装烟用工量和劳动强度、降低烘烤能耗为出发点和落脚点，在移动装烟车的基础上进行改进，开发出一种新型密集烤房装烟设备——抽屉式移动装烟架。按照抽屉式移动装烟架的设计尺寸对使用该种装烟方式的烤房内部的流场进行 CFD 仿真，并进行相关现场烘烤试验。

1. 抽屉式移动装烟架装烟系统设计及成型

1）装烟方式描述

装烟过程由普通烟农在室外的液压平台上进行操作，如图 3-18 所示。

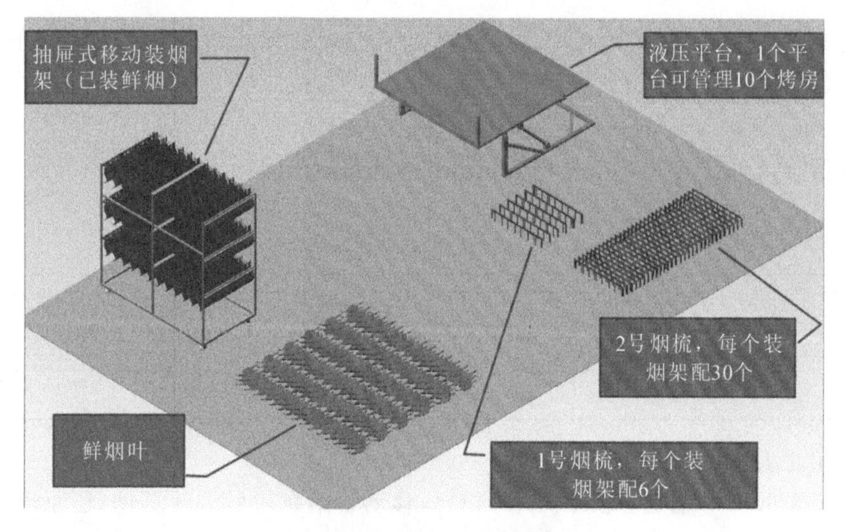

图 3-18 装烟过程示意图

每个烤房可以装入 6 台抽屉式移动装烟架，将装烟架通过专门的导轨推入烤房，如图 3-19 所示。

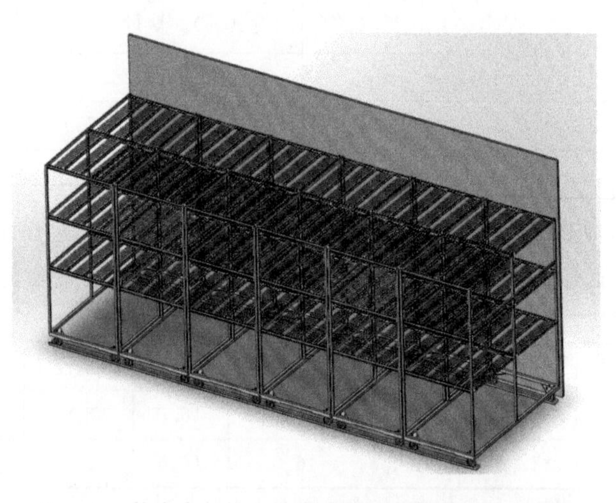

图 3-19 烤房内部推入抽屉式移动装烟架后的剖视图

2）抽屉式移动装烟架设计图纸（规格、效果）

抽屉式移动装烟架设计图纸如图 3-20 至图 3-26 所示。

图 3-20　抽屉式移动装烟架总体效果图

图 3-21　抽屉式移动装烟架骨架效果图

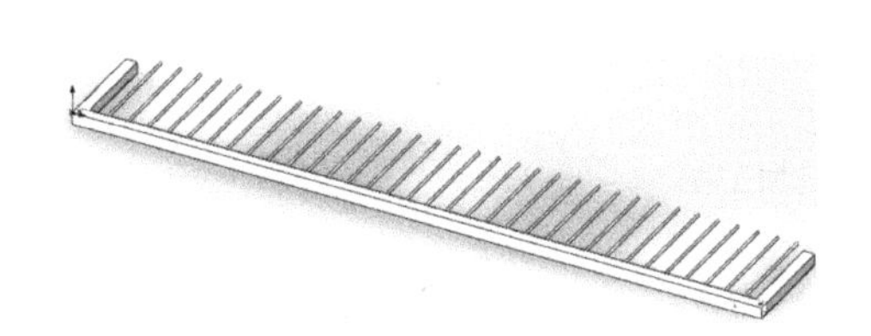

图 3-22　1 号烟梳效果图

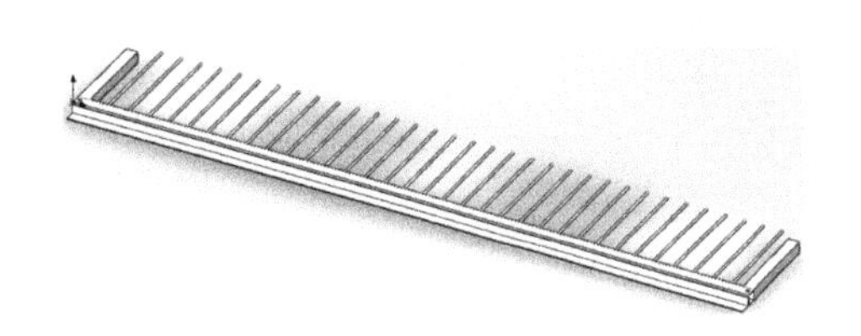

图 3-23　2 号烟梳效果图

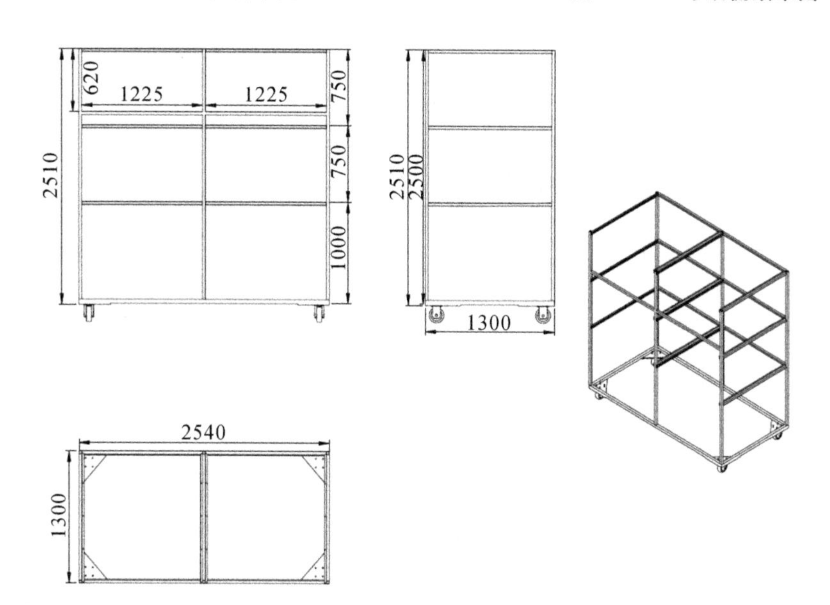

图 3-24　抽屉式移动装烟架骨架加工图

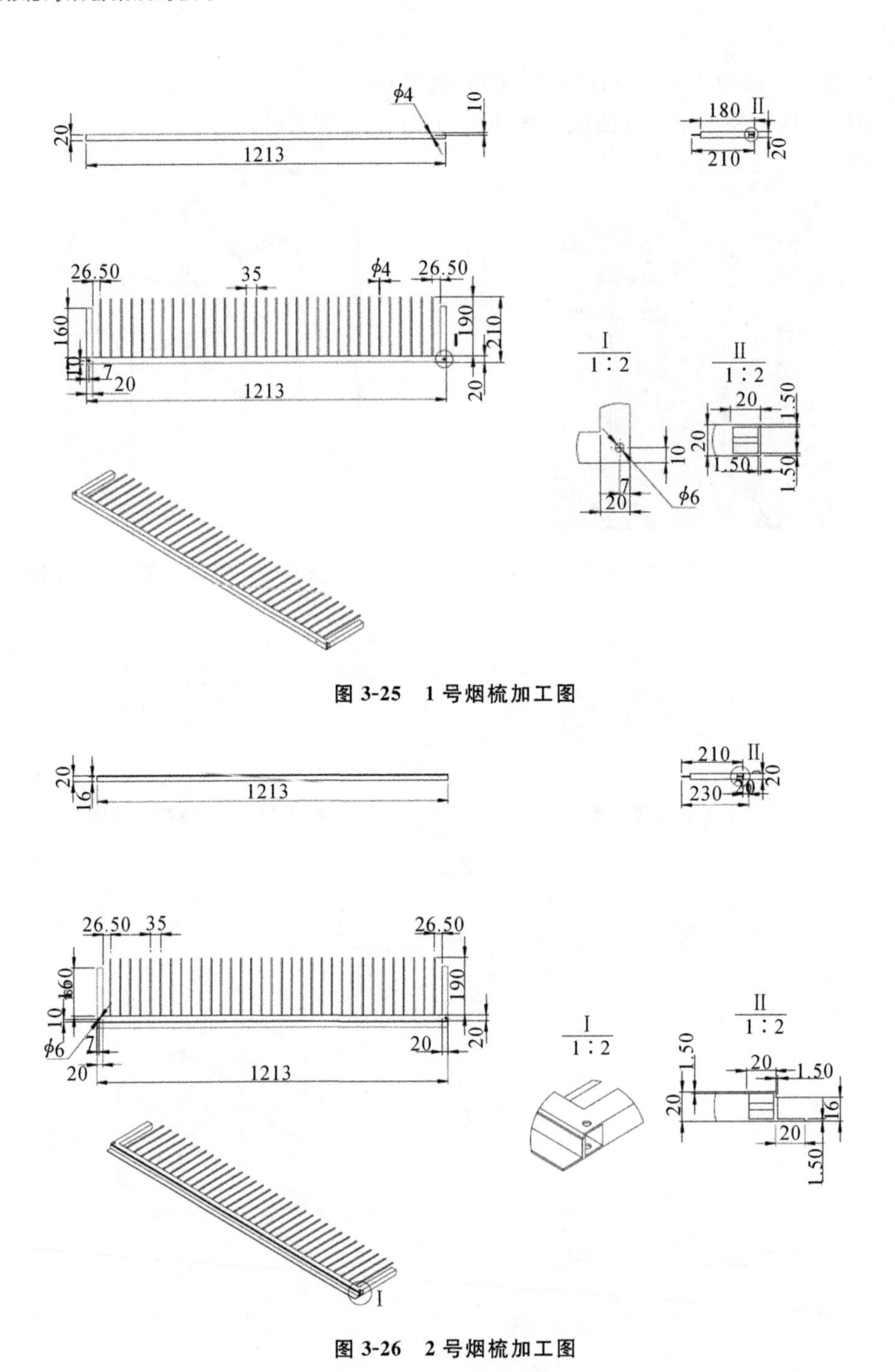

图 3-25　1 号烟梳加工图

图 3-26　2 号烟梳加工图

2. 抽屉式移动装烟架装烟方式下烤房内部流场的 CFD 仿真

流体流动所遵循的物理定律，是建立流体运动基本方程组的依据。这些定律主要包括质量守恒定律、动量守恒定律、能量守恒定律、热力学第二定律，加上状态方程、本构方程等。根据这些规律来求解烤房内的风速场和温度场分布，可按照以下几个步骤进行：

(1) 对实际几何模型进行简化，得到简化后的几何模型；

(2) 对简化后的几何模型进行网格划分；

(3) 建立相应的数学模型，给出控制方程组；

(4) 对微分方程组进行离散化；

(5) 给定边界条件和计算的初始条件；

(6) 求解代数方程组；

(7) 对数值计算所得结果进行分析与比较。

我们将问题归结为三维、稳态的湍流流动问题，选定 k-ε 模型来对湍流进行模拟，烟叶区域定义为多孔介质。

1) 几何模型

烤房原型侧视图如图 3-27 所示，装烟室长 8 米、宽 2.7 米、高 3.5 米，底部进风口为 2700 mm×400 mm，上部回风口为 1400 mm×400 mm。

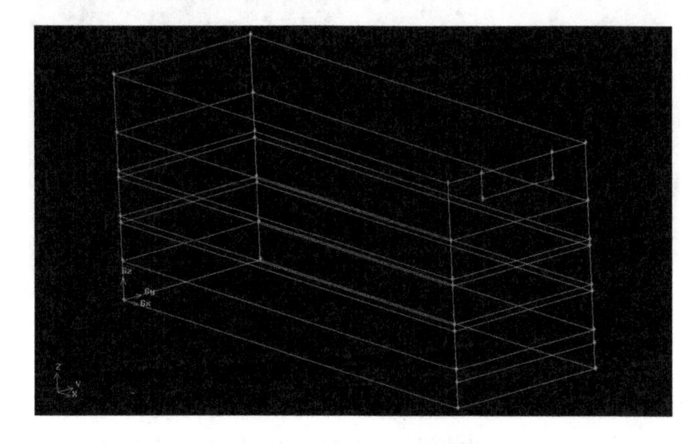

图 3-27 烤房原型侧视图

2) 网格的划分

采用结构化网格技术进行网格的划分，结果如图 3-28 所示，共有网格单元 628 705个。

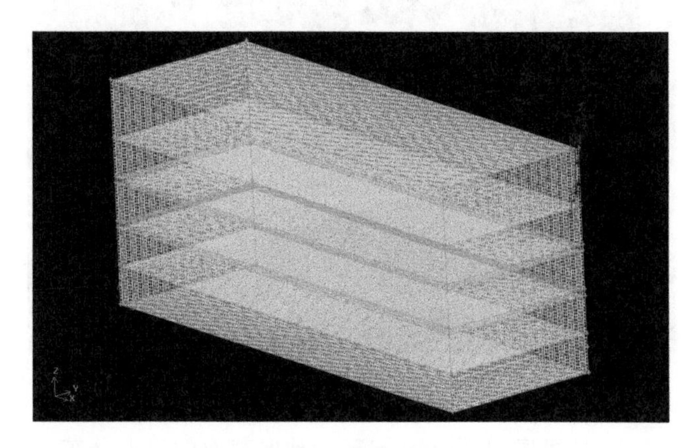

图 3-28 网格划分

3）边界条件的设定

数值计算方法采用有限容积法离散基本方程，速度与压力的耦合离散采用 SIMPLE 算法。热风入口边界条件为速度入口（2.5 m/s），出口为压力边界。气相固体壁面的处理采用壁面函数法。

4）计算结果及分析

为了考察烤房在不同加热期间的温度场及风速场变化情况，分别进行了 38 ℃、55 ℃ 和 65 ℃三个热风入口温度的数值模拟。因为三个入口温度对应的模拟结果相差不大，这里仅针对热风入口温度为 65 ℃时的模拟结果进行讨论。

初步设定 1000 步迭代计算，求解大约 400 步结果收敛，如图 3-29 所示。

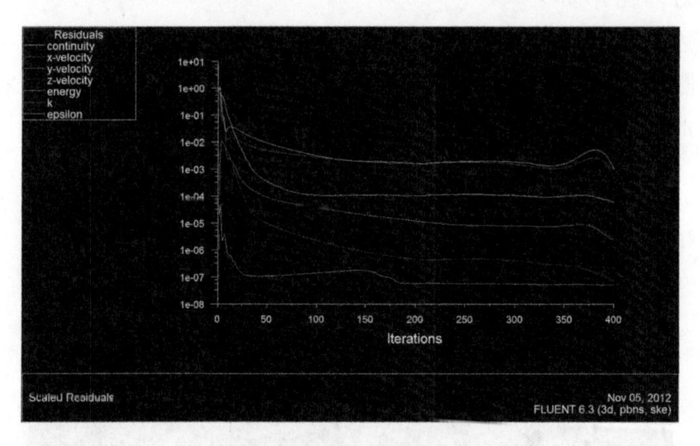

图 3-29 计算残差曲线

（1）烤房内部温度场模拟结果。

图 3-30 是烤房内部上、中、下三棚烟叶所在位置的温度等值线图，其中下棚烟叶表面平均温度为 336 K（63 ℃），中棚烟叶平均温度为 334.5 K（61.4 ℃），上棚烟叶平均温度为 333 K（60 ℃），上棚与中棚、中棚与下棚之间的温差不大，说明烟叶烘烤过程中控温效果良好。

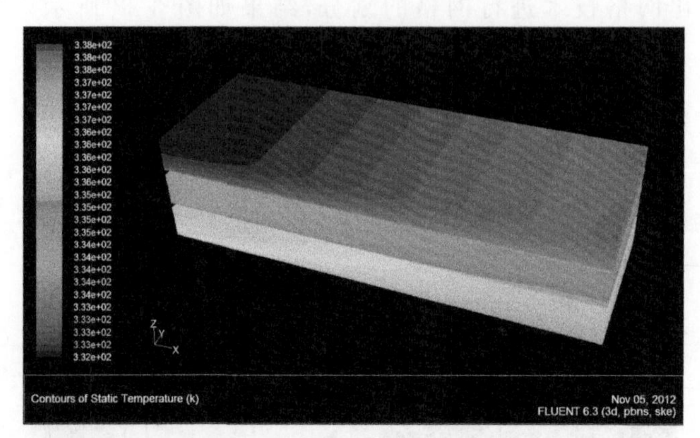

图 3-30 上、中、下棚烟叶区温度分布

图 3-31 至图 3-33 是烤房内部 $x/y/z$ 三个轴向截面的温度分布，与图 3-30 所示的烟叶区的温度分布基本上呈现一致的规律。明显可以看出，靠近装烟室门口上部的位

置是一个空气流动的死区，这个部分的温度最低。

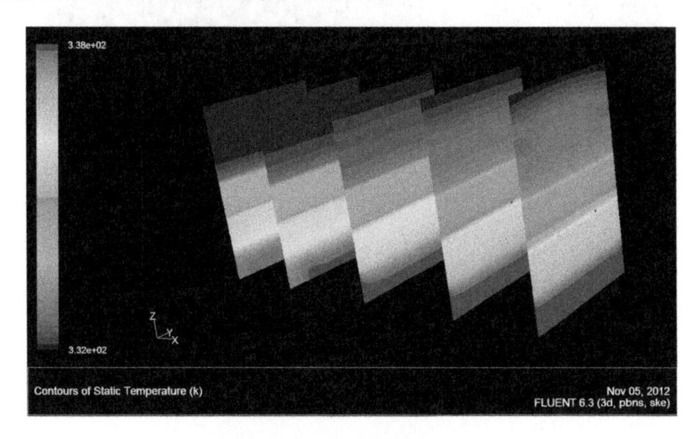

图 3-31　*x* 轴截面温度分布

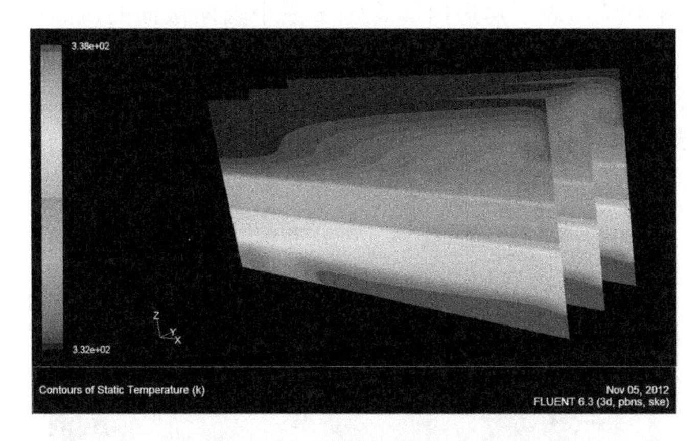

图 3-32　*y* 轴截面温度分布

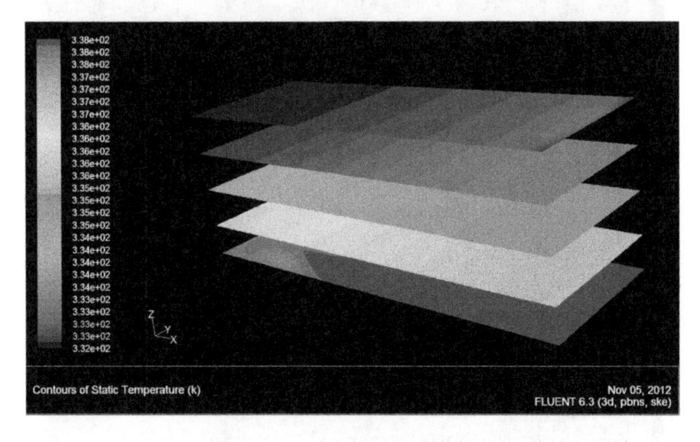

图 3-33　*z* 轴截面温度分布

图 3-34 表明了三层烟叶所在区域的温度分布，纵轴表示具有某温度的单元数占该区域单元数的比重。可以看出，烟叶区温度分布在 332.5～336.5 K，说明这种装烟方式设计是合理的。

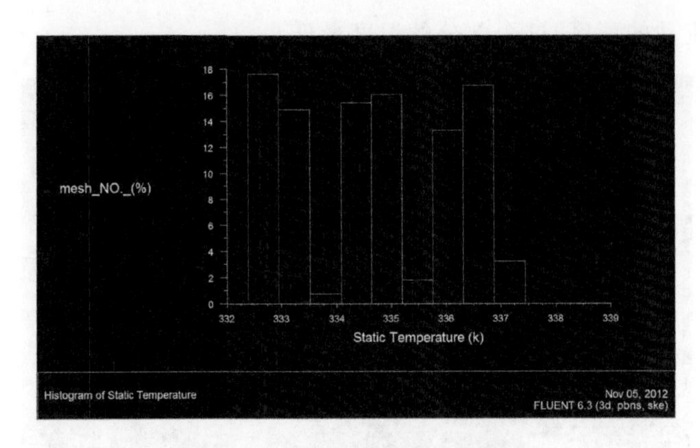

图 3-34 烟叶区温度分布直方图

(2) 烤房内部风速场模拟结果。

图 3-35 至图 3-37 呈现了烤房内部 $x/y/z$ 三个轴向截面的风速分布，可以看出：烤房内部热风进风口和回风口所直接对应的上下两个空间区域风速最大，在 1.64～3.51 m/s；装烟室门口附近上部区域风速最小，在 0.23 m/s 以下；烟叶所在区域因为烟叶的存在增大了热空气的动量损失，导致此区域热空气流速较小，但分布比较均匀，在 0.243～0.468 m/s，可以满足烟叶烘烤的基本要求。

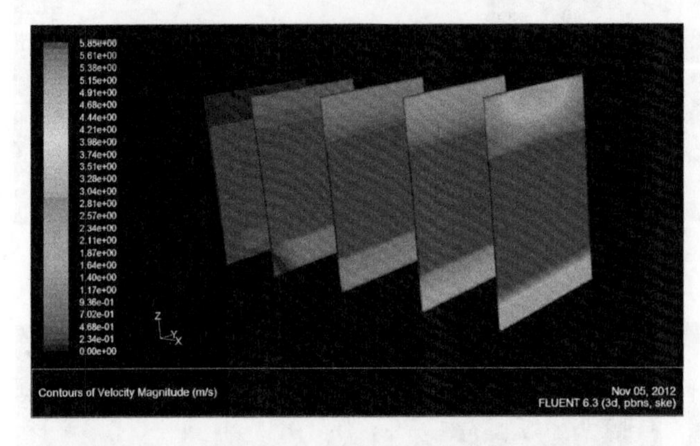

图 3-35 x 轴截面风速分布

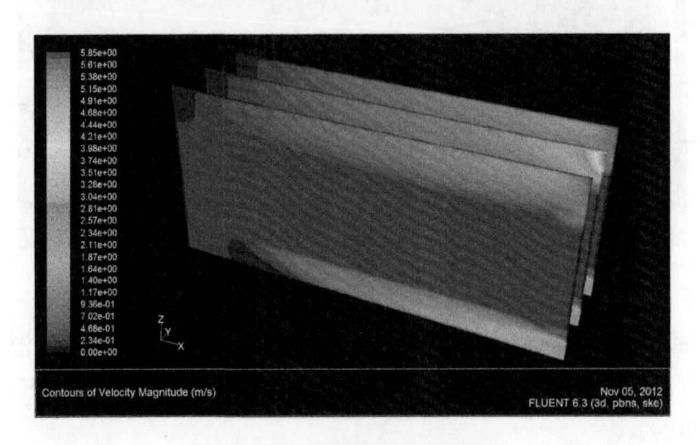

图 3-36 y 轴截面风速分布

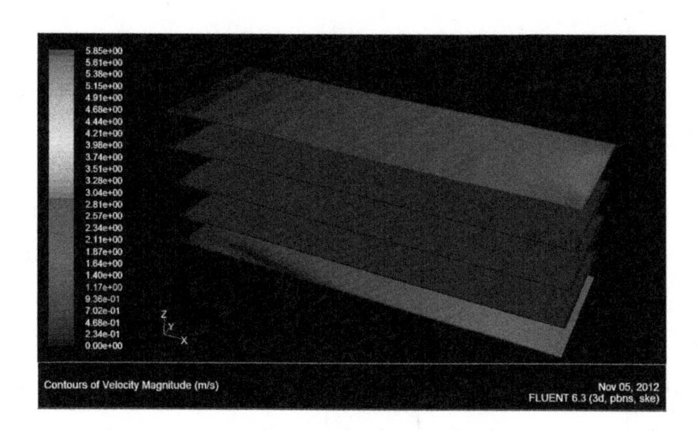

图 3-37　*z* 轴截面风速分布

3. 配套烘烤工艺研究

1）材料与方法

在试验过程中，针对抽屉式移动装烟架分别进行工艺调整，根据烟叶的烘烤质量来调整烘烤参数，温度参数基本保持不变，对湿度参数进行调控，设置三种湿度曲线进行烘烤——低湿、中湿、高湿。

2）结果与分析

（1）烟叶外观质量对比。

由表 3-61 可以看出，抽屉式移动装烟架不同处理间以低湿烘烤烤后烟叶外观质量较好，烤后烟叶成熟度为成熟、颜色橘黄、油分有、身份适中、叶片结构疏松、色度较强。

表 3-61　不同湿度试验烟叶外观质量对比

处理		成熟度	颜色	油分	身份	叶片结构	色度
常规挂竿烘烤		成熟	正黄	少	稍薄	疏松	中
抽屉式移动装烟架	低湿	成熟	橘黄	有	适中	疏松	较强
	中湿	成熟	橘黄至正黄	有	稍薄	疏松	中
	高湿	成熟	正黄	少	稍薄	疏松	较弱

（2）烟叶等级比例对比。

从表 3-62 可以看出，抽屉式移动装烟架不同处理间以低湿烘烤烤后烟叶黄烟率、中上等烟比例较高，分别为 83.70%、87.31%。

表 3-62　不同湿度试验烟叶等级比例对比

处理		黄烟率	中上等烟比例
常规挂竿烘烤		79.03%	86.55%
抽屉式移动装烟架	低湿	83.70%	87.31%
	中湿	79.92%	84.09%
	高湿	77.04%	85.44%

（3）烟叶化学成分对比。

从表 3-63 可以看出，抽屉式移动装烟架不同处理间以低湿烘烤烤后烟叶化学质量较好，还原糖、总糖含量较高，糖碱比、氮碱比更趋协调。

表 3-63　不同湿度试验烟叶化学成分对比

处理		烟碱含量/(%)	还原糖含量/(%)	总糖含量/(%)	总氮含量/(%)	钾含量/(%)	氯含量/(%)	糖碱比	氮碱比
常规挂竿烘烤		2.61	22.53	27.42	2.06	1.77	0.32	10.51	0.79
抽屉式移动装烟架	低湿	2.58	19.51	27.68	2.53	2.81	0.26	10.72	0.98
	中湿	2.38	12.62	23.21	2.28	2.49	0.25	7.44	1.06
	高湿	2.80	12.21	20.56	3.07	1.87	0.33	4.15	0.64

3）讨论与结论

通过对低湿、中湿、高湿三种烘烤工艺烤后烟叶质量的对比分析可知，抽屉式移动装烟架以低湿烘烤工艺为好。

抽屉式移动装烟架烘烤工艺：变黄前期干球温度 35 ℃，湿球温度 32～33 ℃，达到叶尖变黄（风机低速运转）；升温至干球温度 38 ℃、湿球温度 34～35 ℃，稳温至烟叶变黄、片软（下部叶 7～8 成黄，中部叶 8～9 成黄，上部叶 9～10 成黄，风机低速运转）；以 1 ℃/2 h 的速度升温至干球温度 42 ℃，湿球温度 34～35 ℃（风机高速运转），达到烟叶完全变黄，烟基部开始发软倒伏；然后以 1 ℃/2 h 的速度升温至干球温度 48 ℃、湿球温度 36～37 ℃（风机高速运转），达到支脉变黄，烟基部进一步发软倒伏，烟叶呈小卷筒；再以 1 ℃/2 h 的速度升温至干球温度 52～54 ℃、湿球温度 36～37 ℃（风机高速运转），达到主脉变黄，烟基部全部成倒“L”形，烟叶呈大卷筒；最后以 1 ℃/2 h 的速度升温至 68 ℃、湿球温度 38～40 ℃（风机低速运转），直到烟筋干燥。

（七）烟筐及烘烤工艺研究试验

1. 供试材料

试验于 2010—2012 年在湖北省枣阳市进行。供试品种为云烟 87，选取大田管理规范、长势均匀的烟田，待烟叶成熟后，采收中部叶 9～11 叶位。

试验烤房为气流上升式密集烤房，加热室装有密集烤房烤烟专用煤炉；风机为 7 号风机，额定功率 2.8 kW，装有变频控制箱；采用温湿度自动控制仪。

2. 试验设计

1）散叶堆积烟筐的筛选

在 3 年的试验过程中对烟筐的设计不断进行改进，试验了 4 种不同样式的散叶堆积烟筐——单体烟筐、组合式烟筐、叠层堆积烟筐、组合式叠层堆积烟筐，记录其加工成本、装烟密度、烘烤效果，并进行筛选。

（1）单体烟筐。

设计插排式散叶烘烤筐，该装置由筐体、烟叶固定插排限位槽、烟筋固定插排限位槽、烟叶固定插排以及烟筋固定插排组成，如图 3-38 所示。

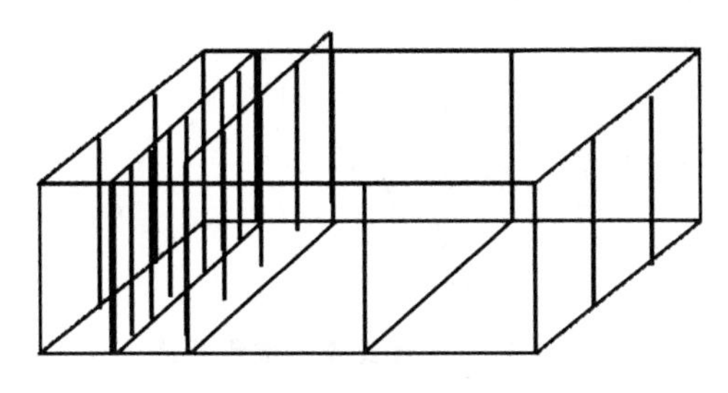

图 3-38　单体烟筐

筐体尺寸：长 70 cm、宽 65 cm、深 50 cm。

筐体用料：边框采用直径 10～12 mm 钢筋 8.7 m，挡条采用直径 4～6 mm 钢筋 3.65 m，插排限位槽采用直径 12～20 mm 铁(钢)管 2 m。

（2）组合式烟筐。

组合式烟筐具体结构如图 3-39 所示。

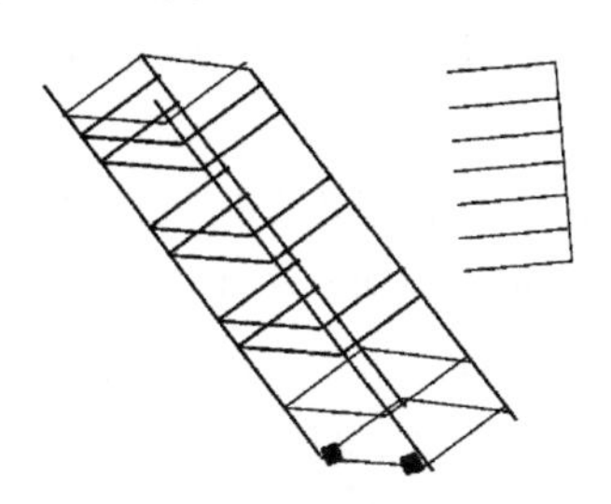

图 3-39　组合式烟筐

筐体尺寸：长 250 cm、宽 65 cm、深 50 cm。

筐体用料：边框采用 4 mm 角铁，挡条采用直径 4～6 mm 钢筋，插排限位槽采用直径 12～20 mm 铁(钢)管。

（3）叠层堆积烟筐。

叠层堆积烟筐如图 3-40 所示。

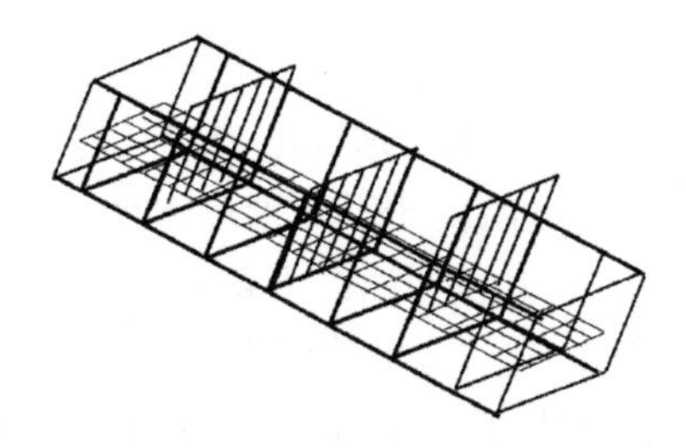

图 3-40　叠层堆积烟筐

筐体尺寸：长 130 cm、宽 65 cm、深 50 cm。

筐体用料：边框采用 3 mm 不锈钢方管。

(4) 组合式叠层堆积烟筐。

组合式叠层堆积烟筐如图 3-41 所示。

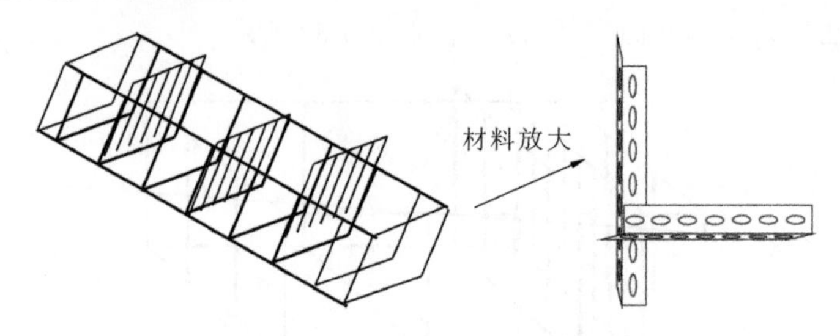

图 3-41 组合式叠层堆积烟筐

筐体尺寸:长 140 cm、宽 87 cm、深 30 cm。

筐体用料:2.5 cm 万能角铁。

2) 不同烘烤处理

以采用三段式烘烤工艺的挂竿烘烤为对照(CK),对筛选出的烟筐进行工艺摸索,设计 2 种不同装烟密度及 3 种不同烘烤工艺的交叉试验,分为 6 个处理—— M1Q1、M1Q2、M1Q3、M2Q1、M2Q2、M2Q3。

2 种装烟密度:M1——40 kg/筐;M2——50 kg/筐。

3 种不同的烘烤工艺:Q1、Q2、Q3。

Q1:三段式烘烤工艺,变黄期干球温度 38 ℃,湿球温度 36 ℃,烟叶基本变黄(下部叶 7~8 成黄,中部叶 8~9 成黄,上部叶 9~10 成黄,风机低速运转);以 1 ℃/2 h 的速度升温至干球温度 42 ℃、湿球温度 38 ℃(风机高速运转),使烟叶完成变黄、凋萎变软;然后以 1 ℃/2 h 的速度升温至干球温度 54 ℃、湿球温度 39~40 ℃(风机高速运转),使烟叶达到大卷筒;最后以 1 ℃/2 h 的速度升温至干球温度 68 ℃、湿球温度 40~42 ℃(风机低速运转),直到烟筋干燥。

Q2:高温低湿烘烤工艺,变黄期干球温度 40 ℃,湿球温度 38 ℃,稳温至烟叶变黄、片软(下部叶 7~8 成黄,中部叶 8~9 成黄,上部叶 9~10 成黄,风机低速运转);以 1 ℃/2 h 的速度升温至干球温度 45 ℃、湿球温度 38 ℃(风机高速运转),使烟叶完成变黄、凋零变软;然后以 1 ℃/2 h 的速度升温至干球温度 54 ℃、湿球温度 39~40 ℃(风机高速运转),使烟叶达到大卷筒;最后以 1 ℃/2 h 的速度升温至干球温度 68 ℃、湿球温度 40~42 ℃(风机低速运转),直到烟筋干燥。

Q3:低温低湿烘烤工艺,变黄前期干球温度 36 ℃、湿球温度 33~34 ℃,达到叶尖变黄(风机低速运转);升温至干球温度 38 ℃、湿球温度 35~36 ℃,稳温至烟叶变黄、片软(下部叶 7~8 成黄,中部叶 8~9 成黄,上部叶 9~10 成黄,风机低速运转);以 1 ℃/2 h的速度升温至干球温度 43 ℃、湿球温度 35~36 ℃(风机高速运转),达到烟叶完全变黄,烟基部开始发软倒伏;然后以 1 ℃/2 h 的速度升温至干球温度 48 ℃、湿球温度 37~38 ℃(风机高速运转),达到支脉变黄,烟基部进一步发软倒伏,烟叶呈小卷筒;再以 1 ℃/2 h 的速度升温至干球温度 52~54 ℃、湿球温度 37~38 ℃(风机高速运转),达到主脉变黄,烟基部全部成倒“L”形,烟叶呈大卷筒;最后以 1 ℃/2 h 的速度升温至干球温度 68 ℃、湿球温度 39～40 ℃(风机低速运转),直到烟筋干燥。

3. 结果与分析

1) 烟筐类型的筛选

(1) 烟筐的装烟密度。

由表 3-64 可以看出,采用挂竿烘烤的装烟密度为 58.51 kg/m³,而采用叠层堆积烟筐装烟密度可达到 118.37 kg/m³,是普通密集烤房装烟密度的 2.02 倍;从鲜烟的有效占用体积可以看出,单体烟筐和组合式烟筐采用分层装烟的方式,因此与烟竿装烟占用体积一样,但装烟量显著提高;两种叠层堆积烟筐装烟量与烟竿装烟相比显著提高,鲜烟有效占用体积却降低近一半。各类型烟筐装烟量与烟竿装烟相比均显著提高,提高了烤房的利用率,尤其是叠层堆积烟筐,高度仅为 1.3 m 即可保证装烟容量,对烤房的要求降低,即烤房建筑高度在 2 m 左右就能满足需要,大大减小了烤房建筑体积,节省近一半建筑成本。

表 3-64 四种烟筐的装烟密度比较

装烟方式	装烟量/(kg/炕)	鲜烟有效占用体积/(m³/炕)	装烟密度/(kg/m³)
烟竿	3033[e]	51.84	58.51[e]
单体烟筐	3946[a]	51.84	76.12[c]
组合式烟筐	3740[b]	51.84	72.15[d]
叠层堆积烟筐	3324[c]	28.08	118.37[a]
组合式叠层堆积烟筐	3163[d]	28.08	112.64[b]

注:每列中字母相同者表示差异未达显著水平($P>0.05$),字母不同者表示差异达显著水平($P<0.05$),下同。

(2) 烟筐的制作及使用成本。

由表 3-65 可以看出,各种烟筐的制作成本均较高,材料费、人工费均明显高于烟竿。但烟筐的制作材料为金属,与烟竿相比虽然较昂贵,但使用年限较长,可重复利用。由于烟筐的制作需要焊接,人工费较高,其中组合式叠层堆积烟筐的制作材料为万能角铁,材料费用相对较低,且使用螺丝固定,不需要焊接,人工费大大降低,如果能大批量生产,制作成本会进一步降低。

表 3-65 烟筐的制作成本比较

装烟方式	材料费/(元/炕)	人工费/(元/炕)	制作成本/(元/炕)
烟竿	800	400	1200
单体烟筐	10 000	5000	15 000
组合式烟筐	8000	4000	12 000
叠层堆积烟筐	5000	3000	8000
组合式叠层堆积烟筐	4000	1200	5200

采用烟筐装烟的优势主要体现在装卸烟省工省力方面，从表 3-66 可以看出，采用各种烟筐的装卸烟用工费用都有不同程度的下降，在绑烟环节，各种烟筐节省用工效果均比较明显，叠层堆积烟筐与单体烟筐及组合式烟筐相比，省去了将叶柄放齐的环节，使装烟更快捷；在装烟环节，单体烟筐与烟竿装烟相比劳动强度反而加大，这是因为顶层装烟相对困难，人工成本较高；在卸烟、解烟环节以叠层堆积烟筐用工成本较低。各种类型烟筐以组合式叠层堆积烟筐装卸烟省工力度最大，且操作简单，劳动强度小，同烟竿装烟相比可节省用工 0.84 元/kg 干烟，降低 55.6%。

表 3-66　烟筐装烟的用工成本比较

装烟方式	绑烟用工/(元/kg 干烟)	装烟用工/(元/kg 干烟)	卸烟、解烟用工/(元/kg 干烟)	装卸烟用工/(元/kg 干烟)
烟竿	0.83[a]	0.37[b]	0.31[a]	1.51[a]
单体烟筐	0.43[b]	0.45[a]	0.24[b]	1.12[b]
组合式烟筐	0.41[b]	0.34[b]	0.23[b]	0.98[c]
叠层堆积烟筐	0.31[c]	0.21[c]	0.17[c]	0.69[d]
组合式叠层堆积烟筐	0.32[c]	0.19[c]	0.16c	0.67[e]

烟筐装烟密度较高，与烟竿装烟相比较难烘烤，烘烤时间相对延长，因此能耗成本相对增加。从表 3-67 可以看出，各种烟筐的耗煤费、耗电费与烟竿装烟相比均显著提高，其中叠层堆积烟筐装烟方式能耗成本提高最为显著，与烟竿装烟相比能耗成本升高 15.2%，这与其烘烤过程中烟叶失水后相互叠压、排湿较为困难有关。

表 3-67　烟筐装烟的能耗成本比较

装烟方式	耗煤费/(元/kg 干烟)	耗电费/(元/kg 干烟)	能耗成本/(元/kg 干烟)
烟竿	1.66[c]	0.32[c]	1.98[c]
单体烟筐	1.68[bc]	0.39[b]	2.07[b]
组合式烟筐	1.71[b]	0.38[b]	2.09[b]
叠层堆积烟筐	1.81[a]	0.47[a]	2.28[a]
组合式叠层堆积烟筐	1.80[a]	0.45[a]	2.25[a]

注：煤价 1100 元/t，电价 0.85 元/度。

(3) 烤后烟叶经济性状。

装烟方式不同，烤后烟叶上等烟率、橘黄烟率均不相同，均价也相差较大。由表 3-68 可知，橘黄烟率最高的装烟方式为组合式叠层堆积烟筐，达到 75.32%。烤后烟叶均价表现为组合式烟筐＞组合式叠层堆积烟筐＞烟竿＞叠层堆积烟筐＞单体烟筐。组合式叠层堆积烟筐装烟与烟竿装烟相比，上等烟率、橘黄烟率均显著提高，均价无明显差异，说明叠层堆积烟筐装烟能够满足生产上对烟叶烘烤质量的要求。

表 3-68　烟筐装烟烤后烟叶经济性状比较

装烟方式	均价/(元/kg)	上等烟率/(%)	橘黄烟率/(%)
烟竿	14.35^{ab}	28.34^{b}	68.11^{b}
单体烟筐	13.43^{c}	25.14^{d}	54.11^{e}
组合式烟筐	14.81^{a}	31.09^{a}	65.32^{c}
叠层堆积烟筐	14.01^{b}	26.88^{c}	63.23^{d}
组合式叠层堆积烟筐	14.57^{a}	32.09^{a}	75.32^{a}

2）不同烘烤处理对烤后烟叶品质的影响

(1）对烤后烟叶外观质量的影响

不同烘烤处理对烟叶外观质量有一定影响。从表 3-69 可知，在烟叶总体外观质量方面，低温低湿烘烤工艺 Q3 优于三段式烘烤工艺 Q1，而 Q1 要优于高温低湿烘烤工艺 Q2，由于 Q1 烘烤工艺烘烤时间较长，特别是变黄期与定色期两个阶段的时间较长，烟叶内在化学成分转化较为充分，有利于提高烤后烟叶外观质量。装烟密度对烟叶的外观质量影响较大，在同一烘烤工艺 Q1 下，挂竿烘烤 CK 与 M1 的烟叶外观质量相差不大，M1 优于 M2。这可能是由于装烟密度不同，变黄期湿度不同，烟叶色素转化分解比例不一样，有机质转化程度相异。六个处理中以 M1Q3 烟叶外观质量最好，烟叶颜色橘黄、油分有、身份适中、结构疏松、光泽较强。

表 3-69　不同烘烤处理烤后烟叶外观质量(中部叶)

处理	成熟度	颜色	油分	身份	叶片结构	色度
CK	成熟	橘黄-正黄	有	适中	疏松	中
M1Q1	成熟	橘黄-正黄	有	稍薄	疏松	中
M1Q2	成熟	正黄	稍有	稍薄	疏松	较弱
M1Q3	成熟	橘黄	有	适中	疏松	较强
M2Q1	成熟	正黄	有	稍薄	疏松	中
M2Q2	成熟	正黄	少	稍薄	疏松	较弱
M2Q3	成熟	橘黄-正黄	有	适中	疏松	中

(2）对烤后烟叶内在质量的影响。

烤后烟叶化学成分是烟叶内在质量的体现，由表 3-70 可以看出，各处理烤后烟叶化学成分差异比较明显，总糖含量 M1Q3＞CK＞M1Q1＞M2Q3＞M2Q1＞ M2Q2＞M1Q2，还原糖含量 M1Q3＞M1Q1＞CK＞M2Q1＞M2Q2＞M2Q3＞M1Q2，烟碱含量 M2Q2＞M1Q2＞M2Q1＞M1Q1＞CK＞M2Q3＞M1Q3，总氮含量相差不大，蛋白质含量 M1Q2＞M2Q2＞CK＞M1Q1＞M2Q1＞M1Q3＞M2Q3，氮碱比以 M1Q3、M2Q3、CK 比较协调，糖碱比以 M1Q3、M2Q3、CK 比较协调。可以得出以下结论：高密度装烟以低温低湿烘烤工艺 Q3 烤后烟叶各化学成分含量更为理想，各化学成分较为谐调，并且装烟密度并不是越高越好，在各烘烤工艺下，装烟密度 M1 烤后烟叶的化学协调性均要优于 M2，可见当装烟密度超过一定的值后，烤后烟叶内在质量呈下降的趋势。

表 3-70 不同烘烤处理烤后烟叶化学成分(C3F)

处理	总糖含量/(%)	还原糖含量/(%)	烟碱含量/(%)	总氮含量/(%)	蛋白质含量/(%)	氮碱比	糖碱比
CK	23.27	20.87	3.04	2.371	8.05	0.78	7.65
M1Q1	22.77	20.95	3.09	2.341	7.85	0.76	7.37
M1Q2	21.63	19.93	3.14	2.359	8.32	0.75	6.89
M1Q3	23.89	21.69	2.88	2.326	7.67	0.81	8.30
M2Q1	22.07	20.28	3.11	2.316	7.75	0.74	7.10
M2Q2	21.73	20.03	3.26	2.350	8.21	0.72	6.67
M2Q3	22.61	20.01	2.93	2.307	7.37	0.79	7.72

（3）对烤后烟叶经济性状的影响。

由表 3-71 可知，烘烤处理不同，烤后烟叶上中等烟比例、微带青烟比例、挂灰烟比例和光滑烟比例各不相同，烤后烟叶均价也不一样，其中上中等烟比例 M1Q3＞M1Q1＞CK＞M1Q2＞M2Q3＞M2Q1＞M2Q2；微带青烟比例 M2Q2＞M2Q1＞M2Q3＞M1Q2＞M1Q1＞M1Q3＞CK；挂灰烟比例以 CK 较高，烟筐装烟均相对较低；光滑烟比例以 CK 较低，烟筐装烟均较高，尤其是高密度的烟筐装烟；各处理烟叶均价以 M1Q3 较高，M1Q1 次之。不难看出，高密度的装烟方式虽然可以提高烤后烟叶经济价值，但超过一定装烟密度时烤后烟叶经济性状下降，微带青烟及光滑烟比例上升，这可能是因为装烟密度大、烟叶难以烤透，造成烟叶变黄内外不均，烟叶烤青的比例较高，烟叶内部水分不能及时排出而产生“硬变黄”，即烟叶大部分变黄，还没有凋萎，仍然呈膨胀发硬状态。

表 3-71 不同烘烤处理烤后烟叶经济性状

处理	上中等烟比例/(%)	微带青烟比例/(%)	挂灰烟比例/(%)	光滑烟比例/(%)	均价/(元/kg)
CK	93.11	3.14	2.81	0.94	14.53
M1Q1	93.76	3.57	1.16	1.51	14.62
M1Q2	92.33	4.42	1.89	1.36	14.41
M1Q3	94.23	3.26	1.22	1.09	14.95
M2Q1	91.27	4.59	1.38	2.76	14.08
M2Q2	90.86	4.72	1.97	2.45	13.97
M2Q3	91.61	4.53	1.73	2.13	14.11

4.讨论

试验表明,单体烟筐虽然基本取得了预期效果,但是在生产应用中仍然存在一定的缺陷,主要表现为在烤房叠装烟筐时,第三、第四层的烟筐由于位置较高,叠装起来比较费力,在这个环节上,没有起到减轻劳动强度的效果。鉴于此,设计出了组合式散叶烘烤筐。

组合式烟筐烘烤试验取得了良好的试验结果,但在试验过程中发现组合式烟筐在设计方面存在如下问题:一是烟筐装烟时存在省工不省力的情况,烟筐高度较高,将其竖起放置时较为费力;二是烟筐之间及烟筐内部密闭性不好,漏气严重,因而烟筐内部烟叶干燥缓慢,致使烟叶干燥不一致,烘烤时间延长。

针对单体烟筐和组合式烟筐在试验中存在的问题,设计了叠层堆积烟筐,在保证装烟量的同时使烟筐高度降低。后期又针对烟筐制作成本较高、运输及贮存不便、装完烟后重量太大等问题,对叠层堆积烟筐的材料及结构进行了改进,设计了组合式叠层堆积烟筐,制作材料选用万能角铁,运输时只需将材料运往目的地就地组装即可,极大地减小了占用空间,运输极为方便,并且烤烟结束时烟农也可拆卸烟筐进行存放。此外,烟筐厚度减小,由原来的 50 cm 变为 30 cm,增加了烟叶内部的通透性,利于烟叶干燥,提高了烟叶烘烤质量;装卸烟操作方便,40～50 kg/筐可轻松完成装卸烟操作。

目前,散叶烘烤的成本仍然偏高。现在各地新建散叶烤房由于有较多的补贴才能顺利进行,如果没有补贴,烟农不会使用散叶烘烤。只有降低建造成本和延长设备的使用寿命,降低烘烤的用工和能耗成本,才能使散叶烘烤得到普遍的推广应用。散叶烘烤环节存在着用工较多和耗能较高的特点,本试验发明的新型烟筐能够有效降低烘烤环节的用工,并且可有效降低烤房的建筑面积,减少建筑成本。后期可加强烟筐与烤房建设配套的研究,加强对余热利用的研究(和智君等,2010),提高热量的利用率,如使用热泵等(宫长荣等,2003;孙晓军等,2010),发展混合型能源,优先发展可再生资源的利用,如太阳能、生物质能源等(李余湘等,2011;蒋笃忠等,2010),降低不可再生资源的使用,迎合未来能源发展的趋势,推进我国现代烟草农业发展。

合理的装烟密度是烤出上等烟叶的必要条件。装烟密度过小,烟叶的失水速率较快,烟叶内含物质转化不充分,烤后烟叶的等级和质量降低;装烟密度过大,烟叶失水速率较慢,影响烟叶各种酶类的活性,烤后烟叶等级和质量不高。研究表明,低温低湿烘烤工艺下,烟筐装烟密度以 40 kg/筐烘烤效果较好,烤后烟叶的外观质量综合评价较好,烟叶颜色均为橘黄、油分充足、身份适中,光泽鲜亮、叶面均匀。内在化学成分方面,装烟密度 40 kg/筐烤后烟叶烟碱、总氮、淀粉含量比 50 kg/筐低,总糖、还原糖含量均偏高。

合理的烘烤工艺有利于提高烟叶的烘烤品质。本研究表明,外观质量综合评价由高到低依次为低温低湿烘烤工艺、三段式烘烤工艺、高温低湿烘烤工艺,低温低湿烘烤烤后烟叶颜色橘黄、油分充足、身份适中、光泽鲜亮、叶面均匀。因为低温低湿烘烤工艺烘烤过程中变黄期和定色期两个时间段拉长,有利于烟叶内部化学成分充分转化。

此外，烤后烟叶糖碱比达到适当平衡，烟叶香气质好量足，吸味醇和，这表明低温低湿烘烤工艺烘烤的烟叶各种化学成分比较协调。

不同的装烟密度、烘烤工艺都是通过影响烤房内烟叶所处环境的温湿度状况，从而影响烟叶的生理生化变化，进而对烤后烟叶质量造成影响。装烟密度的提高有利于提高烤房的利用率，并且使烟叶脱水时间延长，能促进影响烟叶质量的化学成分（如淀粉、蛋白质）进一步降解，改善烟气吃味，提高烟叶安全性；但装烟密度超过一定值时会使烟叶内部成分随着烟叶脱水时间的延长而逐渐消耗，使烤后烟叶轻飘、食之无味、质量降低。低温低湿烘烤工艺能够满足散叶烘烤的需求，使烟叶边变黄边定色，充分变黄，内部化学成分充分转化，提高烟叶质量，但应与装烟密度紧密结合，看烟调控，防止因烘烤时间的拖长而出现烟叶内部成分过度消耗的情况。

（八）不同装烟设备应用效果对比

1. 不同装烟设备装烟容量

在试验的过程中，对不同装烟设备的装烟容量进行了统计，具体结果见表 3-72。从表 3-72 可以看出，在装烟容量上，几种装烟设备都比烟竿装烟的容量大，其中抽屉式移动装烟架的增加幅度最大，达 63.41%，快速笼式烟夹增加幅度为 31.29%，散叶堆积板装烟量增幅为 23.64%。叠层堆积烟筐的装烟量仅增加 22.94%，主要原因是为了降低装烟劳动强度，降低了装烟设备的高度，新建的筐式散叶密集烤房的高度为 2.5 m，而普通密集烤房的高度为 3.5 m。

表 3-72　不同装烟设备装烟容量

设备类型	单房装烟量/kg	与烟竿装烟对比	
		增加量/kg	提高百分比/(%)
叠层堆积烟筐	3505	654	22.94
抽屉式移动装烟架	4659	1808	63.41
快速笼式烟夹	3743	892	31.29
散叶堆积板	3525	674	23.64

2. 不同装烟设备成本

不同装烟设备成本概算结果见表 3-73。

表 3-73　不同装烟设备的成本概算

设备类型	单个设备成本/元	整炕成本/元	与烟竿相比增加金额/元
叠层堆积烟筐	150	10 350	9950
抽屉式移动装烟架	2700	16 200	15 800
快速笼式烟夹	57	14 250	13 850
散叶堆积板	40	4800	4400

表 3-73 结果表明，采用移动装烟架、快速笼式烟夹等设备，每个烤房的装烟设备成本比烟竿装烟都有所增加，叠层堆积烟筐增加近一万元，散叶堆积板增加 0.44 万元。经统计，每个烤房的建造成本约为 3.5 万元（含供热设备），提高烤房容量，就相当于可以少建烤房，如果算上少建烤房的投资，可以计算出：与烟竿装烟相比，用抽屉式移动装烟架实际增加投入为 2217.69 元，用快速笼式烟夹实际增加投入为 5509.09 元。使用叠层堆积烟筐的设备成本与烟竿相比增加近一万元，但筐式散叶密集烤房的高度为 2.5 m，而普通密集烤房的高度为 3.5 m，可节约近五分之一烤房的建筑成本，即实际可节约投入 3806.67 元。散叶堆积板实际可节约投入 2292.20 元。

3. 不同装烟设备装烟用工

不同装烟设备的装烟用工结果见表 3-74，结果表明，采用叠层堆积烟筐、抽屉式移动装烟架、快速笼式烟夹、散叶堆积板均可明显提高装烟的效率，减少装烟用工。

表 3-74 不同装烟设备装烟用工

试验处理	装烟容量/kg	用工量/个			总用工量/个	每 1000 kg 鲜烟装烟用工
		编烟上炕	下炕	解竿		
烟竿	2851	6.00	0.95	1.18	8.13	2.85
叠层堆积烟筐	3505	2.88	1.00	—	3.88	1.11
抽屉式移动装烟架	4659	3.23	1.5	—	4.73	1.02
快速笼式烟夹	3743	4.00	0.80	0.50	5.3	1.42
散叶堆积板	3525	4.00	0.5	—	4.5	1.28

4. 烤房内部温湿度分析

在烟叶烘烤过程中，烤房内温度和湿度的分布情况会对最终烘烤出的烟叶质量产生重大影响，因此，对烤房内温湿度分布进行考察和分析是尤为重要的。本试验采用数字式温湿度传感器测试烤房内部温、湿度分布的均匀性，具体按照图 3-42 和图 3-43 所示方式布置温湿度探头，其中 A、B、C 代表离热风进口处 2 m、4 m、6 m 的垂直面，1、2、3 代表下、中、上棚测点，共计九个测点。

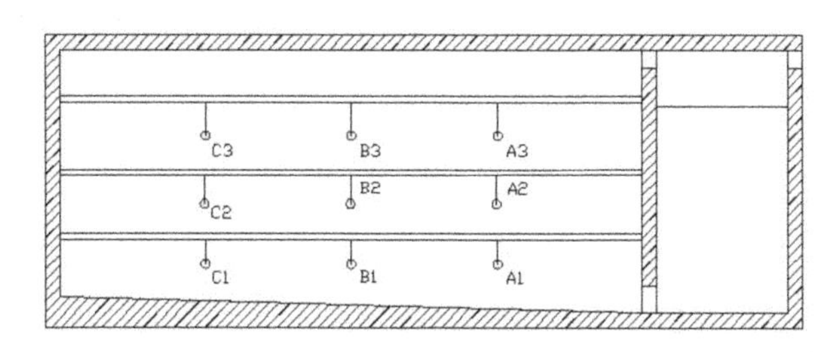

图 3-42 烤房温湿度测点布置——主视图

开展现场烘烤试验，一天测四组试验数据，根据变黄期、定色期、干筋期所测得的数据绘成图表。

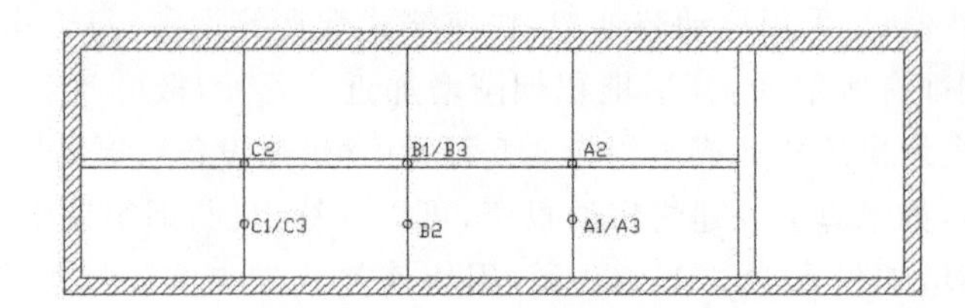

图 3-43 烤房温湿度测点布置——俯视图

（1）使用抽屉式移动装烟架时烤房内部温湿度分析。

使用抽屉式移动装烟架时烤房内部干球、温球温度如图 3-44、图 3-45 所示。

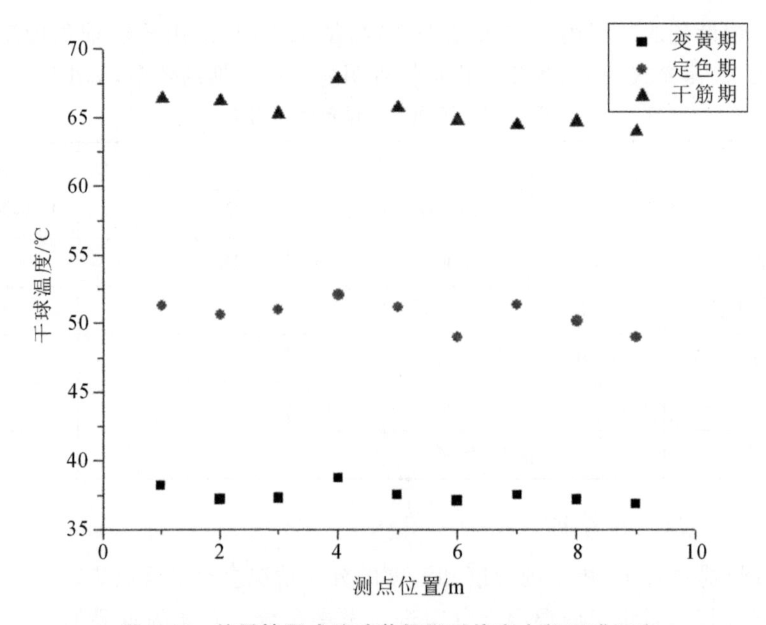

图 3-44 使用抽屉式移动装烟架时烤房内部干球温度

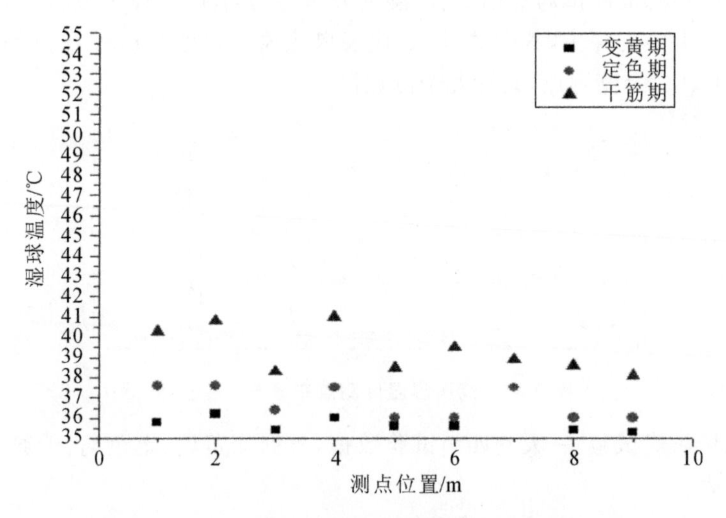

图 3-45 使用抽屉式移动装烟架时烤房内部湿球温度

(2) 使用快速笼式烟夹时烤房内部温湿度分析。

使用快速笼式烟夹时烤房内部干球、温球温度如图 3-46、图 3-47 所示。

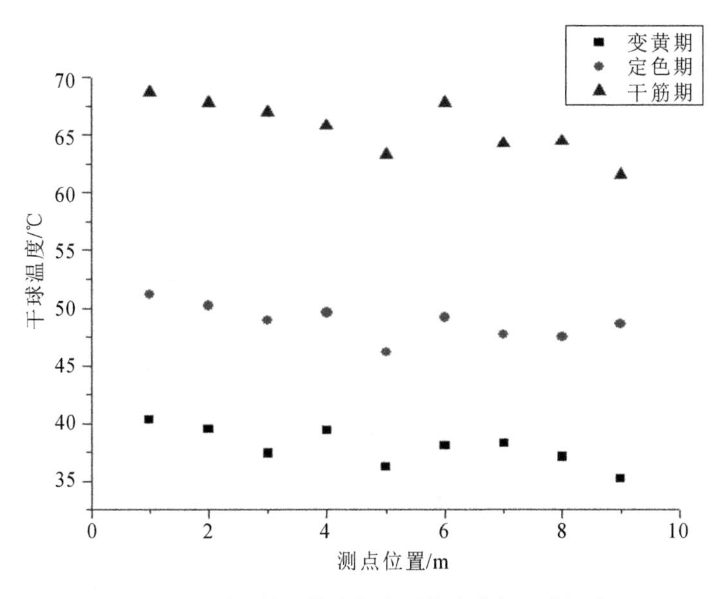

图 3-46 使用快速笼式烟夹时烤房内部干球温度

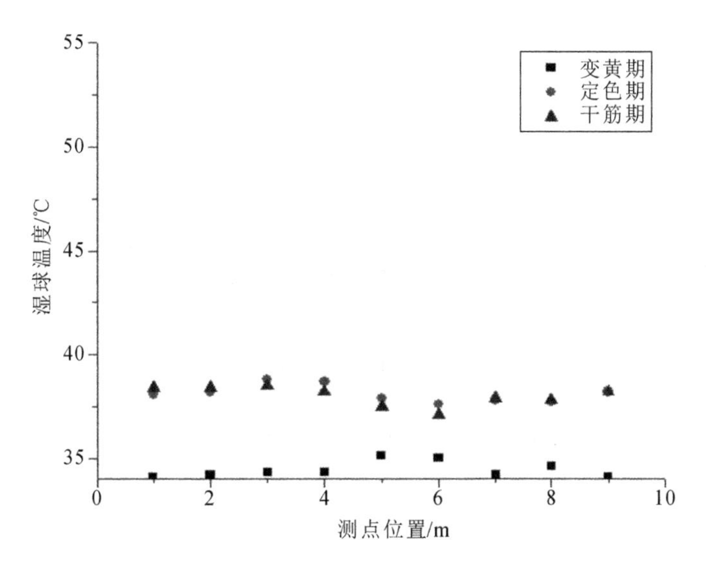

图 3-47 使用快速笼式烟夹时烤房内部湿球温度

(3) 使用散叶堆积板时烤房内部温湿度分析。

使用散叶堆积板时烤房内部干球、温球温度如图 3-48、图 3-49 所示。

(4) 使用叠层堆积烟筐时烤房内部温湿度分析。

因为叠层堆积烟筐高度比较低,故在现场烘烤试验中结合实际情况选择了图 3-50所示的布点方式,采用数字式温湿度传感器测量这些测点处的温、湿度。测试结果如图 3-51、图 3-52 所示。

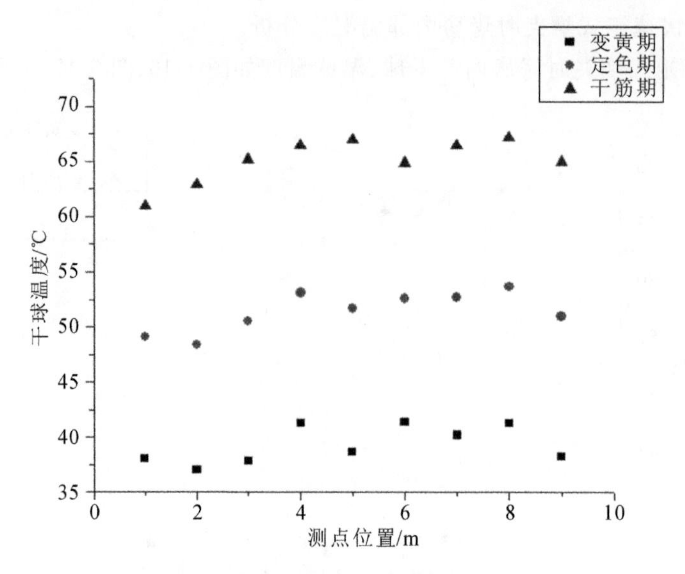

图 3-48　使用散叶堆积板时烤房内部干球温度

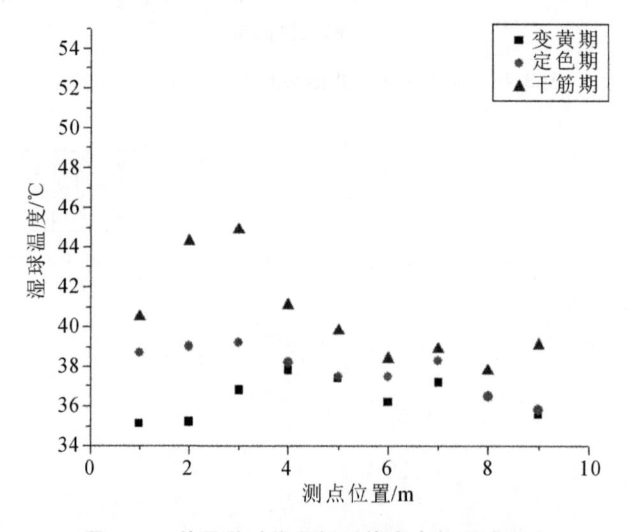

图 3-49　使用散叶堆积板时烤房内部湿球温度

加热	前上（T1）	中上（T3）	后 上
	前上（T2）	中上（T4）	后 上

加热	前下（T7）	中下（T9）	后 下
	前下（T8）	中下（T10）	后 下

图 3-50　使用叠层堆积烟筐时烤房横截面图

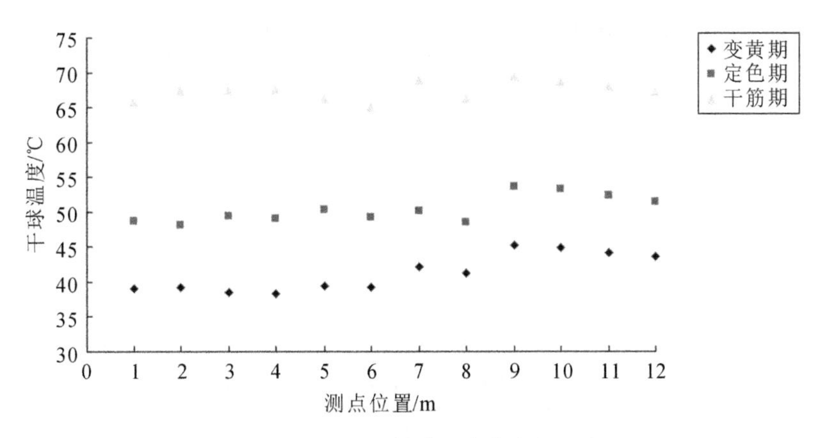

图 3-51　叠层堆积烟筐装烟烤房内部干球温度

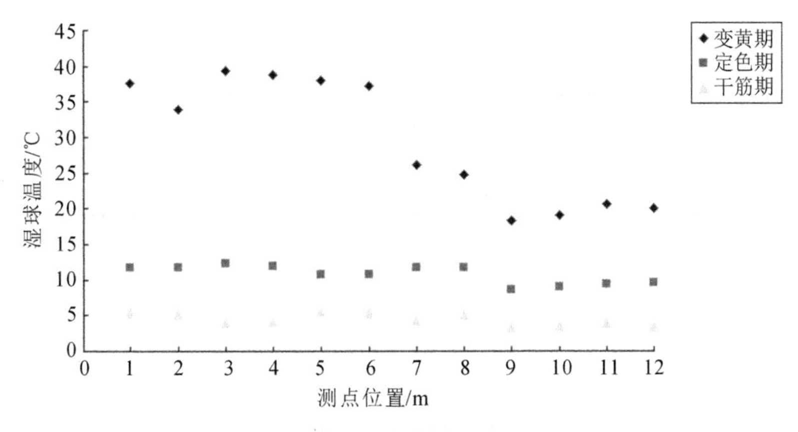

图 3-52　叠层堆积烟筐装烟烤房内部湿球温度

由图 3-51、3-52 可知，在气流上升式烤房中，烤房下棚温度比上棚温度高 2～5 ℃，并随着烘烤时间的增加而减少，这是因为在烘烤过程中烟叶逐步干燥，烟筐气流通透性增强；变黄期上、下棚湿度差异显著，进入定色期，随着烟叶干燥，水分排出，这种差异逐步减小，但仍然表现为下棚湿度小于上棚湿度。

(5) 各处理烤房内部温湿度均匀性比较。

可以从三个方面来比较各处理的烤房内部温湿度均匀性，分别是最大水平温差、最大垂直温差和烤房内部最大温差。其中最大水平温差是取上层、中层、下层三层水平温差的最大值，最大垂直温差是取烤房前部、中部和后部三个垂直温差的最大值。表 3-75 和表 3-76 分别统计了各处理的烤房内部干球温度和湿球温度的差值结果。从温湿度散点图和温湿度差值表可以得出：烘烤过程中，使用抽屉式移动装烟架和叠层堆积烟筐的烤房内部温湿度均匀性要明显高于使用快速笼式烟夹和散叶堆积板两种处理。试验中发现，使用散叶堆积板烤房内部温湿度差值很大，并且装烟门附近的温度要比靠近炉子处的温度高，这可能是由装烟过程中烟叶疏密程度不一样引起的，也可能是因为风机达不到散叶堆积装烟烘烤的要求。

表 3-75 各处理烤房内部干球温度差值

处理	干球温度最大水平差值/℃			干球温度最大垂直差值/℃		
	变黄期	定色期	干筋期	变黄期	定色期	干筋期
抽屉式移动装烟架	1.3	2	1.9	1.7	2.1	1.6
叠层堆积烟筐	1.4	2.3	1.7	6.7	5.3	1.9
快速笼式烟夹	3.3	4	5.3	3.2	3.4	4.5
散叶堆积板	4.3	5.3	5.5	3.1	2.6	4.2

表 3-76 各处理烤房内部湿球温度差值

处理	湿球温度最大水平差值/℃			湿球温度最大垂直差值/℃		
	变黄期	定色期	干筋期	变黄期	定色期	干筋期
抽屉式移动装烟架	1.4	1.6	1.9	0.8	1.5	2
叠层堆积烟筐	1.8	2.1	1.4	11.5	3.7	2.2
快速笼式烟夹	0.9	1.2	1.4	0.8	0.8	1.1
散叶堆积板	2.7	3.4	5.8	1.6	2.5	4.4

5. 烘烤质量

1）经济性状

从各种烘烤方式的烤后烟叶质量来看，增加了密集烤房装烟密度后，烤后烟叶的橘黄烟比例有所提高，含青烟及杂色烟比例可减少 1.56～7.11 个百分点，见表 3-77。

表 3-77 不同装烟设备烤后烟叶经济性状

处理	橘黄烟比例/(%)	柠黄烟比例/(%)	含青烟及杂色烟比例/(%)	均价/(元/kg)
烟竿	29.36	36.56	24.08	15.60
叠层堆积烟筐	52.07	26.47	18.46	18.15
抽屉式移动装烟架	53.88	27.15	16.97	18.24
快速笼式烟夹	51.32	20.50	20.18	17.18
散叶堆积板	47.63	29.85	22.52	16.78

2）内在质量

烤后烟叶化学成分是烟叶内在质量的体现，由表 3-78 可以看出，使用叠层堆积烟筐、抽屉式移动装烟架烤后烟叶化学成分均符合优质烟的成分指标，糖碱比、氮碱比协调。使用叠层堆积烟筐、散叶堆积板烤后烟叶还原糖含量较低，可能与烟叶干燥速度慢，烘烤时间延长，还原糖被消耗有关。与烟竿装烟相比，四种装烟方式均表现为烟碱、总氮、淀粉含量降低，可能与装烟密度提高，烘烤温湿度适宜，烟叶内部物质的转化比较充分有关。

表 3-78 不同烘烤处理烤后烟叶化学成分

处理	烟碱含量/(%)	总氮含量/(%)	还原糖含量/(%)	总糖含量/(%)	淀粉含量/(%)	糖碱比	氮碱比
烟竿	3.44	2.61	19.54	26.55	5.22	7.72	0.64
叠层堆积烟筐	3.18	2.07	16.33	26.84	4.94	8.44	0.65
抽屉式移动装烟架	3.06	2.11	19.82	26.75	4.55	8.74	0.69
快速笼式烟夹	3.28	2.41	17.06	24.07	4.87	6.42	0.80
散叶堆积板	3.21	2.39	16.01	25.13	5.01	7.83	0.74

6. 烘烤能耗

在试验过程中,对各种装烟方式烘烤过程中的能耗进行了统计,具体结果见表3-79。

表 3-79 不同装烟方式烘烤能耗

处理	装烟容量/kg	总耗电量/(kW·h)	总耗煤量/kg	每公斤干烟电耗/(kW·h)	每公斤干烟煤耗/kg	每公斤干烟烘烤能耗成本/元
烟竿	2851	185	625	0.49	1.64	2.08
叠层堆积烟筐	3505	220	600	0.43	1.45	1.88
抽屉式移动装烟架	4659	225	700	0.36	1.22	1.53
快速笼式烟夹	3743	190	600	0.38	1.20	1.53
散叶堆积板	3525	215	600	0.37	1.44	1.81

表 3-79 结果表明,增加装烟量后,烟叶的烘烤能耗有所降低,降低最为明显的是抽屉式移动装烟架和快速笼式烟夹,与烟竿装烟相比,抽屉式移动装烟架每公斤干烟电耗降低 0.13 kW·h,煤耗降低 0.42 kg,成本降低 0.55 元;快速笼式烟夹每公斤干烟电耗降低 0.11 kW·h,煤耗降低 0.44 kg,成本降低 0.55 元。叠层堆积烟筐与散叶堆积板能耗成本相近,与烟竿装烟相比降低 0.2 元左右。

7. 设备投入经济效益分析

按照每亩 1200 kg 鲜烟,烤后干烟 150 kg 计算,不同装烟方式的烘烤成本、能耗成本、用工成本结果见表 3-80。结果表明:与烟竿装烟相比,采用叠层堆积烟筐每亩可节约烘烤成本 134.4 元;采用抽屉式移动装烟架每亩可节约烘烤成本 192.3 元;采用快速笼式烟夹进行烘烤每亩可节约烘烤成本 168.3 元;采用散叶堆积板进行烘烤每亩可节约烘烤成本 134.7 元。

表 3-80 不同装烟方式每亩烘烤能耗成本统计

处理	能耗成本/元	用工成本/元	烘烤成本/元
烟竿	312.0	171.0	483.0
叠层堆积烟筐	282.0	66.6	348.6

续表

处理	能耗成本/元	用工成本/元	烘烤成本/元
抽屉式移动装烟架	229.5	61.2	290.7
快速笼式烟夹	229.5	85.2	314.7
散叶堆积板	271.5	76.8	348.3

注：电价为0.55元/kW·h，煤价为1100元/t，工价为50元/个。

8. 讨论与结论

综上所述，抽屉式移动装烟架、叠层堆积烟筐、快速笼式烟夹、散叶堆积板四种装烟方式的装烟量较烟竿装烟均有所提高，用工成本、能耗成本均明显降低，烤后烟叶质量均符合烟叶生产的需求，有利于烟农减工降本和增加收益，但各种装烟方式的装烟便捷程度及生产应用成本各有优劣。

快速笼式烟夹由L形支架、活动板和梳式烟叉等部分组成。由于其操作简便，改变了传统复杂的编烟方式，被当地烟农称为"一把抓"。采用"一把抓"装烟，与烟竿绑烟相比装烟量有所提高，并且节省了绑烟的时间，烘烤效果与烟竿绑烟相类似，但是上烟过程比较费工。这种装烟方式仍然分三层上烟，因每个烟夹较重，顶层和中层上烟比较吃力，从而不能达到省工的目的，并且烟夹材料也需要进一步改进，以研制出更为实用的烟夹，减轻烟叶装炕环节的劳动强度。

采用散叶堆积板装烟方式，装烟室内设有堆烟栅，装烟过程中将烟叶叶柄朝下、叶尖朝上，使烟叶呈一定角度竖放在堆烟栅上。因整个装烟过程需在烤房中操作，环境温度较高，影响工人装烟效率。顶层装烟时劳动强度较大，一个工人需站在高处装烟，下面的工人为其递烟也比较困难。

叠层堆积烟筐在保证装烟量的同时使烟筐高度降低。叠层堆积烟筐的材料采用万能角铁，便于拆卸，减小了占用空间，运输极为方便，增加了烟叶内部的通透性，利于烟叶干燥，提高了烟叶烘烤质量；装卸烟操作方便，两人即可轻松完成装卸烟操作，适合小户及密集烤房群装烟操作。

抽屉式移动装烟架是一种保留烟叶装三层的装烟方式，满足现在密集烤房大容量装烟的需求。其装卸烟操作简单，省时省力，具有烟夹装烟的优点，又避免了劳动强度的提高。装烟时在装烟操作平台上进行，装完烟后用液压装置将其竖起推到烤房中即可，适合在密集烤房群推广应用。

第四章　密集烘烤工艺

烟叶烘烤是烤烟生产的一个关键环节，是指将鲜烟叶放置于特定的设备中，通过人为控制温湿度等条件，使含有大量水分的、没有吸食价值的鲜烟叶转化为可吸食的干烟叶的过程。新鲜的烟叶经过烘烤，其外观和内在物质上都发生了巨大的变化（见表4-1），这是一系列化学变化和生理生化变化共同作用的结果。烟叶颜色和水分变化与内在品质变化是同时发生的，有着本质的联系，且都受鲜烟叶潜在质量及烘烤条件的影响。

表4-1　烟叶烘烤前后变化

项目		烤前	烤后
外观	叶色	黄绿	橘(柠)黄
	水分	80%～90%	5%～7%
化学成分	淀粉	25%～30%	1%～5%
	还原糖	5%～10%	12%～25%
	蛋白质	12%～15%	7%～10%
	烟碱	1%～4%	1%～4%
	糖＋氨基酸缩合物(致香物质)	无	2%～3%
吸食质量	香吃味	无	有

一、烟叶调制的生理生化基础

（一）烟叶在调制过程中的主要代谢活动

1.烟叶在调制过程中的代谢活动特点

自田间采收的成熟烟叶虽然脱离了母体，但是仍处于生命活动状态。在烘烤过程的前期，叶组织的生命活动仍在进行，叶内物质不断分解转化。由于此时已断绝外界对叶片养分和水分的供给，烟叶生命活动所需能量只有靠呼吸作用不断分解消耗自身贮藏的有机物质来提供。通常把这种代谢活动称为饥饿代谢。随着时间的推移，饥饿代谢程度加深，烟叶的生命活动逐渐减弱，直到彻底丧失。从饥饿代谢的性质而言，烟叶在烘烤过程中的变化是以分解代谢为主，高分子化合物通过水解反应变成低分子化合物，低分子化合物通过氧化反应被分解转化或通过呼吸作用而消耗。从饥饿代谢的过程来看，它以呼吸作用为主导，一般认为经历了六个阶段。

第一阶段：刚采收的鲜烟叶，其呼吸作用与在烟株上几乎一样，主要呼吸基质是碳水化合物（淀粉水解为单糖作为呼吸基质），产生维持生命活动的能量，同时释放大量的 CO_2。

$$C_6H_{12}O_6+6H_2O+6O_2\xrightarrow{\text{酶}}12H_2O+6CO_2+2872\ \text{kJ}(\text{热})$$

第二阶段：继续以碳水化合物为基质进行呼吸作用，呼吸强度减弱，CO_2 释放量逐渐减少。

第三阶段：呼吸作用又增强，CO_2 释放量略有回升，此阶段的呼吸基质除碳水化合物外，还有糖苷类物质和蛋白质。

第四阶段：蛋白质逐渐成为主要呼吸基质。由于叶绿体蛋白质的分解，叶绿素随之分解，叶黄素、胡萝卜素所占比例逐渐增大，外观上叶色由黄绿变黄。到该阶段结束，叶片基本上完全变黄。若此时烟叶含水量能维持酶类的活动，则进入第五阶段；若此时叶内水分不能维持酶的活动，呼吸代谢趋于终止。

第五阶段：CO_2 释放量逐渐减少，碳水化合物和含氮化合物的分解转化过程完成，干物质消耗基本结束，叶片完全变褐，叶组织细胞接近死亡。

第六阶段：叶细胞原生质凝聚，原生质膜的选择透过性完全丧失，细胞结构逐渐解体，细胞死亡，代谢活动终止。

从烟叶在烘烤过程中所经历的六个阶段来看，我们可以直接以其颜色转变的外观为特征，来了解内部生理生化的变化进程，并采取有效的措施调控这一过程，使其向着提高烟叶品质的方向发展。

2. 烟叶在调制过程中的主要代谢活动及其与环境条件的关系

1）烟叶干燥和颜色变化

烟叶烘烤过程中，其外观发生了两个明显的变化：一是颜色的变化，即叶色由黄绿色（绿黄色）→黄色→褐色→深棕褐色，其中后两个变化是在调控失误的情况下发生的。二是状态的变化，即烟叶由膨胀→凋萎→干枯→干焦。烟叶外观的这两个变化反映了烟叶内部化学成分两个方面的变化，一方面是有机物质的转化和分解（也有某些缩合）的生化变化。这个过程属酶促反应过程，烟叶必须具备的条件是：①处于生命活动状态；②一定的含水量；③一定的叶组织温度。另一方面是烟叶水分的蒸发和散失的物理过程。其条件是需要一定的叶组织温度及环境温度，同时需要逐渐降低环境相对湿度（即通风），如图 4-1 所示。

烟叶烘烤过程中酶促和干燥两个过程是紧密联系、相辅相成的，并在一定阶段内相互偶联。烘烤前期，当酶促作用剧烈进行时，水分也在蒸发，为烟叶的酶促作用创造了适宜的条件；到后期，随环境温度的升高，相对湿度降低，烟叶含水量大幅度下降，从而限制了酶类的活动，使叶内生化变化减弱，直至终止，最终将叶内化学成分和叶色固定下来。图 4-2 显示了烘烤过程中这两个过程的相互关系。

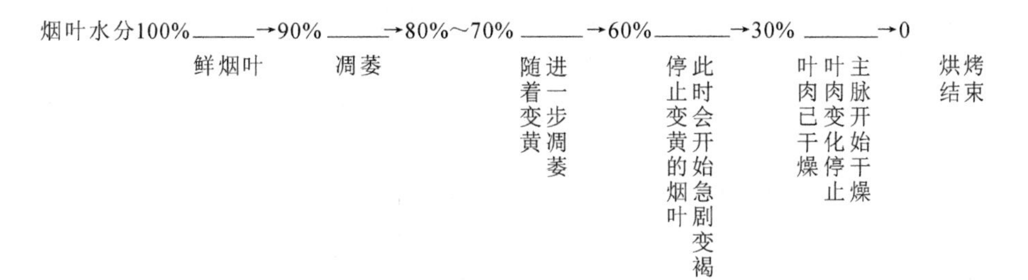

图 4-1 烟叶脱水与状态变化的关系

注：图中数字以整个烘烤过程中烟叶脱水量100%计算

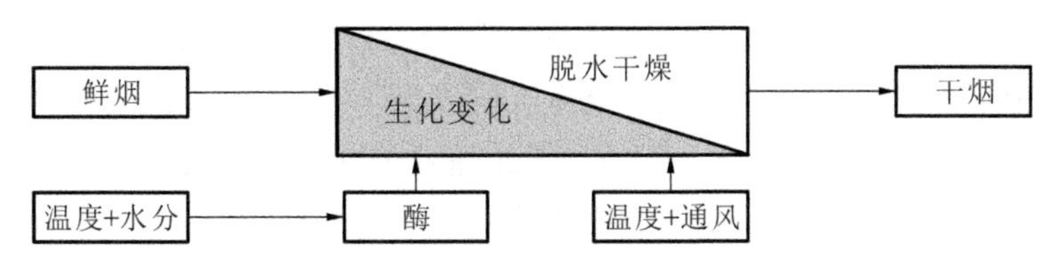

图 4-2 烟叶烘烤模式

由于在烟叶的烘烤过程中存在着上述两个过程，相应地，也就存在着两个速度：一是变色速度，它反映了烟叶组织内有机物质的转化程度；二是干燥速度，它反映了烟叶的脱水程度，同时也决定着叶内的生化转化能否继续进行。烟叶烘烤的基本原理就在于合理调控这两个速度，使其相互配合、协调进行，以适应烟叶烘烤过程的要求。在变黄过程中，要保持叶细胞的生命活动状态，并促进酶的活动，需要较低的温度和较高的相对湿度，但在烘烤初期必须使烟叶本身丧失一定量的水分而凋萎，以促使叶内有机物质在酶的作用下转化和分解，使烟叶变黄。当对烟叶品质不利的淀粉大量分解转化为对吸食者有利的糖，芳香类化合物产生和增加，蛋白质和叶绿素降解，并使叶片变黄达一定程度之后，就应采取逐渐提高温度和降低相对湿度的方法，迅速排除叶内水分，加速叶片干燥，控制乃至终止酶的活动，将烟叶的黄色固定下来。当叶片全部变黄时，加快干燥速度，将烟叶烤干，使烟叶所特有的香吃味最大限度地得到积累和保留。

总的来说，在烘烤前期，要让烟叶保持一定的水分，使其处于生命活动状态，但也要让其丧失一定的水分，以提高淀粉酶、蛋白酶等水解酶的活性，促进烟叶变黄。在烘烤后期，则要促进烟叶失水，逐步终止氧化酶的活动，控制颜色继续变化（由黄变褐），使黄色固定下来。这就是烟叶烘烤过程中的“有促有控、促控结合”。只有二者恰当配合，才能增进和改善烟叶的品质，防止烟叶烤青或烤黑。

2）烘烤阶段的划分

很明显，烟叶的烘烤前期是在叶组织尚处于生命状态下发生以化学成分转化为主的生理生化变化过程，烟叶的外观表现为凋萎、变黄。后期则以排除水分的物理过程（即叶片和主脉干燥）为主。

根据烟叶外观性状的变化，烘烤全过程可划分为凋萎、变黄、定色、干片、干筋五个阶段。烟叶在烘烤过程中变黄的同时，叶片逐渐失水凋萎，二者内在的有机联系是这一过程的核心。换言之，烟叶的凋萎和变黄总是紧密联系在一起的，很难确切划分，因此将凋萎和变黄划归为一个阶段，称为变黄阶段。烟叶变黄后，必须排除叶片水分(若叶脉粗大，则水分不易丧失)，使化学成分和颜色得到固定，否则烟叶将变褐变坏。因此，叶片干燥与定色也是紧密联系在一起的，合称定色阶段。最后是排除主脉水分，称为干筋阶段。

(1) 变黄阶段。

烟叶烘烤的变黄阶段是增进和改善烟叶品质的重要时期，烟叶外观和内部化学组成都发生了巨大变化。就其实质而言，可归结为水分散失的物理变化和酶促作用的生物化学变化，而一定程度的水分散失，对于加强生物化学变化起着良好的作用。因此变黄阶段烟叶必须适度失水凋萎，使生化反应趋向还原状态，这有利于蛋白质和叶绿素的降解，更有助于烟叶变黄后的色泽固定。此外，生化变化必须有一定的温度和水分条件。大量的试验和生产实践证明，为促使烟叶由绿变黄，需要较低的温度和较高的相对湿度，以保持叶组织细胞中适量的水分，促进烟叶生命活动和变黄时生化变化的顺利进行。

由于烟叶失水和变黄是相辅相成的，因此随着烟叶变黄程度的不断增加，温度要逐渐升高，相对湿度要逐渐降低，才能使变黄速度与失水速度相互配合。

(2) 定色阶段。

当烟叶变黄达到一定程度之后，叶片组织中促进生化变化的酶类活动必须终止，才能使叶内的生化变化停止或减小到最弱的程度，将已获得的化学品质固定下来。为达到这一目的，需要较高的温度和较低的相对湿度，即必须以较快的速度排除烟叶中的水分，使叶片逐渐干燥。这个过程实际上就是减慢变色速度、加快干燥速度的过程。由于鲜烟叶的水分大部分要在定色阶段汽化排除，这就需要在较长的时间内不断地升温排湿，逐步降低烤房内的相对湿度。定色阶段的一个重要问题是升温与排湿必须同步进行，其关键是湿球温度要稳定在一定的范围内，国内外一般认为以 38～40 ℃为宜。

(3) 干筋阶段。

这是排除烟叶主脉水分的时期，主要是烟筋水分蒸发散失的干燥过程。由于烟叶主脉组织结构紧实，体积大而表面积小，细胞水分转移距离远，水分汽化排除缓慢，在烘烤过程中难以干燥，必须进一步升高温度、降低湿度才能达到干筋的目的。但干筋阶段的温度也不宜过高，否则会造成烟叶香气物质的挥发或进一步转化，甚至将烟叶烤坏而降低烟叶的内在质量。

烟叶烘烤各阶段的温度、湿度和时间范围见表 4-2。

表 4-2　烟叶烘烤各阶段的温湿度及时间范围

烘烤阶段	温度/℃	相对湿度/(%)	时间/h
变黄阶段	32～42(45)	98～70(65)	24～72
定色阶段	42(45)～55	70～30	24～48
干筋阶段	55～68	<30	16～36

3) 烟叶的呼吸消耗与干物质的损失

(1) 烟叶呼吸放热。

新鲜烟叶在烘烤过程中的呼吸作用必然消耗叶内贮存的营养物质，并且释放出大量的热量。将刚采摘的烟叶堆积在一起，在很短的时间内，烟堆里面就会发热，并且随着时间的延长，烟堆内温度很快升高。

堆放前的 20 h 内温度上升不是很明显，20 h 后，呼吸基质充分，氧化呼吸作用逐渐加强，发热量较大，烟堆温度迅速上升，经 50 h 左右，烟堆内温度达到最高点，之后，由于呼吸基质的大量消耗，呼吸强度减弱，发热量减少，烟堆温度逐渐下降。我国主要采用的是自然通风气流上升式烤房，其装烟密度没有密集烤房大，因而烟叶间隙大，烟叶水分很容易从叶表面蒸发并扩散到空间中，烟叶呼吸放热为水分的大量蒸发提供了热量，所以烟叶温度的上升没有密集烤房明显。从理论上说，呼吸作用放出的热量应等于烟叶水分汽化耗热、升温耗热、烤房围护结构散失热量以及推进棕色化反应耗热（约占 5%）的总和（在不考虑外界供热的情况下）。

（2）烘烤过程中 CO_2 的释放。

烟叶烘烤的变黄阶段，是其加速衰老、饥饿代谢不断增强的过程。据报道，变黄阶段的前 24 h，烟叶呼吸强度与采收后鲜烟叶相比升高不明显，以后随着温度的逐渐升高，呼吸作用渐渐进入最佳温度范围内而逐渐增强，其 CO_2 释放量不断增加。另有研究表明，在烘烤期间，当温度从 27 ℃升到 43 ℃时，CO_2 的释放量增加了 1.88 倍。这与呼吸代谢的温度效应是吻合的。细胞组织温度每升高 10 ℃，其代谢速率增加 1 倍，直到酶失活效应发生为止。

（3）干物质的损失。

烟叶在烘烤中的呼吸代谢和物质转化，以及后期高温环境的作用，引起了烟叶内一部分干物质的损失。一般烘烤期间干物质损失量为鲜烟叶干物质总量的 10%～20%，其中大部分干物质损失发生在烘烤开始的前 70 h 内。有研究认为，烟叶在烘烤调制期间干物质损失量为 12%～16%，其中变黄阶段损失量最大，约占 54%，其次为定色阶段，约占 29%，干筋阶段约占 17%。河南农业大学对不同烘烤条件下烟叶中有机物质含量变化进行了研究，结果表明：中部叶烘烤过程中干物质损失量为 11%～16%，不同处理间干物质的损失表现为低温慢烤＞低温快烤＞高温慢烤＞高温快烤。由此可以看出，干物质的损失量与烟叶呼吸代谢作用或干物质的转化程度呈明显的正相关。变黄阶段的温度越高，干物质的损失量也就越多。同时，大量研究表明，烟叶的部位不同、成熟度不同、内含物的化学成分不同，烘烤过程中的干物质损失量也不同。另外，烟叶在烤房中的密度和干燥速度也影响着干物质的损失量，一般密度越低，干燥速度越快，干物质损失量越少。

（二）烤烟调制与内在质量的关系

1. 调制条件与主要化学成分的变化

1）主要化学成分的变化

烟叶在烘烤过程中，其体内化学成分含量的变化是十分显著的（表 4-3），主要表现在：其一，淀粉含量大幅度减少，而可溶性糖含量大大增加。这是因为在烘烤过程中，在适宜的温度和湿度条件下，淀粉酶的活性加强，使淀粉大量被水解为小分子的糖类。尽管在此过程中糖类在呼吸酶的作用下也进行呼吸消耗，但是淀粉水解产生的糖量大大地超过了呼吸所消耗的糖量，因此可溶性糖含量得到积累和增加。其二，含氮化合物含量发生了变化。总氮、蛋白质、烟碱等含量减少，氨基酸含量明显增加。氨基酸的增加可能是蛋白质水解作用的结果。烘烤过程中酚类物质的变化也很大。由于酚糖苷的热解和酶促分解，总酚类物质含量大大增加，果胶质在烘烤过程中减少。果胶的水解有两种酶参与，一是果胶酸酶，其作用是分解果胶链，使多聚半乳糖醛酸的一部分分解为单体酸，同时发生脱羧作用。二是果胶酯酶，其作用是断裂果胶酸和甲基之间的酯键，使果胶发生脱甲基作用而形成甲醇。新植二烯和香精油含量在烘烤过程中增加，其他组分如粗纤维、灰分、有机酸、树脂等的含量在烘烤过程中都有或多或少的变化。

表 4-3 烘烤过程中烟叶化学成分含量的变化(C. W. Bacon 等)

化学成分含量	鲜烟叶	变黄后的烟叶	由青至黄的变化量	烤后的烟叶	由青至烤后的变化量
淀粉含量/(%)	29.30	12.40	−16.9	5.52	−23.78
游离还原糖含量/(%)	6.68	15.92	+9.24	16.47	+9.79
果糖含量/(%)	2.87	7.06	+4.19	7.06	+4.19
蔗糖含量/(%)	1.73	5.22	+3.49	7.30	+5.57
粗纤维含量/(%)	7.28	7.16	−0.12	7.34	+0.06
总氮含量/(%)	1.08	1.04	−0.04	1.05	−0.03
蛋白质含量/(%)	0.65	0.56	−0.09	0.51	−0.14
烟碱含量/(%)	1.10	1.02	−0.08	0.97	−0.13
灰分含量/(%)	9.23	9.24	+0.01	9.25	+0.02
钙含量/(%)	1.37	1.37	0	1.37	0
草酸含量/(%)	0.96	0.92	−0.04	0.85	−0.11
柠檬酸含量/(%)	0.40	0.37	−0.03	0.38	−0.02
苹果酸含量/(%)	8.62	9.85	+1.23	8.73	+0.11
树脂含量/(%)	7.05	6.53	−0.52	6.61	−0.44
果胶酸含量/(%)	10.99	10.22	−0.77	8.48	−2.51
pH 值	5.55	5.64	+0.09	5.55	0
羰基化合物/(mg/100 g 烟草)	94.90	610.0	+515.1	888	+793.1

2）淀粉酶的作用和碳水化合物的变化

碳水化合物是烟叶的主要化学成分之一，在烘烤中发生显著的变化。在某种意义上，碳水化合物的分解、转化、消耗和积累状况决定着烟叶内在品质和外观等级的优劣。目前一般认为烟叶含糖量的高低直接影响其燃吸的香吃味特性。

(1) 淀粉酶的作用及淀粉酶活性的变化：淀粉酶普遍存在于植物组织细胞内，能将大分子的碳水化合物(淀粉)转化为分子量较小的糊精和麦芽糖，糊精和麦芽糖可进一步分解转化，形成葡萄糖和果糖，其转化途径是：

淀粉→糊精→麦芽糖→蔗糖→葡萄糖＋果糖

在这一系列分解转化过程中，每一步都有酶的参与，酶活性的高低和作用时间的长短直接影响烟叶最终含糖量的多少。

淀粉酶的作用是断裂淀粉分子中的糖苷键，因其作用的位置不同可分为 α-淀粉酶和 β-淀粉酶两种。α-淀粉酶可以随机断裂直链淀粉分子内部的任何一个 1,4-糖苷键，生成麦芽糖及少量的葡萄糖。α-淀粉酶作用于支链淀粉时，除生成麦芽糖和少量葡萄糖或麦芽三糖外，还余下含 5～10 个葡萄糖残基的支链部分，称为极限糊精。β-淀粉酶的作用是使直链淀粉每隔一个 1,4-糖苷键发生断裂，生成含 2 个葡萄糖残基的麦芽糖。它也可作用于支链淀粉的外围分支的直链部分，但至分支(1,6-糖苷键)含 2 个葡萄糖部位即停止，余下含有许多分支的大分子糊精。

据宫长荣等对烘烤过程中烟叶淀粉酶活性变化规律的研究结果，烟叶中淀粉酶活性在烘烤开始时较低，但随着烘烤进程的推移，活性逐渐升高，并于 36 小时前后达到一高峰，随后活性有所下降，但接着于 72 小时又开始升高。在烟叶水分含量和环境湿度较低，淀粉降解基本停滞的情况下，淀粉酶仍保持较高的活性。因此在淀粉酶活性较高的时期，保持较高的湿度和烟叶水分对淀粉降解有积极作用。

淀粉酶作用的条件是必须有适当的氧气和温、湿度，同时烟叶适度失水凋萎。表 4-4、表 4-5 是不同品种、不同部位烟叶在烘烤的不同阶段淀粉酶活性的变化情况。从表中可以看出：①不同品种烟叶淀粉酶的活性存在差异，G140＞NC89。②不同部位淀粉酶的活性也不相同，中部叶的酶活性明显高于上部叶。③在烘烤的不同阶段，不同品种、不同部位烟叶均表现出规律性的变化，即 α-淀粉酶和总淀粉酶的活性变化均随温度升高而呈现由低到高(45 ℃以前)而后再降低(45 ℃以后)的规律性。

表 4-4　不同品种烟叶烘烤过程中淀粉酶活性(麦芽糖)的变化

单位：mg/(gDW・min)

品种	淀粉酶类	鲜烟叶	38 ℃	40 ℃	42～43 ℃	45 ℃	48～50 ℃
NC89	α-淀粉酶	0.16	0.20	0.28	0.38	0.48	0.32
	总淀粉酶	0.56	4.16	5.74	5.42	5.60	2.60
G140	α-淀粉酶	0.18	0.24	0.38	0.42	0.58	0.33
	总淀粉酶	0.60	4.99	5.70	6.20	6.06	2.84

表 4-5　不同部位烟叶在烘烤过程中淀粉酶活性的变化

单位：mg/(gDW・min)

部位	淀粉酶类	鲜叶	38 ℃	40 ℃	42～43 ℃	45 ℃	48～50 ℃
上部叶	α-淀粉酶	0.18	0.24	0.38	0.42	0.58	0.33
	总淀粉酶	0.60	4.92	5.74	6.20	6.06	2.84
中部叶	α-淀粉酶	0.20	0.25	0.44	0.45	0.63	0.38
	总淀粉酶	0.63	5.10	6.02	6.68	6.68	3.12

(2) 淀粉的转化和糖的积累。

烟叶烘烤过程中，淀粉酶活动的结果是使烟叶中淀粉含量随烘烤时间的推移而逐渐减少，总糖和还原糖的含量则相应增加。培根等的研究指出，烟叶内的淀粉在变黄阶段大量分解转化，其含量由原来的29%减少到12%，而烘烤结束时减少到5%左右。杨立军等的研究也表明：淀粉以变黄阶段降解量最大，是鲜烟叶总量的54%～67%，降解速度以0～48 h最快，转入定色期直至干筋期，降解速度缓慢，降解量小，淀粉含量由烘烤前的30%左右降低至烘烤后的5%左右，不同生态条件、不同部位烟叶的测定结果也具有相同的规律性。

糖在烟叶烘烤过程中的变化具有两面性，一方面由于呼吸作用而消耗，另一方面由于淀粉的水解而不断积累。据研究：烘烤过程中淀粉降解量与总糖、还原糖含量呈显著相关，总糖含量由烘烤前的约9%增加至烘烤后的21%左右，还原糖含量则由8%左右增加至19%左右(表4-6)。

表4-6 烟叶烘烤过程中总糖、还原糖含量的变化

烘烤时间/h	NC89		云烟85	
	总糖含量/(%)	还原糖含量/(%)	总糖含量/(%)	还原糖含量/(%)
0	9.8	8.9	8.9	6.9
12	15	12.5	15	13.2
24	17.6	15.4	18	15.7
36	18.8	16.6	19.1	17.5
48	19.9	17.6	20.7	18.3
60	21.5	19.1	22.9	20.9
72	24.1	21.5	24.5	22.4
84	22.4	20.2	23.1	20.8
干样	21.1	18.9	21.5	18.9

注：引自《河南农业大学学报》，表中数据为4个烟区的平均值。

在烟叶烘烤前期，环境温湿度在影响淀粉酶活性的同时，也影响呼吸酶的活性。烟叶进行呼吸作用的最高温度是35～45 ℃，在短时间内的高温可以提高烟叶的呼吸作用，但随着温度进一步升高，呼吸作用急剧减弱。有研究表明，烟叶的呼吸速率在温度超过53 ℃以后迅速降低。烘烤过程中呼吸作用的加强将使糖分的消耗量增大。约翰逊和哈斯勒(Johnson，Hassler)对变黄阶段温度和时间与烟叶中糖分积累的关系的研究表明，温度控制在27 ℃、28 ℃和43 ℃时，温度和时间对糖分含量的影响并不显著。从表4-6还可以看出，在普通烘烤工艺流程中，糖分含量在2～3天内达到最高点，但让烟叶继续变化，糖分则因淀粉分解趋于彻底、呼吸作用继续消耗而逐渐降低。

3）主要含氮化合物的变化

(1) 蛋白酶的作用和蛋白质的分解。

①蛋白质和蛋白酶。烟叶中含有两类蛋白质，一类是可溶性蛋白质，另一类是不溶性蛋白质。一般认为它们在烟叶中的存在量是相等的。其中可溶性蛋白质根据其分子量的大小又可分为组分-Ⅰ-蛋白质(F-Ⅰ-P)和组分-Ⅱ-蛋白质(F-Ⅱ-P)。一般在叶片发育初期，F-Ⅰ-P和F-Ⅱ-P是相等的，当烟叶趋于成熟时，F-Ⅰ-P就开始降解，

烘烤期间烟叶蛋白质含量的变化主要是由 F-Ⅰ-P 降解所引起的。

新鲜烟叶中蛋白质的含量是比较高的，而且因品种、气候、土壤及栽培技术措施(尤其是施氮量)的不同有很大的差异。正常成熟的鲜叶中蛋白质含量为 12%～15%，而经过烘烤以后蛋白质降解量为鲜叶含量的 35%左右。蛋白质的降解在烟叶开始烘烤时较慢，烘烤 24 h 以后降解速度明显加快，定色后降解速度又逐渐下降，呈现“慢—快—慢”的变化规律。

据弗兰肯堡(Frankenburg)报道，烟叶中蛋白酶和肽酶的活性在烘烤的初期或饥饿代谢过程中大量增加，而在烘烤末期稍有减弱(蛋白酶约 10%，肽酶约 27%)。他在烟叶蛋白质中还发现了少量的多肽酶，认为不仅胰蛋白酶参与了蛋白质的水解，肽酶也参与了这个过程。据研究，烟叶中蛋白酶的活性在烘烤过程中呈“上升→下降→再上升”的趋势，即初期酶活性较低，随着烘烤进程的发展，酶活性不断升高，24 h 后达到第一个峰值，此后稍有降低，但不久又重新上升，在 60 h 达到第二个峰值。李常军等研究指出，在正常的烟叶烘烤中，蛋白酶活性表现为先上升后下降，而且在高温变黄条件下，蛋白酶在开烤后快速上升，但失活较快；低温变黄能使蛋白酶在较长时间内维持活性状态；高湿烘烤条件下蛋白酶活性较高，低湿条件下蛋白酶活性相对降低。所以，高湿条件下烘烤烟叶蛋白质分解多，最终含量较低。

②烟叶在烘烤中蛋白质与氨基酸含量的消长。氨基酸含量与烟草的品质关系很大。在烟草的生长、调制、工业加工直至抽吸过程中，氨基酸与烟草中的还原糖类发生酶催化及非酶催化反应，形成一系列的吡咯、吡嗪和呋喃类的杂环化合物，这些成分对烟草的香气具有重要影响。此外，某些氨基酸(苯丙氨酸)自身可直接分解为香味化合物(如苯甲醇、苯乙醇等)。苯丙氨酸和酪氨酸属芳香族氨基酸，这两种氨基酸尤其是苯丙氨酸在烟叶的品质方面具有特殊意义。氨基酸不仅是烟叶香气物质的间接前体，也可在调制过程中直接转化为挥发性羰基化合物。Prabhu 等(1984)应用示踪方法证明游离氨基酸可转化形成醛和酮类物质。据报道，烟叶中氨基酸和糖的美拉德反应是产生香味物质的重要过程之一。糖与氨基酸的缩合物称为 Amadori 化合物，它是非酶棕色化反应过程中的一种中间体。因此，烟叶香气量的多少和香气质的优劣与氨基酸种类、数量及作用的条件有重要关系。

韦布鲁(Weybrew)等的研究表明，烤烟中游离氨基酸的主要成分变化发生在采收后的 3 天内，并且有 17 种氨基酸在烘烤后大量增加，而有 9 种氨基酸减少近 1/2(表 4-7)。调制过程中脯氨酸增加最多，占氨基酸增加总量的 65%左右。

表 4-7　烘烤过程中游离氨基酸的变化

游离氨基酸组分	烘烤时间/h			
	0	8	16	24
17 种氨基酸增加值/(mg/g)	2.35	12.79	17.68	14.07
9 种氨基酸减少值/(mg/g)	2.42	1.52	1.52	1.10
合计	4.77	14.31	19.20	15.17

刘敬业等研究了烘烤前后烟叶氨基酸含量的变化，结果表明，烘烤后，除蛋氨酸、赖氨酸和胱氨酸外，其余 14 种氨基酸及氨的含量均升高。其中，脯氨酸含量的升幅最大，烤后与烤前之比为 4.50；蛋氨酸含量降幅最大，烤后与烤前之比为 0.34。升幅较大的有组氨酸、天门冬氨酸、谷氨酸、苯丙氨酸、缬氨酸及氨，烤后与烤前之比在 1.20～2.00。烘烤前含量较高的 3 种氨基酸依次为谷氨酸、天门冬氨酸和亮氨酸，分别占总量的 14.84%、10.81%和 8.63%；烘烤后含量高的变为谷氨酸、脯氨酸和天门冬氨酸，分别占 17.12%、15.62%和 11.37%。氨含量也发生了明显变化。在烘烤过程中，从鲜烟叶到干筋完成，总游离氨基酸含量逐渐增加，以变黄中期变化最为明显。丙氨酸、丝氨酸、苏氨酸、天门冬氨酸、谷氨酸、胱氨酸等在烘烤第一阶段急剧减少，有些氨基酸，如脯氨酸、半胱氨酸从变黄初期阶段稳步增加，导致了氨基酸总量的增加。从干筋阶段后各氨基酸含量降低。

据宫长荣、李常军等研究，烟叶在烘烤过程中蛋白质和游离氨基酸含量消长关系明显。蛋白质在烘烤 24 h 以后降解速度明显加快，定色后降解速度下降，呈现“慢—快—慢”的曲线；游离氨基酸含量从变黄中期开始快速上升，直至定色结实才渐趋缓慢，同样呈现“慢—快—慢”的变化规律，但是，游离氨基酸含量的变化与蛋白质含量和蛋白酶活性的变化不同步。

③蛋白质降解的环境条件。蛋白质降解主要发生在变黄和定色阶段，定色结束后变化不大，其中变黄阶段蛋白质分解速度快，定色阶段分解缓慢，整个烘烤过程中蛋白质的降解量占鲜烟叶含量的 35%左右。高温变黄时，蛋白质降解速度较快，且前期比后期更快些；低温变黄时，在 48 h 以后蛋白质含量大幅度下降；中温变黄时，在 36 h 后蛋白质含量开始大幅度下降。蛋白质降解量表现为高温变黄(C)＞中温变黄(B)＞低温变黄(A)，见表 4-8。这主要是不同的温湿度条件以及由此影响到的烟叶水分状况使有关酶类活性有较大差异的结果。但从烤后烟叶蛋白质含量看，又表现为高温变黄＞低温变黄＞低温拉长变黄(表 4-9)，表明高温变黄条件下烟叶蛋白酶活性失活较快，导致蛋白质降解缓慢，降解量少；低温变黄使烟叶蛋白酶活性持续较长时间，蛋白质降解量大。温度对氨基酸积累的影响与对蛋白质降解的影响相似，低温变黄烘烤期间氨基酸积累速度快于高温变黄，低温拉长变黄时间有利于氨基酸积累量的增加。烤后烟叶氨基酸含量表现为低温拉长变黄＞低温变黄＞高温变黄(表 4-9)。

表 4-8 烟叶在烘烤过程中蛋白质含量的变化

部位	处理	烘烤时间/h						
		0	12	24	36	48	60	72
中部叶蛋白质含量/(mg/g)	A	72.18	69.43	67.20	64.98	60.23	51.23	44.43
	B	72.18	68.38	67.06	64.91	59.91	50.08	42.56
	C	72.18	64.16	57.71	52.84	48.32	43.21	36.37

续表

部位	处理	烘烤时间/h						
		0	12	24	36	48	60	72
上部叶蛋白质含量/(mg/g)	A	148.19	136.25	123.67	104.93	94.04	72.51	51.45
	B	148.19	134.02	122.64	109.72	87.76	58.84	49.77
	C	148.19	128.51	104.88	82.95	61.29	48.55	45.68

表 4-9 烘烤温度对蛋白质和氨基酸含量的影响

	烘烤阶段	高温变黄			低温变黄			低温拉长变黄	
		Ⅰ	Ⅱ	Ⅲ	Ⅰ	Ⅱ	Ⅲ	Ⅰ	Ⅱ
蛋白质含量/(%)	鲜叶	7.50	8.33	9.99	7.50	8.33	9.99	7.50	8.33
	变黄阶段	6.60	7.54	9.19	6.20	7.12	8.60	6.05	6.90
	定色阶段	6.30	7.20	8.82	5.62	6.78	8.21	5.54	6.62
	干筋阶段	6.21	7.15	8.69	5.50	6.64	8.23	5.42	6.51
氨基酸含量/(mg/g)	鲜叶	4.50	5.90	6.70	4.50	5.90	6.70	4.50	5.90
	变黄阶段	5.60	7.60	8.50	6.10	8.12	9.30	6.40	8.40
	定色阶段	7.88	10.42	11.89	8.55	11.33	12.95	9.10	11.92
	干筋阶段	8.10	10.60	12.06	8.77	11.51	12.10	9.23	13.07

(2) 硝酸还原酶活性和硝态氮的变化。

硝酸还原酶(NR)是硝酸盐同化的关键酶,烘烤开始后硝酸还原酶活性迅速上升,在 24 h 达最大值,之后骤减并很快消失。在高温变黄条件下,硝酸还原酶活性较低,且失活较快,低温下失活相对较慢;高湿条件下硝酸还原酶活性较高,中湿条件下次之,低湿条件下最低。由此可知,硝酸还原酶受烘烤环境湿度影响较大,但主要是变黄阶段,在进入定色阶段后硝酸还原酶在多数情况下已经失活。

烟叶中的硝态氮与硝酸还原酶活性有显著正相关关系,硝态氮中的 NO_2^- 是对人类健康有害的物质。NO_3^- 可在硝酸还原酶的作用下还原为 NO_2^-,而且 NO_3^- 和 NO_2^- 都与烟叶和烟气中的烟草特有亚硝胺(TSNA)的形成有关。因此,研究烟叶中硝态氮的含量在烘烤过程中的变化具有十分重要的意义。据李常军等研究,不同部位鲜烟叶中 NO_3^- 和 NO_2^- 含量有很大差异,但经过烘烤后差异减小。NO_2^- 在鲜烟叶中含量较低,烘烤开始后含量逐渐上升,变黄结束时达到最大值,之后含量有所下降,但烤后含量仍比鲜烟叶高。NO_3^- 的变化规律与 NO_2^- 相似,而鲜烟叶的 NO_3^- 含量与其硝酸还原酶活性水平显著相关($r_{0.10}=0.53$)。李常军等的研究表明,低温变黄有利于硝酸盐和亚硝酸盐的快速积累,烤后硝酸盐和亚硝酸盐含量较高(表 4-10)。这是因为烘烤温湿度影响硝酸还原酶的活性,高温变黄缩短了硝酸还原酶的存活时间,使 NO_3^- 的还原量减少,NO_2^- 的生成量也随之减少;相反,低温变黄使硝酸还原酶在更长时间内以活体状态存在，因而 NO_3^- 和 NO_2^- 的生成量较多。

表 4-10　烘烤温度对硝酸盐和亚硝酸盐含量的影响

	烘烤阶段	高温变黄			低温变黄			低温拉长变黄	
		Ⅰ	Ⅱ	Ⅲ	Ⅰ	Ⅱ	Ⅲ	Ⅰ	Ⅱ
亚硝酸盐含量/(μg/g)	鲜叶	0.58	0.90	1.13	0.58	0.90	1.13	0.58	0.90
	变黄阶段	1.13	1.42	1.53	0.87	0.79	1.58	0.68	1.67
	定色阶段	2.11	2.30	2.50	2.49	1.89	2.29	2.74	2.35
	干筋阶段	1.83	2.00	2.24	2.08	2.10	2.30	2.02	2.21
硝酸盐含量/(mg/g)	鲜叶	1.89	2.60	4.16	1.89	2.60	4.16	1.89	2.60
	变黄阶段	5.50	7.56	8.26	5.56	6.00	9.35	4.53	10.70
	定色阶段	8.30	11.40	13.32	9.63	9.28	10.64	10.20	16.73
	干筋阶段	7.30	7.90	11.41	8.65	9.91	13.45	9.80	10.14

（3）总氮和烟碱含量在烘烤过程中的变化。

李常军等研究指出，高温和低湿变黄烤后烟叶总氮含量要高于低温和低温拉长变黄，高湿变黄烤后烟叶总氮含量最低。定色阶段湿度高低对烤后烟叶总氮含量影响不大。烟碱含量受烘烤条件的影响较复杂，但试验证明高湿变黄烤后烟叶烟碱含量较高。

董志坚等研究指出，不溶性氮和烟碱含量均随烘烤进程的推移而递减，而且烘烤前期下降幅度大于烘烤后期(表 4-11)。以低温慢烤(D)叶内不溶性氮分解最多，含量最低，高温快烤(A)分解最少，含量最高，这可能是由于低温慢烤条件下烟叶变黄时间长，变黄程度相对较高，同时又经过缓慢的脱水定色，致使不溶性氮损失量增大。烟碱含量变化趋势与不溶性氮相似，而且损失量随变黄时间延长而增加。

表 4-11　不同烘烤条件下烟叶中不溶性氮和烟碱含量的变化

烘烤时间/h	不溶性氮含量/(%)				烟碱含量/(%)			
	A	B	C	D	A	B	C	D
0	1.04	1.03	1.05	1.02	2.87	2.90	2.84	2.92
24	1.00	0.96	1.01	0.97	2.71	2.69	2.73	2.70
48	0.94	0.86	0.96	0.85	2.65	2.55	2.61	2.54
72	0.88	0.80	0.87	0.78	2.62	2.46	2.57	2.47
96	0.83	0.75	0.81	0.72	2.60	2.40	2.53	2.39
120	0.81	0.72	0.78	0.69	2.58	2.34	2.51	2.30

多数人认为，烟叶中的总氮和烟碱含量在烘烤中是减少的，且随时间的延长呈递减趋势，其原因可能是在氧的作用下，经氧化分解消失(包括蛋白质的彻底氧化)；但也

有研究认为，总氮和烟碱含量经烘烤之后增加，原因是呼吸消耗使干物质有所减少，当干物质损失量大于烟碱和氮化合物分解量时，以干重为基数的烟碱和总氮的含量就会有增加的趋势。

2.烘烤调制条件与烟叶香吃味

1）烘烤过程中烟叶香气成分的变化

烟叶中的许多成分都与香气有关，如还原糖、氨基酸、多酚类、酮类等。烟叶在成熟时，就有了一定含量的香气物质，在调制期间，伴随着香气前体物的降解和美拉德反应的发生，许多挥发性致香成分产生或含量增加，但也有一些成分保持稳定或减少，甚至消失。一般来讲，烟叶在烘烤过程中香气成分变化的基本特征是，在变黄阶段，通过生化变化，烟叶中的大分子物质如淀粉、蛋白质等分解转化，形成香气原始物质；在定色阶段，香气原始物质可以发生缩合，形成致香物质；干筋阶段在高温条件下，部分香气成分则发生分解。

瓦尔伯格（Wahlberg）对烤烟在烘烤和陈化前后挥发性物质的变化进行了系统研究，结果表明，烟叶经烘烤、陈化后，挥发性碱减少，挥发性酸增加，很多香味物质产生和增加，因而显著提高了香气，改善了吃味，减少了刺激性和杂气。在烘烤过程中，烟碱及其主要转化产物如麦斯明、N-甲基麦斯明、去甲基烟碱的含量都降低，而较简单的吡啶类物质以及美拉德反应产物如2，5-二甲基吡嗪、2，3，5-三甲基吡嗪、2，3，5，6-四甲基吡嗪、2-乙酰吡啶和2-甲基吡啶等产生和增加；另一些化合物如尼古丁-N-氧化物、3-乙酰吡啶的含量大致保持恒定。酸性成分的变化与脂类和苯丙氨酸的代谢有关。随着这些物质的代谢与转化，烟叶中一些正构脂肪酸的相对含量有不同程度增加。苯丙酸在烘烤过程中产生，其他很多酸的含量在烘烤过程中无大的变化。正构酸中，从丁酸到癸酸含量都较高，而十一碳酸到十六碳酸只有少量存在。支链酸的含量大多数为中等水平。

中性香味物质种类最多，对烤烟感官质量贡献最大，它们的前体物与转化物多种多样，其消长变化对烟草香味有很大影响。烟叶中很大一类致香物质是胡萝卜素物质氧化分解产生的。胡萝卜素侧链不同部位氧化降解产生的化合物中，大部分在烘烤前都存在，在烘烤后含量增加，巨豆三烯酮的四个异构体中，有三个在烘烤前含量很低，另一个在变黄阶段才产生，经过烘烤，有三个异构体的含量显著增加。1，3，7，7-四甲基-2-氧双环[4，4，0]癸-5-烯-9-酮在烘烤后增加了近30倍。二氢大马酮及其衍生物的含量在烘烤后都有所增加。β-紫罗兰酮的含量在烘烤前后基本保持不变，其环氧衍生物略有增加。二氢猕猴桃内酯在烘烤后增加一倍，β-环柠檬醛在烘烤过程中略有增加。而含九碳的氧化降解产物如异佛尔酮及其衍生物质含量在烘烤过程中变化不大。

另一类烟草香气物质是无环异戊二烯类物质经氧化、分解、转化而产生的，如6-甲基-5-庚烯-2-酮、香叶基丙酮和茄尼基丙酮等成分可能是茄尼醇等萜类物质通过氧化分解产生的，六氢法尼基丙醇可能由叶绿素分解产物植醇衍生而来。在调制过程中，香叶基丙醇、茄尼醇、茄尼基丙酮和六氢法尼基丙酮的相对含量有所增加。

烟叶中含量很高的新植二烯在调制过程中大大增加，据推测，它可能来自叶绿素分解而产生的植醇。黑松烷类降解产物构成烟叶中另一类重要香味物质，其中茄酮含量较高，在烘烤过程中增加。

很多研究表明，在调制过程中美拉德反应激烈进行，糖-氨基酸棕色化反应产物增加，其中2-甲酰吡咯、2-甲酰-5-甲基吡咯在烘烤时产生，在陈化储藏期间积累，丙基吡咯在烘烤和陈化过程中都增加。变化最大的是乙酰吡咯，在烘烤过程中大约增加8倍。2-乙酰呋喃、乙酸糠脂、甲基糠醛在烘烤和陈化过程中都有积累，糠醛含量变化不大，烷基呋喃类物质减少或消失。

与脂类代谢相关的香味物质中，许多结构较简单的醇、醛、酮、酸和酯，如C_4-C_{10}的饱和正构醇、2-甲基丁醇和4-甲基戊醇等在烘烤过程中减少或变化不大。不饱和醇中，3-甲基-2-丁烯醇和3(Z)-己烯醇在烤前含量较高，烘烤过程中含量减少。有11种无环醛、6种无环酮在烤前含量低，在烘烤过程中进一步减少消失。

施帕茨等对烤烟调制过程中的类脂化合物进行了变量分析，结果表明，在烘烤过程中，烟叶中的己烷提取物、茄尼醇、烃蜡、新植二烯的含量显著增加，脂肪酸含量稍有变化，一般呈下降趋势，特别是C_{16}和C_{18}不饱和脂肪酸含量下降明显。

2）脱水干燥对烟叶香吃味的影响

由于烟叶水分含量影响叶内的代谢活动和物质转化，因此烟叶的脱水速度决定了叶内代谢活动和物质转化的进程。据研究，烟叶脱水速度快慢与香吃味关系很大。如果在变黄阶段烟叶脱水速度过快，失水过多，则烤后香吃味平淡，并有强烈的苦涩味和青杂气；如果变黄阶段脱水速度适当，而定色阶段脱水速度过快，则干烟有辛辣味，刺激性强，烟气粗糙。如果变黄或定色前期烟叶脱水速度缓慢，则烤后烟叶香气淡，香气质不明显；如果变黄阶段烟叶脱水过慢，而到定色阶段急剧脱水，则烤后烟叶辛辣味和刺激性增强；如果到定色前期一直脱水迟缓，烤后烟叶的辛辣味和刺激性虽小，但香气质显著发闷，香味不突出。

日本烤烟标准的脱水过程要求烟叶变黄8～9成时，上部叶重量为鲜烟重量的80%，腰叶为90%；叶片全黄时，重量为鲜叶重量的60%；叶片干燥时（即定色后期），重量为鲜叶重量的30%。从外观上看，烟叶脱水10%（即为鲜重的90%）时，出现塌膀；脱水20%时叶片凋萎；脱水40%时烟叶干尖。通过对香吃味的研究发现，烟叶变黄阶段重量为原始重量的80%±10%；定色前期重量为原始重量的60%±10%，定色后期重量为原始重量的28%±20%，烤后烟叶外观品质虽无明显差异，但内在品质有相当大的变化，脱水过快、过慢的程度越大，香吃味的降低越严重。

通风与烟叶干燥关系密切。从通风的角度看，风速高时烤后烟叶趋向于柠檬黄，香味淡，辛辣味重，烟气粗糙，刺激性大；风速低时烤后烟叶颜色较暗，但香气和吃味浓郁。烤机内挂一层烟叶时，叶间隙风速为0.1 m/s时烟叶的香味较好；挂两层烟叶，风速以0.2 m/s较好。无论哪个时期，风速大于0.3 m/s，烟叶的香吃味都明显下降，风速越高，下降越严重，并且以定色末期和干筋阶段的影响最大。

3）烘烤环境温度与香吃味的关系

目前，国内外的研究认为，大部分烤烟香气物质在烘烤的变黄和定色阶段形成，到干筋后期香气物质可能分解。从烟叶调制过程中的非酶棕色化反应(即氨基酸和糖的反应)产物的生成过程来看,这些化合物主要是在主脉干燥的高温条件下形成的,而糖和氨基酸是在变黄阶段显著增加的。因此变黄和干筋阶段的温度条件对烟叶的香吃味具有决定性影响。试验表明,如果在变黄阶段限制叶片脱水,则氨基酸的增加受到显著抑制,而淀粉水解酶活性也只有在叶片适度失水时才最高,所以烟叶在变黄阶段脱水不充分。变黄阶段温度低或在40～50 ℃条件下停留时间过短,势必影响糖与氨基酸的生成,从而影响烟叶的香吃味。在烟叶叶肉干燥的定色阶段末,温度达50 ℃以后,烟叶开始出现特有的香气,而糖与氨基酸的缩合反应恰好在50～55 ℃温度下激烈进行,所以,如果烟叶在变黄阶段形成了大量的糖和氨基酸类物质,在50～55 ℃范围内又经历了较长时间,香气物质的缩合反应得以充分进行,烟叶内就会具有较多的香气物质,反之,香气物质数量将减少。据宫长荣等研究,采用低温变黄(35～38 ℃)、慢升温定色(平均1 ℃/3 h),烤后烟叶香气质好,香气量足,杂气和刺激性小。

日本有不少关于干筋阶段温度高低对烟叶香吃味影响的研究,表4-12是岗山烟草试验场的研究结果。从表中可以看出,50 ℃以后,即定色后期叶片接近全部干燥,叶肉干固时,产生香味,但有残余青杂味;当温度升高到60 ℃时,青杂味消失,香味变浓;达到67 ℃时,香气明显;从67 ℃以后,随着时间的推移,香气物质逸失,香味变淡,而辛辣味和刺激性增强;在达到67 ℃ 15 h后,香气和吃味明显下降。因此,香味的形成有一个温度临界点。为了不使香吃味在干筋阶段明显下降,必须将烘烤温度限定在某一最高温度以下,至少在达到最高温度(即临界温度)以后,以尽可能短的时间使主脉干燥。

表4-12　干筋阶段烟叶香吃味的变化(岗山烟草试验场,1981)

时期	香气	吃味	青杂味	香吃味特征
50 ℃末升温开始	3↑	3	3	有香味,但混有未成熟的青杂气及涩味,滞舌,欠舒适
60 ℃时	3	3	4	有香味,略有不成熟气味,稍有余味,青杂味少,柔顺且饱满
达到67 ℃时	3	3	3↓	香气明显,有香味,开始出现辛辣味及刺激性,烟叶粗糙
达到67 ℃ 7小时后	3↓	3	3↑	香味变淡,有消失的感觉,烟气有滞舌感,出现辛辣味及刺激性
达到67 ℃ 15小时后(主脉干固)	2↓	3↓	2	香味变淡,欠充实,苦涩味、辛辣味增加,余味、饱满度降低

为了进一步说明主脉干燥的最高温度与烟叶香吃味的关系,日本岗山、鹿儿岛、宇都宫烟草试验场对几个品种的烟叶采用日本习惯的烘烤方法进行烘烤,在叶片干燥后,保持湿球温度40 ℃,干球温度以平均2 ℃/h的速度升高,分别达到60 ℃、65 ℃、70 ℃进行干筋,烤后烟叶从外观上看在残青、光泽、挂灰方面没有差异,但香吃味差异显著,以60 ℃干筋处理最好,65 ℃次之,70 ℃最差。同时,所有供试品种香吃味的好坏

具有共同的规律性，而且随着温度升高，烟叶青杂味增加，香气和燃烧性变差(表 4-13)。

表 4-13 主脉干燥温度与烟叶香吃味(岗山、鹿儿岛、宇都宫烟草试验场，1982)

温度/℃	香吃味评价			香吃味特征
	V115	V318	MCL	
70	0	0	0	香味淡，有青臭味，香质不明显，有苦涩辣味，且粗涩、易熄火
65	+1	+0.5	+0.5	青臭味、苦涩辣味及粗涩感减少
60	+2	+1.5	+1	青臭味、苦涩辣味减少，香质变好，劲头柔和，燃烧性变好

也有研究认为，在干筋阶段，最高温度 68 ℃的持续时间不超过 10 h 对烟叶的香吃味影响不大。如美国 Johnson 认为，干筋阶段温度超过 71 ℃会引起糖分焦化，但不会过于影响烟叶的香吃味，因为烤烟的品种、生态条件和栽培条件不同，形成的鲜烟素质不同，因而忍耐高温的程度也不同。

(三) 烘烤调制过程中烟叶变黄规律

1. 烟叶变黄的本质

1) 烟叶中色素的种类和含量

烟叶中的主要色素有叶绿素、胡萝卜素和叶黄素三大类，其中以叶绿素含量最高。

叶绿素有叶绿素 a 和叶绿素 b 二种，一般鲜叶中叶绿素含量的变化范围为 0.5%～4.0%，其中叶绿素 a 约占 70%，叶绿素 b 约占 30%。在成熟和调制过程中叶绿素含量将减少。

烤烟烟叶的胡萝卜素是由 68%的 β-胡萝卜素和 32%的新 β-胡萝卜素组成的混合物，而叶黄素的构成为 60%的黄体素、22%的新黄体素和 18%的紫黄质。此外，烟叶中还有少量的隐黄质、叶黄呋喃素、玉米黄质等。胡萝卜素和叶黄素两种色素在新鲜烟叶中的含量为叶绿素的 1/5～1/3。由于鲜烟的叶绿素含量较高，胡萝卜素和叶黄素的黄色被绿色所掩盖，只对绿色的鲜明程度有一定的影响。在烘烤过程中，叶绿素不断降解，含量逐渐减少(胡萝卜素和叶黄素虽也被氧化降解，但其降解速度较慢)，因此黄色逐渐显现。

2) 叶绿素的降解与烟叶变黄

烟叶烘烤过程中颜色的变化是最明显、最直观的。颜色变化的实质是叶绿素的降解和类胡萝卜素等黄色素比例的增加。

叶绿素的降解是在叶绿素酶的作用下，从其分子结构中的卟啉环和植醇之间的酯键断裂开始的。叶绿素结构中的酯键断裂形成叶绿醇和甲醇，叶绿醇和甲醇再进一步氧化，最后分解消失。据报道，烟叶烘烤 40～50 h，叶绿素含量降低到鲜烟叶中含量的 15%～20%。迈克卢尔(Mc Clure)和格温(Gwynn)的研究表明，烟叶烘烤 6～9 h 内，叶绿素降解速度比较缓慢，以后降解速度明显加快，30～40 h 以后叶绿素的降解又逐渐减慢。

据沃尔夫(Wolf)等报道，烟叶成熟时，叶绿素降解量占完全展开叶片的叶绿素含量的47%，而到变黄末期，则有74%的叶绿素被降解。而且叶绿素a和叶绿素b的降解速度是有差异的，成熟叶中叶绿素a的比例由绿叶中的70%降至62%，到叶片变黄时降至44%，到烘烤结束时烟叶中的叶绿素a和叶绿素b含量降至采收时含量的1%以下。

叶绿素的降解速度除与外界环境的温湿度有关外，还与烟叶的品种、部位、成熟度、含水量等因素密切相关。宫长荣等的研究表明，叶绿素的降解速度表现出前期慢、中期快、后期又慢、最终趋于稳定的规律性，但采用不同的烘烤方法，叶绿素的降解速度不同；而不同品种的烟叶，其叶绿素的降解速度存在着明显的差异。

在叶绿素降解的同时，黄色色素也发生降解。李雪震等的研究表明，烟叶变黄结束时叶绿素含量减少80%左右，而类胡萝卜素仅减少5%左右。叶绿素的降解速度远远大于类胡萝卜素等色素的降解速度，从而引起叶组织内色素比例的变化。黄色色素占色素总量的比例随时间的推移而逐渐增加，并发展为优势地位，从而使烟叶在外观上呈现黄色。河南农业大学的研究结果也表明，NC89烟叶中的类胡萝卜素比例由烘烤前的38%左右上升到烘烤后的80%左右。

2. 烟叶变黄的一般规律

烟叶在变黄阶段，内部发生复杂的生理生化变化，这些变化对烟叶品质的形成具有决定性作用。因此变黄阶段是烟叶烘烤的重要时期，必须根据烟叶的变黄规律，创造适宜的温湿度条件，为烟叶定色打下良好的基础。

1）烟叶变黄的温、湿度

烤烟在温度25～45 ℃、相对湿度70%以上的条件下都能正常变黄。一般认为，45 ℃是烟叶变黄的最高临界温度，70%的相对湿度是最低的临界湿度。表4-14是郑州烟草研究院在烘箱中对同一烟田、同一品种、同一部位、同一成熟度和同时采收的烟叶，采用抽梗后的半叶法分别放在不同的温、湿度下进行变黄、定色的观察结果。

表4-14　烟叶在不同温湿度下的变黄情况(余茂勋等，烟叶烘烤，1983)

温度/℃	相对湿度/(%)	烟叶变化情况
25	85～90	正常变黄，变黄后期叶片逐渐凋萎变软
30	65～70	在变黄过程中较快凋萎，逐渐干燥，最后叶片变至青黄色即干燥
30	95～100	正常变黄，叶片变黄后仍然膨胀不凋萎
35	75～80	正常变黄，变黄过程中叶片逐渐凋萎，最后叶尖稍干燥
35	90～95	正常变黄，叶片在变黄后期稍有凋萎
37	85	正常变黄，叶片在变黄后期逐渐凋萎
37	95～100	正常变黄，叶片在变黄后仍然膨胀
40	65～70	叶片边缘刚变黄就迅速凋萎，干尖，变至青黄时已大量失水干燥

续表

温度/℃	相对湿度/(%)	烟叶变化情况
40	85～90	正常变黄,变黄后期叶片逐渐凋萎
41	75	叶片边缘刚变黄便逐渐凋萎,但尚能完全变黄,逐渐干燥
42	80	正常变黄,在变黄过程中逐渐凋萎,最后稍干尖
45	70	在变黄过程中迅速凋萎,变至青黄时叶片已大量失水干燥
46	90～95	经几小时后叶片呈水浸状,然后变成棕黑色,呈蒸片状,最后腐烂
46	95～100	经几小时后叶片呈水浸状,然后变为棕黑色,呈蒸片状,最后叶片腐烂

由表4-14可以看出,在高温高湿条件下(温度46 ℃以上,相对湿度90%以上),烟叶很容易变成棕黑色。不论是低温(30 ℃)还是高温(45 ℃)条件,如果相对湿度太低(70%及以下),烟叶均因大量失水干燥而不能正常变黄,烤后烟叶呈不同程度的青黄色。相对湿度在75%以上,温度为25～45 ℃,烟叶均能正常变黄,说明烟叶变黄的温度范围是比较广泛的。但是,在不同温、湿度组合条件下,烟叶变黄的情况不相同。高温(42～44 ℃)低湿(相对湿度75%～80%)条件下烟叶变黄、失水较快,变黄后叶片发软;低温(35～37 ℃)低湿(相对湿度75%～80%)条件下烟叶变黄慢,失水少;高温(45 ℃以上)高湿(相对湿度90%～100%)条件下烟叶受害;低温高湿条件下烟叶变黄慢,失水少,变黄后仍然膨胀不凋萎。

综上所述,尽管烟叶在温度25～45 ℃和相对湿度75%～100%的条件下都可以变黄,但以温度32～45 ℃和相对湿度75%～90%为烟叶变黄的适宜范围。在这一范围内,以较高温度配合较低的相对湿度,烟叶变黄快,失水较多,既适于烟叶变黄,也为烘烤定色奠定了良好基础。所以在这样的温、湿度条件下,烤烟产量、品质都有保证。

在上述变黄的基础上将烟叶置于相同的温、湿度条件下排除水分,使其干燥,然后进行化学成分分析和评吸鉴定,其结果是:①低温变黄条件下烟叶中不溶性氮分解多,高温变黄则分解较少;开始低温后期高温变黄的烟叶,其不溶性氮含量与全部用低温变黄的接近。若同样在低温条件下变黄,则高湿比低湿条件下不溶性氮分解多。②大多数样品在高湿条件下变黄比在低湿条件下变黄的总糖含量低,这可能是因为高湿变黄时间长、糖分解多。还原糖含量变化与总糖变化趋势相近。③淀粉含量变化趋势为,大多数样品在低温条件下变黄比在高温条件下变黄的含量少,这可能是由低温变黄时间长,淀粉分解较多引起的。但也有少数反常情况,可能是测定误差造成的。④总氮、烟碱的含量对比相近。

从评吸结果来看,大部分对比结果相近,在有差异的对比结果中,多数是低温变黄的好,也有少数是高温变黄的好。

约翰逊(Johnson W. H.)研究认为,变黄阶段的温度高低与烟叶含水量有关,在高水分状态下如果先升温,易引起糖分消耗和最终烟叶香吃味降低,因此烟叶充分凋萎后进行升温是重要的，到变黄结束以不超过38 ℃为宜。谭劲勋等研究认为，烟叶变黄最适宜的温度是下部叶38～40 ℃，中上部叶38 ℃，湿球温度为35～36 ℃。就我国烟叶质量而言，以温度32～45 ℃、相对湿度75%～90%为变黄适宜温湿度范围，在这一范围内，以较高的温度（38～42 ℃）配合较低的相对湿度（80%～85%），烟叶变黄较快而均匀，失水较多，既适于烟叶变黄，又利于后期定色，可以保证烟叶的烘烤质量。

2）烟叶在烘烤中的变黄特点

一般情况下，烟叶变黄的规律是，叶尖部先变黄，而后叶缘变黄，再向叶面、叶基部发展，最后是叶脉变黄。但由于烟叶生长的环境条件、叶片厚薄、叶内干物质含量，以及烟叶含水量等因素的不同，烟叶的变黄特点也不一样。特别是随着叶片着生部位不同，其变黄特点差别较大。此外，由于烤房不同层次的温、湿度状况也有差异，因此整个烤房内烟叶的变黄速度并不是相同的。

(1) 脚叶。一般脚叶叶片较薄，内含物质少，变黄速度较快，它的变黄往往是整个叶片同时进行，而由叶尖开始变黄的特征不太明显，所以称为“通身变黄”。

(2) 下二棚叶、腰叶及上二棚叶。这部分叶片生长条件良好，内含物丰富，变黄特征明显。一般叶尖部先变黄，继而叶缘变黄，再逐渐向主脉扩展，叶基部最后变黄。

(3) 顶叶。顶叶叶片厚，组织致密，含水量少，叶片变黄慢。其变黄特点仍然是由叶尖部开始，再向叶边缘和主脉两侧发展。但一般是叶正面变黄速度比叶背面要快（即叶正面先黄）。

(4) 徒长叶。这类烟叶生长茂盛，是雨季或旺长期浇水过多的情况下形成的，主要是下部烟叶。叶片往往处于烟株基部，遮阴郁蔽，通风透光条件差，叶片含水量大，干物质积累少。这种烟叶变黄快，变褐也快。其变黄特点是首先由叶基部（叶片后半部）或叶片在田间时被遮蔽的部分开始变黄，而后向叶尖部发展，呈现“叶基先黄”或“点片变黄”的特点。

(5) 整炕烟叶变黄特点。烟叶的变黄速度主要与烘烤环境的温、湿度高低有关。在一定范围内，温度越高，变黄速度越快。由于烤房内各层次间温度的差异，不同层次烟叶的变黄速度是不一样的。据观察，同一烤房内相同素质的鲜烟叶，在相同时间内温度越高，变黄程度越大（表4-15）。

表4-15　烘烤过程中各层温、湿度的差异对烟叶变黄程度的影响（贵州大学农学院，1996）

烤房类型	烘烤时间/h	底层		二层		三层		四层	
		干球温度	湿度	干球温度	湿度	干球温度	湿度	干球温度	湿度
气流上升式	12	37.8	83.0	36.0	89.0	34.8	96.0	34.6	96.0
	24	40.0	83.0	38.0	89.0	36.7	96.0	36.4	97.0
	36	45.0	69.0	42.0	74.0	40.0	88.0	39.2	86.0
	烟叶变黄程度/(%)	100		90		80		70	

续表

烤房类型	烘烤时间/h	底层		二层		三层		四层	
		干球温度	湿度	干球温度	湿度	干球温度	湿度	干球温度	湿度
气流下降式	12	34.0	96.0	35.0	92.0	36.2	89.0	38.0	86.0
	24	36.0	96.0	37.0	93.0	38.0	90.0	40.0	86.0
	36	40.0	83.0	41.0	77.0	42.2	74.0	43.7	70.0
	烟叶变黄程度/(%)	70		80		90		100	

注：干球温度为摄氏度(℃)，湿度指相对湿度(%)。

3. 烟叶变黄的调控

烟叶由青转黄的程度，反映了叶内有机物质分解转化的进程。当烟叶由青变黄时，表明对品质不利的淀粉、蛋白质、叶绿素等充分转化为对品质有利的糖、氨基酸及芳香类物质。由于水分是烟叶进行各种变化的必要条件和制约因素，因此当烟叶变黄达到要求(适宜程度)时，应迅速排除水分，使烟叶干燥，抑制酶的活性，终止生物化学变化，将叶内对品质起良好作用的成分固定下来，以获得品质优良的烟叶。如果变黄过度而未及时定色，烟叶会因干物质继续分解转化而导致养分消耗过度，干重减轻，不但烟叶黄色不能顺利固定，而且极易氧化变棕，使变黄阶段所获得的优良品质变劣。

从变黄阶段转入定色阶段，烟叶变黄的适度标准依烟叶营养水平(即素质)的高低而定。营养水平高时，变黄程度宜高，反之则宜低。正常情况下的烟叶应达到明显发热，主脉折不断，呈软打筒状态，叶面变黄八成左右，主脉及主脉两侧呈淡绿色。素质好的烟叶则应达到叶面全黄，主脉呈青白色。

烘烤转入定色阶段以后，叶内一部分有机物仍在继续分解转化，继续变黄，同时逐渐干燥。当烟叶全部变黄，表明叶内物质分解转化已达适宜程度，应使叶片失去大部分水分，酶的活动基本停止。如超越这一标准，则会使烟叶色泽不鲜或局部挂灰，严重的呈褐色斑块，甚至褐片、黑糟。如果进入定色阶段过早，应于定色初期缓慢升温并保持较高湿度，烟叶仍可继续变黄，但较难掌握，容易烤成青黄烟，影响烘烤质量(表 4-16)。

表 4-16 不同变黄程度下定色烟叶外观品质的变化

定色之前烟叶变黄程度	烤后烟叶的外部特征			
	挂灰	褐色	光泽	颜色
五至六成黄	无	无	鲜明	黄多青少，主支脉青色，叶背青黄色
七至八成黄	无	无	鲜明	叶片全黄，少数主脉带青色
八至九成黄	叶尖部有轻微小块挂灰	无	尚鲜明	叶片全黄，黄片黄筋
十成黄	30%～35%的叶面挂灰，并且有严重不规则的黑斑	有褐色小花片	暗	叶面深黄色，黄片黄筋

注：定色阶段为 22 小时，干湿球温度差由 7 ℃逐渐增至 16 ℃。

从表 4-16 可以看出，烟叶七至八成黄开始定色，烤后烟叶无挂灰，也无褐色斑点、斑块，色泽鲜明。若八至九成黄开始定色，则叶尖部出现轻微小块挂灰，色泽尚鲜明，总体质量不及七至八成黄开始定色的。变黄十成定色明显表现出变黄过度，烤后烟叶挂灰严重。变黄五至六成后定色，烤后叶片虽无挂灰及褐色斑块，但有少量青色。

在目前自然通风气流上升式烤房条件下，烤房不同层次温、湿度差异表现很明显，下层温度高，湿度低，上层则相反；加上采收烟叶成熟度往往不能达到完全一致，烤房中的烟叶不可能全部达到八成黄，就一竿烟而言，也不能每一片烟叶都达到八成黄。实际上，当烤房内第二层烟叶有 60%～80%的叶片达到八成黄的标准时，就应缓慢地转入定色阶段，并在 45～48 ℃这一温度下适当延长时间，结合适当排湿，使湿球温度稳定在 38～39 ℃，二层甚至全炕达到黄片、黄筋、小卷筒至大卷筒。

在 45～48 ℃这个温度下稳定一段时间，同时结合适当排湿，变黄适度的烟叶水分少，多酚氧化酶活性低，不致发生棕色化反应而使烟叶变褐。变黄程度差的烟叶，由于细胞尚处于有生命状态，可以加快变黄速度。因此，45～48 ℃是实现烟叶主脉和全部烟叶彻底变黄的一个温度范围，在这个温度范围下稳定时间的长短主要取决于鲜烟的素质和变黄的程度。对于素质好的鲜烟叶，应延长变黄的时间，使烟叶充分变黄，没有必要在此期拖延更长时间；对于素质差的鲜烟叶，在变黄阶段变黄程度低，应及早进入这个温度范围，并结合排湿，进一步完成变黄。一般中下部叶需要在 45～46 ℃稳定 10 h 左右，上部叶则需要在 47～48 ℃稳定 15～20 h。天气干旱条件下的上部叶变黄很困难，甚至需要延长到 24 h 左右。

(四) 调制过程中烟叶褐变机理与调控

在烟叶烘烤过程中，环境条件和烟叶变化不当会导致烟叶颜色由黄色变为不同程度的褐色，常见的有挂灰、烤褐(黑桃叶)、蒸片等，这些现象即为棕色化反应的结果。随着烟叶褐变程度加大，其香气质变差、香气量减少、杂气增多、刺激性增大，严重影响烟叶的商品等级和使用价值。但另一方面，烟叶香气成分的形成又与棕色化反应密切相关，因此，合理调控棕色化反应对于提高烟叶的烘烤质量具有十分重要的意义。

1. 棕色化反应的概念与实质

棕色化反应是指烟叶烘烤过程中，由于酶的活动和物质转化，烟叶颜色由黄逐渐变深，最终呈棕色或褐色这一复杂的变化过程，包括酶促棕色化和非酶棕色化两个方面。

酶促棕色化反应主要是指烟叶在变黄末期和定色阶段，由于叶内氧化酶(特别是多酚氧化酶)活性较强，物质的氧化还原平衡被破坏，细胞中的多酚类物质被氧化而不能被还原，叶内深色物质积累，烟叶颜色加深的过程。其实质在于烟叶中含有许多酚类物质，如咖啡酸、绿原酸、芸香苷等，以及自身为黄色的黄酮类物质在变黄过程中转化为多酚类物质，它们经过氧化可产生淡红色乃至黑褐色物质。

在变黄阶段，细胞处于有生命活动状态，氧化还原作用能保持平衡，这些物质既进行氧化作用，也进行还原作用，所以烟叶颜色不发生变化。在此期间，活细胞中多酚氧化酶与咖啡酸、绿原酸等作用底物各位于一定的区隔，二者不容易接触，因此棕色化反应也就不易进行。但是，由变黄阶段转入定色阶段，叶组织逐渐死亡，原生质结构开始自溶和解体，一方面，细胞膜透性增大，部分物质由细胞向外渗出进入细胞间隙，同时氧气可以自由进出烟叶组织，多酚类物质只能被氧化，很少被还原；另一方面，由于细胞内区隔被破坏，原来束缚于液泡中的氧化酶类得以与多酚类物质接触，而使多酚类物质迅速氧化成醌类。因醌类物质积累和聚合的情况不同，烟叶就呈现出深浅不同的杂色，烟叶品质也因此而降低。

$$\text{酚}\xrightarrow{[O]\text{多酚氧化酶}}\text{醌}\xrightarrow{\text{聚合}}\text{深色物质}$$

据报道，烟叶中多酚类物质含量变化范围比较宽，一般为1.8%～5.2%。多酚类物质含量与变黄时间直接相关。一旦烟叶颜色变褐，多酚类物质含量就减少85%以上。棕色化反应往往发生于变黄时间过长或定色太晚的情况下，这一方面是由于有良好的氧化条件，另一方面与糖分消耗过多，使葡萄糖提供氢将醌还原的能力降低有关，结果导致醌类物质积累，为烟叶棕色化反应奠定了物质基础。

棕色化反应的产物是十分复杂的。多酚氧化物能与氨基酸、糖类及矿物质等相结合，形成多种分子量大小不等、颜色各异的色素。目前已从烟叶中鉴定出一种铁、蛋白质、绿原酸-芸香苷复合物的深棕色色素。据希恩(Sheen)研究表明，绿原酸氧化是棕色化的主要因素，而F-I-P和绿原酸氧化酶(CAO)及过氧化酶(PRO)的降解物构成色素的蛋白质部分。

此外，有研究报道，烟叶烤后呈棕红色是绿原酸氧化后与去甲基烟碱、氨基酸类物质作用所形成的，因而去甲基烟碱是对烟叶质量起不良作用的成分，它含量高时将使烟叶在烘烤中不易定色。

总之，烟叶烘烤过程中的酶促棕色化反应是一个非常复杂的过程，它与烟叶的烘烤质量关系密切，是深受国内外重视的一个研究课题。有关棕色化反应发生的机理、对其产物的鉴定分析以及它与烟叶质量的关系目前仍在进一步研究中。

非酶棕色化反应通常指氨基酸与糖类之间的缩合反应，又称美拉德反应(Maillard reaction)，是烟叶香气成分形成的重要过程之一。据莱芬·韦尔(Leffing Well)报道，在烟叶调制过程中，氨基酸可直接与糖发生非酶棕色化反应而形成阿马杜里化合物(Amadori compounds)，如1-脱氧-1-L-脯氨酸-D-果糖以及天冬酰胺、谷氨酰胺、甘氨酸、丙氨酸、缬氨酸、苯丙氨酸、酪氨酸等氨基酸的同系物，这些产物可占干重的2%～3%。一般认为这些产物可以赋予烟叶特有的香气。他还概述了棕色化反应中已发现的化学成分有羟酸4种、醛类15种、酮类12种、呋喃类11种、吡喃类2种、吡嗪类14种、吡咯衍生物7种、其他3种，共计68种(表4-17)。美拉德反应的过程很复杂，许多机理尚不清楚，荷格(Hodge)提出了美拉德反应路线，即氨基酸与糖的非酶棕色化反应的第一步是氨基酸的游离氨基与还原糖的羰基缩合，形成的氨基糖经阿马杜里(Amadori)和海因氏(Heyns)重排得到中间物，可产生糖醛类和还原酮类或脱氢还原酮类，这些酮类经环化或裂解形成各种化合物。其中酮类和氨基酸的反应即斯脱雷克尔(Strecher)降解反应生成的醛类和氨基酮类是杂环化合物的重要来源。

表 4-17　烟叶中氨基酸和糖的一些棕色化反应产物

产物名称	种数	对烟叶香气的作用
羟酸	4	冲、奶油味、甜、土耳其烟味
醛类	15	冲、刺、甜、辛辣、水果味
酮类	12	甜、水果味、和顺
呋喃类	11	甜、干草气、烤焙气、油味
吡喃类	2	甜、似烤烟味
吡嗪类	14	奶油味、坚果味、泥土气、白肋烟味、单调
吡咯衍生物	7	甜、樱桃味、辣、胡椒味
其他	3	甜、似烤烟味、似白肋烟味

非酶棕色化反应的发生过程不需要酶的参与，因此在烟叶的调制、复烤、发酵或陈化和卷烟的烘焙等加工过程以及卷烟的燃吸过程中都可发生。有关美拉德反应的发生机理及其产物的种类、性质和作用等还有待进一步研究。

2. 棕色化反应发生的条件

由于酶促棕色化反应只能在烟叶调制过程中发生，而且是在烟叶处于尚有生命状态下进行的，它的发生程度直接影响烟叶的烘烤质量，因此，这里着重讨论酶促棕色化反应的发生与调控。

1）烟叶发生棕色化反应的诱导因素

在正常的烘烤过程中，棕色化反应是很少发生的，烟叶氧化变棕的程度极其微小，对烟叶质量的影响不大。但是烘烤条件不当将会诱导棕色化反应的发生。

一般情况下，烟叶完全变黄以前变为棕色是很少见的，但烟叶在变黄后再加热可以诱导棕色化反应的发生。哈斯勒(Hassler)研究发现，烟叶烘烤环境温度低于 44 ℃条件下，烟叶变褐速度极为缓慢，当温度升高到 57 ℃时，烟叶变褐速度迅速加快，仅 6 min烟叶即可完全褐化变为棕色。约翰逊(Johnson)和威克斯(Weeks)采用远红外加热的处理方法，使变黄后的烟叶在 15 s 内温度骤然升高到 80 ℃，经过极短一段时间(15～20 s)之后，烟叶开始变为褐色，接着使叶温降至 25 ℃，保持 25 min 时间，烟叶颜色值变化不是一条直线，在降温后的前 8 min，颜色值变化极快，8 min 以后变化速度很慢。这种颜色值的变化是骤然加热诱导烟叶发生棕色化反应的结果。

诱导烟叶发生棕色化反应的外部因素主要有两个：一个是烘烤的温度，另一个是相对湿度。两者结合影响烟叶含水量和叶内酶的活性，从而制约棕色化反应的发生。正常情况下的烟叶，在 45～46 ℃、环境相对湿度 60%以上的条件下，烟叶失水量少于 50%将发生棕色化反应；即使鲜烟叶水分较高，在此温度范围内，只要环境相对湿度在 60%以下，烟叶在变黄末期的失水量大于 50%，则棕色化反应就不容易发生。

2）棕色化反应发生的内部条件

外因通过内因而起作用。只有烟叶内部存在相关因素时，在外界环境条件的作用下，棕色化反应才能发生。

(1) 变黄后期烟叶组织含水量。

酶促棕色化反应是一系列复杂的生理生化变化过程，必须在烟叶尚处于有生命状态下才能进行，而烟叶的水分状况决定着其生命活动的强弱。因此，在变黄接近完成时，烟叶含水量的多少是能否发生棕色化反应的先决条件。如果烟叶变黄后仍不发软塌架，即通常所说的烟叶硬变黄，表明在变黄阶段温、湿度条件控制失当，烟叶失水量小，这就为棕色化反应的发生奠定了基础。到定色阶段，随着温度的上升，由于叶内含水量尚高，氧化酶的活性增强，必然导致棕色化反应的发生。若烟叶变黄后发软塌架，含水量适当，进入定色阶段后，温度的上升有利于氧化酶的活动，但由于烟叶含水量低，酶的活性并不增强，棕色化反应就很难发生。一般认为，在变黄末期，失水量在50%以上时烟叶不容易褐变，失水量在50%以下时很容易诱导棕色化反应的发生。

(2) 烟叶组织细胞结构的破坏。

烟叶组织细胞的代谢会大量消耗内含物质，同时烘烤环境也促使细胞不断失水，随时间推移，细胞结构被破坏，细胞膜的选择透性丧失，膜透性增大，电解质外渗量增加(表4-18)。如果烘烤条件适宜，细胞质体和膜结构的破坏及其功能丧失速度就慢，若烘烤条件不当，细胞质体和膜结构的破坏及其功能丧失速度就快。而后者必将导致：①细胞汁液大量外渗；②细胞内各种物质和酶类混杂在一起，相互作用，促使棕色化反应发生；③氧气自由出入细胞，促进氧化酶类的活动，加快棕色化反应的速度，其结果必然是烟叶很快被氧化变棕、变褐。

表4-18 烘烤过程中烟叶细胞膜透性的变化(河南农业大学，1988)

电导度	烘烤时间/h					
	0	12	24	36	48	60
样品/(ms/cm)	58.5	68	87.3	120	120	187
对照/(ms/cm)	340	347	407	383	316	457
相对透性/(%)	17.2	19.6	21.44	31.33	38.03	40.93

(3) 多酚氧化酶活性。

多酚氧化酶是鲜烟叶组织中一种重要的酶类。烟叶在生长状态或在烘烤初期温度较低的条件下，多酚氧化酶作用于多酚类物质，使其氧化成为醌，同时能使醌还原为多酚，因此，醌类物质不积累。但当烟叶充分变黄后，如果组织含水量高，温湿度条件控制失误，烟叶细胞膜结构过早被破坏，氧气自由进入叶片组织，则多酚氧化酶活性增强，多酚类物质的氧化还原平衡被打破，醌类物质就大量积累，聚合成为大分子深色物质。可见，多酚氧化酶活性与烟叶烘烤质量有直接的关系。

在正常烘烤条件下，多酚氧化酶活性的变化规律是：采收的鲜烟叶酶活性最高，随烘烤时间的推移，酶的活性逐渐下降；当干球温度达47～49 ℃时，烟叶的干燥程度已接近或达到小卷筒，多酚氧化酶活性很微弱，当烟叶变至全黄时，由于烟叶大量失水，多酚氧化酶迅速钝化而停止活动，整个过程中，多酚氧化酶活性呈平稳的下降趋势(表

4-19)。烟叶烘烤质量表现较好。

表 4-19 正常烟叶在烘烤过程中多酚氧化酶活性(Vc)的变化(河南农业大学,1983)

干球温度/℃	湿球温度/℃	相对湿度/(%)	烟叶失水率/(%)	多酚氧化酶活性/[mg/(min·g FW)]	烟叶状况
27	26	91	0	0.187	鲜烟叶含水量 87.8%
38	37.5	96	17.4	0.117	枯萎、发软
41	38	80	24.6	0.0735	塌架
44	38.5	67	34.3	0.0605	充分塌架、八成黄
46	39	58	45.7	0.0425	软卷筒、全黄
49	39	48	54.2	0.0140	小卷筒
52	39	39	65.2	0	大卷筒
55	39	31	69.5	0	大卷筒

注:mg/(min·g FW)指每克鲜叶组织每分钟氧化抗坏血酸毫克数。

影响多酚氧化酶活性的因素有:①烟叶的成熟度。烟叶在自然条件下变黄并变褐,其多酚氧化酶活性的变化规律是,在烟叶达八成黄以前,氧化酶活性是逐渐下降的,此后酶的活性会突然升高,同时烟叶变褐。随着烟叶水分的大量损失,酶的活性又会很快下降,但烟叶已经成为不可逆转的褐色。②环境条件。在土壤中有机质含量高或氮肥施用量大,雨水多,光照不足的条件下,烟叶的蛋白质和叶绿素的含量及含水量较高,叶色深绿,在田间往往不能正常成熟。鲜烟叶的多酚氧化酶活性较高。据研究,正常成熟落黄的烟叶在不同变黄条件下的多酚氧化酶活性为 0.187～0.199 mg/(min·g FW),而高肥水条件生长的烟叶在不同变黄条件下多酚氧化酶活性为 0.298～0.409 mg/(min·g FW)(表 4-20)。③烘烤温湿度。一般温度低时,多酚氧化酶活性较低,随着温度的升高,多酚氧化酶活性有升高趋势,当干球温度达到 50 ℃以上时,多酚氧化酶活性会骤然升高,但其活性的升高是建立在烤房相对湿度较大的基础之上的,若在温度升高的同时配合相对湿度的降低,则多酚氧化酶活性会随烘烤时间的延长而逐渐降低。④烟叶的部位。一般随着烟叶部位的升高,多酚氧化酶活性逐渐升高,这与烟叶中含氮量的高低有关。

表 4-20 正常成熟烟叶与高肥水烟叶多酚氧化酶的活性比较(河南农业大学,1983)

鲜烟叶状况	变黄条件	多酚氧化酶活性/(mg/min·g FW)
正常落黄烟叶	正常	0.187
正常落黄烟叶	较低温	0.199
正常落黄烟叶	高温	0.199
高肥水烟叶	高温	0.328
高肥水烟叶	高温	0.409
高肥水烟叶	低温	0.298

综上所述，烟叶变褐总是和多酚氧化酶活性升高相伴发生，而烘烤过程中多酚氧化酶的活性又与烘烤环境、烟叶水分含量等直接相关，这正是烘烤的温湿度条件可以诱导棕色化反应发生的原因所在。一般变黄阶段烟叶的失水和变黄是同步进行的，变黄后烟叶呈凋萎状态。烟叶失水 50%以上升温定色，多酚氧化酶活性逐渐下降。含水量较高的烟叶，只有失水 60%以上时，多酚氧化酶的活性才可能得到控制。

从上述分析还可以看出，鲜烟叶多酚氧化酶活性的高低与烘烤质量关系密切，而烘烤过程中多酚氧化酶活性变化对烤烟质量的影响更大。在相对湿度较高的条件下变黄和定色，烟叶失水超过 50%以前，多酚氧化酶活性必然有一个或高或低的上升高峰。酶活性的升高导致烟叶氧化变棕。但若随着温度的升高，相对湿度逐渐减小，酶活性则会被逐渐抑制和钝化，烟叶的烘烤质量就能得到保证。

3. 棕色化反应的调控

如前所述，棕色化反应是烟叶组织内多酚类物质、多酚氧化酶、氧气等在烟叶尚有一定水分含量的条件下发生的复杂的生物化学变化，多酚氧化酶的活动需要一定的温湿度条件。所以，烘烤过程中阻止多酚氧化酶活性的升高，是防止烟叶发生棕色化反应、提高烟叶质量的根本措施。

在烟叶烘烤的变黄阶段，烟叶组织尚处于生命活动状态，虽然多酚类物质和多酚氧化酶都存在，但其氧化还原反应处于平衡状态。进入定色阶段，随着烟叶组织细胞的生命活动逐渐停止，细胞膜结构被破坏，氧化作用大大加强，此时若烟叶尚含有较多的水分，并且呼吸作用使糖类物质消耗过度，则氧化作用不能被逆转，棕色化反应就很容易发生。所以变黄末期和定色阶段及时升温排湿，是降低和抑制多酚氧化酶活性，防止氧化酶活性再度升高而导致棕色化反应发生的关键。

综合分析烟叶变褐的内在机制和环境条件，定色阶段温度的升高必须与烟叶水分的排出相适应。若升温过高或过快，高温对细胞的伤害将导致烟叶水分被强行排除，生物膜受破坏，细胞汁液外流，提高氧化酶的活性，棕色化反应加速进行，烟叶将成为褐色或深褐色。若升温过迟，则烟叶中养分消耗过多，特别是糖类消耗过度，因供氢不足而使醌类物质的还原受阻，最终使烟叶变为不同程度的褐色。水分的存在决定了定色阶段的升温速度必须与烟叶水分含量相适应。定色阶段，烟叶含水量将由 70%左右逐渐下降至 30%以下。水分的减少限制了酶的活动，使呼吸作用减弱直到停止，生理生化变化相应减弱并终止，最后烤干叶片，将烟叶的颜色和化学成分固定下来。

一般来说，多酚氧化酶在温度 45～50 ℃、相对湿度 60%以上时被活化，在温度 55 ℃、相对湿度 60%以下时受抑制。因此，要避免棕色化反应发生，就要在变黄阶段控制环境温湿度，使烟叶达到适宜的变黄程度，在 45～47 ℃以前失水 50%以上，进入定色阶段后，缓慢升温，加快排湿，直到烟叶呈半卷筒或小卷筒，然后以比较快的速度升温，定色阶段应保持 60%以下的相对湿度，及时钝化和抑制多酚氧化酶的活性，防止烟叶氧化变棕。

二、烤烟烘烤技术

(一) 烟叶烘烤特性的判断

从田间采收的具有一定素质的鲜烟叶能否烤好，即鲜烟叶的质量潜势能否得到充分的显露和发挥，取决于烘烤设备性能和烘烤工艺技术的实施，而烘烤工艺的正确实施首先源于对鲜烟叶素质和特性的正确分析与判断。

1. 烟叶烘烤特性的概念

不同素质烟叶在烘烤过程中对环境温湿度条件的反应有很大差异，表现出烟叶变黄速度和脱水干燥速度有快有慢，变黄和脱水干燥的配合有易有难；有的烟叶从尖边开始渐渐变黄，有的烟叶则局部点块变黄或全叶几乎同时变黄；有的变黄后容易定色，有的则定色困难、容易变褐等。人们将烟叶在农艺过程中获得的和在烘烤过程中表现出的这些特性，统称为烘烤特性。生产中所谓“口松”“口紧”“吃火”“不吃火”等说法，就是对烟叶是否容易脱水干燥、是否容易变黄和定色、对烘烤环境变化是否敏感和是否容易烤坏（如“挂灰”“烤黑”“烤红”）的形象描述。

烟叶烘烤特性是鲜烟素质差异的必然反映，对烟叶烘烤特性的确认是制定烘烤方案和进行烘烤操作的依据。宫长荣等对烟叶烘烤特性进行了科学概括，将烟叶烘烤特性分解为“易烤性”和“耐烤性”两个方面。“易烤性”主要反映烟叶的变黄特性，也反映变黄后定色的难易程度。较易变黄和较易定色的烟叶属于易烤性好，反之为不易烤。“耐烤性”主要指烟叶在定色阶段（包括干筋阶段）对烘烤环境的敏感性或耐受性。凡对定色环境不敏感、不易褐变的烟叶，即属于耐烤性好，否则为不耐烤。烟叶易烤性和耐烤性是烟叶烘烤特性的两个基本方面，二者相互联系而又相互独立。因为正常情况下易烤性好的烟叶往往也较耐烤，不易烤的烟叶往往也不够耐烤。但烟叶的易烤性和耐烤性往往又表现出相对独立性，如有的烟叶易烤但并不耐烤，有的耐烤但并不易烤。

2. 影响烟叶烘烤特性的主要因素

1）遗传因素

同烟草其他生物学性状一样，烟叶的易烤性与耐烤性也明显受制于遗传因子。有的品种好烤，有的品种不好烤，就是遗传基础不同所致。我国过去一度种植的多叶型品种，普遍易变黄、易脱水、不耐烤、难定色。目前生产中推广的少叶型品种，一般变黄都相对较慢，耐烤性普遍提高。

日本藤田将有关材料 F_1 代单倍体加倍品系按易烤性好、差分成两组进行分析，结果表明，易烤品系同不易烤品系相比，生物碱含量明显较低。易变黄品系主要分布在低烟碱区，不易变黄的主要分布在高烟碱区，腰叶与上二棚叶的平均值相差 1.3%左右。因此推断，控制易烤性的基因和控制生物碱含量的基因存在某种连锁关系，也就是说，烟叶易烤性也受遗传因素制约。

另有研究表明，易烤性好的烟叶叶黄素和类胡萝卜素含量较高，易烤性差的叶绿素含量较高，这在不同品种叶绿素分解速度的研究中得到证实。耐烤性好的烟叶，多酚氧化酶活性较低，耐烤性差的多酚氧化酶活性较高。

2）土肥因素

（1）壤质土种植的烟叶，在密度配置合理、氮磷钾配比合理、中微量营养适当、大田规范化管理水平较高、降雨和灌水适当情况下，烟株营养充足、发育良好，能正常落黄成熟，一般具有较疏松的组织结构和适宜的叶片厚度，干物质积累充分，含水量适中，多酚氧化酶活性低，烘烤中易变黄、易脱水，也容易定色。

（2）在沙质土和瘠薄地种植烟叶，或在密度较大、施肥较少的情况下，往往烟株营养不良、发育不全，不能正常落黄成熟，叶片小而薄，结构疏松，烘烤时易变黄、易脱水，但耐烤性差。

（3）土壤黏重地种植烟叶，常常造成前期根系发育受阻，茎叶生长不良，旺盛生长时期滞后；后期晚发迟长，成熟落黄特征不明显；叶片大而薄，含氮化合物过度积累，碳水化合物积累不足，多酚氧化酶活性较高，烘烤时难变黄、易脱水、易变褐，易烤性和耐烤性都不好。

（4）烟田施肥量过多或打顶过早、留叶过少的条件下，株形呈伞状，叶片大而肥厚，叶色深绿，主脉粗重，烘烤时变黄慢且不均匀，脱水较慢，难以定色，烤后颜色深暗、质量差。若烟田土壤有机质含量高、施氮量较多，则烟叶易烤性较差。而且无论水分过多或过少，定色难度都较大。

3）气候因素

气候状况在很大程度上影响烟叶营养、生长发育、化学组成和水分，因此也对烟叶烘烤特性产生显著影响。大体有以下四种情形：

（1）全期多雨寡照。生长季节一直多雨，低温少光，烟株地下营养和空间营养都较差，株形多为“塔形”。下部叶一般开片良好，但干物质少，身份薄，易形成“嫩黄烟”，烘烤时变黄快，变黑也快。上部叶含水较多，内含物不充实，烘烤时变黄较慢，定色较难，既易烤青，也易挂灰。

（2）全期干旱。前期干旱阶段土壤可吸收氮不多，可利用钾减少，下部叶往往营养不良。打顶以后持续干旱，下部叶易变成旱早熟烟，烘烤时下色较快但不耐烤。较高节位烟叶含水较少，偶遇降雨就会返青。尤其后期的严重干旱对烟叶素质影响极大，上部烟叶表皮过厚，结构过紧，含水过少，内在化学成分往往严重失调，烘烤时变黄慢，脱水难，易烤青，易褐变。如果烤中大量增湿，还会加重挂灰。

（3）前期多雨，后期干旱。前期多雨，空气湿度大，烟株地上生长与地下生长不易协调，而地表径流过大、施肥不足的烟田易导致烟株营养不良。这种情况下如遇后期干旱，上部烟叶外表粗糙，内在成分很不协调，很难正常成熟，并容易发生高温日灼现象（烟叶尚未落黄就出现大块焦斑），不仅采收成熟度不好掌握，烘烤环境也很难调适，既难变黄又难定色，烤青、烤褐在所难免。

（4）前期干旱，后期多雨。前期干旱主要影响烟苗成活及烟株生长速度，土壤养分得不到及时利用。然而，采收季节阴雨不断，低温少光，烟株贪青，易出现类似“黑暴”现象。

4）部位

烟叶着生部位不同，其生理特点和小环境就有差异，对烟叶烘烤特性具有很大影响。

下部叶营养条件和受光条件均较差，叶片薄，结构松，干物质少，含水量高(特别是下二棚烟叶含水量很高)。含水量高的烟叶自由水多，生理代谢旺盛，烘烤时变黄快、脱水快。下部叶由于干物质少，变黄后不易定色。

中部叶营养条件和受光条件均较好，厚度适中，含水适宜，干物质积累充分，叶片结构比较疏松，烘烤时变黄与脱水速度易协调，相对耐烘烤，易定色。

上部叶通风透光条件最好，但易遭受高温、强光危害。在空气湿润的条件下，叶片厚实，表现得特别耐烤。但在雨水过多(低温、寡照)或过少(高温、强光)的情况下，其烘烤特性普遍较差，且差异很大，不易把握。

5）采收成熟度

烟叶成熟度不同，其化学组成必然不同，烘烤特性各异。未熟叶和欠熟叶叶绿素含量高，叶内物质水解活动处于弱势，变黄难，脱水慢，不易烤，也不耐烤；过熟叶叶绿素含量低，叶内有机物质水解已经很剧烈，烟叶变黄快，脱水快，易烤性好，耐烤性差，稍有不慎就难以定色；适熟叶衰老程度适中，易烤性和耐烤性都较理想，比较好烤。施氮量高，氮、磷、钾营养失调的上部叶以及晚发烟、旱后返青烟较易变黄、易脱水，但难于定色。

需要强调的是，大田烟株整齐度和烟叶成熟整齐度对烟叶群体烘烤特性具有很大影响。大田烟株整齐度差，将导致不同素质烟叶(如不同品种、不同营养水平、不同部位的烟叶)混装混烤，也包括未熟叶、适熟叶、过熟叶的同炕烘烤，这就不可避免地出现烤青、挂灰、花片等异常叶。

3. 烟叶烘烤特性的判断

1）田间判断

田间判断是建立在品种基础上的一种有目的的评估活动。首先要看品种，任何一个烟草品种都有自己的典型特征和基本特性；其次是看烟田整体长势长相，看该品种长势长相与其典型表现是否吻合，是否符合优质烟要求。打顶前后是判断烟株长相的最好时机，要重点考察整株叶色和上部叶扩展程度，凡是叶色偏深、上部叶较长的，应迟打顶、多留叶，采取措施，通过改善碳素代谢提高烟叶素质和烘烤特性；对于叶色偏淡、上部叶偏短的烟田应早打顶、少留叶，并及时追施少量氮肥(酌情搭配磷、钾等元素)，使烟叶充分发育，改善其烘烤特性。

在烟叶进入成熟期以后，凡是正常落黄的，一般烘烤特性较好，而落黄过快的将意味着易烤和不耐烤；延迟落黄、成熟较慢的，意味着耐烤性好但不易烤；迟迟难以落黄而且点片状先黄的，肯定不易烤也不耐烤，所谓的“黑暴烟”就是典型代表。另外，成熟较慢、适熟期较长的烟叶耐烤性较好；适熟期较短、成熟较快的烟叶易烤性较好。

2）鲜烟诊断

含水量是反映烟叶烘烤特性的重要指标。一般而言，含水量大的烟叶易于变黄，但变黄阶段脱水量不足就会影响定色。含水量少的烟叶，变黄阶段往往因水源不足而难以变黄，但变黄问题解决以后，一般较易定色。讨论烟叶含水量对烟叶烘烤特性的影响时常用“鲜干比值”这一概念。鲜干比值是指鲜烟重量与烤后干烟重量（干烟含水量为15%左右）的比值，它综合反映烟叶水分能够满足内含物调制的需要程度。

不同地区或不同气候条件下，烟叶鲜干比值差异很大。营养和生长发育良好、能够正常成熟的烟叶，鲜干比值多在5.5～8.0，烘烤特性较好。烟叶鲜干比值明显小于5.5时，烘烤时难以变黄，有时还出现挂灰现象；当烟叶鲜干比值在9.0以上时，定色难度增加。对于水分大的烟叶采取“先拿水、后拿色”，对水分小的烟叶采取“先拿色、后拿水”，是烘烤这两类烟叶的有效措施。

事实上，根据鲜烟叶质地判断烘烤特性有较强的实际应用价值，因为鲜烟叶质地是烟叶水分、叶片结构，甚至烟叶化学组成的综合反映。凡是田间表现为质地柔软、弹性好、不易破碎的鲜烟叶，都比较易烘烤，烤后质量较好；而叶质硬脆、弹性差、易破碎的烟叶都较难烘烤，烤后质量也较差。

（二）烤烟三段式烘烤工艺

工艺是指将某种原材料或半成品加工为产品的程序、方法、条件和技巧。烟叶烘烤工艺一般指在烘烤过程中对烟叶变化进程、温度、湿度及时间的控制指标和技术措施。

烤烟三段式烘烤工艺是20世纪90年代我国烤烟烘烤技术的一项重大创新成果，它是在总结我国传统烘烤工艺的基础上，吸取国外烟叶烘烤工艺技术精华，经过严格的科学研究和生产示范所形成的一种先进可靠、简明实用的烟叶烘烤新工艺。

1.烤烟三段式烘烤工艺的介绍

20世纪80年代中后期以来，随着我国烟草生产由传统的产量效益型向现代质量效益型转变，“三化”生产逐渐完善，烟叶素质也不断提高，传统烘烤技术无法适应生产要求，迫使我国烟叶烘烤工艺必须与国际先进水平接轨。中国烟叶生产购销公司组织河南农业大学等对烤烟烘烤理论进行了深入系统的研究，集我国传统烘烤工艺精华和国外先进烘烤技术内核于一体，提出并确立了适于我国烟叶特点和烟区自然经济状况的烤烟三段式烘烤工艺。烤烟三段式烘烤工艺以“三阶梯烘烤工艺”模式为基础，将烟叶烘烤过程分为变黄阶段、定色阶段和干筋阶段，称为三段，每个阶段的干球温度分升温控制和稳温控制两步，每步都有简单明确的技术指标要求或技术操作建议。

1）变黄阶段

（1）目标要求：烟叶基本变黄（仅余叶基部微青，主脉青白色），主脉尖部1/3变软（全叶失水30%～40%）。

（2）操作过程和指标：装炕前打开天窗和地洞，装好后关闭，酌情确定点火时间（如自然炕温达到32 ℃则可12 h不点火）。点火后稳烧小火，以每2 h左右升温1 ℃

的速度将干球温度升到 35～38 ℃，保持干湿球温度差在 1～2.5 ℃左右，使烟叶变黄 7～8 成，叶片发软，然后升温到 40～42 ℃，维持湿球温度在 36～37 ℃，直到烟叶变化达到目标要求。

(3) 技术要领：稳定干球温度，调整湿球温度，控制烧火大小，适当拉长时间，确保烟叶变黄变软。

(4) 注意事项：对于水分大、不耐烘烤的烟叶，变黄阶段要敢于排湿(一般适度开启地洞排湿)，避免出现硬变黄，确保外观质量；对于素质好、耐烘烤的烟叶，要敢于提高烟叶变黄程度，使烟叶形成更多的香气基础物质，以提高内在品质。

(5) 经常遇到的问题：一是变黄和干燥不协调，或者变黄慢而失水快；或者变黄快而失水过少，形成硬变黄。二是同层烟叶变黄不均衡。三是在烘烤水分特别少的烟叶时，若湿球温度偏低，在 40 ℃以下可以对烤房采取补湿措施。

2) 定色阶段

(1) 目标要求：叶片全干，呈大卷筒。

(2) 操作过程和指标：转入定色阶段后，首先以平均 2～3 h 升温 1 ℃的速度提升干球温度到 46～48 ℃，保持湿球温度在 37～38 ℃，使烟叶烟筋变黄，达到黄片黄筋、叶片半干。然后以 2 h 左右升温 1 ℃的速度提温到 54 ℃左右，保持湿球温度在 37～39 ℃(最高不超过 40 ℃)，达到叶片全干、呈大卷筒。

(3) 技术要领：逐渐加大烧火，逐步加强排湿，稳定湿球温度，升高干球温度。

(4) 经常遇到的问题和注意事项：第一，烧火要稳中加大，不能出现猛升温或大幅度降温，以免出现挂灰、蒸片、含青等烤坏烟现象。第二，根据烟叶变黄速度确定升温速度。变黄快的烟叶要快升温、快排湿、快定色；变黄慢的烟叶要慢升温、慢排湿、慢定色。第三，下部叶在 45～46 ℃以前达到烟筋变黄，中部叶在 45～47 ℃达到烟筋变黄，上部叶在 47～49 ℃达到烟筋变黄。第四，根据鲜叶素质确定湿球温度。一般湿球温度保持在 38～39 ℃，素质好的烟叶湿球温度保持在 39 ℃左右，素质差的烟叶保持在 37～38 ℃。第五，为了防止上部叶出现杂色，要在 48～49 ℃保持一定时间，使烟叶排出大量水分。在 54 ℃左右拉长时间，促进烟叶形成更多的致香物质。第六，烤房内同层次烟叶干燥不均衡，主要是通风不均衡所致，要协调通风，还可以及时调整烟竿之间距离。

3) 干筋阶段

(1) 目标要求：烟筋全干。

(2) 操作过程和指标：持续稳烧大火，将干球温度以 1 h 升温 1 ℃的速度升到 65～68 ℃并稳住，湿球温度相应升到 42 ℃左右。在烤房中部仅个别烟叶主脉有 3～5 cm未干时即可以停止烧火，当温度下降 5 ℃左右后关闭地洞、天窗，完成烘烤过程。

(3) 技术要领：控制干球温度，限制湿球温度，及时减少通风，适时停止烧火。

(4) 经常遇到的问题和注意事项：第一，湿球温度达不到要求会使烟叶颜色减淡，所以，只要湿球温度不超过 43 ℃，都可以关闭地洞、天窗。但若湿球温度超过 43 ℃，烟叶将会出现烤红。第二，烤房内同层次烟叶干筋表现不均衡，这主要是通风不均衡所致，要协调通风，还可以及时调整烟竿之间的距离。第三，烤房不得出现降温，否则会造成洇筋洇片。

2. 三段式烘烤工艺的应用

1）三段式烘烤工艺的基本特点和实质

（1）技术简化，指标量化明确，操作性强。我国传统的烟叶烘烤工艺，控温曲线为平滑曲线，人们对实践中怎样优化烘烤程序产生了许多不同的理解，可操作性差。三段式烘烤工艺将每个烘烤阶段分为升温和稳温两段，每段都规定了相应的升温速度、稳温水平和烟叶变化的明确要求，使复杂的烘烤工艺大为简化，便于操作，能够保证烟叶烘烤质量。

（2）通过对烘烤温度、湿度、时间的调控，实现对烟叶水分动态和物质转化的协调，达到最终将烟叶烤黄、烤干、烤香、烤鲜的统一，这是烟叶烘烤的根本目的，也是三段式烘烤的技术核心和本质。三段式烘烤技术强调烟叶低温变黄，叶内有机物充分转化，形成更多的香气前体物，在 54 ℃拉长时间，促进烟叶形成更多致香物质，在相对较低的温度下实现干筋。这些技术不仅有利于提高烟叶外观质量，而且对于提高烟叶内在品质是必需的。

（3）适用范围广泛。三段式烘烤工艺融我国各种传统烘烤工艺的精华和国外简化烘烤工艺的内核为一体，包括变黄温度、湿度和变黄程度要求，定色升温速度，烟筋变黄温度等，都有对各种不同素质烟叶相应的调整原则，由此可以适应各种不同生长环境、不同品种、不同栽培措施、不同着生部位的烟叶的烘烤要求。

2）三段式烘烤工艺的技术原则

用三段式烘烤工艺指导不同生态区、不同年份、各种类型的烟叶烘烤，不仅要掌握三段式烘烤的技术本质和核心，而且要掌握它的技术原则，包括工艺原则、操作原则两个方面。

（1）工艺原则。三段式烘烤工艺原则的基本内容和要求，是看鲜烟素质制定相应的烘烤方案；看烟叶在烘烤中变化的发展，确定适宜的干球温度和湿球温度。在实际烘烤过程中，对烟叶变黄和变干的协调要求要严，具体温、湿度调控指标要灵活。

看鲜烟素质制定相应的烘烤方案，要在认真分析鲜烟叶质量特点和烘烤特性的基础上，严格制定烘烤技术方案，针对每一个特定阶段确定相对稳定的技术指标，如完成变黄的温度、定色阶段的升温速度、适宜的湿球温度等。根据鲜烟素质确定烘烤方案是烤烟调制的技术基础，也是烘烤操作的首要任务。但是，在烘烤工艺的实施过程中，还要视烟叶变化进程的发展灵活把握，这实际上是对烟叶烘烤特性的再认识和三段式烘烤技术在实践中的再提高过程。

看烟叶在烘烤过程中的变化确定适宜的干球温度和湿球温度，是因为我们根据鲜烟叶状况确定的烘烤技术方案还带有试探和预测性质，实施中力求工艺条件与烘烤中烟叶的具体表现相吻合，如果与烟叶的具体表现不完全吻合，还必须遵照烟叶具体的变黄、干燥等表现，及时调整工艺条件，满足烟叶继续变化的需要。看烟叶变化的发展，一是看变黄程度，二是看干燥程度，关键是看变黄与干燥的协调程度，工艺条件必须确保烟叶变黄与干燥的协调。为此,一方面需要灵活运用干球温度、湿球温度、通风大小等工艺条件促使烟叶尽快达到这个标准;另一方面是灵活掌握该工艺条件所维持的时间,并在烟叶变化达到要求时,及时转入下一工艺阶段。

(2) 操作原则。操作原则实际上是工艺原则的延伸和具体运用,它的基本内容和要求是看干球温度的高低决定烧火的大小,看湿球温度的高低决定天窗、地洞的开关程度;确保干球温度适宜要严,烧火大小要灵活,确保湿球温度适宜与稳定要严,天窗、地洞的开关及大小要灵活。

看干球温度的高低决定烧火的大小,即烧火大小以确保干球温度适宜为主要目标。某一个特定时期的适宜干球温度是由烟叶的烘烤特性和变化程度所决定的,烤房内的温度主要是由烧火大小所决定的,二者的差值决定烧火大小的调节量。当烤房干球温度高于适宜值时,应采取措施调小火力,减少烤房供热量;当烤房干球温度低于适宜值时,应采取措施适当加大火力。烘烤操作的主要任务是以当时烟叶适宜的和烤房实测的干球温度为基础,调整火力大小,确保干球温度在适宜的范围内。确保干球温度适宜要严,严格按照三段式烘烤技术要求,并适应烟叶的烘烤特性、调制进程(阶段)和变黄干燥程度。在明确适宜的干球温度之后,要确保干球温度真正处在适宜范围内,不过高或过低,烧火大小就一定要灵活;还要看烤房条件、天气变化、通风多少、烘料状况等具体情况,灵活掌握火力大小。只有烧火大小适当且灵活,才能确保干球温度适宜。

看湿球温度的高低决定天窗、地洞的开关程度,就是说天窗、地洞的开关程度直接影响湿球温度的高低,因此,在烘烤操作中天窗和地洞的开与关、开关程度的大和小,应以确保湿球温度适宜和相对稳定为主要目标。在三段式烘烤工艺中,明确了烟叶变黄、定色、干筋等不同阶段的湿球温度适宜范围,并根据鲜烟质量、烘烤进程和烟叶变化程度,将湿球温度确定到某一个具体的点(值)。烘烤的排湿操作应以当时烤房的湿球温度和适宜湿球温度指标为基础,调整天窗、地洞的开、关和开度大小,确保湿球温度达到适宜的指标值,并稳定地保持在这个值上,上下波动在0.5 ℃范围之内,既不可偏高或偏低,也不可忽高忽低。为严格保持湿球温度的适宜与稳定,天窗、地洞的开关及大小要灵活,该大则大,该小则小,该开则开,该关则关,灵活掌握。排湿操作(天窗、地洞的开关与大小)还要与烧火相互配合,开始排湿或加大排湿前要先加大烧火,减小排湿前要先控制烧火,防止由排湿量的变化引起烤房干球和湿球温度的剧烈波动。

3) 三段式烘烤工艺应用的灵活性

由于烘烤对象即具体烟叶素质的多样性,以及烤房设备性能的差异,在三段式烘烤工艺的应用过程中进行变通是必要的。主要包括以下方面的技术调整。

(1) 主要变黄温度。变黄阶段的温度控制一般以 38 ℃为基准,但往往要根据具体情况适当调高或调低。

首先,对于易烤性好、耐烤性差或易烤性差、耐烤性也差的烟叶,应适当调高主要变黄温度,防止变黄以后发生褐变。在具体的调整方法上,如果只需进行较小的调整,可将干球稳温点置于 38～40 ℃；如果需要进行较大的调整，可以分段进行——缩短 38 ℃“顿火”时间，并于 40 ℃、42 ℃分别“顿火”。除烟叶素质原因以外，装烟不当有时也需要适当调高变黄温度，比如，装烟过稠或炕内垂直温差过大时，适当调高温度有助于促使上方烟叶发生凋萎并正常变黄。有时烟叶垂直方向分布不合理，上方烟叶容易发生青贮效应，也需适当调高温度予以矫正。

其次，对于十分耐烤的烟叶、水分过少的烟叶或底棚较低的烤房，一般需要适当调低主要变黄温度。调低的做法，通常是增设 34 ℃和 36 ℃“顿火点”，等烟叶变黄与失水协调以后，将干球温度升到 38 ℃，再按常规方法烘烤。

(2) 变黄阶段湿球温度。变黄阶段湿球温度控制通常以干湿球温度差 2 ℃为基准。鲜叶素质高或烟叶水分偏低时，可将干湿球温度差缩小到 1 ℃左右，以保湿变黄，拉长变黄时间。对于鲜叶素质较差或含水率偏高的烟叶，干湿球温度差可以扩大到 3～4 ℃甚至更大，以加快烟叶脱水。调整干湿球温度差时要克服两种倾向：一是重视提升干球温度而忽视降低湿球温度的排湿效果，甚至滥用“高温快速排湿法”，寄希望于大幅提高干球温度来强迫烟叶尽快脱水，往往使烟叶发生不必要损伤；二是过于重视扩大干湿球温度差的排湿作用，忽视时间对排湿的影响，表现在过早打开天窗和地洞，寄希望于在较低温度下就使烟叶脱水凋萎，往往使烟叶出现烤青现象。

(3) 烟叶转火的标准。转火时的烟叶变黄程度，也可理解为变黄末期的变黄标准，因为其指标多变，难以“标准”相称。一般而言，鲜叶素质高的烟叶，变黄阶段末应该高度变黄，可以立即定色而不烤青；对于鲜叶素质差、不好烘烤的那些烟叶，应该允许叶基、叶脉外表带有少量青色，但这些外青必须在 43 ℃以前得到解决。

(4) 叶脉变黄温度。叶脉变黄不仅指叶脉外表变黄，还指内部深层次变黄。一般下部叶叶脉要在 45 ℃左右完全变黄，中部叶叶脉应在 45～47 ℃以前完全变黄，上部叶叶脉在 47～49 ℃以前完全变黄。

(5) 定色阶段的升温速度。定色阶段的升温速度总体上是前慢后快，有慢有快。具体说来，好叶升温速度宜慢，孬叶升温速度宜快；成熟慢的烟叶升温速度宜慢，成熟快的烟叶升温速度宜快。快时可以 1 h 上升 1 ℃，慢时可以 4～5 h 上升 1 ℃。

(6) 定色阶段的湿球温度。定色阶段湿球温度控制一般分段掌握。在干球温度处于 38～42 ℃时，仍以干湿球温度差的大小掌握湿球温度高低；当干球温度处于 42～50 ℃时，湿球温度一般稳定在 37～39 ℃；干球温度超过 50 ℃以后，湿球温度宜控制在 40 ℃左右。在前述范围内，素质好的烟叶湿球温度宜高，素质差的烟叶湿球温度宜低。

4) 三段式烘烤技术的关键控制点

(1) 干球温度 38 ℃左右：烟叶变黄 7～8 成，叶片发软。

(2) 干球温度 41～42 ℃：烟叶基本全黄，充分凋萎塌架，主脉发软。

(3) 干球温度 46～48 ℃：烟筋变黄，烟叶达到黄片黄筋、小卷筒。

(4) 干球温度 54 ℃：烟叶呈大卷筒。

(5) 定色和干筋过程：湿球温度始终控制在 43 ℃以下。

（三）密集烤房烘烤工艺优化

湖北省烟叶生产中大多简单套用三段式烘烤工艺，造成烤后烟叶的颜色偏淡、油分偏少、组织僵硬等，影响了烟叶的品质，同时带来能耗偏高等问题。为了提高湖北省密集烤房烟叶烘烤质量，解决密集烤房烤后烟叶颜色偏淡、油分偏少、组织僵硬、香气不足等问题，湖北省烟草科学研究院在 2009 年—2011 年对密集烘烤工艺展开研究，确定了优化密集烘烤工艺参数，制定了优化密集烘烤工艺技术规范，可有效降低烘烤损失及烘烤成本。主要研究结果如下。

烟叶烤房外预变黄处理能减少烟叶水分，减小烘烤过程中排湿量，促进烟叶变黄，增加烤后橘黄烟比例，提高烟叶均价。干烟煤耗电耗总体表现为：随着预变黄凋萎时间的延长，能耗降低。烤后烟叶化学成分协调性以预变黄凋萎 24 h 处理最好。综合能耗、经济性状和化学成分考虑，预变黄凋萎 24 h 效果最好。

定色前期，在干球温度 42 ℃时，下部叶湿球温度在 36 ℃，中、上部叶湿球温度在 37 ℃为宜；稳温时间在 16 h 左右为宜。定色后期，在干球温度 54 ℃时，下部叶和中部叶湿球温度在 38 ℃，中、上部叶湿球温度在 39 ℃为宜；下部叶和中部叶稳温时间在 8～12 h，上部叶稳温时间在 12～16 h 为宜。

通过对定色阶段不同升温处理的烤后烟叶的外观质量、主要化学成分、评吸质量及香气物质含量的比较可以得出，对于中部叶，在定色阶段升温速度为 1 ℃/1.5 h 时烟叶综合效果最好；对于上部叶，在定色阶段升温速度为 1 ℃/1.5 h 时外观质量、香气物质总量和评吸质量均最高，但在升温速度为 1 ℃/2 h 时主要化学成分最协调。因此，对于上部叶，升温速度在 1 ℃/1.5 h～1 ℃/2 h 均是可以的，但无论中部叶还是上部叶，升温速度为 1 ℃/1 h 时外观质量均较差。

不同风机转速试验表明：在变黄期，风机转速以 960 转/分为宜，在定色期，风机转速以 1450 转/分为宜，在干筋期，风机转速以 720～960 转/分为宜。

烟叶喷雾回潮技术是可行的，烤房在 50 ℃时进行回潮表现最好，加水量在 130 公斤左右为宜，整个喷雾过程一直进行到装烟室内温度降为 35 ℃左右，约 2 小时，此时停止风机，整个回潮时间约 8 个小时。

密集烤房装烟密度以中等密度为好，即每座标准烤房装烟竿数保持在 440 竿左右，装烟量为 3000 kg 左右，烤后烟叶经济性状、化学成分、感官质量较好，能耗较低。装烟密度过高和过低不仅增加烤烟能耗，对烟叶品质也有不利影响。

1. 关键温度点不同湿度对烘烤质量的影响

通过对关键温度点不同湿度处理的烟叶的外观质量、主要化学成分、评吸质量及香气物质含量的比较可以得出，中部叶和上部叶在烘烤过程中的温湿度配合需要调整，中部和上部叶烘烤时最佳的干湿球温度搭配为干球温度 42 ℃、湿球温度 37 ℃，干球温度 54 ℃、湿球温度 39 ℃，而下部叶按照当地常规工艺烘烤效果最好。

1）试验处理

T1：干球温度 42 ℃、湿球温度 37 ℃，干球温度 54 ℃、湿球温度 38 ℃。

T2：干球温度 42 ℃、湿球温度 37 ℃，干球温度 54 ℃、湿球温度 39 ℃。

T3：干球温度 42 ℃、湿球温度 38 ℃，干球温度 54 ℃、湿球温度 38 ℃。

T4：干球温度 42 ℃、湿球温度 38 ℃，干球温度 54 ℃、湿球温度 39 ℃。

T5：以当地常规烘烤工艺作为对照。

2）外观质量

以颜色、成熟度、结构、身份、油分、色度等 6 项指标作为烤烟外观质量评价指标，各指标权重依次为 0.30、0.25、0.15、0.12、0.10、0.08。以国家标准《烤烟》(GB 2635—1992)为基础，建立了烟叶外观质量各指标的量化打分标准(见表 4-21)，采用指数和法评价烤烟外观质量状况。

表 4-21 关键温度点湿度处理试验烟叶外观质量结果

处理		颜色	成熟度	结构	身份	油分	色度	指数和
下部叶	T1	7	7	8	6	6	5	67.7
	T2	7	8	8	6	6	5.5	70.6
	T3	7.5	8.5	8.5	7	6.5	5	75.4
	T4	7	8	8.5	7	7	6	73.95
	T5	8	8.5	9	7	8	8	81.55
中部叶	T1	7.5	8	8.5	7.5	5	6	74.05
	T2	8.5	8.5	8.5	8.5	8	8	84.1
	T3	8	8.5	9	8	7	7	80.95
	T4	7.5	8.5	9	7.5	6.5	6.5	77.95
	T5	7.5	8.5	9	8	6.5	7	78.95
上部叶	T1	8	8	8	8	7	7.5	78.6
	T2	8	8	8.5	8.5	8	8	81.35
	T3	8	8	8	8	7	7	78.2
	T4	8	8.5	9	8	7	7	80.95
	T5	7	8	8	8.5	5	4	71.4

烟叶的外观质量是内在质量的外部反映，在一定程度上反映了烟叶调制后品质的优劣。由表 4-21 可以看出，中部叶颜色以 T2 和 T3 处理分数较高；成熟度以 T1 最差，其他各处理之间没有差异；身份以 T1 和 T4 最差，其他处理均较好；油分和色度以 T2 处理最好。根据各指标的权重算出各处理外观质量指数总分，从大到小为 T2＞T3＞T5＞T4＞T1。综合来看，T2 各单项指标没有明显缺陷，指数和最高，外观质量最好。

上部叶颜色、身份、油分和色度分值均以 T2 为最高，各处理烟叶外观质量指数和从大到小为 T2＞T4＞T1＞T3＞T5，可见各处理分值均大于对照，T2 处理烤后烟叶外观质量最好。

下部叶颜色、成熟度、结构、身份、油分和色度均以 T5 为最高，各处理烟叶外观质量指数和从大到小为 T5＞T3＞T4＞T2＞T1，可见常规烘烤烤后烟叶外观质量最好。

3）化学成分

从表 4-22 可知，中部叶 T2 还原糖含量最高，总糖含量也较高，说明 T2 的湿度设置较适宜烟叶中淀粉转化为糖类。一般认为，烟叶中两糖含量较高时烟叶品质较好。T1 烟碱、总氮含量均为最高，T2 则适中，说明在干球温度 54 ℃时，湿球温度 39 ℃较 38 ℃更适宜含氮化合物的降解。此外，T2 钾含量较高，氯含量较低，能增强烟叶的阴燃持火力。综合比较认为，T2 各项指标均较协调，而其他处理均不如 T2。

表 4-22　关键温度点湿度处理间化学成分差异

处理		还原糖含量/(%)	总糖含量/(%)	蛋白质含量/(%)	总氮含量/(%)	烟碱含量/(%)	钾含量/(%)	氯含量/(%)	糖碱比	碱氮比
中部叶	T1	20.1	32.7	8.98	1.82	2.23	1.96	0.26	14.68	1.22
	T2	27.5	33.3	8.75	1.73	1.93	2.09	0.25	17.26	1.11
	T3	24.4	34.3	7.62	1.42	1.17	2.19	0.33	29.36	0.82
	T4	17.4	31.9	8.23	1.58	1.52	1.89	0.26	20.93	0.96
	T5	16.3	32.5	8.65	1.7	1.83	2.09	0.24	17.78	1.08
上部叶	T1	16.4	30.5	10.16	2.15	3.04	1.62	0.28	10.05	1.41
	T2	20.5	31.6	10.18	2.14	2.96	2.15	0.3	10.69	1.38
	T3	19.5	33.2	8.6	1.93	3.19	1.53	0.37	10.41	1.65
	T4	20.2	33.3	7.7	1.57	1.95	1.59	0.27	17.07	1.24
	T5	16.8	33.4	8.4	1.71	2.09	1.94	0.25	16	1.22

上部叶总糖含量以 T5 为最高，还原糖、蛋白质、钾含量均以 T2 为最高，总氮含量以 T1 为最高。一般认为烟叶中糖碱比在 10 左右、碱氮比在 1 左右为宜。T2 的糖碱比、碱氮比均适中，且钾含量最高，氯含量较低。综合比较认为，上部叶各项指标以 T2 较为协调。

4）评吸质量

云南省烟草农业科学研究院分别以香韵、香气量、香气质、浓度、刺激性、劲头、杂气、口感等 8 项指标作为烤烟评吸质量评价指标，各指标权重依次为 10、15、15、10、15、5、10、20，建立了烟叶外观质量各指标的量化打分标准。

从图 4-3 可知，中部叶和上部叶评吸质量均以 T2 分数最高，且中部叶 T2 处理香韵较好，香气充足、丰满、浓度较高，杂气较轻，而其他处理均具有香韵较差、烟气浑浊、口鼻刺激明显、杂气略重等缺点。经综合比较，T2 评吸质量最好，这也与前面的外观质量评价和主要化学成分比较结果相一致。

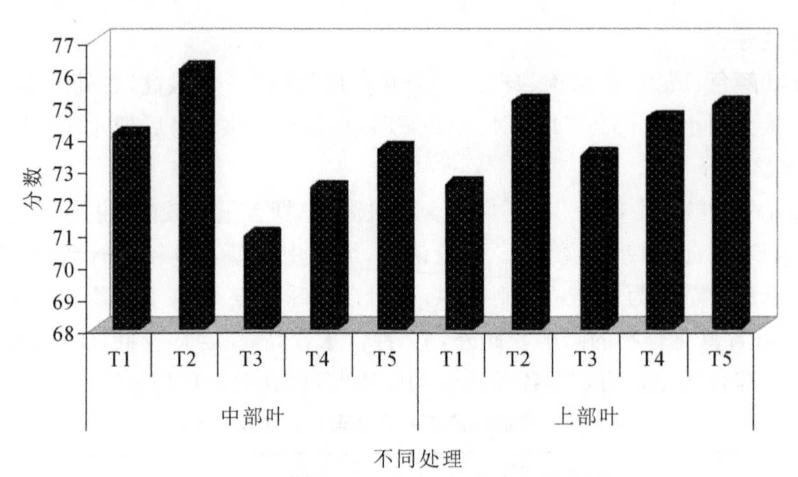

图 4-3 关键温度点不同湿度处理评吸质量比较

5）不同处理间香气物质含量比较

烟叶中的中性致香物质种类最多，组成也十分复杂。按烟叶香气前体物进行分类，可分为类胡萝卜素类、类西柏烷类、苯丙氨酸类、棕色化产物类、新植二烯 5 类。通过对各处理烤后烟叶的致香物质成分的 GC/MS 测定分析，共检测出 75 种中性致香物质。

类胡萝卜素类致香物质是构成烟叶香气的重要组分，其中巨豆三烯酮、β-大马酮和二氢猕猴桃内酯等所形成的香气质好、刺激性较小，香气阈值较低，对烟气的香气贡献率大，是影响烟叶香气质和香气量的重要组分。

从图 4-4 可知，关键温度点不同湿度处理对类胡萝卜素类香气物质含量的影响区别很大，中部叶以 T2 处理含量最高，上部叶以 T1 处理含量最高。结果表明，中部叶在干球温度 42 ℃、湿球温度 37 ℃，干球温度 54 ℃、湿球温度 39 ℃；上部叶在干球温度 42 ℃、湿球温度 37 ℃，干球温度 54 ℃、湿球温度 38 ℃的烤房环境条件下更适宜类胡萝卜素类降解产物的生成和积累。

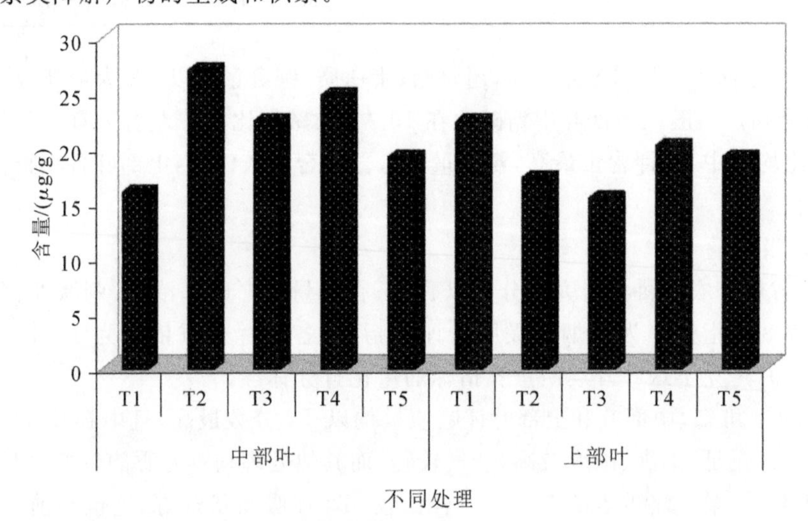

图 4-4 关键温度点不同湿度处理类胡萝卜素类香气物质含量比较

新植二烯是烤烟中性致香物质中含量最高的成分，由叶绿素降解产生的叶绿醇经脱水形成，本身具有清香或青果香，可进一步分解转化为具有清香的植物呋喃，这对提高烤烟的香气能产生积极影响。

对中部叶的研究结果(图 4-5)表明，关键温度点不同湿度处理对新植二烯及其他香气物质含量的影响区别很大，各处理间以 T2 的新植二烯含量最高，达到 637.05 μg/g，而其他处理均不超过 600 μg/g。说明在干球温度为 42 ℃时，适宜保持相对较低的湿球温度；在干球温度为 54 ℃时，适宜保持相对较高的湿球温度，这样能明显促进叶绿素降解生成新植二烯。对其他香气物质含量的研究也表明，T2 处理能提高其他香气前体物质的分解和转化，形成更多的有益于烟叶品质的香气物质。

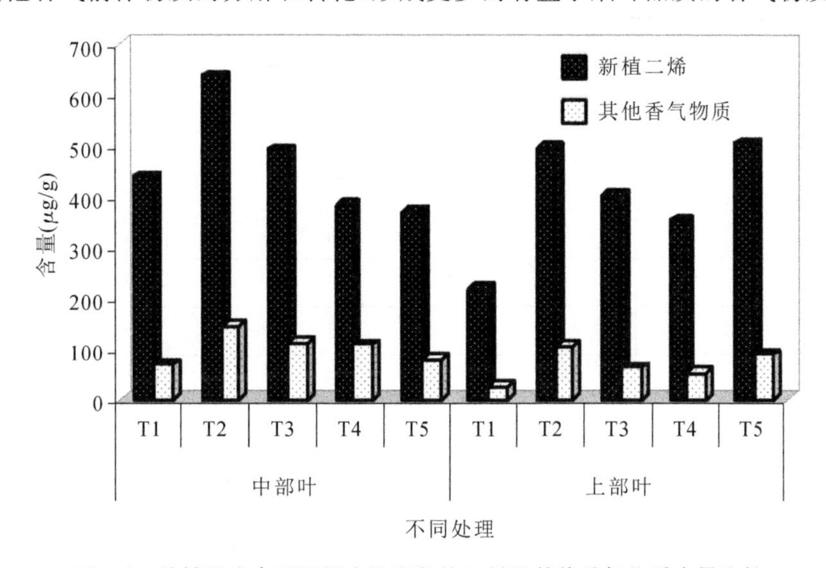

图 4-5　关键温度点不同湿度处理新植二烯及其他香气物质含量比较

对上部叶的研究可知，新植二烯的含量以 T2 和 T5 处理较高，其他香气物质含量以 T2 处理最高。结果表明，关键温度点不同湿度处理对中部叶和上部叶香气物质含量均有较大的影响，上部叶 T5 处理的新植二烯及其他香气物质含量也较高，可能是当地的上部叶烘烤习惯与 T2 处理相类似的原因。

2. 关键温度点顿火时间试验

通过对关键温度点不同顿火时间处理间烟叶的外观质量、主要化学成分、评吸质量及香气物质含量的比较，可以得出以下结论：对于中部叶，在干球温度 42 ℃时顿火 16 h，54 ℃时顿火 8 h 条件下的烟叶综合效果最好；对于上部叶，在干球温度 42 ℃时顿火 16 h，54 ℃时顿火 8 h 条件下也有较好的烘烤效果，但上部叶在干球温度 42 ℃时顿火 12 h 条件下的烘烤效果较差。对于上部叶的烘烤，需要在干球温度 42 ℃时拉长变黄时间，而在 54 ℃时不需要特别长的顿火时间。

1）试验处理

T1：干球温度 42 ℃时顿火 12 h，54 ℃时顿火 8 h。

T2：干球温度 42 ℃时顿火 12 h，54 ℃时顿火 12 h。

T3：干球温度 42 ℃时顿火 16 h，54 ℃时顿火 8 h。

T4：干球温度 42 ℃时顿火 16 h，54 ℃时顿火 12 h。

T5：以当地常规烘烤工艺作为对照。

2）外观质量

由表 4-23 可以看出，各处理间中部叶颜色、成熟度、结构、油分等指标间没有差异；身份和色度分数以 T3 处理最高，指数和最大，根据各指标的权重算出各处理外观质量指数总分，从大到小分别为 T3＞T2＝T5＝T1＞T4。综合比较可知，T3 处理烟叶外观质量最佳。

表 4-23 关键温度点顿火时间试验烟叶外观质量结果

处理		颜色	成熟度	结构	身份	油分	色度	指数和
中部叶	T1	8	8.5	8.5	6.5	5	5	74.8
	T2	8	8.5	8.5	6.5	5	5	74.8
	T3	8	8.5	8.5	7	5	5.5	75.8
	T4	8	8.5	8.5	6.5	5	4.5	74.4
	T5	8	8.5	8.5	6.5	5	5	74.8
上部叶	T1	7	7	8	5.5	5	4.5	65.7
	T2	7	7.5	8.5	5.5	5	4.5	67.7
	T3	7.5	7.5	8.5	7	5	5	71.4
	T4	7.5	7.5	8.5	7	5	5	71.4
	T5	7	7.5	8.5	7	5	4.5	69.5

上部叶 T3 和 T4 处理颜色最好；成熟度和结构 T1 处理最差，其他处理之间无差异；T3、T4 和 T5 处理的身份较好，T1 和 T2 处理较差；各处理间油分分数无差异；色度以 T3 和 T4 处理最好。最终 T3 和 T4 处理的指数和最大，烤后烟叶外观质量最佳。

3）化学成分

不同处理烤后烟叶的化学成分见表 4-24，可知不同顿火时间条件下烟叶主要化学成分含量有很大不同。中部叶还原糖、总糖含量均以 T3 处理较高，表明 T3 处理烤房内流场环境可能更容易使淀粉得到降解，增加烟叶中总糖、还原糖含量，提高糖碱比，化学成分更加协调；且 T3 处理蛋白质含量最低，能减少烟叶的刺激性。T4 处理蛋白质、烟碱、总氮含量均最高，表明 T4 处理烤房内流场环境可能不适宜含氮化合物的代谢。钾含量方面除 T2 处理明显低于对照外，其他处理与对照差异不大。氯含量各处理间差别均不大，T4 处理最高，T2 处理最低。综合比较认为，中部叶各项指标以 T2 处理较为协调，中部叶烘烤最佳的顿火时间为干球温度 42 ℃时顿火 12 h，54 ℃时顿火 12 h。

上部叶总糖含量以 T3 和 T4 处理最高，总氮、烟碱含量以对照（即 T5 处理）最高，蛋白质含量以T4处理最高，氯含量同中部叶相一致，均差异不大。综合比较认为，上部叶各项指标以T3和T4处理较为协调，即上部叶烘烤最佳的顿火时间为干球温度42 ℃时顿火16 h，54 ℃时顿火8～12 h。

表4-24 关键温度点不同处理间主要化学成分差异

处理		烟碱含量/(%)	总糖含量/(%)	氯含量/(%)	总氮含量/(%)	还原糖含量/(%)	钾含量/(%)	蛋白质含量/(%)	糖碱比	碱氮比	施木克值
中部叶	T1	1.99	20.3	0.29	1.95	17.6	3.33	10.02	10.18	1.02	2.03
	T2	1.9	25.1	0.27	1.81	20.7	2.77	9.28	13.26	1.05	2.71
	T3	2.15	25.0	0.30	1.83	22.4	3.12	9.13	11.61	1.17	2.74
	T4	2.19	16.3	0.32	2.13	13.2	4.06	10.95	7.44	1.03	1.49
	T5	2.06	20.9	0.28	2.01	17.7	3.22	10.34	10.14	1.03	2.02
上部叶	T1	2.68	25.7	0.27	2.00	21.3	2.39	9.58	9.59	1.34	2.68
	T2	2.94	25.1	0.26	2.01	19.0	2.42	9.34	8.53	1.47	2.69
	T3	2.88	25.9	0.29	1.99	18.2	2.75	9.34	9.02	1.44	2.78
	T4	2.56	25.9	0.27	2.01	18.2	2.54	9.78	10.1	1.28	2.65
	T5	2.96	25.2	0.29	2.03	19.7	2.57	9.48	8.54	1.46	2.66

4）评吸质量

由图4-6可知，不同叶位各处理间评吸质量有很大差异，中部叶以T3处理分数最高，对T3处理的品质描述为香气较甜润、饱满，舒适性较好，余味较干净舒适，香韵较好；T1、T2、T5处理则香气欠厚实，稍有残留，劲头适中，稍粗，透发稍差，香韵较差；T4处理分数最低，不但香气不足，还有枯焦气、木质气等杂气，烟气浑浊，对鼻腔、喉部稍有刺激。

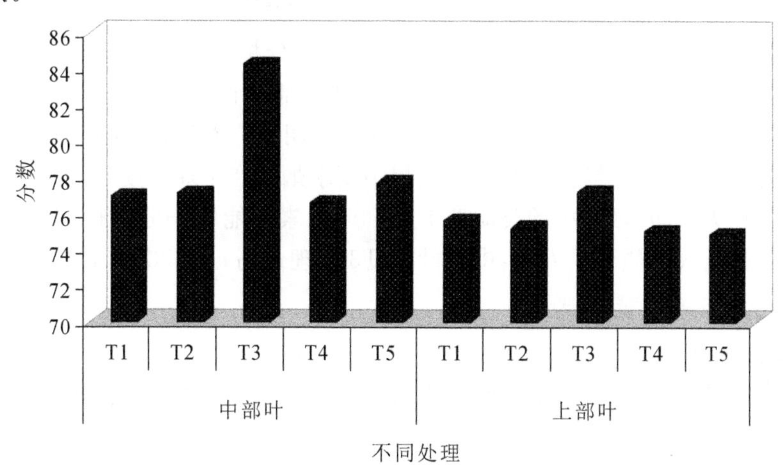

图4-6 关键温度点不同处理间评吸质量比较

上部叶评吸质量结果同为 T3 处理分数最高，对其品质描述为香气较细腻，甜韵和清晰略欠，略有木质气，余味尚干净舒适。而其他处理均有劲头大、刺激稍大、枯焦气略重，略有残留等缺点。

5）香气物质

从图 4-7 可知，关键温度点不同顿火时间处理对类胡萝卜素类香气物质含量的影响区别很大，中部叶和上部叶类胡萝卜素类香气物质含量均以 T3 处理最高，分别为 49.36 μg/g和 42.13 μg/g。尤其是巨豆三烯酮、β-大马酮和二氢猕猴桃内酯等对烟叶香气质和香气量有重要影响的组分均以 T3 处理含量最高。而上部叶 T1 和 T2 处理类胡萝卜素类香气物质含量均较对照有明显降低。结果表明，干球温度 42 ℃时顿火 16 h，54 ℃时顿火 8 h 的烘烤条件更适宜类胡萝卜素类降解产物的生成和积累，而上部叶干球温度在 42 ℃时顿火 12 h 明显不利于类胡萝卜素类降解产物的生成和积累，原因可能是上部叶的类胡萝卜素类前体物质在 42 ℃时需要较长的顿火时间才能充分降解。

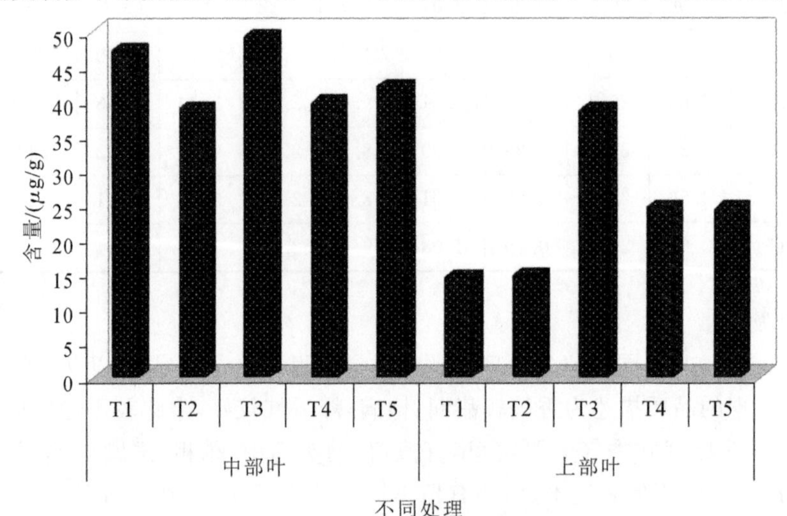

图 4-7 关键温度点不同处理间类胡萝卜素类香气物质含量比较

对不同处理间新植二烯和其他香气物质含量的分析见图 4-8，新植二烯含量的变化规律同类胡萝卜素类香气物质相似，中部叶和上部叶也均以 T3 处理含量最高，上部叶则以 T1 和 T2 处理含量较低。原因可能是类胡萝卜素类香气物质和新植二烯的前体物均为烟叶中色素类物质，在烘烤过程中要求烟叶在干球温度 42 ℃全部变黄，如果有较长的顿火时间，烟叶中的类胡萝卜素和叶绿素就能够充分降解，形成更多的香气物质。其他香气物质含量方面，中部叶以 T3 处理最高，上部叶以 T1 处理最高。

3. 定色阶段升温速度试验

1）试验处理

T1——1 ℃/1 h；T2——1 ℃/1.5 h；T3——1 ℃/2 h；T4——以当地常规烘烤工艺作为对照。

2）外观质量

由表 4-25 可以看出，下部叶以 T2 处理外观质量评价最好，在颜色、成熟度、结构、

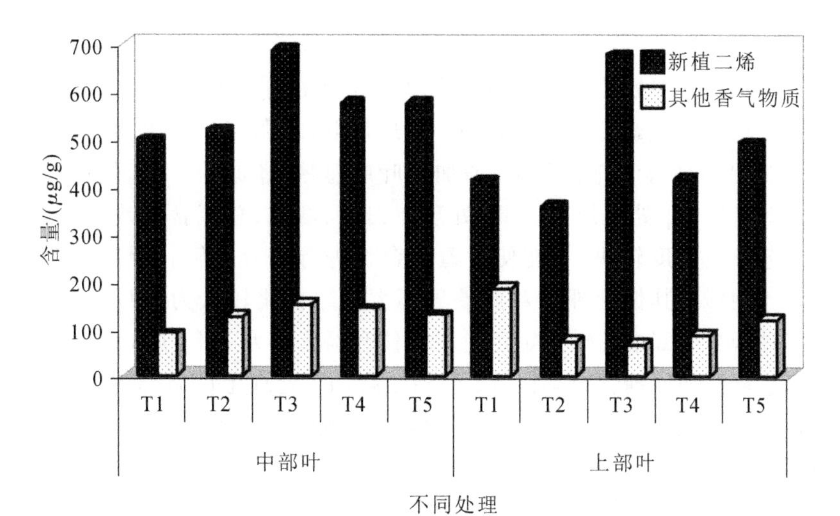

图 4-8　关键温度点不同处理间新植二烯和其他香气物质含量比较

身份、油分和色度方面分值均最高。根据各指标的权重算出各处理外观质量指数总分，从大到小依次为 T2＞T4＞T3＞T1。

中部叶同下部叶情况相似，在颜色、成熟度、结构、身份、油分和色度方面也均以 T2 处理分值最高。根据各指标的权重算出各处理外观质量指数总分，从大到小依次为 T2＞T4＞T3＞T1。

上部叶各处理中颜色、成熟度、结构均以 T2 处理最好，身份和色度以 T1 处理最好，油分以 T3 和 T4 最好。根据各指标的权重算出各处理外观质量指数总分，从大到小依次为 T2＞T1＞T3/T4。

表 4-25　定色阶段不同升温处理烟叶外观质量评价

处理		颜色	成熟度	结构	身份	油分	色度	指数和
下部叶	T1	7.5	7	5	6	6.5	6	66
	T2	8.5	8	6	7	7.5	7	76
	T3	8	7.5	5.5	6.5	7	6.5	71
	T4	8	7.5	5.5	6.5	7.5	6	71.1
中部叶	T1	8	8	8	9	7	7	79.4
	T2	8.5	9	9	9	8.5	8.5	87.6
	T3	8	8.5	9	9	8	8	83.95
	T4	8.5	8.5	8.5	9	8	8	84.7
上部叶	T1	8	8	9	8.5	7	7	80.3
	T2	8.5	8.5	9	7	7	6	80.45
	T3	8	8	8.5	7	7.5	6	77.45
	T4	8	8	8.5	7	7.5	6	77.45

3）主要化学成分

定色阶段不同升温处理对烤后烟叶化学成分的影响见表 4-26，中部叶还原糖、总糖含量均以 T2 处理最高，烟碱含量以 T2 处理最低，表明定色阶段升温速度在 1 ℃/1.5 h 时，淀粉更容易得到充分降解，增加烟叶中总糖、还原糖含量，提高糖碱比。蛋白质和总氮含量以 T1 处理最低。T4 处理蛋白质、烟碱、总氮含量均较高，表明当地常规烘烤工艺升温速度较快，不能使含氮化合物进行充分降解。钾元素含量方面除 T2 明显低于对照外，其他处理与对照差异不大。综合比较认为，中部叶各项指标以 T2 处理较为协调，中部烟叶烘烤定色阶段最佳升温速度为 1 ℃/1.5 h。

上部叶总糖和还原糖含量均以 T3 处理较高，T2 处理蛋白质、总氮和烟碱含量均偏高，说明 T2 处理可能适宜中部叶含氮化合物代谢，但不适宜上部叶含氮化合物的代谢。钾元素和氯元素含量均以 T2 处理较低。综合比较认为，上部叶各项指标以 T3 处理较为协调，即上部烟叶烘烤定色阶段最佳升温速度为 1 ℃/2 h。

表 4-26　定色阶段不同升温处理烟叶主要化学成分比较

处理		还原糖含量/(%)	总糖含量/(%)	氯含量/(%)	总氮含量/(%)	烟碱含量/(%)	钾含量/(%)	蛋白质含量/(%)	糖碱比	碱氮比	施木克值
中部叶	T1	22.0	30.3	0.37	1.44	1.73	1.07	7.13	17.56	1.20	4.25
	T2	31.8	38.3	0.37	1.53	1.43	0.86	8.04	26.76	0.93	4.77
	T3	26.8	34.3	0.37	1.58	2.15	1.05	7.53	15.99	1.36	4.56
	T4	27.2	35.6	0.42	1.68	1.70	1.08	8.67	20.98	1.01	4.11
上部叶	T1	23.2	34.7	0.44	1.8	2.33	1.38	8.71	14.9	1.3	3.98
	T2	23.8	30.4	0.29	2.38	2.52	0.91	12.14	12.07	1.06	2.5
	T3	25.3	34.4	0.33	1.95	2.21	0.99	9.8	15.56	1.13	3.51
	T4	24.0	31.6	0.51	2.3	2.55	0.98	11.62	12.37	1.11	2.72

4）评吸质量

从图 4-9 可知，中部叶 T1、T2、T3 处理评吸质量差异不大，均较对照有明显提高，其中 T2 处理分数稍高。对 T1、T2、T3 处理的品质描述为清甜韵好，清晰明亮，细腻柔和，微有蛋白气，舒适性较好，余味较干净舒适，香韵较好；T4 处理则有香气量稍欠充足，有枯焦杂气等缺点。说明定色阶段升温速度在 1 ℃/1～2 h 的烟叶评吸质量均较当地常规烘烤工艺有所提高。

上部叶评吸质量结果同中部叶较为相似，即 T1、T2、T3 处理评吸质量差异不大，均较对照有明显提高，其中 T2 处理分数稍高。说明定色阶段升温速度在 1 ℃/1～2 h 时，无论中部叶还是上部叶的评吸质量均较当地常规烘烤工艺有所提高。

5）香气物质

从图 4-10 可知，定色阶段不同升温处理对类胡萝卜素类香气物质含量的影响很大，中部叶 T1、T2、T3 处理类胡萝卜素类香气物质含量差异不大，均较对照有明显提

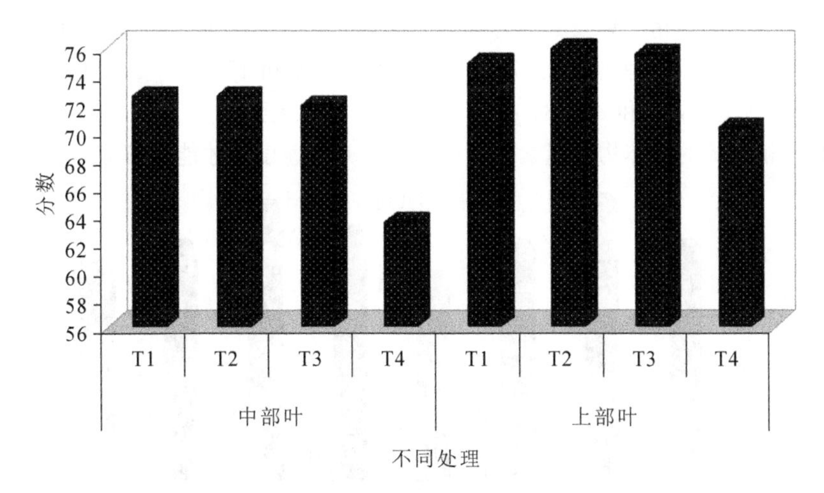

图 4-9　定色阶段不同升温处理间评吸质量比较

高，其中 T1 处理含量稍高，达到 25.91 μg/g，较对照高 5.52 μg/g。结果表明，定色阶段升温速度为 1 ℃/1 h 更适宜类胡萝卜素类降解产物的生成和积累。

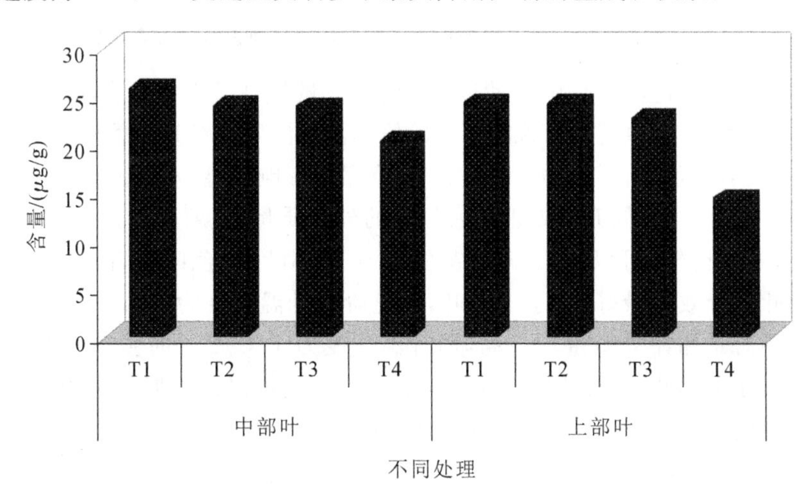

图 4-10　定色阶段不同升温处理间类胡萝卜素类香气物质含量比较

上部叶类胡萝卜素类香气物质含量同中部叶较为类似，即 T1、T2、T3 处理类胡萝卜类香气物质含量差异不大，均较对照有明显提高，稍不同的是各处理以 T2 含量最高。T1、T2、T3 处理类胡萝卜素类香气物质含量分别为 24.32 μg/g、24.39 μg/g 和 22.69 μg/g，而 T4 处理仅为 14.42 μg/g。T1、T2、T3 处理均以巨豆三烯酮 B 含量为最高，对照则以 β-大马酮含量最高。

结果表明，定色阶段升温速度在 1 ℃/1～2 h 时，无论中部叶还是上部叶的类胡萝卜素类香气物质含量均较当地常规烘烤工艺有所提高。所不同的是，中部叶定色阶段升温速度为 1 ℃/1 h 更适宜类胡萝卜素类降解产物的生成和积累，而上部叶定色阶段升温速度为 1 ℃/1.5 h 效果更佳，原因可能是上部叶叶肉组织较厚，在定色阶段需要较慢的升温速度才能保证类胡萝卜素类前体物质充分降解。

对不同处理间新植二烯及其他香气物质含量的分析见图 4-11，中部叶和上部叶的新植二烯含量均以 T2 处理为最高，分别为 487.92 μg/g 和 471.05 μg/g；T4 处理含量最低，分别为 359.41 μg/g 和 382.84 μg/g；各处理含量从大到小为 T2＞T1＞T3＞T4。原因可能是新植二烯的前体物叶绿素需要在较慢的升温速度中才能降解完全。

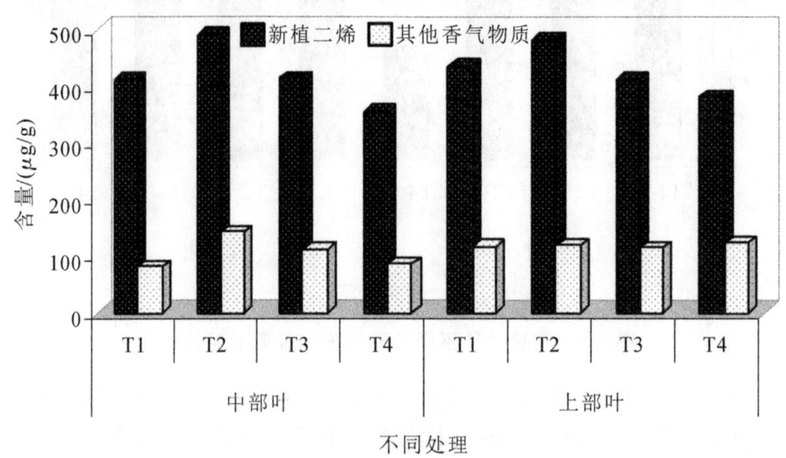

图 4-11　定色阶段不同升温处理间新植二烯及其他香气物质含量比较

其他香气物质含量方面，中部叶以 T2 处理含量最高，T1 处理含量最低；上部叶各处理间差异不大，对照稍高。说明定色阶段不同升温处理对其他香气物质含量的影响没有对类胡萝卜素类香气物质和新植二烯含量的影响明显。

通过对定色阶段不同升温处理烤后烟叶的外观质量、主要化学成分、评吸质量及香气物质含量的比较，可以得出以下结论：对于中部叶，定色阶段升温速度为 1 ℃/1.5 h时烟叶综合效果最好；对于上部叶，定色阶段升温速度为 1 ℃/1.5 h 时外观质量、香气物质总量和评吸质量均最高，而升温速度为 1 ℃/2 h 时主要化学成分最协调。因此，对于上部叶，升温速度在 1 ℃/1.5～2 h 是可以的。但无论中部叶还是上部叶，升温速度为 1 ℃/1 h 时外观质量均较差。

4. 风机变频技术试验

1)试验处理

T1：干球温度 47～54 ℃风机转速为 1450 转/分，54 ℃以后为 960 转/分。

T2：干球温度 47～54 ℃风机转速为 1450 转/分，54 ℃以后为 720 转/分。

T3：干球温度 47～54 ℃风机转速为 960 转/分，54 ℃以后为 960 转/分。

T4：干球温度 47～54 ℃风机转速为 960 转/分，54 ℃以后为 720 转/分。

T5：对照，按照常规工艺烘烤。

2) 不同风机变频处理烟叶外观质量评价

由表 4-27 可以看出，中部叶颜色以 T2、T4 和 T5 处理较好；各处理之间成熟度无差异；结构以 T1 稍差，其他各处理之间无差异；身份以 T3 和 T4 处理较差，其他各处理之间无差异；油分和色度以 T1 和 T3 处理较差，其他各处理之间无差异。总的来看，指数和以 T2 和 T5 处理最大，烟叶外观质量最佳。

表 4-27　不同风机变频处理烟叶外观质量评价

处理		颜色	成熟度	结构	身份	油分	色度	指数和
中部叶	T1	7.5	9	9	6.5	5.5	5	75.8
	T2	8	9	9.5	6.5	6.5	6	79.85
	T3	7.5	9	9.5	6	5.5	5	75.95
	T4	8	9	9.5	6	6.5	6	79.25
	T5	8	9	9.5	6.5	6.5	6	79.85
上部叶	T1	7.5	8	8	7.5	7	5.5	74.9
	T2	8	8.5	8.5	7.5	7	6.5	79.2
	T3	7	8	7	7	6.5	5.5	70.8
	T4	8	8	8	8	7	6.5	77.8
	T5	8	8	7.5	8	7	6.5	77.05

上部叶颜色以 T2、T4 和 T5 处理较好，T3 处理最差；成熟度以 T2 处理最好，其他各处理之间无差异；结构以 T2 处理最好，T3 处理最差；身份以 T4 和 T5 处理最好，T3 处理最差；油分以 T3 处理最差，其他各处理之间无差异；色度以 T1 和 T3 处理较差，其他各处理之间无差异。指数和以 T2 处理最大，各单项指标没有明显缺陷，外观质量最好。

3）不同风机变频处理主要化学成分比较

不同风机变频处理对烤后烟叶化学成分的影响见表 4-28，可知不同处理间烟叶主要化学成分含量有很大不同。中部叶各处理还原糖含量均比对照（T5）高，T2 处理总糖含量最高，烟碱含量以对照最低，烟碱、总氮含量除 T3 处理较高外，其他处理相差不大。说明在烘烤过程中风机转速始终维持在 960 转/分不利于含氮化合物的代谢。钾含量方面除 T3 处理较低外，其他处理与对照差别不大。氯含量方面以 T1 处理最低。综合比较认为，中部叶各项指标以 T2 处理较为协调，即风机转速在 47 ℃以前 960 转/分，在 47～54 ℃ 1450 转/分，在 54 ℃以后 720 转/分较为适宜。

表 4-28　不同风机变频处理主要化学成分比较

处理		烟碱含量/(%)	总糖含量/(%)	氯含量/(%)	总氮含量/(%)	还原糖含量/(%)	钾含量/(%)	蛋白质含量/(%)	糖碱比	碱氮比	施木克值
中部叶	T1	1.90	32.5	0.33	1.57	25.8	1.51	7.73	17.05	1.22	4.2
	T2	1.96	33.6	0.48	1.54	26.8	1.65	7.5	17.12	1.28	4.48
	T3	2.1	30.9	0.63	1.62	27.2	1.37	7.88	14.77	1.29	3.93
	T4	1.95	32.7	0.35	1.54	26.4	1.64	7.54	16.78	1.26	4.33
	T5	1.83	32.6	0.35	1.54	24.4	1.67	7.66	17.8	1.19	4.26

续表

处理		烟碱含量/(%)	总糖含量/(%)	氯含量/(%)	总氮含量/(%)	还原糖含量/(%)	钾含量/(%)	蛋白质含量/(%)	糖碱比	碱氮比	施木克值
上部叶	T1	2.98	25.3	0.92	1.85	22.8	1.37	8.34	8.5	1.61	3.04
	T2	2.47	29.6	0.54	1.59	28.6	1.17	7.26	11.97	1.56	4.08
	T3	2.61	26.4	0.5	1.72	24.5	1.57	7.95	10.09	1.52	3.32
	T4	2.27	29.6	0.41	1.52	27.9	1.36	7.06	13.07	1.49	4.2
	T5	2.95	25.2	0.63	1.84	23.3	1.13	8.31	8.54	1.6	3.03

上部叶总糖和还原糖含量均以 T2 处理最高。蛋白质、总氮和烟碱含量均以 T4 处理最低，说明风机转速在 54 ℃以前 960 转/分，在 54 ℃以后 720 转/分较适宜上部叶含氮化合物代谢。氯含量以 T4 处理最低。综合比较认为，上部叶各项指标以 T2 处理较为协调，即风机转速在 47 ℃以前 960 转/分，在 47～54 ℃1450 转/分，在54 ℃以后 720 转/分较为适宜。

4）不同风机变频处理对烤房内烘烤环境的影响

烘烤过程中烤房内温湿度分布及动态变化是流场环境的综合反映，也是确定烘烤技术的依据。由表 4-29 可知，烤房内平面干球温差和垂直干球温差表现出以下规律：对于同一处理，变黄阶段烤房内干球温差较小；定色阶段升温较快，干球温差较大；干筋阶段由于叶片已基本干燥，叶间孔隙较大，空气流通顺畅，干球温差又有所降低。不同处理间在定色阶段差异最大，其中 T3 处理平面干球温差最大，较对照高 0.76 ℃，T4 处理垂直干球温差最大，较对照高 1.05 ℃，较垂直干球温差最小的 T2 处理高1.08 ℃。

表 4-29　不同变频条件对烤房内平面干球温差和垂直干球温差的影响　单位：℃

处理	平面干球温差			垂直干球温差		
	变黄阶段	定色阶段	干筋阶段	变黄阶段	定色阶段	干筋阶段
T1	0.79	2.51	2.26	1.69	3.77	3.16
T2	0.81	2.57	2.34	1.66	3.73	3.31
T3	0.75	3.32	2.29	1.72	4.73	3.19
T4	0.8	3.28	2.41	1.71	4.81	3.36
T5	0.8	2.56	2.21	1.69	3.76	3.22

注：以底层烟叶在 38 ℃、47 ℃、68 ℃开始温度为变黄、定色、干筋阶段标准。

由表 4-30 可知，烤房内湿球温差表现出了与干球温差相类似的规律。在定色阶段，T4 处理平面湿球温差较对照高 0.60 ℃，垂直湿球温差较对照高 0.61 ℃，较湿球温差最小的 T2 处理高 0.65 ℃。由此可知，T2 处理较 T3、T4 处理更能缩小烤房内温、湿差。

表 4-30 不同变频条件对烤房内平面湿球温差和垂直湿球温差的影响 单位:℃

处理	平面湿球温差			垂直湿球温差		
	变黄阶段	定色阶段	干筋阶段	变黄阶段	定色阶段	干筋阶段
T1	0.43	1.37	0.96	0.86	1.37	1.12
T2	0.42	1.31	1.05	0.88	1.33	1.28
T3	0.46	1.85	0.98	0.84	1.83	1.16
T4	0.41	1.91	1.21	0.84	1.98	1.41
T5	0.47	1.31	1.01	0.85	1.37	1.18

注:以底层烟叶在 38 ℃、47 ℃、68 ℃开始温度为变黄、定色、干筋阶段标准。

不同变频处理的叶间隙风速见表 4-31,各处理风速在变黄阶段差别不大,在定色及干筋阶段随着风机频率的变化而变化。其中定色阶段 T3、T4 处理叶间隙风速较小,干筋阶段 T4 处理叶间隙风速较小。在同一频率、同一阶段下的不同处理间的叶间隙风速差别不大。

表 4-31 不同变频处理烤房内叶间隙风速 单位:m/s

处理	叶间隙风速		
	变黄阶段	定色阶段	干筋阶段
T1	0.21±0.07	0.45±0.11	0.51±0.20
T2	0.22±0.05	0.44±0.12	0.49±0.17
T3	0.22±0.09	0.36±0.14	0.52±0.13
T4	0.23±0.06	0.37±0.14	0.48±0.16
T5	0.23±0.08	0.44±0.15	0.57±0.16

注:以底层烟叶在 38 ℃、47 ℃、68 ℃开始温度为变黄、定色、干筋阶段标准。

5) 不同变频处理经济运行成本分析

根据对下部叶烘烤过程中的能耗情况和烤后烟叶的分级情况(表 4-32)的分析可知,在各个处理间,耗煤量与对照差异不大,T4 处理较低;在耗电量方面,各处理差异较小,均低于对照。变频处理的耗电量为 0.30~0.33 kW·h/kg 干烟,而对照的耗电量达到 0.67 kW·h/kg 干烟。在等级方面,对照的杂色烟比例较高,T2 处理则最低。在均价方面,T2 处理均价最高,对照均价最低,差值为 0.96 元/kg。综合效益比较,T2 处理的投入较少,产值最高,T5 处理则投入最多,产值最低。

表 4-32 不同下部叶处理的经济运行成本比较

处理	耗煤量/(kg/kg)	耗电量/(kW·h/kg)	平均成本/(元/kg)	X2F 比例/(%)	X3F 比例/(%)	X3L 比例/(%)	杂色烟比例/(%)	均价/(元/kg)
T1	1.41	0.33	1.53	31.5	17.7	27.1	23.7	11.87
T2	1.38	0.32	1.50	33.0	25.9	22.3	18.8	12.27

续表

处理	耗煤量/(kg/kg)	耗电量/(kW·h/kg)	平均成本/(元/kg)	X2F 比例/(%)	X3F 比例/(%)	X3L 比例/(%)	杂色烟比例/(%)	均价/(元/kg)
T3	1.42	0.31	1.53	31.4	23.9	23.1	21.4	12.05
T4	1.37	0.30	1.47	30.2	26.4	21.3	22.1	12.05
T5	1.44	0.67	1.83	33.7	12.2	24.2	26.3	11.31

根据对中部叶烘烤过程中的能耗情况和烤后烟叶的分级情况(表 4-33)的分析可知,在各个处理间,耗煤量与对照差异不大,T3 处理较低;在耗电量方面,与下部叶情况相类似,各处理差异较小,均低于对照。变频处理的耗电量为 0.31～0.33 kW·h/kg 干烟,而对照的耗电量达到 0.62 kW·h/kg 干烟。上等烟比例以 T1、T2 处理较高,T3 处理最低。在均价方面,T2 处理均价最高,T3 处理均价最低,差值为 0.26 元/kg;平均成本以 T3 处理最低。综合效益比较,T2 处理的投入较少,产值最高,T3 处理的产值最低。

表 4-33 不同中部叶处理的经济运行成本比较

处理	耗煤量/(kg/kg)	耗电量/(kW·h/kg)	平均成本/(元/kg)	C3F 比例/(%)	C3L 比例/(%)	C4F 比例/(%)	杂色烟比例/(%)	均价/(元/kg)
T1	1.45	0.32	1.56	48.3	24.7	16.4	10.5	16.33
T2	1.44	0.32	1.55	54.0	23.2	14.8	8.0	16.47
T3	1.40	0.31	1.51	45.2	22.1	21.5	11.0	16.21
T4	1.47	0.33	1.59	46.6	19.7	24.3	9.4	16.27
T5	1.42	0.62	1.77	49.3	24.3	16.0	10.3	16.35

根据对上部叶烘烤过程中的能耗情况和烤后烟叶的分级情况(表 4-34)的分析可知,在耗煤量和耗电量方面,上部叶与下部叶和中部叶较相似,均为各处理耗煤量与对照差异不大,T3 处理较高;耗电量各处理差异较小,均低于对照。变频处理的耗电量为 0.31～0.33 kW·h/kg 干烟,而对照的耗电量为 0.58 kW·h/kg 干烟。上等烟比例以 T2 处理较高,T1 处理最低。在均价方面,T2 处理均价最高,T1 处理均价最低,差值为 0.92 元/kg。综合效益比较,T2 处理的产值最高,对照则最低。

表 4-34 不同上部叶处理的经济运行成本比较

处理	耗煤量/(kg/kg)	耗电量/(kW·h/kg)	平均成本/(元/kg)	B2F 比例/(%)	B3F 比例/(%)	B2L 比例/(%)	杂色烟比例/(%)	均价/(元/kg)
T1	1.41	0.33	1.53	29.3	23.1	25.8	21.8	12.60
T2	1.38	0.33	1.51	38.0	21.3	30.9	9.8	13.52
T3	1.41	0.31	1.52	35.1	25.6	18.7	20.5	12.86
T4	1.37	0.32	1.49	33.5	27.7	19.9	18.8	12.92
T5	1.45	0.58	1.77	35.7	24.6	15.9	23.8	12.69

6）不同变频处理间评吸质量比较

从图 4-12 可知，中部叶以 T2 处理评吸质量最好，T3 处理评吸质量最差。对 T2 处理的品质描述为香气细腻性好，刺激较小，劲头适中，余味较净；而 T3 处理有香气量稍显单薄，浓度中等偏低，青杂气较重等缺点。说明风机转速在 47 ℃以前 960 转/分，47～54 ℃1450 转/分，54 ℃以后 720 转/分，能明显提高烟叶的评吸质量。

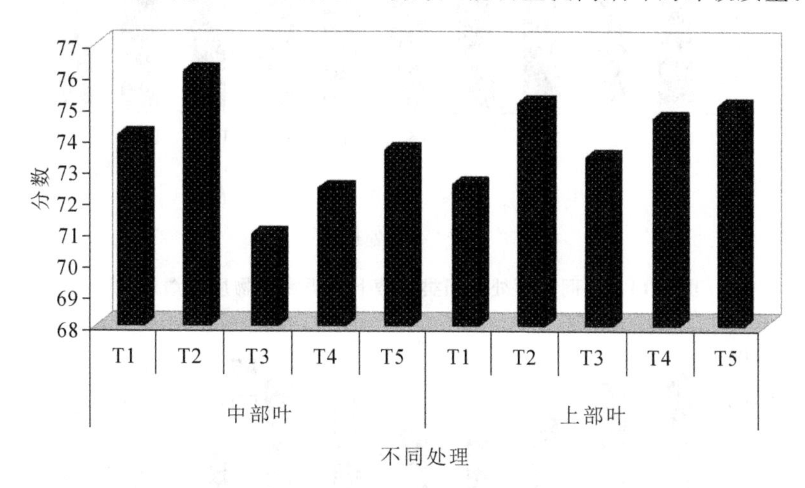

图 4-12　不同变频处理间评吸质量比较

上部叶评吸质量结果同中部叶较为类似，即评吸质量以 T2 处理最好，不同的是 T1 处理评吸质量最差。说明 54 ℃以后 720 转/分的风机转速较 960 转/分更能提高烟叶评吸质量。

7）不同变频处理间香气物质含量比较

从图 4-13 可知，不同变频处理对类胡萝卜素类香气物质含量的影响区别很大，中部叶和上部叶均以 T2 处理含量最高，分别为 40.07 μg/g 和 35.267 μg/g。尤其是巨豆三烯酮、β-大马酮和二氢猕猴桃内酯等对烟叶香气质和香气量有重要影响的组分均以 T2 处理含量最高。在类胡萝卜素类香气物质含量方面，中部叶除 T2 处理较高外，其他处理均较低，而上部叶除 T2 处理较高外，T1 和 T4 处理也较高。结果表明，47 ℃以前 960 转/分、47～54 ℃ 1450 转/分、54 ℃以后 720 转/分的风机转速有利于中部叶和上部叶类胡萝卜素类降解产物的生成和积累，而 54 ℃以后 960 转/分的风机转速不利于中部叶类胡萝卜素类降解产物的生成和积累。

对不同处理间新植二烯及其他香气物质含量的分析见图 4-14，中部叶的新植二烯含量以 T1 处理稍高，T4 处理最低，分别为 549.08 μg/g 和 417.92 μg/g；各处理含量从大到小为 T1＞T2＞T3＞T5＞T4。上部叶的新植二烯含量以 T2 处理稍高，T4 处理最低，分别为 532.84 μg/g 和 376.95 μg/g；各处理含量从大到小为 T2＞T1＞T5＞T3＞T4。

其他香气物质含量方面，中部叶和上部叶均以 T2 处理最高，T4 处理最低；各处理含量从大到小均为 T2＞T1＞T5＞T3＞T4。这与上部叶新植二烯含量的变化规律一致。说明风机转速在 47 ℃以前 960 转/分，47～54 ℃ 1450 转/分，54 ℃以后

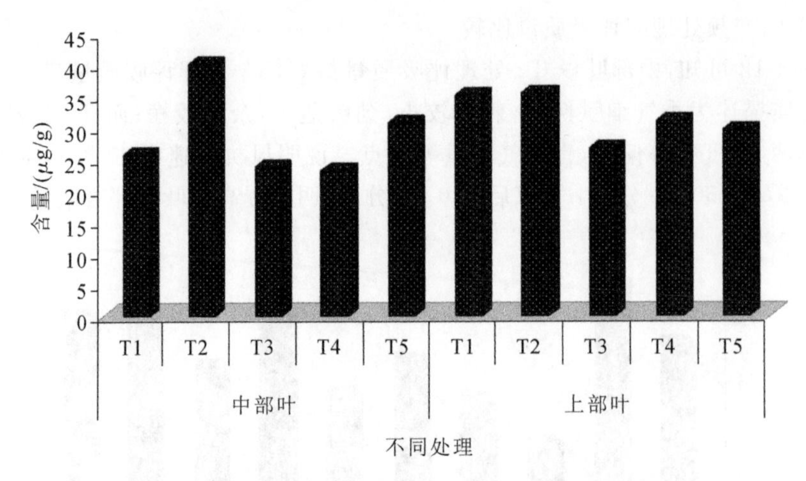

图 4-13 不同变频处理间类胡萝卜素类香气物质含量比较

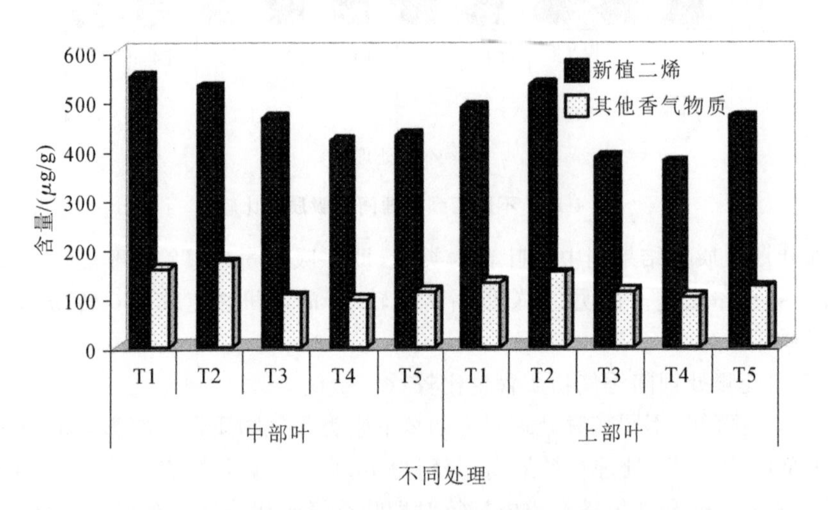

图 4-14 不同变频处理间新植二烯及其他香气物质含量比较

720 转/分,无论是新植二烯还是其他香气物质的含量均有明显提高。

通过对不同变频处理的烤后烟叶的外观质量、主要化学成分、评吸质量及香气物质含量的比较可以得出,对于中部叶和上部叶,风机转速在 47 ℃以前 960 转/分,47~54 ℃1450 转/分,54 ℃以后 720 转/分时烟叶综合效果均最好,而通过对烤房内烘烤环境、不同叶位的经济性状的分析可以得出,应用变频技术的耗煤量与对照差异不大,在耗电量方面,各处理差异较小,均低于对照。各处理较对照均能够明显节约电能,节省烘烤成本。这说明应用变频技术能够节约电能,改善烤房内流场环境,提高烘烤质量,尤其以 47 ℃以前 960 转/分、47~54 ℃1450 转/分、54 ℃以后 720 转/分的风机转速对烟叶均价的提升效果最为明显。

5. 预变黄时间试验

1)试验处理

T1:预变黄 8 h。

T2：预变黄 16 h。

T3：预变黄 24 h。

2）能耗统计

下部叶在塘坊村 10 座烤房群处烘烤，以煤球为燃料，每千克干烟煤耗以煤球数计；中部叶和上部叶在柏杨烘烤工厂进行烘烤，以散煤为燃料，每千克干烟煤耗以 kg 计。表 4-35 显示，每千克干烟能耗总成本总体表现为 T1＞T2＞T3。这可能是因为，随着烟叶预变黄凋萎时间的延长，烟叶变黄程度提高，水分得以散失，烘烤时间缩短。

表 4-35　各处理能耗情况统计

试验处理		每千克干烟煤耗/kg	每千克干烟电耗/(kW·h)	每千克干烟能耗总成本/元
下部叶	T1	3.05	0.49	1.86
	T2	2.87	0.42	1.70
	T3	2.65	0.42	1.60
中部叶	T1	1.84	0.44	1.45
	T2	1.33	0.35	1.07
	T3	1.28	0.30	1.00
上部叶	T1	1.42	0.30	1.08
	T2	1.40	0.32	1.09
	T3	1.30	0.33	1.05

3）经济性状统计

如表 4-36 所示，3 个预变黄处理烤后烟叶均价总体表现为 T3＞T2＞T1。对于下部叶，T2、T3 处理均价比 T1 处理分别高出 3.10%、10.71%；对于中部叶，T2、T3 处理均价比 T1 处理分别高出 5.77%、8.26%；对于上部叶，T2、T3 处理均价比 T1 处理分别高出 11.45%、6.56%。这可能是因为，增加烟叶烤房外预变黄凋萎时间有利于烟叶色素和其他大分子物质的降解，从而降低杂色烟和含青烟比例。预变黄 24 h 处理中下部叶上等烟比例明显提高，经济性状表现较好。

表 4-36　烤后烟叶等级结构和均价

试验处理		上等烟比例/(%)	中等烟比例/(%)	下低等烟比例/(%)	级外烟比例/(%)	均价/(元/kg)
下部叶	T1	0	58.37	34.31	7.32	9.99
	T2	4.70	68.55	22.26	4.53	10.30
	T3	8.71	64.18	23.61	3.46	11.06
中部叶	T1	9.36	73.19	17.45	0	12.83
	T2	19.11	68.12	12.77	0	13.57
	T3	32.32	46.54	21.14	0	13.89

续表

试验处理		上等烟比例/(%)	中等烟比例/(%)	下低等烟比例/(%)	级外烟比例/(%)	均价/(元/kg)
上部叶	T1	23.23	63.34	13.43	0	10.83
	T2	36.69	58.97	4.34	0	12.07
	T3	35.49	57.47	7.04	0	11.54

从表 4-37 可以看出，烤后橘黄烟比例总体表现出 T3＞T2＞T1 的规律，说明预变黄凋萎时间增加可以提高橘黄烟比例，但适宜的预变黄时间尚未探明，需进一步试验。烤后烟叶颜色分布以 T3 处理较好，橘黄烟比例较高。但 T3 处理（预变黄凋萎 24 h）对上部烟叶来说预变黄时间过长，造成烟叶水分散失较多，从而导致杂色烟和含青烟比例上升，说明中、下部烟叶预变黄时间以 24 小时为宜，而上部烟叶预变黄时间以 16 小时为宜。

表 4-37　烤后烟叶颜色分布

试验处理		橘黄烟比例/(%)	柠黄烟比例/(%)	含青烟比例/(%)	杂色烟比例/(%)	级外烟比例/(%)
下部叶	T1	57.65	0	20.48	7.34	14.53
	T2	48.15	0	48.39	0	3.46
	T3	58.37	16.01	0	18.30	7.32
中部叶	T1	9.36	57.56	27.33	5.75	0
	T2	35.08	26.82	24.22	12.09	1.78
	T3	59.29	0.00	19.56	21.14	0
上部叶	T1	56.32	0	21.24	22.45	0
	T2	63.63	26.90	5.14	4.34	0
	T3	77.29	0	15.67	7.04	0

4）常规烟叶化学成分

烤后烟叶化学成分见表 4-38。各部位烟叶烟碱含量表现出 T3 处理明显高于 T1 和 T2 处理的规律，这也许是因为，烟叶在烤房外进行预变黄处理时其生命活动仍在进行，由于烟叶装夹后叶片间距较小，光照量大大降低，烟叶光合作用近乎停止，但呼吸作用旺盛，此时碳水化合物含量尚充足，烟叶呼吸代谢以碳水化合物为主，淀粉等大分子物质加速降解，烟叶碳水化合物含量降低，烟碱含量相对升高。中部叶还原糖表现出随烤房外预变黄时间的延长而增加的规律，上部叶则表现出先升高后降低的趋势，但下部叶还原糖含量为 T1＞T3＞T2；三个部位烟叶的氮碱比和钾氯比均在适宜范围内；糖碱比在 6～8 范围内的烟叶香吃味较好，刺激性适中，该试验下部叶和中部叶糖碱比均相对偏高，现有研究认为糖碱比过高会增加焦油含量，对烟叶品质不利。综合考虑，T3 处理烟叶化学成分协调性最好。

表 4-38　常规化学成分

试验处理		烟碱含量/(%)	还原糖含量/(%)	总糖含量/(%)	总氮含量/(%)	钾含量/(%)	氯含量/(%)	氮碱比	糖碱比	钾氯比
下部叶	T1	2.06	18.59	27.3	2.21	2.11	0.23	0.86	10.66	9.17
	T2	2.09	16.41	25.77	2.12	2.51	0.22	1.01	12.33	11.41
	T3	2.37	18.00	26.47	2.06	2.05	0.28	0.87	11.17	7.32
中部叶	T1	2.32	16.54	29.34	2.1	1.96	0.28	0.91	12.65	7.00
	T2	2.27	17.19	30.91	1.82	1.63	0.21	0.80	13.62	7.76
	T3	2.69	18.29	30.17	2.01	2.16	0.29	0.75	11.22	7.45
上部叶	T1	3.14	13.84	22.32	2.88	2.01	0.31	0.92	7.11	6.48
	T2	3.62	19.94	31.05	2.62	1.77	0.19	0.72	8.58	9.32
	T3	3.73	18.82	25.48	2.92	1.41	0.26	0.78	6.83	5.42

5）烟叶评吸结果

从表 4-39 可以看出，随着预变黄时间的延长，中部叶的评吸质量在香气质、香气量、余味方面有明显的提高，而杂气、刺激性有所降低，总体评吸质量上升。随预变黄时间的延长，上部叶评吸质量表现为先上升而后降低的趋势。说明就对烤后烟叶感官评吸结果的影响而言，中部叶预变黄时间以 24 小时为宜，而上部叶预变黄时间以 16 小时为宜。

表 4-39　感官评吸结果

叶位	处理	香气质	香气量	杂气	刺激性	余味	燃烧性	灰色	总分
中部叶	T1	14.42	13.08	12.83	16.75	17.42	4.00	4.00	82.50
	T2	14.65	13.28	13.33	16.83	17.50	4.00	4.00	83.59
	T3	14.98	13.50	13.42	17.25	17.92	4.00	4.00	85.07
上部叶	T1	14.30	13.00	12.62	15.88	16.67	4.00	4.00	80.47
	T2	14.73	13.25	13.17	16.80	17.58	4.00	4.00	83.53
	T3	14.58	13.17	12.92	16.75	17.33	4.00	4.00	82.75

6.密集烤房烤后烟叶回潮设备使用技术试验

1）试验处理

T1：当烤房内温度降至 55 ℃时开始回潮。

T2：当烤房内温度降至 50 ℃时开始回潮。

T3：当烤房内温度降至 45 ℃时开始回潮。

2）加水量、加湿时间情况

从表 4-40 可以看出，T2、T3 处理在加湿时间和总回潮时间上明显优于 T1，这说明，当装烟室温度降低至 50 ℃和 45 ℃时进行加湿处理，可以有效缩短烤房内烟叶的回潮时间。

表 4-40　不同处理回潮加湿时间、加水量情况

处理	加水量/kg	加湿结束时温度/℃	加湿时间/h	总回潮时间/h
T1	100	33	3.3	8
T2	120	34	3.1	6
T3	130	34	2.8	6

3）烟叶水分测量

如表 4-41 所示，采用烘干法对不同处理烤后烟叶的水分含量进行测定，测出 T1 处理含水量最低，为 13.59%，T2 处理含水量最高，为 16.84%，T3 处理次之，为 16.49%。

表 4-41　烟叶水分测定

处理	初烤烟重量(20 片)/kg	烘干后重量/kg	烟叶水分重量/kg	烤后烟叶含水量
T1	0.209	0.184	0.025	13.59%
T2	0.229	0.196	0.033	16.84%
T3	0.226	0.194	0.032	16.49%

4）小结

烟叶喷雾回潮技术是可行的，烟叶回潮快，有利于烤房的充分利用。

烤房在 50 ℃时进行回潮表现最好，加水量在 120～130 kg 为宜，烤房高温条件下水分雾化快，有利于烟叶回潮，回潮时间约 6 小时。

7. 不同装烟密度密集烘烤研究

1）不同装烟密度对烤房装烟容量的影响

试验中烤房中、下部各处理装烟量统计结果见表 4-42，随着装烟密度的增加，烤房的利用率得到有效提高。

表 4-42　各处理装烟量统计

烤房部位	处理	装烟竿数	装烟量/kg	烤后干烟量/kg
下部	低密度	400	2527.70	309.01
	中密度	440	2750.47	333.79
	高密度	480	2973.24	359.52
中部	低密度	400	2806.67	464.68
	中密度	440	3057.33	502.02
	高密度	480	3308.50	541.41

2）不同装烟密度对烤烟能耗的影响

从表 4-43 中可以看出，随着装烟密度的增加，每千克干烟煤耗、电耗均呈现先降

低后增加的趋势，每千克干烟能耗总成本由低密度装烟到高密度装烟表现为先降低后增加的趋势。

表 4-43　各处理烤烟能耗统计

烤房部位	处理	干烟煤耗/(kg/kg)	干烟电耗/(kW·h/kg)	干烟能耗总成本/(元/kg)
下部	低密度	3.05	0.49	1.86
	中密度	2.65	0.40	1.74
	高密度	2.87	0.42	1.82
中部	低密度	1.84	0.44	1.75
	中密度	1.28	0.30	1.55
	高密度	1.33	0.35	1.67

3）不同装烟密度对烤后烟叶经济性状的影响

以中部叶为例，从表 4-44 中可以看出，各处理烤后烟叶经济性状以中密度装烟处理较好，烤后烟叶上等烟比例较高，下低等烟、级外烟比例较低，烟叶均价明显高于低密度和高密度装烟处理。

表 4-44　中部叶各处理烤后烟叶经济性状统计

处理	上等烟比例/(%)	中等烟比例/(%)	下低等烟比例/(%)	级外烟比例/(%)	均价/(元/kg)
低密度	8.20	71.19	17.05	3.56	12.83
中密度	27.11	56.42	14.77	1.70	14.37
高密度	16.32	61.54	19.05	2.09	13.89

4）不同装烟密度对烤后烟叶化学成分的影响

由表 4-45 可以看出，各处理烤后烟叶以中密度装烟处理化学成分较为协调，总糖、还原糖含量较高，总氮、烟碱含量较低，糖碱比、氮碱比较为协调。

表 4-45　中部叶各处理烤后烟叶化学成分

处理	烟碱含量/(%)	总氮含量/(%)	还原糖含量/(%)	总糖含量/(%)	氮碱比	糖碱比
低密度	3.05	2.25	21.61	29.54	0.74	9.69
中密度	2.85	2.18	24.59	28.55	0.76	10.02
高密度	2.62	2.51	20.13	20.73	0.96	7.91

5）不同装烟密度对烤后烟叶感官质量的影响

从表 4-46 可以看出，中密度装烟处理烤后烟叶感官质量较好，低密度装烟处理次之，高密度装烟处理烤后烟叶感官质量最差。中密度装烟处理烤后烟叶感官质量表现为香气质好、香气量足、余味舒适。

表 4-46 中部叶各处理烤后烟叶感官质量

处理	香气质	香气量	杂气	刺激性	余味	燃烧性	灰色	总分
低密度	15.17	13.47	13.50	17.42	18.17	4.00	4.00	85.73
中密度	15.42	13.92	13.58	17.42	18.42	4.00	4.00	86.76
高密度	14.83	13.25	13.13	17.17	17.92	4.00	4.00	84.30

8. 讨论与结论

研究认为,只有将烤房内流场环境与烟叶中的生理生化变化密切配合,才能保证烘烤正常进行。在烟叶烘烤中强调的是烟叶内部转化要与水分动态平衡,强调烟叶水分汽化要与通风排湿同步。

通过对关键温度点不同湿度处理试验、定色阶段升温速度试验、关键温度点顿火时间试验、风机变频技术试验及预变黄时间试验等试验的烤后烟叶的外观质量、主要化学成分、评吸质量及香气物质含量的比较以及烤房内烘烤环境、不同叶位的经济性状的分析可以得出以下结论:

在烟叶预变黄时间方面,中、下部烟叶以 24 小时为宜,上部烟叶以 16 小时为宜。

烟叶在变黄阶段应保持低温中湿慢速变黄,使得烟叶在干球温度 42 ℃时,充分变黄塌架。具体是干球温度 42 ℃以前,湿球温度不超过 37 ℃,风机转速维持在 960 转/分左右,并在 42 ℃时拉长变黄时间在 16 h 左右,防止烟叶出现硬变黄,减少光滑叶。但同时要防止变黄过度,使得烟叶颜色变暗,分量减少。

在定色阶段应根据烟叶变化适当调整湿球温度,在干球温度 54 ℃以前湿球温度一般不要超过 39 ℃,并在干球温度为 54 ℃时保持湿球温度为 39 ℃,定色阶段干球温度应以 1 ℃/1.5～2 h 的速度缓慢升温,在 54 ℃时要求顿火时间在 8 h 左右。此时风机转速应保持在 1450 转/分,以加快烟叶水分散失,促进干燥。

干筋阶段由于叶片已干,烤房内叶间隙增大,且此时主要任务是排除烟筋中残存的水分,风机转速应保持在 720 转/分或者更低,如果风机风量过大,不仅会带走部分香气物质,还会增加热耗,造成浪费。

烟叶喷雾回潮技术是可行的,烟叶回潮快,有利于烤房的充分利用。烤房在 50 ℃时进行回潮表现最好,加水量在 120～130 公斤为宜,烤房高温水分雾化快,有利于烟叶回潮,回潮时间约 6 小时。

密集烤房装烟时以中等密度为好,即每座标准烤房装烟量保持在 440 竿左右,装烟量为 3000 kg 左右,烤后烟叶经济性状、化学成分、感官质量较好,能耗较低。装烟密度过高和过低不仅增加烤烟能耗,对烟叶品质也有不利影响。

(四) 优化密集烘烤工艺示范

为进一步验证优化密集烘烤工艺的烘烤效果,湖北省烟草科学研究院 2010—2011 年在利川市进行示范试验,主要研究结果如下。

按照示范工艺烤烟可以减少烘烤能耗、降低烘烤成本,每公斤干烟总成本中部叶和上部叶示范工艺分别比对照工艺低 2.73%～4.42%和 16.27%～16.88%。

在烤后烟叶经济性状上，中部叶均价示范工艺比对照高 5.81%～8.72%，上部叶均价示范工艺比对照高 6.31%～9.52%。示范工艺能减少中部叶和上部叶的下低等烟比例，增加中、上部叶上、中等烟比例。示范工艺能明显增加中、上部叶橘黄烟比例，橘黄烟比例可增加 19～25 个百分点。

采用示范烘烤工艺可降低烟碱、总氮含量，提高还原糖、总糖含量，氮碱比和糖碱比更加协调，显著提高烤后烟叶感官质量，有效改善了烟叶的香气质和余味，降低了烟叶的杂气和刺激性。

1. 供试材料

2010—2011 年在湖北省利川市南坪乡优质烤烟示范区进行试验，烤烟品种为云烟 87，试验设备为南坪乡塘坊村密集烤房群。

2. 试验设计

试验选用 10～12 位叶代表中部叶，16～18 位叶代表上部叶，设两个处理。

(1) 对照：按当地烘烤工艺烘烤。

(2) 示范工艺：按下面的工艺要求烘烤。

变黄阶段：烟叶应保持低温中湿慢速变黄，使得烟叶在干球温度 42 ℃时充分变黄塌架。具体是干球温度 42 ℃以前，湿球温度不超过 37 ℃，风机转速维持在 960 r/min 左右，并在 42 ℃时拉长变黄时间到 16 h 左右，防止烟叶出现硬变黄，减少光滑叶。但同时要防止变黄过度，使得烟叶颜色变暗，分量减少。

定色阶段：应根据烟叶变化适当调整湿球温度，干球温度 54 ℃以前湿球温度一般不要超过 39 ℃，并在干球温度 54 ℃时保持湿球温度为 39 ℃，干球温度应以 1 ℃/1.5～2 h 的升温速度缓慢升温，在 54 ℃时要求顿火时间在 8～12 h。此时风机转速也应逐渐增大，从变黄后期开始逐渐加大风机转速，定色前期(42～47 ℃稳温)保持风机转速在 1450 r/min，以加快烟叶水分散失，促进干燥。

干筋阶段：干球温度应以 1 ℃/1.5 h 的升温速度缓慢升温到 65～68 ℃，湿球温度由 39 ℃逐渐升至 42～43 ℃，风机转速应保持在 720～960 r/min，直到烟叶全部干筋。

3. 结果与分析

1) 能耗统计

从表 4-47 可以看出，中部叶和上部叶在烘烤能耗方面均表现为示范<对照，且装烟密度越大，能耗成本越低。每公斤干烟总成本中部叶和上部叶示范工艺分别比对照工艺低 2.19%～4.42%和 16.25%～16.77%。这可能是因为，烟叶在 42 ℃凋萎时间延长，色素和其他大分子物质降解更充分，相应减少了定色中期烟筋变黄所需的时间(变黄中期相对湿度较低，烟筋变黄所需时间更长，煤耗、电耗更高)，降低了烘烤能耗。这说明，按照示范工艺烤烟可以减少烘烤能耗、降低烘烤成本。

2) 经济性状统计

烤后烟叶经济性状见表 4-48 和表 4-49。中部叶均价示范较对照高 5.93%～

8.72%,上部叶均价示范比对照高6.31%~9.52%。总体来看,示范工艺能降低中部叶和上部叶的下低等烟比例,提高中、上部叶上等烟比例。42 ℃时延长变黄时间更利于烟叶叶脉充分变黄,提高烟叶品质。示范工艺能明显提高中、上部叶橘黄烟比例。说明示范工艺可提高中、上部叶烘烤质量。

表 4-47 能耗统计

试验处理			装烟量/kg	干烟量/kg	干烟煤耗/(块/kg)	干烟电耗/(kW·h/kg)	干烟能耗总成本/(元/kg)
2010年	中部叶	示范	3299.2	445.8	3.30	0.31	1.79
		对照	3002.1	405.7	3.43	0.29	1.83
	上部叶	示范	3029.9	484.8	2.27	0.37	1.39
		对照	2683.6	433.5	2.93	0.35	1.67
2011年	中部叶	示范	3572.1	484.5	3.20	0.29	1.73
		对照	3251.8	441.2	3.33	0.31	1.81
	上部叶	示范	3281.4	526.6	2.20	0.35	1.34
		对照	2907.3	471.2	2.84	0.33	1.60

注:煤耗以煤球数计算,每块0.45元;电价0.99元/(kW·h)。

表 4-48 烤后烟叶等级结构

试验处理			上等烟比例/(%)	中等烟比例/(%)	下低等烟比例/(%)	均价/(元/kg)
2010年	中部叶	示范	10.22	70.55	19.23	13.40
		对照	1.88	69.73	16.54	12.65
	上部叶	示范	43.55	52.36	4.08	13.14
		对照	21.95	63.95	10.50	12.36
2011年	中部叶	示范	46.54	45.18	8.28	16.83
		对照	25.31	59.30	15.39	15.48
	上部叶	示范	41.35	49.31	9.34	16.57
		对照	24.55	60.91	14.54	15.13

表 4-49 烤后烟叶颜色分布

试验处理			橘黄烟比例/(%)	柠黄烟比例/(%)	杂色烟比例/(%)	含青烟比例/(%)
2010年	中部叶	示范	25.67	33.33	17.45	16.55
		对照	0.00	41.79	0.00	58.21
	上部叶	示范	53.57	6.46	4.08	35.89
		对照	27.96	49.91	8.08	10.45

续表

试验处理			橘黄烟比例/(%)	柠黄烟比例/(%)	杂色烟比例/(%)	含青烟比例/(%)
2011 年	中部叶	示范	69.20	23.83	6.51	0.46
		对照	43.17	46.39	7.98	2.46
	上部叶	示范	62.31	28.24	8.22	1.23
		对照	43.28	40.91	13.11	2.70

3）烤后烟叶化学成分

烤后烟叶化学成分如表 4-50 所示，示范工艺烤后烟叶的还原糖、总糖含量增加，氮碱比和糖碱比更加协调。从化学成分协调性方面分析，采用示范工艺烘烤效果较好。

表 4-50　烤后烟叶化学成分

试验处理			烟碱含量/(%)	还原糖含量/(%)	总糖含量/(%)	总氮含量/(%)	钾含量/(%)	氯含量/(%)	氮碱比	糖碱比
2010 年	中部叶	示范	2.69	22.87	32.08	1.82	1.96	0.28	0.68	11.93
		对照	2.61	22.53	27.42	2.06	1.77	0.32	0.79	10.51
	上部叶	示范	3.22	16.77	27.72	2.23	2.01	0.23	0.69	8.61
		对照	3.45	14.75	24.38	2.4	2.01	0.27	0.70	7.07
2011 年	中部叶	示范	2.45	23.61	31.42	1.88	1.93	0.31	0.77	12.83
		对照	2.53	21.26	30.43	1.62	1.85	0.29	0.64	12.05
	上部叶	示范	3.03	17.32	29.75	2.29	1.96	0.25	0.76	9.82
		对照	3.25	15.24	26.18	2.56	1.98	0.23	0.79	8.06

4）烤后烟叶感官质量

从表 4-51 可以看出，与对照相比，示范工艺主要在香气质、余味上有明显的提升，杂气、刺激性明显降低，总体评吸质量有较明显的提升，其中上部叶提升幅度更大。说明：采用优化密集烘烤工艺可显著提高烤后烟叶感官质量，有效改善烟叶的香气质和余味，降低烟叶的杂气和刺激性。

表 4-51　烤后烟叶感官质量

试验处理			香气质	香气量	杂气	刺激性	余味	燃烧性	灰色	总分
2010 年	中部叶	示范	14.7	13.1	13.4	17.1	17.5	4.0	4.0	83.8
		对照	14.5	13.3	13.0	16.5	17.0	4.0	4.0	82.2
	上部叶	示范	14.5	13.1	13.0	16.7	17.3	4.0	4.0	82.5
		对照	14.3	13.0	12.6	15.9	16.7	4.0	4.0	80.5

续表

试验处理			香气质	香气量	杂气	刺激性	余味	燃烧性	灰色	总分
2011年	中部叶	示范	16.1	15.0	13.9	15.0	15.1	4.0	3.9	83.0
		对照	15.8	14.6	14.4	14.9	14.6	4.0	3.8	82.1
	上部叶	示范	14.6	14.7	13.9	14.0	14.5	3.9	3.5	79.1
		对照	14.8	14.3	13.5	14.0	14.4	3.8	3.6	78.4

（五）提高上部烟叶烘烤成熟度的工艺研究

提高上部烟叶烘烤成熟度的工艺研究主要包括三部分：喷施外源物质对上部叶的提质研究、上部叶促熟烘烤工艺试验、变黄期不同温湿度对上部烟叶质量的影响。

1. 喷施外源物质对上部叶的提质研究

1）试验目的

水杨酸（SA）是广泛存在于植物体内的一种小分子酚类化合物，在逆境下可以使植物保持较高的SOD和CAT活性，增强抗氧化能力，提高植物对逆境的抗性。抗坏血酸（Vc）是植物体内重要的抗氧化剂之一，可以减轻活性氧对细胞的伤害，从而起到保护植物细胞的作用。亚氯酸钠是近年来广受关注的新一代保鲜剂和杀菌剂，除能杀灭食品中的病原微生物外，也能抑制食品中的酶促棕色化反应的发生。淀粉含量偏高是影响我国烤烟质量的一个重要问题，降低烤烟淀粉含量的技术是烤烟研究的一个热点。如何利用各种酶或微生物的效应，降低烤烟上部叶淀粉含量，改善烟叶品质，是降低烤烟淀粉含量研究的一个重要方面。

烟叶烘烤是活体烟叶离体后断绝了养分和水分供应的“饥饿代谢”过程，在一定程度上可理解为一种“逆境生理”。在烘烤的初始阶段，细胞仍具活性，随着烘烤的进行，环境温度升高，细胞所含水分减少，细胞所处“逆境”加剧，细胞膜透性增加，膜脂过氧化水平提高，最终导致细胞膜的解体。在烘烤过程中，变黄期至定色前期持续时间较长，而此时细胞尚含有一定的水分，这就为外加物质与烤烟叶片底物结合，进而降解底物提供了可能。

本试验通过烤前在叶面上喷施降淀粉微生物发酵液，初步筛选出适宜的降淀粉菌株及其发酵液。烤前在叶面上喷施糖、抗氧化剂等物质，对烤后烟叶质量进行评价，筛选出适宜的提高上部叶内在及外在质量的方法。

2）试验地点

利川柏杨烤烟试验基地，用小烤箱进行烘烤。

3）试验设计

均以喷等量清水为对照，溶液中均加0.2%吐温-20，喷施量以叶面喷湿为准。

（1）降淀粉微生物筛选。

初步筛选的降淀粉微生物发酵液有7种：C1、F2、C4、H6、A4、F6、B3。

（2）外源药剂对烤烟质量的影响。

供试品种 K326，采收中部 9～12 叶位作为试验材料，处理如下：喷 200 mg/L 蜂蜜、200 mg/L 水杨酸（SA）、200 mg/L 抗坏血酸（Vc）、200 mg/L 亚氯酸钠（$NaClO_2$）

采收上部四片成熟烟叶作为试验材料，处理如下：喷降淀粉微生物发酵液 A4、喷 200 mg/L 水杨酸（SA）、喷 200 mg/L 水杨酸（SA）＋200 mg/L 抗坏血酸（Vc）、喷 200 mg/L水杨酸（SA）＋200 mg/L 亚氯酸钠（$NaClO_2$）、喷 200 mg/L 水杨酸（SA）＋200 mg/L 蔗糖。

4）结果与分析

（1）喷施降淀粉微生物发酵液烤后烟叶化学成分比较。

①喷施降淀粉微生物发酵液烤后烟叶淀粉含量。

由图 4-15 可知，供试的 7 种发酵液均有效果，较对照淀粉含量均显著降低。发酵液以 C1、C4、H6 效果较好，C1 降淀粉含量幅度达到 40.27％。烤前晾制处理也有一定的降淀粉效果，烤房内晾制两天再进行烘烤，烤后烟叶淀粉含量降低 26.13％。

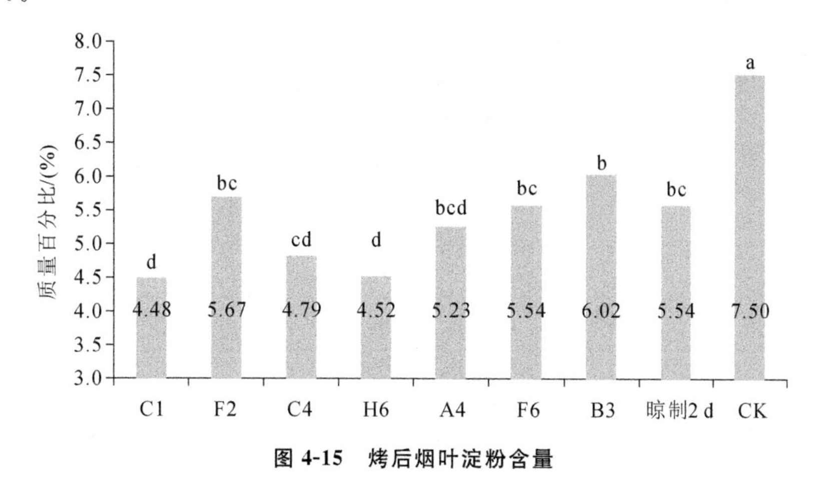

图 4-15 烤后烟叶淀粉含量

②喷施降淀粉微生物发酵液烤后烟叶常规化学成分比较。

由表 4-52 可知，各降淀粉微生物发酵液对烤后烟叶常规化学成分的影响差异不大，可见烘烤过程中添加降淀粉微生物发酵液并不影响烤后烟叶化学成分的协调性。

表 4-52 喷施降淀粉微生物发酵液烤后烟叶化学成分比较

处理	还原糖含量/（%）	钾含量/（%）	总氮含量/（%）	氯含量/（%）	烟碱含量/（%）	总糖含量/（%）	糖碱比	氮碱比	两糖比	钾氯比
C1	10.55	1.74	2.89	0.69	4.67	15.53	3.36	0.62	0.68	2.52
F2	13.14	1.38	2.73	0.60	4.38	21.82	5.03	0.62	0.60	2.30
C4	10.09	1.39	2.94	0.42	4.71	15.88	3.40	0.62	0.64	3.31
H6	10.69	1.28	2.94	0.55	4.51	16.48	3.71	0.65	0.65	2.33

续表

处理	还原糖含量/(%)	钾含量/(%)	总氮含量/(%)	氯含量/(%)	烟碱含量/(%)	总糖含量/(%)	糖碱比	氮碱比	两糖比	钾氯比
A4	11.26	1.67	2.86	0.58	4.43	19.10	4.32	0.65	0.59	2.88
F6	10.63	1.53	2.82	0.37	4.60	20.04	4.36	0.61	0.53	4.14
B3	12.89	1.46	2.66	0.37	4.31	19.88	4.67	0.62	0.65	3.95
CK	13.19	1.51	2.60	0.46	4.39	21.92	5.05	0.59	0.60	3.28

(2) 外源药剂对烤烟质量的影响。

①烤后烟叶外观质量比较。

由表4-53可知，中部叶、上部叶各药剂喷施处理均能有效改善烤后烟叶外观质量。中部叶以SA处理较好，与对照(CK)相比烤后烟叶颜色橘黄、成熟度较好、叶片结构疏松、油分较多。上部叶喷施SA也表现出较好的外观质量。

表4-53 烤后烟叶外观质量

部位	处理	颜色	成熟度	叶片结构	身份	油分	色度	指数和
中部叶(C3F)	CK	7.5	6.8	6.7	7.4	6.4	5.0	39.8
	蜂蜜	8.0	7.9	8.0	7.8	6.8	5.9	44.4
	SA	8.2	7.9	8.0	7.8	6.8	5.9	44.6
	Vc	8.5	7.8	7.8	7.2	6.7	6.1	44.1
	$NaClO_2$	8.3	7.8	6.3	8.0	6.8	5.3	42.5
上部叶(B2F)	CK	6.9	7.1	4.5	6.1	5.5	6.0	36.1
	A4	8.1	8.2	4.5	4.9	5.8	6.1	37.6
	SA+Vc	8.1	8.2	4.5	4.9	5.8	6.1	37.6
	SA+$NaClO_2$	7.7	8.1	4.7	4.9	5.4	6.2	37.0
	SA	7.5	7.3	4.8	5.1	5.8	6.0	36.5
	SA+蔗糖	8.1	8.2	4.5	4.9	5.8	6.1	37.6

②烤后烟叶化学成分比较。

由表4-54可知，各药剂喷施处理对中部叶化学成分的影响差异不大，$NaClO_2$喷施处理对烤后烟叶氯离子含量没有显著影响，总糖、还原糖含量较高，糖碱比、两糖比较协调；上部叶喷施SA有一定降低烟碱含量的效果，SA+$NaClO_2$、SA+Vc两种药剂喷施处理烤后烟叶还原糖、总糖含量较高，糖碱比、两糖比较协调。

表 4-54　喷施外源药剂烤后烟叶化学成分比较

部位	处理	烟碱含量/(%)	还原糖含量/(%)	总糖含量/(%)	总氮含量/(%)	钾含量/(%)	氯含量/(%)	糖碱比	氮碱比	两糖比	钾氯比
中部叶	CK	2.84^{a}	22.66^{d}	39.19^{a}	1.69^{a}	1.21^{a}	0.26^{b}	13.80^{a}	0.59^{a}	0.58^{a}	4.65^{a}
	蜂蜜	3.15^{a}	23.65^{cd}	38.68^{a}	1.65^{a}	1.25^{a}	0.29^{ab}	12.39^{a}	0.53^{a}	0.61^{a}	4.42^{a}
	SA	3.06^{a}	23.98^{c}	38.63^{a}	1.65^{a}	1.24^{a}	0.36^{a}	12.64^{a}	0.54^{a}	0.62^{a}	3.47^{a}
	Vc	2.90^{a}	25.27^{b}	37.99^{a}	1.63^{a}	1.36^{a}	0.35^{ab}	13.22^{a}	0.56^{a}	0.66^{a}	3.97^{a}
	$NaClO_2$	3.21^{a}	26.47^{a}	38.86^{a}	1.69^{a}	1.18^{a}	0.33^{ab}	12.30^{a}	0.53^{a}	0.68^{a}	3.67^{a}
上部叶	CK	4.53^{a}	22.76^{bc}	27.74^{b}	2.30^{b}	0.86^{b}	0.51^{a}	6.13^{b}	0.51^{c}	0.82^{ab}	1.68^{c}
	A4	4.49^{a}	22.02^{c}	27.15^{b}	2.60^{a}	1.03^{a}	0.46^{ab}	6.05^{b}	0.58^{ab}	0.81^{bc}	2.27^{abc}
	SA+Vc	4.15^{ab}	25.05^{a}	30.35^{a}	2.14^{b}	0.92^{b}	0.39^{b}	7.35^{a}	0.52^{bc}	0.82^{ab}	2.47^{ab}
	SA+$NaClO_2$	4.14^{ab}	24.34^{ab}	30.70^{a}	2.16^{b}	0.88^{b}	0.45^{ab}	7.43^{a}	0.52^{bc}	0.79^{c}	1.98^{bc}
	SA	4.48^{a}	21.19^{c}	25.25^{b}	2.63^{a}	1.11^{a}	0.52^{a}	5.64^{b}	0.59^{a}	0.84^{a}	2.15^{abc}
	SA+蔗糖	3.96^{b}	22.07^{c}	26.55^{b}	2.51^{a}	1.08^{a}	0.40^{b}	6.75^{ab}	0.63^{a}	0.83^{ab}	2.76^{a}

③烤后烟叶 TSNAs 含量比较。

由表 4-55 可知，中部叶 SA 喷施处理能有效降低 TSNAs 含量，上部叶喷施复配 SA 的药剂也可降低 TSNAs 含量。水杨酸(SA)是广泛存在于植物体内的一种小分子酚类化合物，在逆境下可以使植物保持较高的 SOD 和 CAT 活性，增强抗氧化能力，提高植物对逆境的抗性。烘烤使烟叶处于逆境环境中，喷施 SA 可降低烤烟 TSNAs 含量 12%以上。

表 4-55　烤后烟叶 TSNAs 含量比较　　单位：ng/g

部位	处理	NAB	NAT	NNK	NNN	TSNAs
中部叶	CK	290.52	50.20	5.25	394.81	740.78
	蜂蜜	360.02	59.74	3.94	498.27	921.97
	SA	306.37	50.82	10.72	278.53	646.44
	Vc	312.61	81.35	7.92	686.79	1088.67
	$NaClO_2$	388.24	104.98	10.17	823.69	1327.09
上部叶	CK	425.95	97.12	14.46	1325.10	1862.63
	A4	476.58	87.04	19.21	762.44	1345.26
	SA+Vc	388.10	68.85	12.78	475.37	945.10
	SA+$NaClO_2$	417.60	68.15	8.02	684.61	1178.38
	SA	494.21	103.31	9.92	960.16	1567.60
	SA+蔗糖	389.61	93.28	6.44	1021.64	1510.98

④烤后烟叶感官质量比较。

从表 4-56 可以看出，各喷施处理对烤后烟叶感官质量的影响差异不大，中部叶以 Vc、$NaClO_2$ 喷施处理感官质量较好，刺激性较小；上部叶以 SA＋$NaClO_2$、SA＋Vc 两种药剂喷施处理较好。

表 4-56　烤后烟叶感官质量比较

部位	处理	质量特征								风格特征	
		香气质 18	香气量 16	杂气 16	刺激性 20	余味 22	燃烧性 4	灰色 4	合计 100	浓度	劲头
中部叶	CK	14.5	13.5	13.5	16.5	17.0	4.0	4.0	83.0	3.5	3.5
	蜂蜜	14.5	13.5	13.5	16.5	17.0	4.0	4.0	83.0	3.5	3.0
	SA	14.5	13.5	13.0	17.0	17.0	4.0	4.0	83.0	3.5	3.0
	Vc	14.5	13.5	13.5	17.0	17.0	4.0	4.0	83.5	3.5	3.0
	$NaClO_2$	14.5	13.5	13.5	17.0	17.0	4.0	4.0	83.5	3.5	3.0
上部叶	CK	13.5	13.0	12.0	17.0	17.5	3.0	3.5	79.5	3.0	3.0
	A4	13.5	13.0	12.0	17.5	17.5	3.5	3.5	80.5	3.0	3.0
	SA＋Vc	13.5	13.0	12.0	17.5	17.5	3.5	3.5	80.5	3.0	3.0
	SA＋$NaClO_2$	13.5	13.0	12.0	17.5	17.5	3.5	3.5	80.5	3.0	3.0
	SA	14.0	13.0	12.0	17.5	17.5	3.0	3.0	80.0	3.0	3.0
	SA＋蔗糖	13.5	13.0	12.0	17.5	17.5	3.0	3.0	79.5	3.0	3.0

5）讨论与结论

烤前喷施水杨酸（SA）能改善烤后烟叶油分，并降低烟叶 TSNAs 含量 12%以上，减少感官评吸的刺激性。筛选的降淀粉菌株发酵液降淀粉含量幅度达到 40.26%，同时不影响化学成分协调性和感官品质。

2. 上部叶促熟烘烤工艺试验

1）试验目的

针对目前湖北省 9 月下旬气温较低，上部叶田间成熟度不够的问题，开展上部烟叶促熟烘烤工艺试验，并结合采叶、砍收两种上部叶采收方式进行研究，以期促进田间成熟度较差的上部叶在烤房中后熟。

2）试验设计

烘烤工艺试验实施地点在利川基地，烘烤设备采用试验用小密集烤房。选取两个不同海拔高度的上部成熟烟叶作为试验材料，其中利川柏杨试验基地为低海拔试验材料点（L），海拔 1400 m 的利川柏杨杨泗为高海拔试验材料点（H）。

采收方式分为摘叶采收（C）、带茎砍收（D）。

根据烘烤参数不同设置 5 个工艺曲线，如表 4-57 所示。

表 4-57　工艺曲线

处理	促熟干球/湿球温度/℃	促熟时间/h	变黄干球/湿球温度/℃
C、D 1	30/30	24	40/38
C、D 2	30/30	24	38/36
C、D 3	30/30	36	38/36
C、D 4	34/33	24	38/36
C、D 5(CK)	38/36	24	40/38

装烟后按照 1 ℃/h 的速度升温至促熟干球/湿球温度，稳温达到促熟时间后，按 1 ℃/h的速度升温至变黄干球/湿球温度，稳温至烟叶九成黄，后转入正常烘烤。

将不同海拔的烟叶分装在 5 个处理烤房中，以低海拔烟叶为参照进行烟叶烘烤进程的把握。装烟量：C——每个烤房处理每个试点装 20 竿，每竿绑烟 120 片；D——每个烤房处理每个试点装 20 竿，每竿绑烟 20 株。

3）试验记录测定

每 4 个小时记录一次烤房内温湿度及烟叶变化情况。不同海拔高度、成熟度烟叶编烟前分别进行拍照，并记录其成熟特征，同时测定烟叶含水量、平均单叶干重以及叶绿素、淀粉、常规化学成分、香味物质等的含量。

在变黄期间（42 ℃转火之前）每 12 个小时，在 42 ℃转火、48 ℃转火、54 ℃转火时对各处理不同海拔、不同成熟度烟叶进行取样，每个烟样取 10 片（两株）。对所取烟样进行拍照，测定烟叶叶绿素含量、含水量、平均单叶干重，对杀青烘干后的烟叶留样，进行淀粉、常规化学成分测定。

烘烤结束后，对各处理不同海拔高度、不同成熟度烟叶进行拍照、分级测产并取样，每个样品取 3 份，每份 18～25 片，分别用于化学成分、感官质量等的测定。

4）结果与分析

（1）不同处理烘烤过程中烟叶叶绿素含量变化情况。

从图 4-16 可以看出，低海拔烟叶叶绿素在前 48 h 降解剧烈，前 24 h 采叶（C）烘烤叶绿素降解速率高于带茎（D）烘烤，24～48 h 带茎（D）烘烤叶绿素降解速率较高，至 72 h 基本降解殆尽；采叶（C）烘烤以 C2（装烟后按照 1 ℃/h 的速度升温至干/湿球温度30 ℃/30 ℃，稳温 24 小时后升至 38 ℃/36 ℃，九成黄后转入正常烘烤）处理叶绿素降解较慢，以 C4（装烟后按照 1 ℃/h 的速度升温至干/湿球温度 34 ℃/33 ℃，稳温 24 小时后升至 38 ℃/36 ℃，九成黄后转入正常烘烤）处理降解最快；带茎（D）烘烤以 D2（装烟后按照 1 ℃/h 的速度升温至干/湿球温度 30 ℃/30 ℃，稳温 24 小时后升至温度 38 ℃/36 ℃，九成黄后转入正常烘烤）处理叶绿素降解较慢，以 D5（装烟后按照 1 ℃/h 的速度升温至干/湿球温度 38 ℃/36 ℃，稳温 24 小时后升至 40 ℃/38 ℃，九成黄后转入正常烘烤）处理降解速度最快。

如图 4-17 所示，高海拔烟叶烘烤过程中叶绿素含量变化趋势与低海拔类似，但整体过程较低海拔延后，这与高海拔烟叶成熟度较差有关，采收时高海拔烟叶叶绿素含

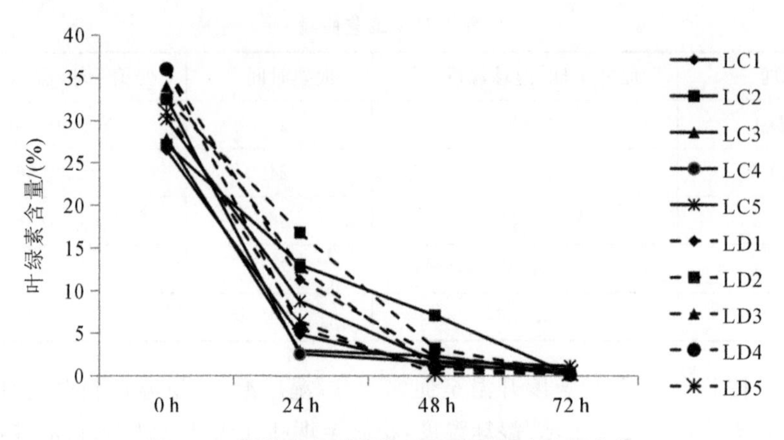

图 4-16　低海拔烟叶烘烤过程中叶绿素含量变化

量平均较低海拔高 14%,成熟度差导致变黄过程放缓。

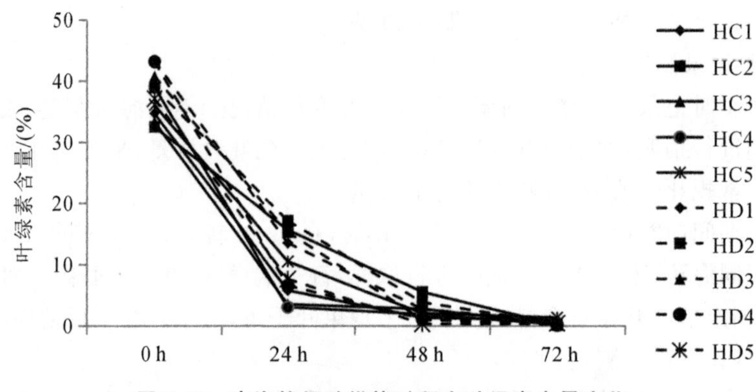

图 4-17　高海拔烟叶烘烤过程中叶绿素含量变化

(2) 不同处理烘烤过程中烟叶含水量变化情况。

从图 4-18 可以看出,采叶(C)烘烤烟叶失水速率明显高于带茎(D)烘烤,在烘烤的前 48 h 含水量变化差异不大,至 72 h 失水速率明显增加;带茎烘烤时,茎秆中的水分向烟叶中补充,使叶片含水状态相比采叶烘烤可延后 24～36 h。采叶(C)烘烤各处理不同时间点含水量差异不大,而带茎(D)烘烤含水量差异较大。采叶烘烤以 C3(装烟后按照 1 ℃/h 的速度升温至干/湿球温度 30 ℃/30 ℃,稳温 36 小时后升至 38 ℃/36 ℃,九成黄后转入正常烘烤)处理含水量下降最慢,C5(装烟后按照 1 ℃/h 的速度升温至干/湿球温度 38 ℃/36 ℃,稳温 24 小时后升至 40 ℃/38 ℃,九成黄后转入正常烘烤)处理下降最快;带茎烘烤以 D3 处理失水较慢,D5 处理失水较快。采叶与带茎烘烤失水速率均呈现 C、D5＞C、D1＞C、D4＞C、D2＞C、D3 的趋势。

如图 4-19 所示,高海拔烟叶烘烤过程中含水量变化趋势与低海拔类似,但整体过程较低海拔延后,失水较困难,表现出与叶绿素含量相似的变化趋势,均和高海拔烟叶成熟度较差有关。

(3) 不同处理烘烤过程中烟叶变化用时情况。

从表 4-58 中可以看出,与采叶烘烤相比,带茎烘烤变黄期用时较短,变黄速度较

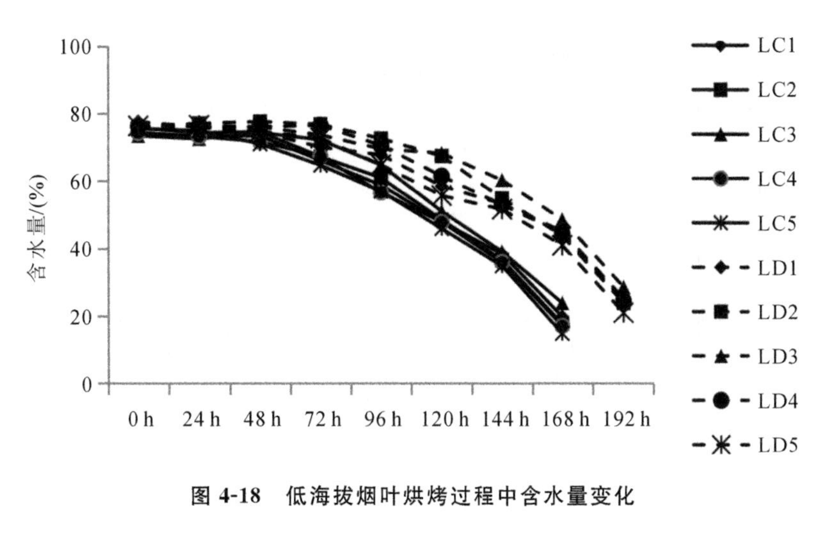

图 4-18 低海拔烟叶烘烤过程中含水量变化

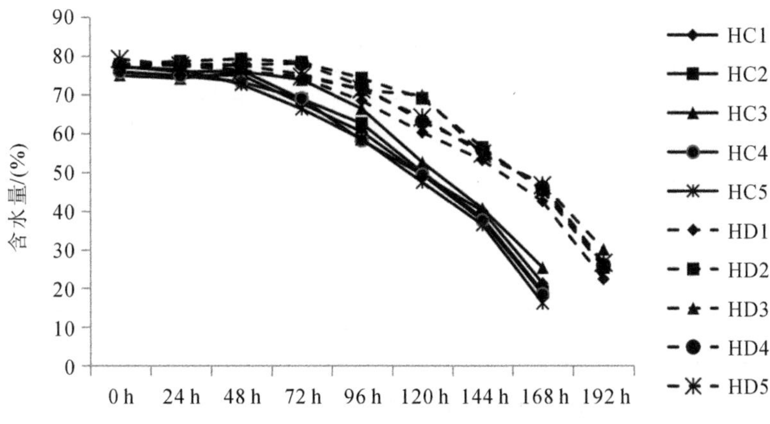

图 4-19 高海拔烟叶烘烤过程中含水量变化

快，变黄期可缩短 12 h 左右，但 42 ℃到 48 ℃用时较长，定色缓慢，定色期延长 24 h 左右，干筋期用时进一步延长 24 h 左右，因此烘烤总用时延长 36 h 左右。采叶烘烤与带茎烘烤均以 C5、D5 变黄五成速度较快，但变黄九成至黄片速度以 C4、D4 和 C1、D1 速度较快，C5、D5 最慢。高海拔各处理各阶段用时较低海拔平均延长 4～8 h。

表 4-58 不同处理烘烤过程中烟叶变化用时情况 单位：h

处理	变黄五成	变黄九成（40 ℃转火）	黄片（42 ℃转火）	卷筒（48 ℃转火）	烘烤总时间
LC1	40	72	88	118	168
LC2	40	76	92	122	172
LC3	40	84	102	132	182
LC4	36	72	88	118	168
LC5	32	64	82	110	160

续表

处理	变黄五成	变黄九成(40 ℃转火)	黄片(42 ℃转火)	卷筒(48 ℃转火)	烘烤总时间
LD1	40	68	76	132	206
LD2	40	72	80	136	212
LD3	40	80	92	144	218
LD4	36	68	78	130	204
LD5	32	60	68	122	196
HC1	44	80	94	122	172
HC2	44	84	98	126	176
HC3	44	92	108	136	186
HC4	40	80	94	122	172
HC5	36	72	88	114	164
HD1	44	76	82	136	210
HD2	44	80	86	140	216
HD3	44	88	98	148	222
HD4	40	76	84	134	208
HD5	36	68	74	126	200

(4) 不同处理烤后烟叶主要经济性状分析。

对各处理烤后烟叶进行分级,具体结果见表 4-59。结果表明:同一海拔同一采收方式下,经过促熟烘烤工艺处理的烤后烟叶在橘黄烟比例、上等烟比例、上中等烟比例、均价方面均优于直接烘烤(C、D5);在青杂烟比例上,采用促熟烘烤有利于降低烟叶的含青比例。单独看促熟稳温时间,稳温 36 小时的青杂烟比例要优于稳温 24 小时;在促熟干球温度上,采用 34 ℃的上等烟比例一般优于 30 ℃。综合比较,促熟时间长、促熟温度低、低温烘烤尽管有利于降低青杂烟比例,但不利于上等烟比例提高。

表 4-59 不同处理烤后烟叶经济性状

处理	橘黄烟比例/(%)	青杂烟比例/(%)	上等烟比例/(%)	上中等烟比例/(%)	均价/(元/kg)	电耗/(元/kg 干烟)
LC1	61.82	17.83	32.50	95.78	18.53	5.15
LC2	71.88	12.39	36.11	93.47	18.45	5.05
LC3	60.80	9.61	21.94	91.67	16.69	5.21
LC4	67.98	15.76	40.07	98.05	19.00	5.13

续表

处理	橘黄烟比例/(%)	青杂烟比例/(%)	上等烟比例/(%)	上中等烟比例/(%)	均价/(元/kg)	电耗/(元/kg 干烟)
LC5	53.98	39.85	19.35	81.91	16.37	5.00
LD1	63.32	10.83	34.5	96.28	19.13	5.89
LD2	73.31	12.65	38.13	93.97	19.05	5.77
LD3	62.13	6.61	23.47	92.17	18.29	5.95
LD4	69.08	9.28	42.04	98.55	19.56	5.86
LD5	59.48	26.83	18.32	79.41	17.27	5.71
HC1	58.82	19.56	30.68	91.65	18.06	5.42
HC2	57.98	21.63	19.74	87.54	16.22	5.32
HC3	68.88	13.41	33.91	89.34	17.98	5.48
HC4	64.98	16.19	37.87	93.92	18.53	5.40
HC5	50.98	43.65	17.15	74.78	16.39	5.26
HD1	66.08	16.45	39.84	94.42	19.09	6.20
HD2	59.13	14.63	21.27	88.04	16.82	6.07
HD3	70.31	10.41	35.93	89.84	18.58	6.26
HD4	60.32	13.08	32.73	92.15	18.66	6.17
HD5	56.48	30.63	18.12	75.28	15.88	6.01

不同海拔下，带茎烘烤橘色烟比例、上等烟比例、上中等烟比例、均价均优于采叶烘烤，带茎烘烤有利于提高上部叶经济性状。在带茎烘烤方式下，低海拔以 D4（装烟后按照 1 ℃/h 的速度升温至干/湿球温度 34 ℃/33 ℃，稳温 24 小时后升至 38 ℃/36 ℃，九成黄后转入正常烘烤）、高海拔以 D1（装烟后按照 1 ℃/h 的速度升温至干/湿球温度 30 ℃/30 ℃，稳温 24 小时后升至 40 ℃/38 ℃，九成黄后转入正常烘烤）处理的橘黄烟比例、上等烟比例、均价较高。

从烘烤成本考虑，带茎烘烤较采叶烘烤平均电耗增加 0.63 元/kg，但均价平均增加 0.81 元/kg，带茎烘烤每公斤干烟可增加产出 0.18 元。高海拔采收的烟叶成熟度较差，平均能耗增加 5%。

(5) 不同处理烟叶烘烤过程中化学成分动态变化。

从图 4-20 中可以看出，烟碱含量在采叶烘烤过程中总体呈增加的趋势，在 24～72 h烟碱含量显著增加后下降，烘烤 72 h 至烘烤结束烟碱含量有一定波动，但变化不大；总氮含量随烘烤时间的增加呈先缓慢下降后升高的趋势，在 72～96 h 降至最低，后逐渐升高；还原糖含量在前 48 h 呈明显的上升趋势，在 48～72 h 显著降低后持续至120 h缓慢上升，之后又呈下降的趋势，总糖含量呈现类似的趋势，变化幅度与还原糖含量相比较小；淀粉含量在烘烤的前96 h呈持续下降的趋势，尤其是前72小时含量显著降低，之后呈缓慢上升的趋势。

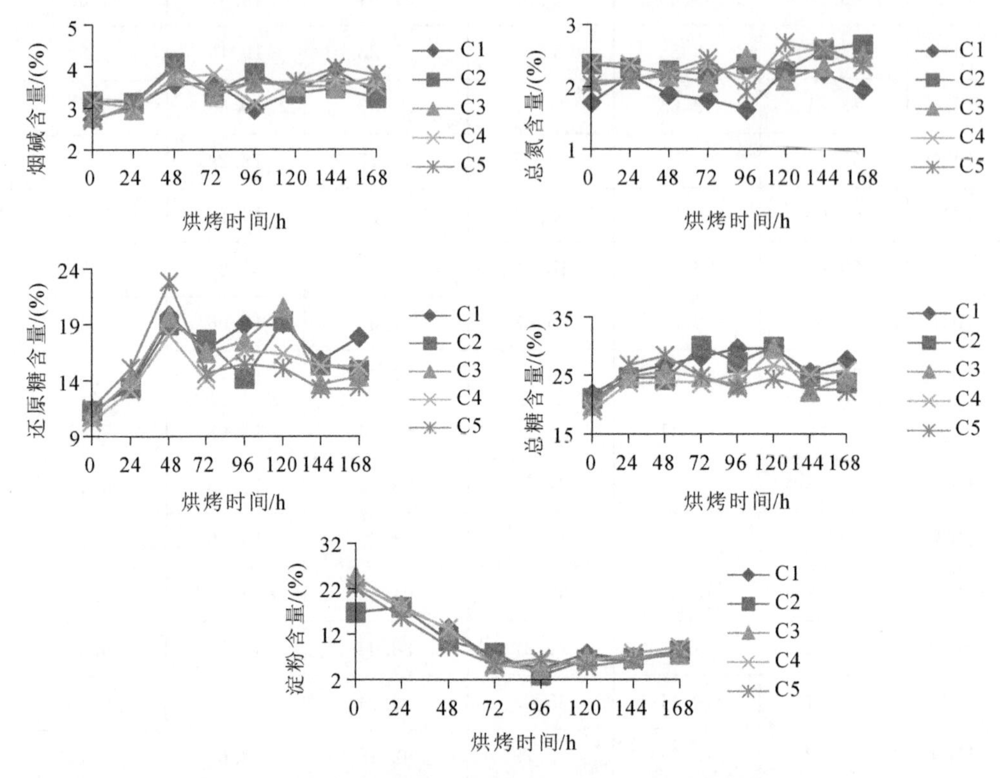

图 4-20 采叶烘烤过程中不同处理烟叶化学成分含量动态变化

从图4-21中可以看出，带茎烘烤烤后烟叶烟碱含量基本呈持续增加的趋势，总氮含量呈先降低后增加的趋势，变化幅度不大；带茎烘烤烤后烟叶还原糖、总糖含量与采叶烘烤变化趋势相似，出现两个上升峰，第一个上升峰均出现在第48 h，第二个上升峰带茎烘烤与采叶烘烤相比提前了24 h；带茎烘烤烤后烟叶淀粉含量变化与采叶烘烤类似，均在第96 h降至最低，采叶烘烤在第120 h淀粉含量出现明显的上升，而带茎烘烤变化幅度不大。

(6) 不同处理烤后烟叶化学质量。

从表4-60可以看出，低海拔试验点采叶烘烤以C2处理烤后烟叶化学质量较好，淀粉含量较低，氮碱比、两糖比较协调；带茎烘烤以D4处理烤后烟叶化学质量较好，烟碱、总氮含量较低，还原糖、总糖含量较适宜，氮碱比、两糖比较协调，淀粉含量较低。高海拔试验点采叶烘烤烤后烟叶化学质量以C5处理较好，烟碱、总氮、淀粉含量较低，还原糖、总糖含量较高，糖碱比、氮碱比、两糖比较协调；带茎烘烤以D4处理烤后烟叶化学质量较好，烟碱、总氮含量较低，还原糖、总糖含量较适宜，氮碱比、两糖比较协调，淀粉含量较低。

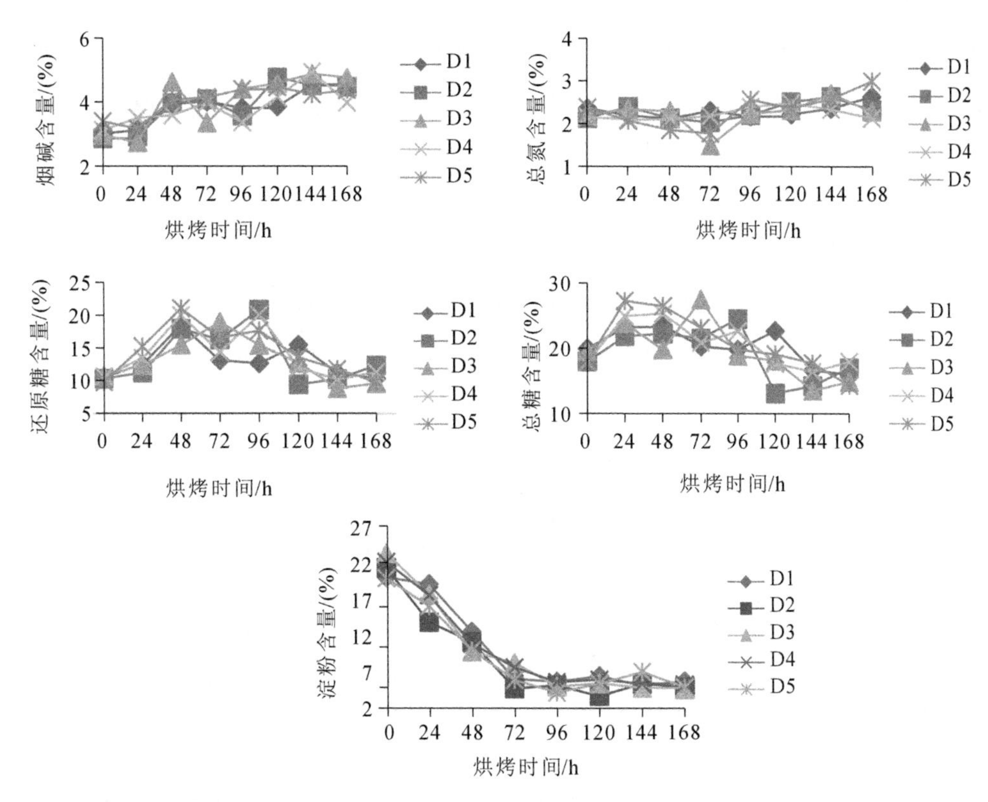

图 4-21　带茎烘烤过程中不同处理烟叶化学成分含量动态变化

表 4-60　烤后烟叶化学成分比较(B2F)

处理	烟碱含量/(%)	还原糖含量/(%)	氯含量/(%)	总糖含量/(%)	总氮含量/(%)	钾含量/(%)	糖碱比	氮碱比	两糖比	淀粉含量/(%)
LC1	3.58	15.41	0.28	19.72	2.49	1.29	4.30	0.69	0.78	7.20
LC2	3.97	18.02	0.30	19.96	2.93	1.56	4.54	0.74	0.90	4.42
LC3	3.75	14.95	0.18	19.22	2.79	1.89	3.99	0.74	0.78	3.87
LC4	4.15	12.39	0.23	16.47	2.78	1.60	2.99	0.67	0.75	5.37
LC5	3.93	19.41	0.19	22.40	2.54	1.33	4.94	0.65	0.87	6.46
LD1	3.85	16.02	0.16	18.24	2.18	1.65	4.16	0.57	0.88	4.56
LD2	4.10	15.05	0.27	17.33	2.66	1.65	3.67	0.65	0.87	3.82
LD3	3.71	15.51	0.20	17.62	2.26	1.60	4.19	0.61	0.88	4.88
LD4	3.30	16.09	0.20	18.23	2.29	1.51	4.88	0.69	0.88	4.02
LD5	3.63	19.82	0.15	21.65	2.07	1.70	5.46	0.57	0.92	6.03

续表

处理	烟碱含量/(%)	还原糖含量/(%)	氯含量/(%)	总糖含量/(%)	总氮含量/(%)	钾含量/(%)	糖碱比	氮碱比	两糖比	淀粉含量/(%)
HC1	3.60	22.74	0.15	26.64	2.24	1.42	6.32	0.62	0.85	6.68
HC2	3.55	20.59	0.15	23.23	2.37	1.60	5.80	0.67	0.89	5.43
HC3	4.03	16.31	0.20	19.51	2.39	1.51	4.05	0.59	0.84	4.22
HC4	3.53	21.80	0.21	25.07	2.33	1.42	6.18	0.66	0.87	5.70
HC5	3.09	21.47	0.12	24.80	2.14	1.56	6.95	0.69	0.87	4.96
HD1	3.81	17.16	0.32	18.92	2.32	2.05	4.50	0.61	0.91	5.15
HD2	3.98	10.75	0.66	12.52	2.44	2.20	2.70	0.61	0.86	3.79
HD3	3.75	16.05	0.23	18.19	2.31	1.94	4.28	0.61	0.88	4.59
HD4	3.47	17.53	0.18	19.37	2.40	1.84	5.05	0.69	0.91	3.68
HD5	3.19	14.66	0.21	17.14	2.27	1.80	4.59	0.71	0.86	4.89

(7) 不同处理烤后烟叶感官质量。

表 4-61 为低海拔试验点烤后烟叶感官质量比较，从中可以看出采叶和带茎烘烤以 C4、D4 处理较好，烤后烟叶杂气较少，余味较舒适。

表 4-61 烤后烟叶感官质量比较(B2F)

处理	质量特征								风格特征	
	香气质 18	香气量 16	杂气 16	刺激性 20	余味 22	燃烧性 4	灰色 4	合计 100	浓度	劲头
LC1	14.0	13.5	13.5	17.5	17.5	4.0	4.0	84.0	3.5	3.0
LC2	14.0	13.5	13.5	17.0	17.0	4.0	4.0	83.0	3.5	3.5
LC3	14.0	13.5	13.0	16.5	17.0	4.0	4.0	82.0	3.5	3.5
LC4	14.0	13.5	13.5	17.5	17.5	4.0	4.0	84.0	3.5	3.5
LC5	14.0	13.5	13.0	16.5	17.0	4.0	4.0	82.0	3.5	3.5
LD1	14.0	13.5	13.0	17.0	17.5	4.0	4.0	83.0	3.5	3.5
LD2	14.0	13.5	13.0	17.0	17.0	4.0	4.0	82.5	3.5	3.5
LD3	14.0	13.5	13.0	17.0	17.5	4.0	4.0	83.0	3.5	3.5
LD4	14.0	13.5	13.5	17.5	17.5	4.0	4.0	84.0	3.5	3.5
LD5	14.0	13.5	13.5	17.5	17.5	4.0	4.0	84.0	3.5	3.0

5）讨论与结论

带茎烘烤较采叶烘烤平均电耗增加 0.63 元/kg，但均价平均增加 0.81 元/kg，带茎烘烤每公斤干烟可增加产出 0.18 元，烟碱含量平均降低了 3.9%，总氮含量平均降低了 15.5%，淀粉含量平均降低了 11.0%，糖碱比、两糖比更加协调。

上部叶促熟烘烤工艺有利于提高烤后烟叶橘黄烟比例、上等烟比例、均价，采用促熟烘烤处理有利于降低烟叶的含青比例。

3. 变黄期不同温湿度对上部烟叶质量的影响

1）试验目的

开展不同温度段变黄及变黄湿度对上部烟叶质量影响的试验，通过烤后上部叶经济性状及工业可用性评价，筛选出适合上部叶的变黄温湿度及转火时适宜的变黄程度。

2）试验设计

烘烤工艺试验实施地点在利川基地，采用试验用小烤箱。选取两个不同海拔高度的上部成熟烟叶作为试验材料，其中利川柏杨试验基地 1200 m 作为低海拔试验材料点（L），高于利川柏杨高潮村 1400 m 的海拔高度作为高海拔试验材料点（H）。烟株大田长势一致，成熟一致，采收方式为摘叶采收。

设置不同温度段变黄及变黄湿度 4 个处理，如表 4-62 所示。

表 4-62 不同处理

处理	变黄前期干球/湿球温度/℃	变黄后期干球/湿球温度/℃
B1	36/35	38/36.5
B2	36/35	38/37.5
B3	36/35	40/36.5
B4	36/35	40/37.5

变黄后期稳温至变黄程度九成（黄片，支脉微青），之后转入正常烘烤。

将不同海拔的烟叶分装在 4 个处理烤房中，以低海拔低成熟度烟叶为参照进行烟叶烘烤进程的把握。装烟量：每个烤房处理每个试点每个成熟度烟叶装 1 竿，每竿绑烟 60～70 片。

3）试验记录测定

每 4 个小时记录一次烤房内温湿度及烟叶变化情况。

烟叶编烟前测定其含水量、平均单叶干重，以及叶绿素、淀粉、常规化学成分、香味物质等的含量。在 42 ℃转火、48 ℃转火、54 ℃转火时对各处理不同海拔、不同成熟度烟叶进行取样，每个烟样取 3 片。对所取烟样进行拍照，测定烟叶叶绿素含量、含水量、平均单叶干重，对杀青烘干后的烟叶留样，进行淀粉、常规化学成分、香味物质测定。

烘烤结束后，对各处理不同海拔高度、不同成熟度烟叶进行拍照、分级测产并取样，每个样品取 3 份，每份 18～25 片，分别用于化学成分、感官质量等的测定。

4）结果与分析

（1）不同处理烘烤过程中烟叶叶绿素含量变化情况。

从图 4-22 中可以看出，高海拔烟叶采收时叶绿素含量较高，平均比低海拔烟叶高 8.2%，成熟度差于低海拔烟叶；从叶绿素降解速率来看，低海拔烟叶降解较快，在第 72 h 基本降解完成，高海拔稍慢。对于同一海拔不同工艺处理过程而言，叶绿素降解速度为 B4＞B3＞B1＞B2，可见同一湿度下高温叶绿素降解速度快，同一温度下低湿降解速度大于高湿。

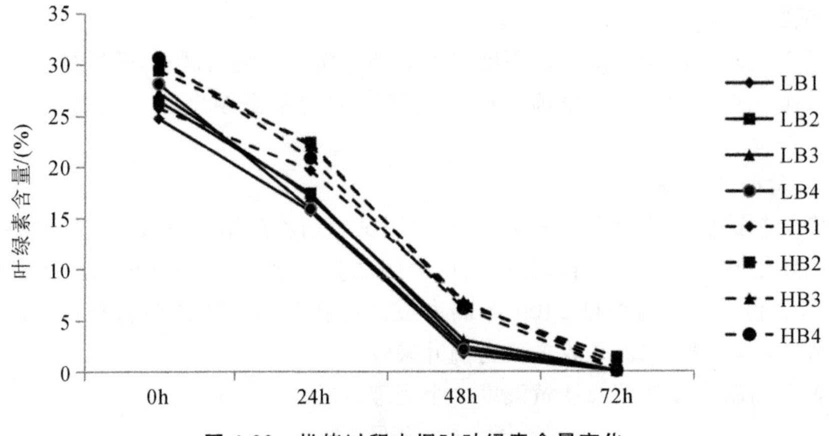

图 4-22 烘烤过程中烟叶叶绿素含量变化

（2）不同处理烘烤过程中烟叶含水量变化情况。

从图 4-23 中可以看出，高海拔烟叶采收时含水量略高，平均比低海拔高 1.3%；从烘烤过程中烟叶失水速率来看，低海拔失水较快。在同一海拔不同工艺处理过程中，失水速度为 B3＞B4＞B1＞B2，可见同一湿度下高温环境叶片失水速度快，同一温度下低湿环境叶片失水速度快。

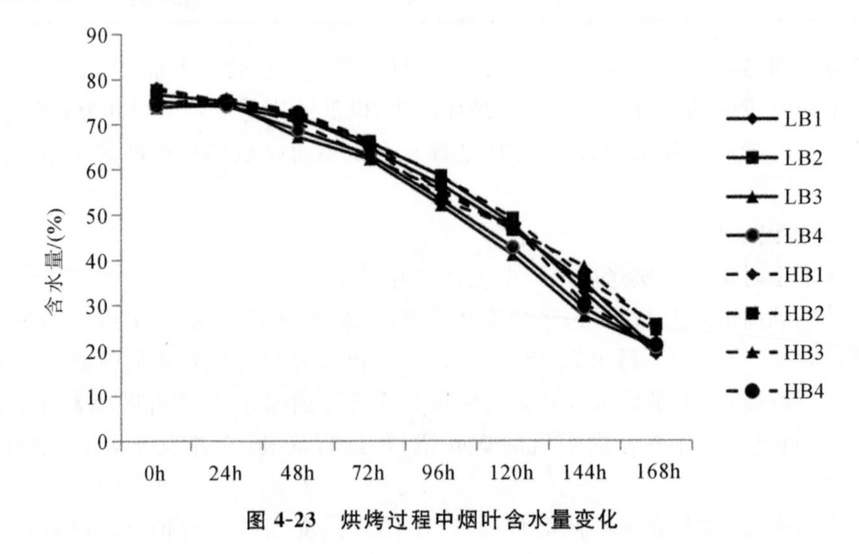

图 4-23 烘烤过程中烟叶含水量变化

(3) 不同处理烘烤过程中烟叶变化用时情况。

从表 4-63 中可以看出，变黄速度 B3、4>B1、2，可见温度高有利于烟叶变黄；同一变黄温度下，变黄湿度低的烟叶由五成黄至九成黄用时较短，由九成黄至卷筒用时较长。高海拔烟叶成熟度较差，较低海拔烟叶各阶段烘烤用时延长。

表 4-63　不同处理烘烤过程中烟叶变化用时情况

单位：h

处理	五成黄	九成黄(40 ℃转火)	黄片(42 ℃转火)	卷筒(48 ℃转火)	烘烤总时间
LB1	36	68	88	112	159
LB2	36	76	96	116	163
LB3	32	60	84	108	173
LB4	32	64	90	112	159
HB1	40	76	94	116	163
HB2	40	84	102	120	177
HB3	40	68	88	112	167
HB4	40	72	92	116	163

(4) 不同处理烤后烟叶主要经济性状分析。

对各处理烤后烟叶进行分级，具体结果见表 4-64。结果表明：不同处理烤后烟叶的橘黄烟比例以 B3、B4 处理较高，可见高温快烤有利于橘黄烟比例的增加，但同时青杂烟比例也随着增加。从上等烟比例来看，低海拔以 B4 处理较高，高海拔以 B2 处理较高。

表 4-64　不同处理烤后烟叶经济性状

处理	橘黄烟比例/(%)	青杂烟比例/(%)	上等烟比例/(%)	上中等烟比例/(%)	均价/(元/kg)
LB1	61.82	13.28	32.5	95.78	18.53
LB2	62.88	10.06	36.11	93.47	18.45
LB3	64.57	16.81	31.94	91.67	17.69
LB4	66.98	15.76	38.07	97.05	18.71
HB1	58.82	16.32	29.80	91.68	17.83
HB2	59.13	13.46	33.41	89.37	18.19
HB3	60.35	20.08	29.24	87.57	17.06
HB4	60.98	19.07	32.37	90.95	18.04

(5) 不同处理烘烤过程中烟叶化学成分动态变化。

从图 4-24 中可以看出，烟碱和总氮含量在烘烤过程中变化幅度不大，烟碱含量在 72～96 h 有上升的趋势，可能与这一期间含水量显著降低有关，波动幅度表现为 B4>B3>B2>B1，可见高温高湿烘烤有利于烟碱的积累，低温低湿烘烤不利于烟碱含量的增加，总氮含量在第48 h出现下降后逐步缓慢升高；还原糖含量在前72 h显著增加后缓慢降低，在第72 h波动幅度表现为B2>B1>B3>B4，可见低温烘烤对还原糖积累有一定影响，总糖含量表现出相同的变化趋势；淀粉含量在前72 h显著降低后略微升高，之后随着叶片的干燥变化幅度不大。

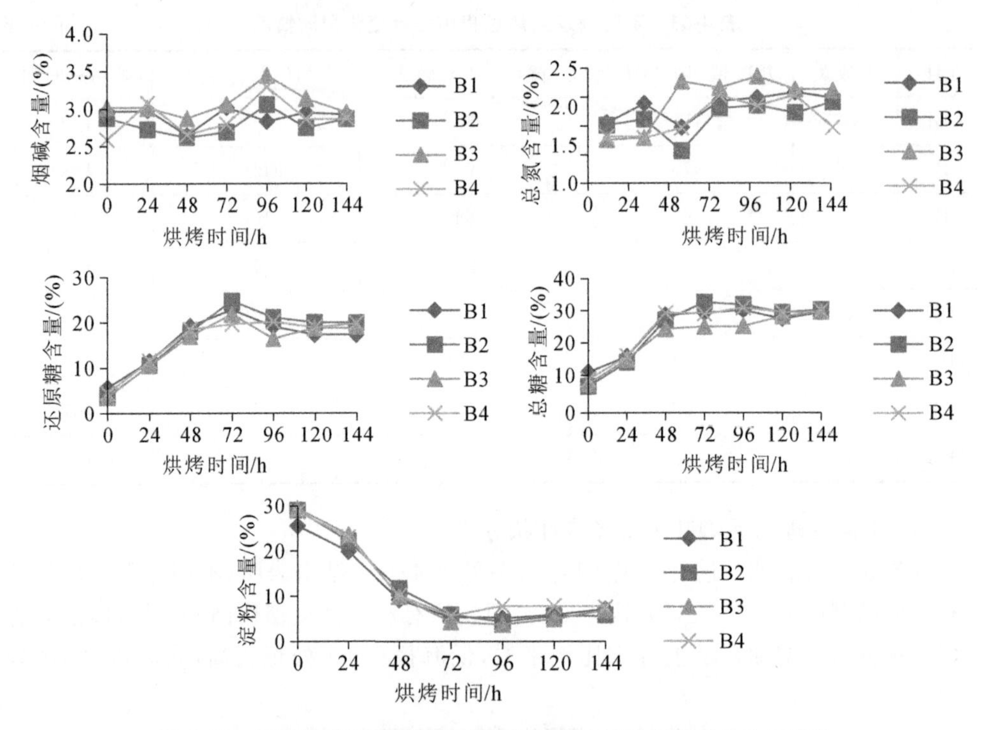

图4-24 低海拔试验点不同处理烘烤过程中烟叶化学成分动态变化

(6) 不同处理烤后烟叶化学质量。

从表4-65中可以看出，低海拔试验点以B4处理化学质量较好，烟碱含量较低，糖碱比、氮碱比、两糖比较协调；高海拔试验点以B2处理化学质量较好，烟碱含量较低，糖碱比、氮碱比、两糖比较协调。

同一变黄温度下，变黄湿度高，烟碱、总氮、还原糖、总糖含量较低，较高的变黄湿度有利于内含物的降解。

表4-65 烤后烟叶化学成分比较(B2F)

地点	处理	烟碱含量/(%)	还原糖含量/(%)	氯含量/(%)	总糖含量/(%)	总氮含量/(%)	钾含量/(%)	糖碱比	氮碱比	两糖比	淀粉含量/(%)
L	B1	3.06	25.63	0.35	29.70	2.24	1.47	8.39	0.73	0.86	6.49
	B2	2.80	22.66	0.46	25.32	2.27	1.56	8.09	0.81	0.89	4.37
	B3	2.94	24.12	0.48	26.90	2.27	1.60	8.19	0.77	0.90	5.25
	B4	2.53	22.54	0.32	25.19	2.22	1.60	8.90	0.88	0.89	4.97

续表

地点	处理	烟碱含量/(%)	还原糖含量/(%)	氯含量/(%)	总糖含量/(%)	总氮含量/(%)	钾含量/(%)	糖碱比	氮碱比	两糖比	淀粉含量/(%)
H	B1	3.49	24.20	0.59	29.53	2.61	1.84	6.94	0.75	0.82	6.41
	B2	2.83	28.12	0.69	32.57	2.46	1.84	9.93	0.87	0.86	5.92
	B3	3.61	24.09	0.67	28.01	2.74	1.99	6.67	0.76	0.86	5.28
	B4	3.40	20.86	0.77	27.83	2.48	1.89	6.14	0.73	0.75	6.78

（7）不同处理烤后烟叶感官质量。

从表 4-66 中可以看出，低海拔试验点以 B3、B4 处理评吸质量较好，香气质好，余味较舒适；综合比较，高海拔试验点烤后烟叶感官质量差于低海拔试验点，其中以 B2 处理评吸质量较好，余味较舒适。

表 4-66　烤后烟叶感官质量比较(B2F)

处理	质量特征								风格特征	
	香气质 18	香气量 16	杂气 16	刺激性 20	余味 22	燃烧性 4	灰色 4	合计 100	浓度	劲头
LB1	14.0	13.5	13.5	17.5	17.5	4.0	4.0	84.0	3.5	3.5
LB2	14.0	13.5	13.0	17.5	17.5	4.0	4.0	83.5	3.5	3.5
LB3	14.5	13.5	13.5	17.5	18.0	4.0	4.0	85.0	3.5	3.5
LB4	14.5	13.5	13.5	17.5	18.0	4.0	4.0	85.0	3.5	3.5
HB1	14.0	13.5	13.0	17.0	17.5	4.0	3.5	82.5	3.5	3.5
HB2	14.0	13.5	13.5	17.0	17.5	4.0	3.5	83.0	3.5	3.5
HB3	14.0	13.5	13.0	17.0	17.5	4.0	3.5	82.5	3.5	3.5
HB4	14.0	13.5	13.0	17.0	17.5	4.0	3.5	82.5	3.5	3.5

5）讨论与结论

烘烤变黄期温度高有利于促进正常成熟的上部烟叶变黄和失水，缩短变黄前期变黄时间，但失水较快，定色期时间拉长，有利于上等烟比例的增加。叶绿素在烘烤的前 48 h 分解剧烈，至 72 h 基本消耗殆尽，此阶段叶片含水量降低较慢，是烟叶内化学成分含量变化的关键时期。采用低温烘烤有利于烟碱的消耗，同时有利于还原糖、总糖的累积，但需谨慎把握低温的时间，防止内含物过度消耗。高海拔成熟度较差的烟叶，变黄温度不宜过高，同时应控制变黄湿度。

第五章　上部烟叶烘烤

随着卷烟结构的提升，低焦油卷烟已经成为卷烟产品主流，细支卷烟、短支卷烟得到了快速发展，这对烟叶原料提出了新的要求。在此背景下，重新拓宽高档卷烟原料来源、降低对中部烟叶和进口烟叶的依赖是解决高档品牌烟叶原料保障问题的必由之路。上部烟叶对烤烟的总体产量和质量都有很大的贡献，占整株总产量的30%～45%，质量好的上部烟叶在现代混合型卷烟和低焦油烤烟型卷烟叶组配方中起着主导作用，对卷烟香味及其风格具有很大贡献。但是目前农业生产中上部烟叶开片较差，采收成熟度不够，烤后易出现含青（青筋、浮青）、挂灰等杂色烟现象，使烟农收益受到损失；此外，上部烟叶组织结构紧密，淀粉、烟碱含量过高，糖碱比低，内在化学成分不协调，工业可用性较低，致使库存压力较大。

一、影响上部烟叶质量的主要因素

（一）光照和温度

光照和温度是烟株正常代谢和物质合成的重要条件。韩锦峰等研究认为，当光照过强时，烟叶的海绵组织和栅栏组织加厚，细胞间隙减小，造成叶片厚而组织粗糙，叶脉突出，易形成粗筋暴叶，使烟叶的可用性下降；烟叶中烟碱含量随日照时间增加而增加，还原糖的积累反而降低。日平均气温对烟叶的生长发育和品质形成影响较大，尤其在烟叶成熟期，高温条件下还原糖积累减少，烟碱积累增加，低温条件下上部烟叶难以成熟，烟碱积累时间长，烤后烟叶质量差。在生产上可以通过调整移栽期来改善光照和温度条件，使烤烟的上部烟叶成熟期避开低温寡照或高温酷暑，对提高上部烟叶的可用性有利。

（二）田间生长条件管理

1. 营养平衡

大量研究证明，施氮量过高是造成上部烟叶可用性差和烟碱含量高的主要因素。施氮过多时，烟株在打顶后依然保持较强的供氮能力和旺盛的氮代谢，除造成上部叶片增厚，颜色加深外，还造成含糖量降低，上部烟叶的烟碱含量大幅度增加。章启发认为，由于氮素用量过多，成熟期土壤中仍残存大量氮素，致使上部烟叶烟碱含量偏高，采用分层施肥,配合喷施叶面肥可有效改善上部烟叶的理化特性和控制烟碱含量。氮肥形态对上部烟中的可用性产生直接影响。硝态氮能促进烟株前期生长,并能在成熟期较好地控制氮素供应量,防止后期氮素过多而造成烟碱大量合成和积累。时向东认为饼肥与化肥配合施用能提高叶片孔隙度,使植株叶片的内含物充实,厚度、组织疏松度较为适宜。磷、钾肥及中微量元素的平衡施用对上部烟叶可用性的提高同样重要。磷肥能促进烟株早发快长,有利于烟叶适时落黄成熟,提高烟叶的产量和上等烟比例。适当提高磷、钾含量,可降低烟叶中总氮、蛋白质、烟碱等含氮化合物含量,增加可溶性糖和总糖含量,使烟叶内在化学成分更为协调。

2. 烟田水分

烤烟生育后期的大田水分管理对上部烟叶质量的形成有着重要影响,这个时期根系活力有所下降,吸水能力较差,从而影响到叶片的水分含量和物质转化,最终造成上部叶的开片程度降低和内在化学成分不协调。韩锦峰等研究表明,烤烟成熟期供水较高时烟叶中烟碱、总氮、钙和镁的含量相对较低,烟叶薄而多糖,含氮化合物少,烟叶燃烧性较好;而在干旱条件下烟叶的含氮化合物含量增加并显著促进烟碱的积累,叶片变厚而粗糙。考虑到上部烟叶生育时期的吸水状况,在后期要保持一定的田间持水量以满足上部烟叶生长发育的需要。

干旱胁迫对烟草生理生化特性和烟株生长发育产生影响,反映在烟叶的产量和品质上表现为产量的下降和品质的降低。据汪耀富(1993)测定,在烤烟生长发育过程中,伸根期、旺长期、成熟期任一时期土壤严重干旱(土壤相对含水量40%左右),都会降低烟叶的产量和上中等烟比例,尤其以旺长期土壤干旱对烟叶产量的影响较大,成熟期土壤干旱对烟叶上中等烟比例的影响较为显著。而且,在烟草大田生育期中,干旱时间越长,对烟叶产量和品质的影响越大。李进平等(2002—2007年)根据伸根期、旺长期、成熟期烤烟的叶绿素含量、氮代谢强度、总生物量的积累与土壤湿度的关系,确定了不同生育期烤烟的适宜土壤水分指标和干旱指标(见表5-1),当土壤水分含量低于干旱指标时即应灌水。

表5-1 烤烟及白肋烟的适宜土壤水分指标和干旱指标

生育期	烤烟		白肋烟	
	适宜土壤水分指标/(%)	干旱指标/(%)	适宜土壤水分指标/(%)	干旱指标/(%)
伸根期	57～65	48.0～51.5	67～72	56～58
旺长期	78.5～81	67.0～71.7	80～82	70～72
成熟期	76～78	55.7～60.0	75～77	67～70

3. 打顶和留叶

烟草以收叶为目的,生殖器官不除去,叶内营养物质将大量流向顶部花序,如任其开花结果,不仅容易引发各种病害,更会显著降低烟叶产量和质量。因此,在烟草栽培中,应及时除去花序(即打顶),减少养分消耗,集中养分供应叶片生长,提高烟叶的产量和品质。因此，打顶是烟草特有的一项田间作业，是调控烟株营养和烟叶品质的重要措施，是种好烤烟的重要技术环节。打顶后，顶端优势被去除，茎上部的三四个叶片处的腋芽开始生长，如果任其生长，其结果与不打顶一样，造成烟叶减产降质。因此在打顶后，要及时抹杈。

打顶可阻断同化物向生殖器官运输，使光合产物集中向烟叶内分配，促进烟叶干物质的积累，增加叶片有效面积，对提高烟叶产质量有利。适当推迟打顶，会使氮素转变成烟碱的比例相对减少，烟碱含量也会降低，打顶过早则刚好相反。目前生产条件下一般认为50%的中心花开放是最佳的打顶期。在打顶时还要充分考虑土壤的肥力状况，肥力较高打顶过早，易造成叶片大而厚，烟碱含量高，填充力差，可用性低；而肥力低打顶迟同样不利于烟叶的品质。留叶数增加虽能降低烟碱含量，但易造成上部叶瘦小，单叶重和有效叶数降低。由此，就目前生产条件而言，比较适宜的留叶数是18～22 片，当烟株后期营养较丰富时，可适当多留 1～2 片叶。

生理调控技术作为调控烟叶化学成分的一项主要技术越来越受到人们的关注。通常，通过添加外源植物生长调节剂来协调烟株生长发育及体内物质代谢水平，从而达到提高上部烟叶质量和可用性的目的。研究表明，在打顶后使用 2,4-D 水溶液对云烟 87 进行灌施处理，上部烟叶烟碱含量显著降低，钾含量和糖碱比显著增加，从而提高上部烟叶化学成分的协调性。胡国松认为，打顶后用 IAA 和 MH 处理烟株可降低上部烟叶的烟碱含量，还认为通过化学调节物质刺激上部叶细胞伸长和促进细胞间隙扩展，有利于降低上部烟叶的密度和烟碱含量。韩锦峰等认为，通过喷施外源 IAA 和 GA_3 可降低烟叶烟碱含量，而喷施 ABA 和 6-BA 可增加烟碱含量。

4. 成熟采收

1）采收方式

采收方式对烟叶物理特性的影响远大于成熟度对烟叶的影响，集中采收使上部烟叶单叶重和叶密度显著降低，叶片组织结构相对疏松。与分次采收相比，顶部 6 片叶一次性采收可降低烟叶叶绿素含量，提高烟叶外观质量，其中成熟度、叶片结构、身份、油分、色度均有所提高；另外，一次性采收使烟叶内在化学成分的协调性更好，其中钾、总氮、烟碱、氯含量均降低，淀粉、总糖和还原糖含量均增加；一次性采收烤后烟叶中等烟比例和感官评吸质量提高，有利于提高上部烟叶的质量和可用性。

2）采收成熟度

上部烟叶烘烤时容易形成挂灰烟、褐色烟。上部烟叶总氮、烟碱含量过高容易使烟气浓度和劲头过大，刺激性增强，在原料选择和配方设计中受到限制。因此，采收时控制上部烟叶的成熟度非常重要。欠熟的上部烟叶，叶片相对较厚，细胞排列紧密，组织欠疏松，淀粉等大分子化合物较多，烘烤过程中淀粉等不易充分转化，造成化学成分不协调。欠熟烟叶是造成上部叶僵硬和烘烤特性差的重要原因。

5. 烘烤工艺

上部烟叶采收后叶内淀粉和蛋白质含量较高，香气物质含量较少。因此，促进淀粉和蛋白质等大分子物质降解的科学烘烤技术非常重要。研究表明，烘烤上部烟叶时，在变黄期及定色前期创造有利条件促使淀粉和蛋白质得到充分降解能够明显提高上部烟叶的外观质量，改善烟叶内在品质。艾复清等认为，延长变黄时间，稳定升温定色，拉长 54～55 ℃烘烤时间，具有提高还原糖含量的作用。烘烤是烤烟生产的关键环节，烟叶烘烤是环境温湿度、气体组分、酶、微生物及烟叶内在组分共同作用的复杂的生理生化反应过程。烟叶内部所发生的反应均受烘烤环境条件的影响和制约，人们可以根据烟叶的内在质量调控这些环境条件，进而提高烟叶烘烤品质。

合理的技术调控可以提高上部烟叶的质量和可用性。湖南中烟工业有限责任公司在其烟叶原料基地推行“4＋1”模式，对优质烟叶个体发育和群体结构调控技术、上部烟叶一次性采收技术、中温中湿调制工艺、土壤改良综合技术以及烟叶成熟采收管理等 5 个关键技术进行集成推广，烟叶综合可用性提高 10％，优质上部烟叶比例达到 50％以上。整体提高烤烟上部烟叶质量和工业可用性是一项复杂的系统工程，需要关注以下几个方面。

1）以工业需求为导向

按照工业需求，提出明确的目标和需要改进的确切指标。开发新型叶组配方、合理调整上部烟叶使用比例、有效降低烟叶库存量是当前卷烟工业企业重要任务。卷烟工业企业应根据合理的叶组配方对上部烟叶提出具体的优化指标，为提高上部烟叶质量提供技术研究方向。

2）以烟叶成熟度为核心

烟叶成熟度是在田间形成、通过烘烤调制强化固化的。因此必须围绕烟叶田间成熟度，系统开展肥料运筹、水分调控、大田管理、采收烘烤等技术研发，强化保障措施，夯实烟叶田间生长发育的质量基础。此外，要转变烟叶技术员和烟农对烟叶成熟度的认知，使其充分认识到烟叶成熟度的重要性，明确提高烟叶成熟度是促进上部烟叶质量提升的重要技术途径。

3）以烟叶收购为引导

推行上部烟叶单收单调的模式，完善工商交接流程，适当调整收购标准，稳定烟农收益，以经济效益引导烟农转变生产方式。

4）以工业验证为标准

工业企业应加强上部烟叶的质量评价、配方使用、工业验证工作，以指导上部烟叶可用性的持续提高，实现重点品牌的原料保障。

二、湖北烟区气候特征及对上部烟叶质量的影响

从图 5-1 中可以看出，湖北省烟区气候条件主要分为两类，南漳、保康、房县、竹山、竹溪、巴东、秭归为一类，恩施、宣恩、利川、鹤峰为一类。第一类主要为鄂西北烟区，第二类主要为鄂西南烟区。

鄂西北烟区和鄂西南烟区在相同海拔（1000 m 左右）烟株大田生长期（5—9 月份）日均温表现为：日均温在 7、8 月份达到最高值，而后下降。在 5—9 月，鄂西南比鄂

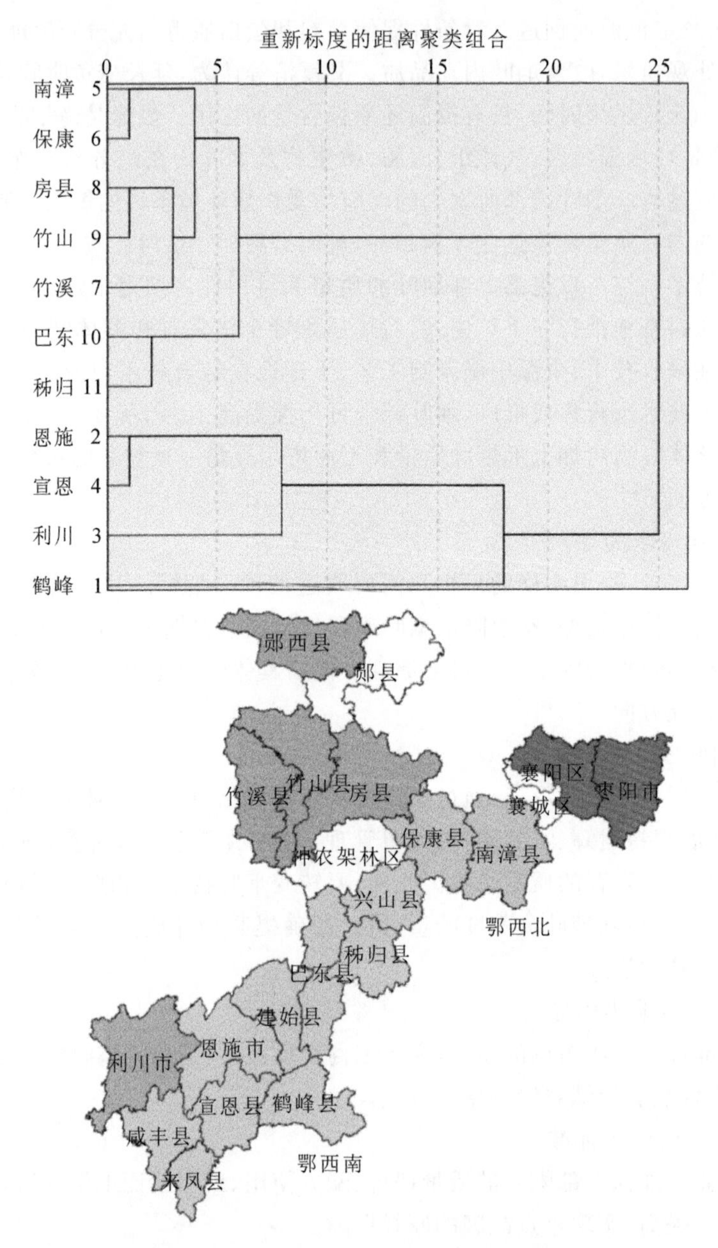

图 5-1 湖北省主要产烟县的地域分布图

西北的日均温高 0.65 ℃，在上部烟叶成熟期，鄂西南的日均温显著高于鄂西北，更有利于上部烟叶的成熟，见图 5-2。

烤烟大田生长期间，鄂西南的总降雨量高于鄂西北。从降雨量的分布来看，鄂西南植烟区的降雨量呈先降低而后升高的趋势，而鄂西北植烟区的降雨量呈上升趋势。从降雨量数据分析来看，鄂西南 5—7 月份的降雨量要高于鄂西北，其中 5 月份鄂西南的降雨量明显高于鄂西北，见图 5-3。

湖北省植烟区域烟株大田生长期(5—9 月份)日照时数表现为先升高而后降低的

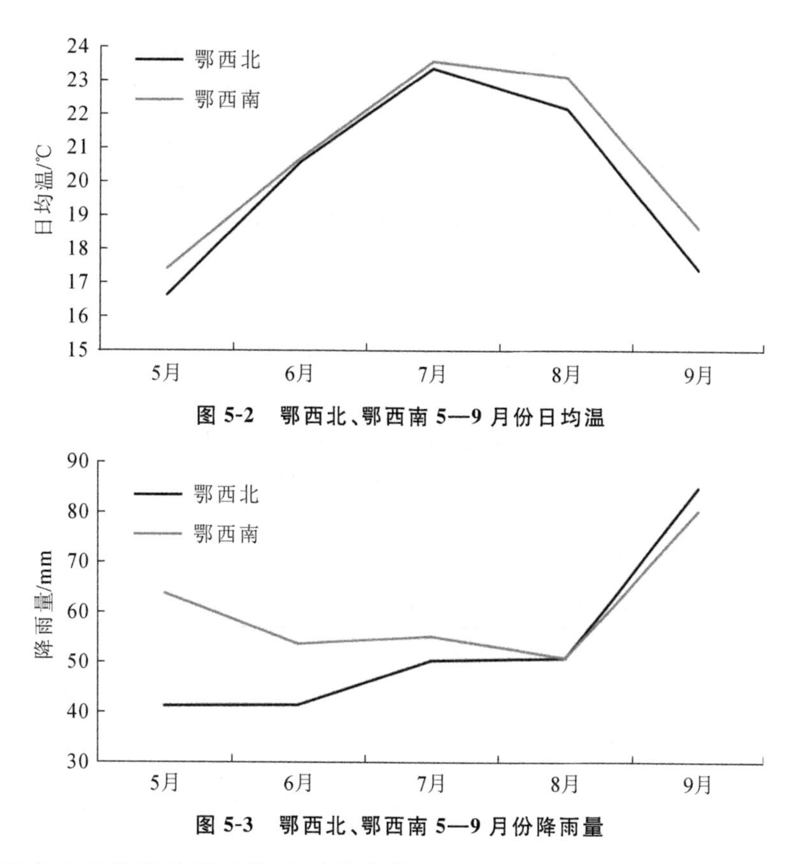

图 5-2 鄂西北、鄂西南 5—9 月份日均温

图 5-3 鄂西北、鄂西南 5—9 月份降雨量

趋势,鄂西南 8 月份的日照时数达到最大值,鄂西北 7 月份的日照时数达到最大值。从烤烟大田生长期间总日照时数来看,鄂西北烟区比鄂西南烟区高出 120.92 小时,其中 5—7 月份鄂西北的日照时数显著高于鄂西南,见图 5-4。

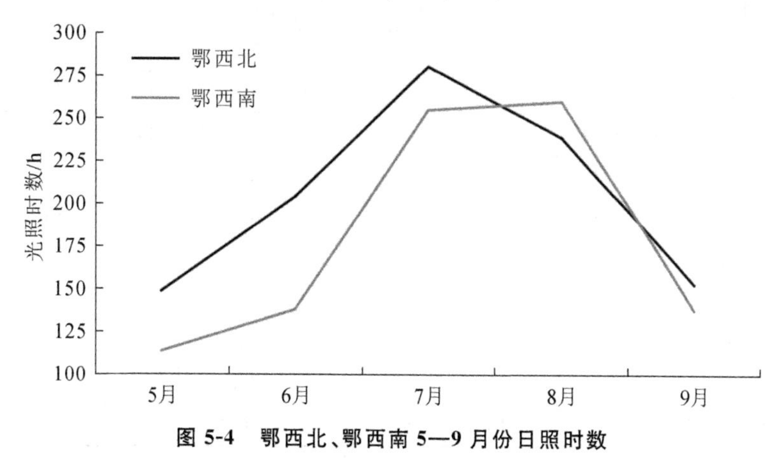

图 5-4 鄂西北、鄂西南 5—9 月份日照时数

三、提高上部烟叶质量的主要技术

对烟株上部烟叶农艺性状、光合作用、干物质积累及产量、质量进行分析,研究结

果表明，弃烤 4 片、株距 50 cm 处理较好，叶面积较大，长宽比较协调，下部叶、中部叶单叶重较重，上部叶单叶干重较小；弃烤 4 片的净光合速率、气孔导度、胞间 CO_2浓度和蒸腾速率高于弃烤 2 片；随着种植株距的增加，光合效率升高。弃烤 4 片、株距 50 cm 处理产量、产值较高。提高上部烟叶质量的较适宜弃烤叶片数为 4 片，种植密度以株距 50～55 cm 较适宜，化学成分较协调，评吸质量较好。

（一）提高上部烟叶可用性的栽培技术

1. 种植密度与留叶数对上部烟叶质量的影响

1）种植密度与弃烤叶片数互作对烟株上部叶开片的影响

湖北省烟草科学研究院研究表明，弃烤叶片数对第 14 叶位叶片长、宽影响作用显著，弃烤 4 片有利于增加第 14 叶位叶片长、宽；株距对第 14 叶位叶片宽影响作用显著，随着种植密度的增加，叶宽逐渐减小。综合比较，以弃烤 4 片、株距 50 cm 处理较好，叶面积较大，长宽比较协调，见表 5-2。

表 5-2　中部叶采收与上部叶采收时第 14 叶位农艺性状

处理		中部叶采收时				上部叶采收时			
		长/cm	宽/cm	叶面积/cm^2	长宽比	长/cm	宽/cm	叶面积/cm^2	长宽比
弃烤 2 片	株距 50 cm	54.41^{b}	13.68^{b}	474.28^{c}	4.00^{a}	55.98^{c}	14.30^{b}	509.19^{b}	3.99^{a}
	株距 55 cm	51.69^{b}	14.44^{b}	462.57^{c}	3.73^{a}	63.66^{ab}	16.63^{ab}	673.12^{ab}	3.84^{a}
	株距 60 cm	55.47^{ab}	14.58^{b}	512.43^{c}	3.86^{a}	62.37^{ab}	15.81^{ab}	638.52^{ab}	3.97^{a}
弃烤 4 片	株距 50 cm	61.81^{a}	16.80^{a}	662.58^{ab}	3.70^{a}	60.97^{bc}	17.12^{ab}	674.24^{ab}	3.68^{a}
	株距 55 cm	57.00^{ab}	15.52^{ab}	568.57^{bc}	3.73^{a}	63.82^{ab}	16.30^{ab}	664.19^{ab}	3.93^{a}
	株距 60 cm	62.02^{a}	17.39^{a}	689.09^{a}	3.59^{a}	67.54^{a}	18.41^{a}	793.92^{a}	3.70^{a}
		K 值							
弃烤 2 片		58.86	14.23	483.09	3.86	60.67	15.58	606.94	3.93
弃烤 4 片		60.28	16.57	640.08	3.67	64.11	17.28	710.78	3.77
株距 50 cm		58.11	15.24	568.43	3.85	58.48	15.71	591.72	3.84
株距 55 cm		54.35	14.98	515.57	3.73	63.74	16.47	668.66	3.89
株距 60 cm		58.75	15.99	600.76	3.73	64.96	17.11	716.22	3.84
		F 值							
弃烤叶片数		11.34^{**}	15.71^{**}	23.89^{**}	1.37	4.46^{*}	5.37^{*}	5.71^{*}	1.85
株距		2.07	1.04	2.39	0.25	6.34^{**}	1.32	3.01	0.07
弃烤叶片数×株距		0.1	1.16	0.64	0.33	0.94	1.79	1.57	1.03

注：同列数据后带有不同小写字母者表示处理间差异达到显著水平，* 为 $P<0.05$，** 为 $P<0.01$。

2）种植密度与弃烤叶片数互作对烟株光合作用的影响

弃烤叶片数、株距对烟株净光合速率、蒸腾速率等光合参数无显著影响，株距影响效应大于弃烤叶片数。弃烤叶片数以 4 片较好，净光合速率、气孔导度、胞间 CO_2浓度和蒸腾速率高于弃烤 2 片；随着种植株距的增加，净光合速率、气孔导度、胞间 CO_2 浓度和蒸腾速率逐渐升高，见表 5-3。

表 5-3　中部叶采收时第 14 叶位光合参数比较

处理		净光合速率 /(μmol·$m^{-2}s^{-1}$)	气孔导度 /(mol·$m^{-2}s^{-1}$)	胞间 CO_2 浓度 /(μmol·mol^{-1})	蒸腾速率 /(mmol·$m^{-2}s^{-1}$)
弃烤 2 片	株距 50 cm	11.78[a]	0.20[b]	242.81[a]	4.00[b]
	株距 55 cm	13.80[a]	0.26[ab]	255.21[a]	5.07[ab]
	株距 60 cm	13.25[a]	0.24[ab]	247.32[a]	4.66[ab]
弃烤 4 片	株距 50 cm	13.08[a]	0.24[ab]	251.44[a]	4.89[ab]
	株距 55 cm	13.17[a]	0.24[ab]	247.24[a]	4.65[ab]
	株距 60 cm	14.10[a]	0.28[a]	258.03[a]	5.51[a]
		K 值			
弃烤 2 片		12.94	0.23	248.45	4.58
弃烤 4 片		13.45	0.25	252.24	5.02
株距 50 cm		12.43	0.22	247.13	4.45
株距 55 cm		13.49	0.25	251.23	4.86
株距 60 cm		13.68	0.26	252.68	5.09
		F 值			
弃烤叶片数		0.57	1.64	0.41	2.27
株距		1.36	1.32	0.32	1.61
弃烤叶片数×株距		0.81	1.1	1.02	2.26

注：同列数据后带有不同小写字母者表示处理间差异达到显著水平。

3）种植密度与弃烤叶片数互作对烟叶干物质积累的影响

弃烤叶片数对中、下部烟叶单叶干重影响差异不显著，对上部烟叶单叶干重影响显著，弃烤 4 片可显著降低上部烟叶单叶干重，株距加大有利于增加中部烟叶单叶干重。综合对上、中、下部烟叶单叶干重的影响，弃烤 4 片、株距 50 cm 处理较好，见表 5-4。

表 5-4　密度与弃烤叶片数对各叶位烤后平均单叶干重的影响　　单位：g

处理		1～3 叶位	4～9 叶位	10～12 叶位	13～14 叶位
弃烤 2 片	株距 50 cm	9.75[a]	10.18[a]	10.02[b]	10.45[a]
	株距 55 cm	8.85[a]	11.88[a]	10.54[ab]	12.92[a]
	株距 60 cm	9.43[a]	10.90[a]	11.77[ab]	12.37[a]
弃烤 4 片	株距 50 cm	12.18[a]	13.45[a]	10.14[b]	10.17[a]
	株距 55 cm	9.88[a]	10.38[a]	12.09[a]	9.13[a]
	株距 60 cm	12.15[a]	13.50[a]	10.14[b]	9.14[a]

续表

处理	1～3 叶位	4～9 叶位	10～12 叶位	13～14 叶位
	K 值			
弃烤 2 片	9.34	10.99	10.78	11.91
弃烤 4 片	11.4	12.44	10.79	9.48
株距 50 cm	10.97	11.82	10.08	10.31
株距 55 cm	9.37	11.13	11.32	11.03
株距 60 cm	10.79	12.20	10.96	10.76
	F 值			
弃烤叶片数	2.78	2.21	0.001	6.47*
株距	0.71	0.41	2.66	0.21
弃烤叶片数×株距	0.18	2.31	3.72	1.37

注：同列数据后带有不同小写字母者表示处理间差异达到显著水平，* 为 $P<0.05$，** 为 $P<0.01$。

4）种植密度与弃烤叶片数互作对烤后烟叶经济性状的影响

种植密度与弃烤叶片数及其互作对烤烟经济性状影响差异不显著，弃烤叶片数对均价、上等烟比例影响较大，弃烤 4 片收购均价较高，弃烤 2 片上等烟比例、均价较高；种植密度对烤烟产量、产值影响较大，株距减小，增大种植密度，产量、产值先降低后升高。以弃烤 4 片、株距 50 cm 处理产量、产值较高，见表 5-5。

表 5-5 密度与弃烤叶片数对烤后烟叶经济性状的影响

处理		上等烟比例/(%)	中等烟比例/(%)	均价/(元/kg)	产量/(kg/亩)	产值/(元/亩)	收购产量/(kg/亩)	收购产值/(元/亩)	收购均价/(元/kg)	收购上等烟率/(%)
弃烤2片	株距 50 cm	41.58[a]	42.04[a]	20.28[a]	179.92[ab]	3648.78[a]	109.36[a]	2911.46[a]	26.68[a]	58.73[a]
	株距 55 cm	38.88[a]	48.62[a]	20.51[a]	139.37[ab]	2855.48[ab]	84.00[b]	2245.84[b]	26.72[a]	63.96[a]
	株距 60 cm	48.53[a]	40.89[a]	20.75[a]	173.42[ab]	3598.46[a]	101.04[a]	2741.22[a]	27.13[a]	67.97[a]
弃烤4片	株距 50 cm	32.19[a]	42.47[a]	18.61[a]	201.71[a]	3752.31[a]	108.34[a]	2938.55[a]	27.16[a]	60.29[a]
	株距 55 cm	32.23[a]	52.67[a]	21.84[a]	122.56[b]	2616.94[b]	77.160[b]	2135.49[b]	27.64[a]	50.56[a]
	株距 60 cm	35.91[a]	39.88[a]	19.86[a]	150.34[ab]	3033.55[ab]	89.21[ab]	2460.74[ab]	27.43[a]	61.70[a]
		K 值								
弃烤 2 片		43.00	43.85	21.51	167.57	3403.47	111.47	2616.34	27.01	63.55
弃烤 4 片		33.44	45.01	20.10	158.20	3134.27	91.57	2511.59	27.41	57.52
株距 50 cm		36.89	42.26	19.95	175.82	3635.34	108.85	2925.01	26.92	59.51
株距 55 cm		35.56	50.65	21.18	130.97	2736.21	80.58	2190.67	27.18	57.26
株距 60 cm		42.22	40.39	21.31	171.88	3735.06	115.13	3176.23	27.53	64.84

续表

处理	上等烟比例/(%)	中等烟比例/(%)	均价/(元/kg)	产量/(kg/亩)	产值/(元/亩)	收购产量/(kg/亩)	收购产值/(元/亩)	收购均价/(元/kg)	收购上等烟率/(%)
	F 值								
弃烤叶片数	2.92	0.10	1.39	0.28	1.48	2.31	2.02	1.97	1.61
株距	0.53	2.97	0.52	3.39	2.72	2.63	2.77	1.55	0.89
弃烤叶片数×株距	0.10	0.17	1.31	1.51	1.59	1.50	1.71	1.30	0.82

注：同列数据后带有不同小写字母者表示处理间差异达到显著水平。

5）烤后烟叶化学质量

多留叶弃烤（弃烤顶叶 4 片）有利于降低上部叶烟碱含量，提高还原糖、总糖含量。经综合比较，各处理以弃烤 4 片、株距 55 cm 处理上部叶烟碱含量较低，还原糖含量较高，中部叶、上部叶糖碱比、两糖比、氮碱比较协调。见表 5-6。

表 5-6　烤后烟叶化学成分比较

部位	处理		烟碱含量/(%)	还原糖含量/(%)	氯含量/(%)	总糖含量/(%)	总氮含量/(%)	钾含量/(%)	糖碱比	氮碱比	两糖比
中部叶	弃烤2片	株距 50 cm	2.45	29.09	0.25	33.74	2.04	1.42	11.88	0.83	0.86
		株距 55 cm	2.47	28.31	0.25	33.39	2.01	1.39	11.48	0.81	0.85
		株距 60 cm	2.40	28.11	0.24	33.35	2.04	1.62	11.72	0.85	0.84
	弃烤4片	株距 50 cm	2.03	29.15	0.21	34.70	2.13	1.66	14.37	1.05	0.84
		株距 55 cm	2.42	30.10	0.23	34.00	2.03	1.46	12.44	0.84	0.89
		株距 60 cm	2.00	33.17	0.13	38.46	1.77	1.42	16.57	0.89	0.86
上部叶	弃烤2片	株距 50 cm	3.28	29.67	0.32	32.10	2.36	1.20	9.03	0.72	0.92
		株距 55 cm	3.40	26.84	0.47	29.94	2.29	1.09	7.91	0.68	0.90
		株距 60 cm	3.31	28.80	0.31	32.46	2.28	1.17	8.70	0.69	0.89
	弃烤4片	株距 50 cm	3.48	24.88	0.34	28.58	2.49	1.09	7.15	0.72	0.87
		株距 55 cm	3.15	30.09	0.35	33.00	2.27	0.99	9.56	0.72	0.91
		株距 60 cm	2.47	30.27	0.26	33.06	1.84	1.39	12.25	0.74	0.92

6）烤后烟叶感官质量

从烤后烟叶感官质量来看，弃烤 4 片、株距 55 cm 处理感官质量较好，香气质好，杂气少，其次为弃烤 4 片、株距 50 cm 处理，见表 5-7。

表 5-7　烤后烟叶感官质量比较

处理		质量特征								风格特征	
		香气质 18	香气量 16	杂气 16	刺激性 20	余味 22	燃烧性 4	灰色 4	合计 100	浓度	劲头
弃烤2片	株距 50 cm	13.50	12.50	12.50	17.00	17.00	4.00	4.00	80.50	3.00	3.00
	株距 55 cm	13.50	13.00	12.50	16.50	16.50	4.00	4.00	80.00	3.00	3.00
	株距 60 cm	13.50	12.50	13.00	16.50	16.50	4.00	4.00	80.00	3.00	3.00
弃烤4片	株距 50 cm	14.00	13.00	13.50	16.50	16.50	4.00	4.00	81.50	3.00	3.00
	株距 55 cm	14.00	13.00	13.50	17.00	17.00	4.00	4.00	82.50	3.00	3.00
	株距 60 cm	13.50	12.00	13.50	16.50	16.50	4.00	4.00	80.00	3.00	3.00

2. 上部叶提质适时早栽配套技术

移栽期是影响烤烟品质和风格形成的重要因素之一，不同的移栽期导致烟株大田生长期对应的气候条件不同，从而使烟株生长期间光合特性和干物质积累发生变化，进而影响烟叶产量和质量。

1）移栽方式及移栽期对上部叶质量的影响

试验于 2015 年在利川烤烟基地进行，土壤类型为棕壤，前茬作物为甘蓝。土壤养分分析结果为：有机质含量 2.39%，pH 值为 5.91，速效氮含量 91.00 mg/kg，有效磷含量 49.34 mg/kg，速效钾含量 158.00 mg/kg。当地常规移栽时间为 5 月 14 号，试验设置 6 个处理，分别提前 5 天、10 天、15 天进行井窖深栽、小苗膜下移栽，以常规移栽为对照。采用正交试验，试验处理安排如下：

处理	移栽方式	移栽期
T1	井窖深栽	5 月 9 号
T2	井窖深栽	5 月 4 号
T3	井窖深栽	4 月 29 号
T4	小苗膜下移栽	5 月 9 号
T5	小苗膜下移栽	5 月 4 号
T6	小苗膜下移栽	4 月 29 号

（1）不同移栽期对烤烟生长发育的影响。

如图 5-5 所示，团棵期农艺性状中最大叶长以提前 10 天移栽处理的 T2、T5 处理较好，最大叶宽以 T1（提前 5 天、井窖深栽）处理较好，T4（提前 5 天、小苗膜下移栽）处理较差，可见采用膜下移栽方式适宜提早移栽，移栽期过晚反而影响烟株生长发育。说明：采用膜下移栽方式较常规移栽提前 10 天，采用井窖深栽方式较常规移栽提前 5 天，有利于烤烟前期的生长发育。

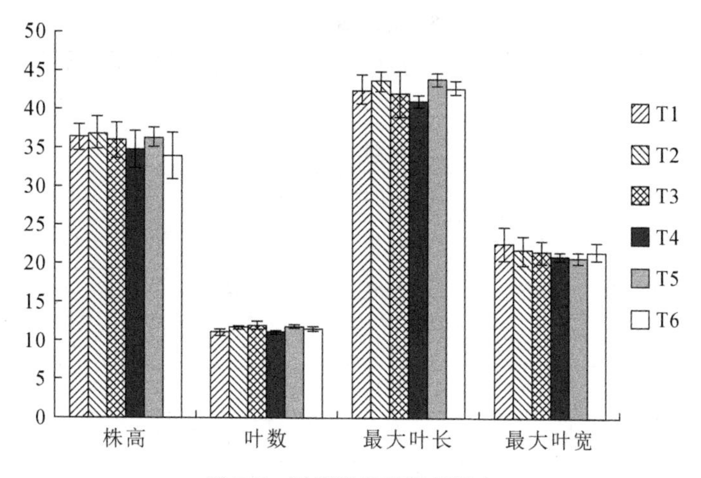

图 5-5　团棵期农艺性状调查

由图 5-6 可知，打顶期小苗膜下移栽以提前 10 天、15 天较好，株高较高，最大叶长、叶宽较好；井窖深栽以提前 5 天、10 天较好。可见小苗膜下移栽较常规移栽提前 10～15 天较合适，井窖深栽较常规移栽可适当提前 5～10 天。

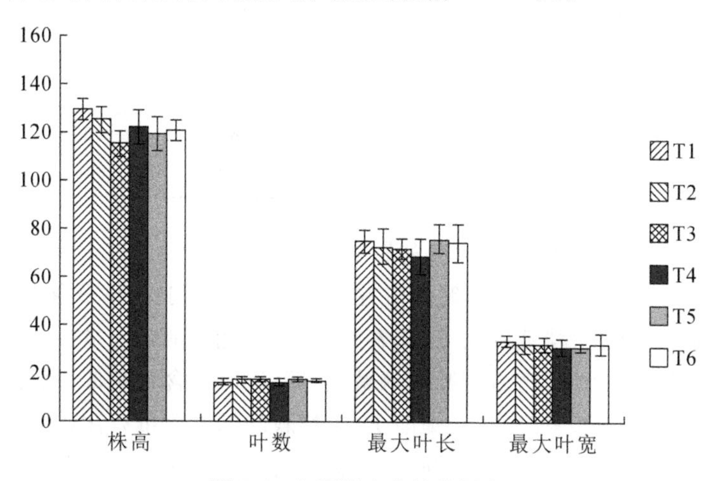

图 5-6　打顶期农艺性状调查

（2）不同移栽期对烤烟经济性状的影响。

如表 5-8 所示，井窖深栽提前 5 天和小苗膜下移栽提前 5 天的上部叶产值、产量较好。采用膜下移栽方式，随着移栽期的提前，产量呈下降趋势，产值、上等烟比例呈先升高而后降低的趋势；采用井窖深栽的方式，随着移栽期的提前，产量、产值、上等烟比例呈下降趋势。井窖深栽提前 15 天处理、膜下移栽提前 15 天处理，经济性状最差，移栽时间早不利于烤烟产量、产值的提升。井窖深栽提前 5 天移栽，膜下移栽提前 10 天移栽有利于烤烟产量、产值的提高。

表 5-8　烤后烟叶经济性状

移栽方式	移栽期	产量/(kg/hm²)	均价/(元/kg)	产值/(元/hm²)	上等烟率/(%)	中等烟率/(%)
常规	5月14号	3589.05[a]	18.24[a]	65 463.15[a]	31.02[a]	49.50[a]
井窖深栽	5月9号	3499.50[a]	19.74[a]	69 079.65[a]	35.35[a]	42.66[a]
	5月4号	3255.15[a]	17.76[a]	57 811.65[a]	32.98[a]	48.56[a]
	4月29号	3228.90[a]	17.03[a]	54 988.50[a]	30.10[a]	45.30[a]
小苗膜下移栽	5月9号	3550.20[a]	19.16[a]	68 020.80[a]	33.15[a]	47.77[a]
	5月4号	3404.90[a]	20.11[a]	68 472.54[a]	36.03[a]	46.92[a]
	4月29号	3112.65[a]	18.13[a]	56 431.65[a]	29.81[a]	33.55[b]
		K值				
井窖深栽		3344.75	17.98	60 273.65	32.08	47.21
小苗膜下移栽		3400.40	18.70	63 658.15	32.06	41.90
5月9号		3569.63	18.70	66 741.98	32.09	48.64
5月4号		3377.33	18.75	63 445.65	34.17	45.61
4月29号		3170.78	17.58	55 710.08	29.96	39.43
		F值				
移栽方式		0.28	0.7	0.68	0	1.85
移栽期		4.86	0.79	2.53	3.46	1.93

(3) 不同移栽期对烟叶化学成分的影响。

如表5-9所示，各部位烟叶烟碱含量井窖深栽均高于小苗膜下移栽，尤其是上部叶差异比较明显；且同一移栽方式下，随着移栽期的提前，烟碱含量呈升高趋势。小苗膜下移栽与井窖深栽相比，烤后烟叶的烟碱、总糖、还原糖含量稍低，氮含量稍高，氮碱比的协调性有所改善；移栽时间上，提前15天移栽的烟碱含量有比较明显的上升。小苗膜下移栽和井窖深栽均表现为提前10天移栽的主要化学成分协调性最好。

表 5-9　烤后烟叶化学成分比较

部位	移栽方式	移栽期	烟碱含量/(%)	还原糖含量/(%)	总糖含量/(%)	总氮含量/(%)	钾含量/(%)	氯含量/(%)	糖碱比	氮碱比	两糖比
下部叶	井窖深栽	5月9号	2.45	27.13	36.31	1.83	1.42	0.31	14.79	0.74	0.75
		5月4号	2.99	26.21	35.17	1.71	1.56	0.27	11.74	0.57	0.75
		4月29号	2.41	23.87	27.06	2.44	2.19	0.32	11.22	1.01	0.88
	小苗膜下移栽	5月9号	2.02	21.68	25.28	2.24	2.11	0.41	12.52	1.11	0.86
		5月4号	2.00	22.88	28.37	1.99	2.31	0.38	14.15	0.99	0.81
		4月29号	2.18	25.60	32.39	2.01	1.95	0.28	14.83	0.92	0.79

续表

部位	移栽方式	移栽期	烟碱含量/(%)	还原糖含量/(%)	总糖含量/(%)	总氮含量/(%)	钾含量/(%)	氯含量/(%)	糖碱比	氮碱比	两糖比
中部叶	常规	5月14号	2.51	24.16	35.29	1.73	1.77	0.25	14.07	0.69	0.68
	井窖深栽	5月9号	2.74	28.67	36.36	1.77	1.19	0.25	13.25	0.64	0.79
		5月4号	3.55	28.70	34.14	1.74	1.52	0.43	9.63	0.49	0.84
		4月29号	2.86	28.35	35.47	2.00	1.59	0.25	12.41	0.70	0.80
	小苗膜下移栽	5月9号	2.59	27.75	34.18	1.54	1.52	0.21	13.17	0.60	0.81
		5月4号	2.73	27.63	33.63	1.80	1.84	0.41	12.33	0.66	0.82
		4月29号	3.06	26.29	33.24	1.83	1.42	0.27	10.87	0.60	0.79
上部叶	常规	5月14号	2.74	24.25	33.96	1.95	1.59	0.22	12.41	0.71	0.71
	井窖深栽	5月9号	3.36	26.14	33.09	2.08	1.29	0.40	9.86	0.62	0.79
		5月4号	3.89	22.28	26.87	2.24	1.59	0.45	6.91	0.58	0.83
		4月29号	3.86	22.39	27.71	2.23	1.52	0.33	7.17	0.58	0.81
	小苗膜下移栽	5月9号	2.84	25.57	32.35	2.36	1.49	0.29	11.41	0.83	0.79
		5月4号	3.27	25.57	31.88	1.91	1.62	0.40	9.76	0.58	0.80
		4月29号	3.61	21.66	27.61	2.23	1.62	0.44	7.65	0.62	0.78
			K 值								
井窖深栽			3.12	25.97	32.46	2.00	1.54	0.33	10.78	0.66	0.80
小苗膜下移栽			2.70	24.96	30.99	1.99	1.76	0.34	11.85	0.77	0.81
5月9号			2.67	26.16	32.93	1.97	1.50	0.31	12.50	0.76	0.80
5月4号			3.07	25.55	31.68	1.90	1.74	0.39	10.75	0.65	0.81
4月29号			3.00	24.69	30.58	2.12	1.72	0.32	10.69	0.74	0.81
			F 值								
移栽方式			2.33	0.64	0.69	0.01	2.88	0.06	0.82	1.60	0.01
移栽期			0.80	0.45	0.59	1.16	1.30	1.92	0.99	0.64	0.19
移栽方式×移栽期			0.57	0.27	0.89	0.69	1.55	0.14	0.51	0.85	2.69

（4）不同移栽期对烤后烟叶感官质量的影响。

如表5-10所示，中部叶的感官质量受移栽方式和移栽期影响较小，表现为提前5～10天移栽综合感官质量较好，井窖深栽在杂气上稍优于小苗膜下移栽；而上部叶的感官质量受移栽方式和移栽期的一定影响，井窖深栽与小苗膜下移栽相比，烤烟的香气量、余味稍优，综合感官质量有所改善；移栽时间上，随着移栽时间的提前，烤烟刺激性增大，余味有变差的趋势，综合感官质量降低。小苗膜下移栽和井窖深栽均表现为:提前10天移栽感官质量最好,其次是提前移栽5天。综合不同移栽方式及移栽时间对烤烟中、上部烟叶感官评吸质量的影响,采用井窖深栽,移栽期提前10天较好。

表5-10 烤后烟叶评吸结果

部位	移栽方式	移栽期	质量特征								风格特征	
			香气质18	香气量16	杂气16	刺激性20	余味22	燃烧性4	灰色4	合计100	浓度	劲头
中部叶	常规	5月14号	14.5	13.5	13.0	16.5	17	4	4	82.5	3	3
	井窖深栽	5月9号	14.5	13	13	17.5	17.5	4	4	83.5	3	2.5
		5月4号	14.5	13	13.5	17.5	17.5	4	4	84.0	3	2.5
		4月29号	14.5	13	13	17	17.5	4	3.5	82.5	3	3
	小苗膜下移栽	5月9号	14.5	13	13	17.5	17.5	4	4	83.5	3	2.5
		5月4号	14.5	13.5	13	17	17.5	4	4	83.5	3	3
		4月29号	14.5	13	12.5	17	17.5	4	4	82.5	3	3
上部叶	井窖深栽	5月9号	14.5	13.5	13.5	17	17.5	4	4	84.0	3	3
		5月4号	14.5	13.5	13	17	17.5	4	4	83.5	3	3
		4月29号	14.5	13	13	17	17	4	4	82.5	3	3
	小苗膜下移栽	5月9号	14.5	13	13	17	17	4	4	82.5	3	3
		5月4号	14.5	13	13.5	17	17.5	4	4	83.5	3	3
		4月29号	14	13	13	16.5	17	4	4	81.5	3	3

(5)不同移栽期生育期日均温比较。

如表5-11所示,4月29号井窖深栽日均穴温低于14℃,烟苗的生长易受到冷害胁迫,小苗膜下移栽日均穴温较井窖深栽提高约0.8℃,即使在4月29号穴温也可稳定超过14℃。井窖深栽可较当地常规移栽提前5天,上部叶成熟期日均温提高0.40℃;膜下移栽可提前10天,上部叶成熟期日均温提高0.91℃,提前移栽可提高上部叶成熟期间日均温,利于上部叶质量的提升。

表5-11 生育期日均温比较

移栽期	移栽期日均穴温/℃		上部叶成熟期日均温/℃
	井窖深栽	小苗膜下移栽	
4月29号	13.53	14.37	20.97
5月4号	15.58	17.24	20.21
5月9号	14.95	16.12	19.70
5月14号	16.48	—	19.30

移栽是烤烟生产的一个关键环节，湖北省植烟区域普遍海拔较高，9月份气候条件较差，不利于上部叶的成熟，限制了上部叶质量的提升。为保障优质上部叶的生产，在9月的第1候各烟区应结束上部叶采烤工作。烤烟生育期120天，移栽工作应在4月底完成，而湖北省4月底5月初温度波动较大，不利于移栽，导致各烟区实际移栽时间普遍偏晚，如海拔1200米烟区5月的第1候日均温稳定超过14 ℃，但实际移栽时间普遍在5月中旬。地温较日均温波动较小，海拔1200米烟区4月的第4候地温稳定超过14 ℃，膜下移栽可避开4月底5月初的降温现象，使烤烟大田生育期提前，利于后期上部叶的成熟。本试验结果表明：移栽方式和移栽时间对烤烟的生长发育和上部叶质量有显著的影响，小苗膜下移栽较常规移栽提前10天为宜，井窖深栽提前5天效果较好。

2）移栽期、打顶方式和留叶数对烟叶质量的影响

试验地址在利川柏杨烤烟试验基地，海拔1200米。供试品种云烟87，土壤类型为棕壤，前茬作物为甘蓝。土壤养分分析结果为：有机质含量2.88%，pH值7.15，速效氮含量77.00 mg/kg，有效磷含量39.55 mg/kg，速效钾含量180.00 mg/kg。

移栽期：当地常规移栽期为5月中旬，设置移栽期为5月14号、5月9号、5月4号。打顶方式：B1现蕾打顶（花蕾伸出，未开放）、B2初花打顶（30%中心花开放）、B3盛花打顶（50%中心花开放）。有效留叶数设置：C1 16片、C2 18片（顶部2片弃烤）、C3 20片（顶部4片弃烤）。采用正交试验，试验处理安排如下：

处理编号	移栽期	打顶方式	留叶数
T1	5月14号	现蕾	16
T2	5月14号	初花	18（顶部2片弃烤）
T3	5月14号	盛花	20（顶部4片弃烤）
T4	5月9号	现蕾	18（顶部2片弃烤）
T5	5月9号	初花	20（顶部4片弃烤）
T6	5月9号	盛花	16
T7	5月4号	现蕾	20（顶部4片弃烤）
T8	5月4号	初花	16
T9	5月4号	盛花	18（顶部2片弃烤）

（1）农艺性状。

如表5-12所示，移栽期对株高、叶长、叶宽影响最大，其次是打顶方式，留叶数对第15叶位单叶干重影响最大。随着打顶时间的推迟，上部叶单叶干重呈下降的趋势；在留叶数方面，以留20片叶第10、15叶位叶长较长、叶宽较宽，第15叶位单叶重较低。综合农艺性状表现，最优组合为T5处理。

表 5-12 打顶后 15 d 农艺性状调查

移栽期	打顶方式	留叶数	处理	株高/cm	第 10 叶位		第 15 叶位		第 15 叶位单叶重/g	
					叶长/cm	叶宽/cm	叶长/cm	叶宽/cm	鲜重	干重
5 月 14 号	现蕾	16	T1	122.67	72.22	28.67	68.67	20.33	62.86	9.41
	初花	18	T2	128.67	75.11	34.67	57.67	19.33	74.96	10.22
	盛花	20	T3	131.78	81.78	34.22	68.67	20.67	53.19	9.79
5 月 9 号	现蕾	18	T4	128.33	74.67	32.67	67.33	20.00	72.76	10.36
	初花	20	T5	125.22	75.44	32.33	64.33	19.00	68.81	8.64
	盛花	16	T6	132.00	76.78	33.33	68.00	20.33	73.82	10.73
5 月 4 号	现蕾	20	T7	116.78	79.56	34.00	60.67	18.17	80.38	7.99
	初花	16	T8	120.56	81.33	32.56	73.33	21.33	76.09	10.09
	盛花	18	T9	122.56	75.67	32.00	69.67	22.67	69.82	11.63
				K 值						
移栽期 5 月 14 号				127.71	76.37	32.52	65.00	20.11	63.67	9.81
移栽期 5 月 9 号				128.52	76.56	33.00	64.11	19.06	73.98	9.91
移栽期 5 月 4 号				119.97	77.93	32.63	70.33	21.44	73.24	9.90
现蕾打顶				122.59	79.00	33.41	66.34	20.50	67.80	10.47
初花打顶				124.82	77.29	33.19	65.11	19.89	73.29	9.65
盛花打顶				128.78	74.56	31.56	68.00	20.22	69.81	9.50
留叶数 16				125.08	77.70	31.74	67.56	19.94	73.11	10.08
留叶数 18				126.52	75.15	33.11	64.89	20.67	72.51	10.02
留叶数 20				124.59	78.00	33.29	67.00	20.00	65.27	9.52
				F 值						
移栽期				9.11	9.56	6.00	11.00	1.34	21.77	0.81
打顶方式				6.78	4.89	1.67	6.66	1.83	11.57	1.72
留叶数				5.78	5.66	1.33	5.33	2.34	6.27	3.64

（2）烤后烟叶经济性状。

如表 5-13 所示，移栽期对烤烟产量的影响作用比较大，以 5 月 9 号移栽产量较高，随着移栽期的提前，烤后烟叶产值、上等烟率先升高后降低；打顶方式对均价的影响作用较大，初花打顶均价较高；留叶数对产值的影响较小，留叶数 18 均价、上等烟率较高。综合考虑均价、产值、上等烟率等因素，最佳栽培方式为 T4 处理。

表 5-13　烤后烟叶经济性状

移栽期	打顶方式	留叶数	处理	产量 /(kg/hm²)	均价 /(元/kg)	产值 /(元/hm²)	上等烟率 /(%)	上中等烟率/(%)
5月14号	现蕾	16	T1	3231.90	18.83	60 843.30	36.00	71.54
	初花	18	T2	3438.30	19.95	67 580.75	43.38	80.81
	盛花	20	T3	3558.75	18.24	64 912.20	32.65	73.59
5月9号	现蕾	18	T4	3384.20	20.34	67 834.63	38.90	76.61
	初花	20	T5	3114.75	20.05	62 438.25	38.99	77.65
	盛花	16	T6	3302.55	18.44	60 913.05	30.87	75.00
5月4号	现蕾	20	T7	3301.20	19.64	64 840.50	35.05	75.99
	初花	16	T8	3658.80	18.75	68 586.60	32.22	77.90
	盛花	18	T9	2988.15	18.32	61 621.46	34.20	71.33
				K 值				
移栽期5月14号				3267.17	19.61	64 061.15	36.25	76.42
移栽期5月9号				3409.65	19.01	64 778.75	37.34	75.31
移栽期5月4号				3316.05	18.90	63 749.51	33.82	75.07
现蕾打顶				3305.77	19.60	64 839.48	36.65	74.71
初花打顶				3403.95	19.58	65 535.20	38.20	78.79
盛花打顶				3283.15	18.33	64 815.57	32.57	73.30
留叶数16				3397.50	18.67	63 447.65	33.03	74.81
留叶数18				3324.90	19.31	64 063.65	35.56	75.74
留叶数20				3270.22	19.53	63 678.95	38.83	76.25
				F 值				
移栽期				142.48	0.71	1029.24	3.52	1.35
打顶方式				120.80	1.27	719.63	5.63	5.49
留叶数				127.28	0.86	616.00	5.80	1.44

(3) 烤后烟叶化学成分比较。

如表5-14所示，在移栽期方面，以5月9号移栽烟碱含量较适宜，总糖、还原糖含量较高；在打顶方式方面，盛花打顶有利于降低烟碱含量，随着打顶的推迟，烟碱含量有降低的趋势，总氮含量有升高的趋势，从而使氮碱比更趋合理；随着留叶数的增加，糖碱比升高，两糖比先升高后降低，化学成分更加协调。中部叶以T4处理烟碱、总氮含量较低，还原糖、总糖含量较高；上部叶以T9处理化学成分较为协调。综合考虑烟碱、总糖、还原糖等成分含量及各部位烟叶化学成分协调性，最佳栽培方式为移栽期5

月 9 号、盛花打顶、留叶数 20 片(顶部 4 片弃烤)。

表 5-14 烤后烟叶化学成分比较

部位	处理	烟碱含量/(%)	还原糖含量/(%)	总糖含量/(%)	总氮含量/(%)	钾含量/(%)	氯含量/(%)	糖碱比	氮碱比	两糖比
中部叶	T1	2.93	25.14	32.77	1.87	1.46	0.22	11.17	0.64	0.77
	T2	2.67	25.49	35.31	1.60	1.46	0.23	13.23	0.60	0.72
	T3	2.28	26.53	33.84	1.60	1.64	0.19	14.82	0.70	0.78
	T4	2.16	26.97	35.22	1.59	1.55	0.16	16.29	0.74	0.77
	T5	2.60	26.71	36.33	1.72	1.49	0.18	13.96	0.66	0.74
	T6	2.17	25.91	33.86	1.83	1.74	0.19	15.60	0.84	0.77
	T7	3.38	27.92	34.83	1.83	1.23	0.24	10.29	0.54	0.80
	T8	2.84	23.64	32.79	1.83	1.86	0.23	11.55	0.64	0.72
	T9	2.36	23.40	28.30	2.11	1.93	0.17	12.01	0.89	0.83
上部叶	T1	2.90	24.94	32.56	1.79	1.52	0.23	11.21	0.62	0.77
	T2	3.46	22.59	30.41	2.13	1.61	0.24	8.78	0.62	0.74
	T3	2.63	24.15	31.19	1.99	1.77	0.20	11.86	0.76	0.77
	T4	3.02	24.82	32.01	1.93	1.29	0.17	10.58	0.64	0.78
	T5	3.14	25.18	31.43	1.98	1.52	0.24	10.01	0.63	0.80
	T6	2.59	28.59	35.40	1.92	1.46	0.12	13.68	0.74	0.81
	T7	3.44	26.89	31.74	1.89	1.55	0.21	9.22	0.55	0.85
	T8	3.21	23.28	30.50	2.12	1.64	0.18	9.51	0.66	0.76
	T9	2.84	24.74	28.88	2.07	1.86	0.23	10.18	0.73	0.86
		K 值								
移栽期 5 月 14 号		3.00	23.89	31.39	1.97	1.63	0.22	10.62	0.67	0.76
移栽期 5 月 9 号		2.92	26.20	32.95	1.94	1.42	0.18	11.42	0.67	0.80
移栽期 5 月 4 号		3.16	24.97	30.37	2.03	1.68	0.21	9.64	0.65	0.82
现蕾打顶		3.27	25.55	32.10	1.87	1.45	0.20	10.34	0.60	0.80
初花打顶		3.12	23.68	30.78	2.08	1.59	0.22	9.43	0.64	0.77
盛花打顶		2.69	25.83	31.82	1.99	1.70	0.18	11.91	0.74	0.81
留叶数 16		3.11	24.05	30.43	2.04	1.59	0.21	9.85	0.66	0.79
留叶数 18		3.07	25.41	31.45	1.95	1.61	0.22	10.36	0.65	0.81
留叶数 20		2.90	25.60	32.82	1.94	1.54	0.18	11.47	0.67	0.78

(4) 烤后烟叶感官质量比较。

如表 5-15 所示,移栽期对烤烟感官质量的影响比较大,5 月 9 号移栽评吸质量较好，适当提前移栽有利于改善余味和杂气；打顶方式以初花打顶效果较好，杂气和刺激性有所改善；留叶数对评吸质量影响不明显。提高烤后烟叶感官质量的最佳栽培方式为移栽期5月9号、初花打顶、留叶数20片(顶部4片弃烤)。

表 5-15　烤后烟叶感官质量比较

部位	处理	质量特征								风格特征	
		香气质18	香气量16	杂气16	刺激性20	余味22	燃烧性4	灰色4	合计100	浓度	劲头
中部叶	T1	14.5	13.5	13.5	17.0	17.0	4.0	4.0	83.5	3.0	3.0
	T2	14.5	13.5	13.5	17.0	17.5	4.0	4.0	84.0	3.0	3.0
	T3	14.5	13.5	13.5	16.5	17.0	4.0	4.0	83.0	3.5	3.5
	T4	14.5	13.5	13.5	17.0	17.5	4.0	4.0	84.0	3.5	3.0
	T5	14.5	13.5	13.0	16.5	16.5	4.0	4.0	82.0	3.5	3.0
	T6	14.5	13.5	13.5	16.5	17.0	4.0	4.0	83.0	3.0	3.5
	T7	14.0	13.0	13.5	17.0	16.5	4.0	4.0	82.0	3.0	3.0
	T8	14.0	13.0	13.0	16.5	16.5	4.0	4.0	81.0	3.5	3.5
	T9	14.0	13.0	13.5	17.0	17.0	4.0	4.0	82.5	3.0	3.0
上部叶	T1	14.5	13.0	13.5	17.0	17.0	4.0	4.0	83.0	3.0	3.0
	T2	14.5	13.5	13.5	17.0	17.0	4.0	4.0	83.5	3.0	3.5
	T3	14.0	13.5	13.0	17.0	17.0	4.0	3.5	82.0	3.0	3.0
	T4	14.5	13.5	13.5	17.0	17.5	4.0	4.0	84.0	3.0	3.0
	T5	14.5	13.0	13.5	17.0	17.5	4.0	4.0	83.5	3.0	3.5
	T6	14.5	13.0	13.5	17.0	17.5	4.0	4.0	83.5	3.0	3.0
	T7	14.5	13.5	13.5	17.0	17.5	4.0	4.0	83.5	3.0	3.0
	T8	14.5	13.0	13.5	17.0	17.0	4.0	4.0	83.0	3.0	3.0
	T9	14.0	13.0	13.5	16.0	16.5	4.0	3.5	80.5	3.5	3.5
		K **值**									
移栽期5月14号		14.3	13.3	13.3	17.0	17.0	4.0	3.8	82.8	3.0	3.2
移栽期5月9号		14.5	13.3	13.5	17.0	17.3	4.0	4.0	83.7	3.0	3.2
移栽期5月4号		14.5	13.3	13.5	17.0	17.2	4.0	4.0	83.5	3.0	3.2
现蕾打顶		14.5	13.2	13.5	17.0	17.2	4.0	4.0	83.3	3.0	3.0
初花打顶		14.5	13.3	13.5	17.0	17.2	4.0	4.0	83.5	3.0	3.3
盛花打顶		14.3	13.0	13.3	17.0	17.2	4.0	3.8	82.7	3.0	3.2
留叶数16		14.5	13.2	13.5	17.0	17.2	4.0	4.0	83.3	3.0	3.0

续表

部位	处理	质量特征								风格特征	
		香气质 18	香气量 16	杂气 16	刺激性 20	余味 22	燃烧性 4	灰色 4	合计 100	浓度	劲头
留叶数 18		14.5	13.3	13.5	17.0	17.0	4.0	4.0	83.3	3.0	3.3
留叶数 20		14.3	13.5	13.3	17.0	17.3	4.0	3.8	83.3	3.0	3.2

通过设置移栽期、打顶方式、留叶数三因素三水平正交试验，对田间农艺性状、烤后烟叶经济性状、化学成分的协调性及感官质量进行分析，可知移栽期对上部叶质量影响最大，其次是打顶方式，留叶数影响最小。

移栽期是影响烤烟品质和风格形成的重要因素之一，不同的移栽期导致烟株大田生长期对应的气候条件不同，从而使烟株生长期间光合特性和干物质积累发生变化，进而影响烟叶产量和质量。本试验表明移栽期对烟叶质量影响最大，移栽期提前有利于烟株生长发育，中部、上部烟叶开片较好，第 10、15 叶位叶长较长、叶宽较宽，产量、产值较高，烤后烟叶烟碱含量较适宜，总糖、还原糖含量较高，香气质好，刺激性较轻。移栽期提前 5 天效果优于 10 天。

烤烟打顶的主要作用是消除顶端优势，平衡养分分配，控制植株纵向生长，避免出现无效蕾和枝叶，协调养分的运转方向，以保证有足够的养分来提高产量，并使内部化合物向有利于提高烟叶品质的方向转化。打顶方式对烟叶质量的影响弱于移栽期，随着打顶的推迟，上部叶单叶干重降低，烟碱含量降低，但感官质量也降低，不利于上部叶可用性的提升。

留叶数影响到烟株打顶后干物质的生产与分配，留叶数过多会造成叶小、叶薄、内含物质不充实，使烟叶品质下降；留叶数过少又会导致上部叶烟碱含量过高，烟叶叶片厚而粗糙，烟气刺激性大，烟叶化学成分不协调，烟叶内在品质和工业可用性降低。留叶数对上部叶质量的影响小于移栽期和打顶方式，留叶数 18 片（顶部 2 片弃烤）的产量、产值较好，糖碱比、氮碱比、两糖比较为协调。

要提高烟叶质量，较适宜的移栽期、打顶方式和留叶数组合为：移栽期较当地常规提前 5 天，在 30％中心花开放时打顶，留叶数为 18 片（顶部 2 片弃烤）。

3. 烤烟适宜打顶及留叶技术研究

烤烟打顶留叶是调节烟叶营养水平的重要手段，打顶时间早晚和单株留叶数多少与烟叶产量、内在品质密切相关。随着上部叶收购量的降低，上部不适用烟叶处理力度逐渐加大，目前各产区对上部叶的处理一般采取弃烤的方式，但有关弃烤片数及对烟叶质量的影响没有形成统一意见；并且随着减氮增密技术方案的执行，弃烤叶片对下部叶片造成遮阴与烟叶质量的关系未见相关报道。本试验设置不同的种植密度及顶部不适用烟叶处理叶片数，确定不同种植密度及弃烤叶片数对烟叶质量的影响，明确烤烟适宜的种植密度及上部适宜的弃烤叶片数。

通过试验发现，初花打顶产量较高，但不利于上等烟比例的提高，顶叶弃烤不仅可以节约烘烤成本，而且有利于提高上等烟比例；推迟打顶时间(盛花打顶)、高打顶提高留叶数(留叶数20片，采烤叶数16片)，有助于烟草品质的改善，各部位烟叶化学成分较为适宜，糖碱比、氮碱比、两糖比较为协调，香气量、香气质稍高。

随着卷烟结构的提升，低次等、下等烟叶越来越不受到卷烟工业的欢迎而成为不适用烟叶，将卷烟工业企业不需要的脚叶和顶叶在田间直接摘除而不再进行初烤是优化烟叶等级结构、提高优质烟叶有效供给的保障。顶部不适用烟叶清理一般在移栽后115 d左右、采烤到倒数第二炉、上部还有4～6片叶时进行，目前尚无具体操作标准及技术支撑。顶叶摘除对烟株是一种伤害刺激，会导致烟株代谢改变，并改变上部烟叶生长的光照条件，其对上部烟叶成熟及香气物质的影响未见相关报道。因此本书采用大田试验研究了顶叶处理方式与成熟时间互作对上部烟叶常规化学成分、多酚、中性致香物质含量以及感官品质的影响，以期明确顶部烟叶处理方式对上部烟叶质量的影响，为优化烟叶结构、提高上部烟叶可用性提供依据。

1) 适宜打顶留叶技术

(1) 烤后烟叶经济性状。

如表5-16所示，各处理间产量差异不显著，整体以初花打顶产量较高。盛花打顶留叶20片处理和初花打顶留叶20片处理上等烟比例较高，可见留叶数20片(上部4片弃烤)有利于提高上等烟比例，但留叶数18片(上部2片弃烤)产量、产值较高。同一留叶数不同打顶方式比较，盛花打顶上等烟比例较高，适当推迟打顶时间有利于提高烤后上等烟比例。

表5-16　烤后烟叶经济性状

打顶方式	留叶数	产量/(kg/hm^2)	均价/(元/kg)	产值/(元/hm^2)	上等烟比例/(%)	中等烟比例/(%)
盛花	18	3754.05^a	18.75^b	70 388.40^a	30.84^b	39.35^b
	20	3672.75^a	18.69^{bc}	68 654.40^a	36.61^a	35.30^c
初花	18	3886.35^a	18.65^c	72 496.05^a	25.32^c	43.19^a
	20	3765.60^a	19.01^a	71 584.05^a	32.95^b	38.69^b

(2) 烤后上部烟叶化学成分比较。

如表5-17所示，同一留叶数下，盛花打顶烟碱含量较低；盛花打顶方式下，留叶数多，总糖、还原糖、总氮含量较高。经综合比较，打顶方式、留叶数及其互作效应对烟叶化学成分影响不显著，各处理以盛花打顶、留叶数18片的烟叶烟碱、总糖、还原糖、总氮含量较为适宜，糖碱比、氮碱比、两糖比较为协调。

表5-17　烤后上部烟叶化学成分比较

处理	烟碱含量/(%)	还原糖含量/(%)	总糖含量/(%)	总氮含量/(%)	钾含量/(%)	氯含量/(%)	糖碱比	氮碱比	两糖比
盛花×留叶18	2.28^b	24.25^a	29.13^a	2.15^a	1.73^a	0.24^a	13.04^a	0.96^a	0.83^a

续表

处理	烟碱含量/(%)	还原糖含量/(%)	总糖含量/(%)	总氮含量/(%)	钾含量/(%)	氯含量/(%)	糖碱比	氮碱比	两糖比
盛花×留叶 20	2.62[ab]	24.56[a]	29.87[a]	2.25[a]	1.66[ab]	0.23[a]	11.49[a]	0.86[ab]	0.82[a]
初花×留叶 18	2.57[ab]	25.15[a]	31.47[a]	2.08[a]	1.68[ab]	0.27[a]	12.65[a]	0.83[ab]	0.80[a]
初花×留叶 20	3.21[a]	23.53[a]	29.88[a]	2.07[a]	1.48[b]	0.27[a]	9.48[a]	0.65[b]	0.79[a]
K 值									
盛花	2.45	24.41	29.50	2.20	1.70	0.23	12.27	0.91	0.83
初花	2.89	24.34	30.68	2.08	1.58	0.27	11.07	0.74	0.79
留叶 18	2.43	24.70	30.30	2.12	1.71	0.25	12.85	0.90	0.82
留叶 20	2.91	24.05	29.88	2.16	1.57	0.25	10.49	0.75	0.80
F 值									
打顶方式	3.46	0.00	0.48	1.01	2.63	1.62	0.76	5.00	4.49
留叶数	4.18	0.26	0.06	0.15	3.62	0.03	2.93	3.42	0.72
×	0.40	0.58	0.47	0.20	0.93	0.09	0.35	0.27	0.00

(3) 烤后烟叶感官质量比较。

打顶时期和留叶数对烤后烟叶感官质量影响不大，但随着打顶的推迟和留叶数(弃烤叶数)的增加，烤后烟叶评吸综合质量有提高的趋势，以盛花打顶、留叶数 20 片烤后烟叶的香气量、香气质稍高，见表 5-18。

表 5-18 烤后上部烟叶评吸结果

处理	质量特征								风格特征	
	香气质 18	香气量 16	杂气 16	刺激性 20	余味 22	燃烧性 4	灰色 4	合计 100	浓度	劲头
盛花×留叶 18	14.5	13.0	13.3	16.8	17.0	4.0	4.0	82.5	3.0	3.0
盛花×留叶 20	14.5	13.3	13.0	17.0	17.0	4.0	4.0	82.8	3.0	3.0
初花×留叶 18	14.3	13.0	13.0	16.8	17.0	4.0	4.0	82.0	3.0	3.0
初花×留叶 20	14.5	13.0	13.0	16.8	17.0	4.0	4.0	82.3	2.8	3.0

(4) 小结。

盛花打顶、留叶数 20 片(上部 4 片弃烤)有利于提高上等烟比例；盛花打顶、留叶数 18 片(上部 2 片弃烤)有利于改善烟叶化学成分；盛花打顶、留叶数 20 片(上部 4 片弃烤)可提高烤后烟叶的香气量、香气质。

2) 二次打顶对烟叶质量的影响

T1:一次打顶，打顶时烟株留叶 18 片。

T2：二次打顶，首次打顶时烟株留叶 20 片，第一次打顶后 7 d 进行第二次打顶，去除顶端 2 片叶。

T3：二次打顶，首次打顶时烟株留叶 20 片，第一次打顶后 14 d 进行第二次打顶，去除顶端 2 片叶。

T4：二次打顶，首次打顶时烟株留叶 20 片，第一次打顶后 21 d 进行第二次打顶，去除顶端 2 片叶。

T5：一次打顶，打顶时烟株留叶 20 片，顶端 2 片叶弃采。

(1) 二次打顶对农艺性状的影响。

如表 5-19 所示，从第 10、15 叶位田间农艺性状调查可以看出，二次打顶对中部叶(第 10 叶位)采收时农艺性状的影响差异不显著，但采收时与打顶时对比，叶面积、单叶重有显著变化，随着顶部不适用烟叶处理时间的提前，中部叶叶面积、单叶重增幅较大，说明尽早处理不适用烟叶有助于中部叶的生长发育。

第 15 叶位上部叶采收时 T1 处理叶片较大、单叶重较重，打顶时、采收时对比叶面积、单叶重增幅最大，T5 处理单叶重增幅最低。从降低上部叶单叶重、叶片厚度的角度出发，以上部两片叶弃采效果最好，与一次打顶相比，单叶重降低 7.04%。

表 5-19　第 10、15 叶位田间农艺性状调查

叶位	处理	打顶时				采收时				前后增幅/(%)			
		叶面积/cm^2	长宽比	叶厚/mm	单叶重/g	叶面积/cm^2	长宽比	叶厚/mm	单叶重/g	叶面积	长宽比	叶厚	单叶重
10	T1	1109.71^{a}	2.63^{a}	0.36^{a}	10.34^{a}	1173.43^{a}	2.79^{a}	0.39^{a}	12.53^{a}	5.43^{a}	6.08^{a}	8.33^{a}	21.18^{a}
	T2	1112.74^{a}	2.56^{a}	0.35^{a}	9.95^{a}	1158.14^{a}	2.76^{a}	0.38^{a}	12.37^{a}	4.08^{a}	7.81^{a}	8.57^{a}	24.32^{a}
	T3	1037.94^{a}	2.63^{a}	0.37^{a}	10.60^{a}	1095.92^{a}	2.71^{a}	0.37^{a}	12.13^{a}	5.59^{a}	3.04^{b}	0.00^{b}	14.43^{b}
	T4	1167.55^{a}	2.58^{a}	0.36^{a}	11.16^{a}	1203.46^{a}	2.73^{a}	0.38^{a}	12.87^{a}	3.08^{b}	5.81^{ab}	5.56^{a}	15.32^{b}
	T5	1079.79^{a}	2.62^{a}	0.37^{a}	10.94^{a}	1102.41^{a}	2.73^{a}	0.37^{a}	12.73^{a}	2.09^{b}	4.20^{b}	0.00^{b}	16.36^{b}
15	T1	886.79^{a}	2.23^{a}	0.39^{a}	8.70^{a}	1179.71^{a}	3.47^{b}	0.44^{a}	15.20^{a}	33.03	55.61^{b}	12.82^{a}	74.71^{a}
	T2	849.87^{a}	2.27^{a}	0.39^{a}	8.50^{a}	1112.74^{a}	3.32^{b}	0.43^{a}	14.43^{b}	30.93	46.26^{b}	10.26^{a}	69.76^{a}
	T3	853.01^{a}	2.34^{a}	0.38^{a}	8.82^{a}	1037.94^{a}	3.26^{b}	0.43^{a}	14.00^{b}	21.68	39.32^{c}	13.16^{a}	58.73^{b}
	T4	878.16^{a}	2.23^{a}	0.39^{a}	8.98^{a}	1107.55^{a}	3.32^{b}	0.42^{a}	14.33^{b}	26.12	48.88^{b}	7.69^{b}	59.58^{b}
	T5	866.25^{a}	2.27^{a}	0.38^{a}	9.08^{a}	1089.79^{a}	3.84^{a}	0.42^{a}	14.13^{b}	25.81	69.16^{a}	10.53^{a}	55.62^{b}

(2) 烤后烟叶经济性状。

如表 5-20 所示，各处理方式对烤后烟叶经济性状的影响差异不显著，二次打顶有增加上中等烟率和均价的趋势，上等烟率显著增加，但随着二次打顶时间的推迟，烤后烟叶产量呈下降的趋势。T1 处理、T2 处理烤后烟叶产量、产值较高；烟株留叶 20 片，第二次打顶去除顶端 2 片叶处理有利于增加上等烟比例和均价。

从收购情况来看，T5 处理与 T1 处理相比，产量有所降低，上等烟率和产值有所增加。首次打顶后14天进行二次打顶产值增加较高，与一次打顶（留叶18片）相比，产值可增加1052.58元/hm^2，需增加用工560元/hm^2，产出大于投入。

表 5-20 烤后烟叶经济性状

处理	产量/(kg/hm^2)	产值/(元/hm^2)	上等烟率/(%)	上中等烟率/(%)	均价/(元/kg)	收购产量/(kg/hm^2)	收购产值/(元/hm^2)	收购上等烟率/(%)	收购均价/(元/kg)	增加用工/(元/hm^2)
T1	2687.62^{a}	55 391.85^{a}	32.55^{a}	78.27^{b}	20.61^{a}	2137.72^{a}	49 509.60^{a}	40.83^{a}	23.16^{a}	0
T2	2599.05^{a}	54 735.99^{a}	42.37^{a}	85.71^{a}	21.06^{a}	2120.30^{a}	50 547.95^{a}	44.67^{a}	23.84^{a}	560
T3	2590.06^{a}	53 691.94^{a}	44.70^{a}	85.25^{a}	20.73^{a}	2109.44^{a}	50 562.18^{a}	47.50^{a}	24.06^{a}	560
T4	2575.58^{a}	54 473.52^{a}	42.31^{a}	80.25^{ab}	21.15^{a}	2096.73^{a}	50 552.16^{a}	49.59^{a}	24.11^{a}	560
T5	2514.11^{a}	54 033.87^{a}	37.02^{a}	84.37^{ab}	21.49^{a}	2085.98^{a}	49 871.48^{a}	45.23^{a}	23.86^{a}	0

（3）烤后烟叶化学质量。

如表5-21所示，下部叶T1处理烟碱、总氮含量较高，还原糖、总糖含量较适宜，糖碱比、氮碱比、两糖比较协调。二次打顶烤后烟叶的还原糖含量表现为T4＞T3＞T2，说明二次打顶时间的推迟有利于下部叶还原糖的积累。中部叶化学质量以T4处理较好，总糖、还原糖含量较高，糖碱比、氮碱比、两糖比较协调。上部叶化学质量以T5处理较好，烟碱含量较低，还原糖、总糖含量较适宜，糖碱比、氮碱比、两糖比较协调。

表 5-21 烤后烟叶化学成分比较

部位	处理	烟碱含量/(%)	还原糖含量/(%)	氯含量/(%)	总糖含量/(%)	总氮含量/(%)	钾含量/(%)	糖碱比	氮碱比	两糖比
下部叶	T1	1.85	18.60	0.25	22.28	1.74	1.98	10.04	0.94	0.83
	T2	1.50	20.37	0.14	26.64	1.58	1.78	13.60	1.05	0.76
	T3	1.83	22.64	0.18	26.36	1.55	1.73	12.40	0.85	0.86
	T4	1.63	23.25	0.18	28.63	1.66	1.93	14.28	1.02	0.81
	T5	1.50	19.38	0.14	22.07	1.71	1.88	12.94	1.14	0.88
中部叶	T1	2.33	18.42	0.12	29.53	1.74	1.26	7.89	0.75	0.62
	T2	2.20	21.66	0.11	31.62	1.62	1.26	9.86	0.74	0.68
	T3	2.89	18.74	0.08	28.90	1.77	1.08	6.48	0.61	0.65
	T4	2.13	22.85	0.13	31.12	1.61	1.68	10.73	0.75	0.73
	T5	2.50	21.61	0.11	31.53	1.82	1.26	8.63	0.73	0.69
上部叶	T1	3.46	20.92	0.24	25.36	2.51	1.26	6.04	0.73	0.83
	T2	3.84	18.65	0.38	21.79	2.73	1.54	4.86	0.71	0.86
	T3	3.96	17.18	0.26	21.40	2.61	1.26	4.34	0.66	0.80
	T4	2.92	20.15	0.35	24.24	2.53	1.40	6.90	0.87	0.83
	T5	2.84	18.26	0.26	22.84	2.70	1.08	6.42	0.95	0.80

如图 5-7 所示，不同处理方式对下部叶、中部叶淀粉含量的影响不大，对上部叶淀粉含量有较大影响，随二次打顶时间的推迟，上部叶淀粉含量呈先上升后下降的趋势，以 T4 处理淀粉含量较低。

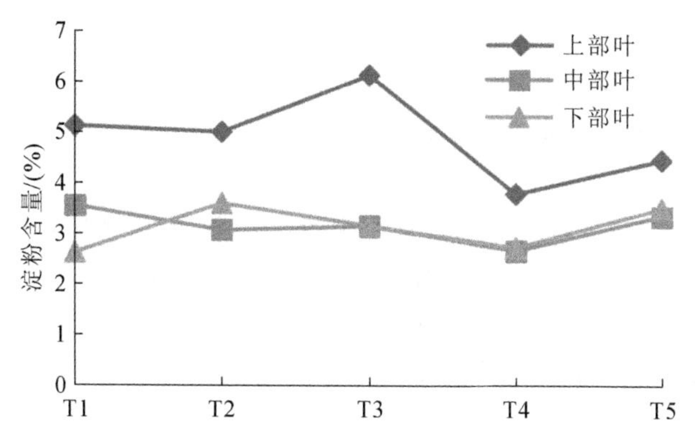

图 5-7　不同部位烤后烟叶淀粉含量

(4) 烤后烟叶感官质量。

如表 5-22 所示，不同处理方式对中部叶评吸质量的影响差异不大，以 T4 处理较好，刺激性有所改善；上部叶以 T4 处理较好，与 T1 处理相比评吸质量明显提高，香气质、刺激性得到改善。综合中部、上部叶评吸质量，各处理以 T4 处理(第一次打顶后 21 d 进行第二次打顶)较好。

表 5-22　烤后烟叶感官质量比较

部位	处理	质量特征								风格特征	
		香气质 18	香气量 16	杂气 16	刺激性 20	余味 22	燃烧性 4	灰色 4	合计 100	浓度	劲头
中部叶	T1	14.5	13.5	13.5	17.0	17.5	4.0	4.0	84.0	3.0	3.0
	T2	14.5	13.5	13.5	17.0	17.0	4.0	4.0	83.5	3.0	3.0
	T3	14.5	13.5	13.5	17.0	17.0	4.0	4.0	83.5	3.5	3.5
	T4	14.5	13.5	13.5	17.5	17.5	4.0	4.0	84.5	3.0	3.0
	T5	14.5	13.5	13.5	17.0	17.5	4.0	4.0	84.0	3.0	3.5
上部叶	T1	14.0	13.0	12.5	16.5	16.5	4.0	4.0	80.5	3.0	3.0
	T2	14.0	13.5	13.0	16.5	17.0	4.0	4.0	82.0	3.0	3.0
	T3	14.0	13.5	12.5	17.0	17.0	4.0	4.0	82.0	3.0	3.0
	T4	14.5	13.5	13.0	17.0	17.0	4.0	4.0	83.0	3.0	3.0
	T5	14.0	13.5	13.0	17.0	17.0	4.0	4.0	82.5	3.0	3.0

在烟叶生产过程中，一次性打顶往往会发生打顶过轻或过重的情况，造成上部叶不开片或整株叶片偏厚的结果，导致烤后烟叶产量降低或质量低下。而二次打顶技术的应用可以在很大程度上改变这一现状，其实质就是在第一次打顶结束后，根据烟株

长势有差异地进行第二次打顶，摘除发育不良、品质较差的顶叶。本试验通过设置不同二次打顶的时间与一次打顶进行对比，结果表明，二次打顶或上部叶弃烤能够降低上部叶叶片厚度、单叶重，改善上部叶结构，但二次打顶间隔时间越长对中部叶生长发育的影响效果越不显著。

4. 施氮量与种植密度

1）对烤烟旺长期光合速率的影响

（1）利川试点。

由表5-23可知，在对烤烟烟叶光合速率的影响上，种植密度（种植密度＝行距×株距，行距统一为1.2 m）为主要影响因素，株距50 cm与株距55 cm对烟叶光合速率的影响差异不大，但与株距60 cm处理之间存在极显著差异。在试验设置的施氮量范围内，各处理对烟叶的光合速率没有明显的影响，有随着施氮量的增加，烟叶光合速率增加的趋势。

表5-23　利川试点各处理烤烟旺长期光合速率

施氮量/(kg/hm^2)	株距/cm	净光合速率/($\mu mol \cdot m^2 \cdot s^{-1}$)
63	50	10.79
63	55	10.91
63	60	11.86
72	50	11.66
72	55	11.29
72	60	10.91
90	50	11.05
90	55	10.89
90	60	12.26

（2）高海拔试点。

如表5-24所示，随施氮量的增加，烟叶的净光合速率呈增加趋势，气孔导度和胞间CO_2浓度表现出明显的降低趋势，蒸腾速率表现为先增加后降低的趋势。随着株距的增加，烟叶的净光合速率呈先增加后降低的趋势，气孔导度、胞间CO_2浓度和蒸腾速率呈增加趋势。综合来看，90～105 kg/hm^2的施氮水平、55～60 cm的株距有利于提高烟株旺长期的光合速率，促进烤烟的生长发育，这与施氮量和种植密度对农艺性状的影响基本一致。

表5-24　高海拔试点烤烟旺长期各处理光合数据

施氮量/(kg/hm^2)	株距/cm	净光合速率/($\mu mol \cdot CO_2 \cdot m^{-2} \cdot s^{-1}$)	气孔导度/($mol \cdot H_2O \cdot m^{-2} \cdot s^{-1}$)	胞间CO_2浓度/($\mu mol \cdot CO_2 \cdot mol^{-1}$)	蒸腾速率/($mmol \cdot H_2O \cdot m^{-2} \cdot s^{-1}$)
75	50	14.38	0.28	263.92	2.2

续表

施氮量/(kg/hm²)	株距/cm	净光合速率/(μmol·CO_2·m^{-2}·s^{-1})	气孔导度/(mol·H_2O·m^{-2}·s^{-1})	胞间CO_2浓度/(μmol·CO_2·mol^{-1})	蒸腾速率/(mmol·H_2O·m^{-2}·s^{-1})
75	55	18.31	0.43	281.21	3.13
75	60	19.28	0.56	289.6	3.83
90	50	16.25	0.28	263.51	2.58
90	55	18.98	0.42	262.88	3.14
90	60	19.19	0.51	286.68	3.64
105	50	18.45	0.4	268.63	3.1
105	55	19.31	0.47	267.86	2.96
105	60	16.74	0.34	264.59	2.64
施氮量 75		17.32	0.42	278.24	3.05
施氮量 90		18.14	0.4	271.02	3.12
施氮量 105		18.17	0.4	267.03	2.9
株距 50		16.36	0.32	265.35	2.63
株距 55		18.87	0.44	270.65	3.08
株距 60		18.4	0.47	280.29	3.37

2）对烤烟主要农艺性状的影响

（1）利川试点。

由表 5-25 可知，烤烟成熟期各处理农艺性状整体以施氮量 90 kg/hm² 最佳。在施氮量 90 kg/hm² 中，株距 55 cm 株高、最大叶长、最大叶宽最大。

表 5-25　利川试点烤烟成熟期不同处理主要农艺性状

施氮量/(kg/hm²)	株距/cm	株高/cm	叶数/片	最大叶长/cm	最大叶宽/cm	长宽比
75	50	90.3	18.8	59.8	18.6	3.22
75	55	92.8	19.2	58.6	21.1	2.78
75	60	111.8	19.9	68.5	28	2.45
90	50	92.1	18.9	60.6	18.6	3.26
90	55	113	19.9	69.7	28.3	2.46
90	60	95	19.4	59.6	21.1	2.82
105	50	95.9	19.5	59.6	21.4	2.79
105	55	112.3	19.8	70.3	28.9	2.43
105	60	91.6	18.7	60.6	18.9	3.21

续表

施氮量/(kg/hm²)	株距/cm	株高/cm	叶数/片	最大叶长/cm	最大叶宽/cm	长宽比
施氮量 75		98.3	19.3	62.3	22.57	2.81
施氮量 90		100.03	19.4	63.3	22.67	2.85
施氮量 105		99.93	19.33	63.5	23.07	2.81
株距 50		92.77	19.07	60	19.53	3.09
株距 55		106.03	19.63	66.2	26.1	2.56
株距 60		99.47	19.33	62.9	22.67	2.83

（2）高海拔试点。

随施氮量的增加，烤烟株高、叶片数、长宽比变化不明显，最大叶长和最大叶宽呈增加趋势，说明适量提高施氮量可以促进烟株的生长发育。随着株距的增加，烤烟株高增加，叶数、最大叶长、最大叶宽有先升高而后降低的趋势，长宽比有先降低而后增加的趋势，在种植密度为 1.2 m×55 cm 较好。这说明，较高的施氮量（90～105 kg/hm²）和种植密度（1.2 m×55 cm）有利于促进烤烟的生长发育。

（3）十堰竹山试点。

从表 5-26 可以看出，十堰竹山高海拔地区烤烟打顶期农艺性状在株高、叶片数、最大叶长和叶宽方面的表现为，施氮量 105 kg/hm²，行间距 55 cm、60 cm 优于其他 7 个处理。而低海拔地区以施氮量 105 kg/hm² 时 3 种株距下的株高、叶片数、最大叶长和叶宽较好。这说明，高施氮量可促进烟株的生长发育，而种植密度的变化对烟株长势的影响不明显。从不同海拔来看，低海拔地区株高、叶片数表现要优于高海拔地区，最大叶长、叶宽高海拔表现较好。

表 5-26 十堰竹山试点烤烟打顶期不同处理主要农艺性状

田块	施氮量/(kg/hm²)	株距/cm	株高/cm	叶片数	最大叶长/cm	最大叶宽/cm	长宽比
十堰竹山高海拔地区	75	50	111.8	14.8	72.8	25	2.91
	75	55	110.6	14.6	73.8	24.2	3.05
	75	60	109	14.8	77.2	26.8	2.88
	90	50	104.6	13.8	76.8	26.8	2.87
	90	55	106.4	14	72.6	24.4	2.98
	90	60	111.2	13.4	77.6	27.4	2.83
	105	50	119.4	14.6	76.2	27.2	2.8
	105	55	118.4	15.4	79.4	25.8	3.08
	105	60	109.6	14.8	76.4	26.2	2.92

续表

田块	施氮量/(kg/hm²)	株距/cm	株高/cm	叶片数	最大叶长/cm	最大叶宽/cm	长宽比
十堰竹山高海拔地区	施氮量 75		110.47	14.73	74.60	25.33	2.95
	施氮量 90		107.40	13.73	75.67	26.20	2.89
	施氮量 105		115.80	14.93	77.33	26.40	2.93
	株距 50		111.93	14.40	75.27	26.33	2.86
	株距 55		111.80	14.67	75.27	24.80	3.04
	株距 60		109.93	14.33	77.07	26.80	2.88
	氮肥		0.09	0.01*	0.40	0.58	0.82
	密度		0.89	0.83	0.61	0.08	0.01*
十堰竹山低海拔地区	75	50	117.4	17.4	71	25	2.84
	75	55	112.4	16.4	68.7	24.9	2.76
	75	60	107	17	68.5	25.7	2.67
	90	50	112.6	17	70.1	26.5	2.65
	90	55	119	17.2	71.5	24.9	2.87
	90	60	117.2	17	72.3	25.2	2.87
	105	50	120.2	17.6	72.4	24.4	2.97
	105	55	121.6	18.2	75.1	26.2	2.87
	105	60	119.2	16.8	67.3	25.8	2.61
	施氮量 75		112.27	16.93	69.40	25.20	2.76
	施氮量 90		116.27	17.07	71.30	25.53	2.80
	施氮量 105		120.33	17.53	71.60	25.47	2.82
	株距 50		116.73	17.33	71.17	25.30	2.82
	株距 55		117.67	17.27	71.77	25.33	2.83
	株距 60		114.47	16.93	69.37	25.57	2.72

(4) 宜昌兴山试点。

如表 5-27 所示，从各处理对农艺性状的影响来看，宜昌与十堰表现趋势基本相同。宜昌兴山高海拔地区在施氮量为 105 kg/hm²、行间距为 55 和 60 cm 时株高、最大叶长、最大叶宽均比其他 7 个处理高；低海拔地区施氮量为 105 kg/hm² 时的叶片数比其他 6 个处理多 1～2 片，其他因素无明显差异，说明增加施氮量能够促进烟株生长，提高烟株留叶数。

表 5-27 宜昌兴山试点烤烟打顶期不同处理主要农艺性状

田块	施氮量/(kg/hm²)	株距/cm	株高/cm	叶片数	最大叶长/cm	最大叶宽/cm
宜昌兴山高海拔地区	75	50	119.3	17.8	79.1	25.8
	75	55	118.3	17.8	78.8	25.7
	75	60	117.3	17.6	78.5	25.6
	90	50	116.3	17.5	78.3	25.5
	90	55	116.3	17.5	78.3	25.5
	90	60	116.3	17.5	78.3	25.5
	105	50	101.4	16	74.2	23.6
	105	55	124.2	17.6	80.4	26.4
	105	60	123.4	18.8	80.2	26.4
	施氮量 75		118.30	17.73	78.80	25.70
	施氮量 90		116.30	17.50	78.30	25.50
	施氮量 105		116.33	17.47	78.27	25.47
	株距 50		112.33	17.10	77.20	24.97
	株距 55		119.60	17.63	79.17	25.87
	株距 60		119.00	17.97	79.00	25.83
宜昌兴山低海拔地区	75	50	121.4	18.2	78.8	30
	75	55	120.4	18.6	78.8	28.6
	75	60	109.8	19.2	75.6	28.4
	90	50	106.8	19	76.2	25.4
	90	55	109.8	17.8	79.9	31.7
	90	60	113.2	19.2	81	28.4
	105	50	123.8	20	80.8	28.1
	105	55	135.8	20.8	72.2	24.7
	105	60	93.2	18.4	74.7	28.6
	施氮量 75		117.20	18.67	77.73	29.00
	施氮量 90		109.93	18.67	79.03	28.50
	施氮量 105		117.60	19.73	75.90	27.13
	株距 50		117.33	19.07	78.60	27.83
	株距 55		122.00	19.07	76.97	28.33
	株距 60		105.40	18.93	77.10	28.47

3）烤后烟叶经济性状

（1）利川试点。

如表5-28所示，90 kg/hm²、72 kg/hm²、63 kg/hm²三种施氮量均以株距50 cm烤后烟叶产量最高。三个施氮量水平整体以72 kg/hm²烤后烟叶经济性状较好。同一施氮量条件下，随着种植密度的升高，上等烟率呈下降的趋势。高施氮量虽然烤后烟叶产量较高，但烤后烟叶上等烟率、均价较低，同一种植密度下，施氮量与上等烟率成反比。施氮量和种植密度对产量、均价、上等烟率影响显著，种植密度对均价、产值的影响效应大于施氮量，产值较高的最优组合为株距50～55 cm，施氮量72 kg/hm²。这说明，在海拔1180 m、地势平坦的田块种植烤烟，在行距1.2 m的情况下，株距以50～55 cm，施氮量以比常规施氮量降低20%（72 kg/hm²），亩产量、亩产值、上等烟率较优。

表5-28　利川试点烤后烟叶经济性状

处理		产量/(kg/hm²)	均价/(元/kg)	产值/(元/hm²)	上等烟率/(%)	中等烟率/(%)
施氮量/(kg/hm²)	株距/cm					
63	50	3461.65	17.12	59 263.45	29.19	41.76
63	55	3368.95	17.65	59 461.97	32.06	35.03
63	60	2991.45	19.19	57 405.93	35.3	44.78
72	50	3665.65	17.09	62 645.96	28.69	49.35
72	55	3463.6	17.93	62 102.35	34.64	40.54
72	60	3194.75	18.51	59 134.82	35.56	44.74
90	50	3815.1	16.41	62 605.79	25.75	50.24
90	55	3736.05	16.76	62 616.2	24.34	52.23
90	60	3139.35	17.7	55 566.5	30.74	45.99
施氮量63		3274.02	17.99	58 710.45	32.18	40.52
施氮量72		3441.33	17.84	61 294.38	32.96	44.88
施氮量90		3563.50	16.96	60 262.83	26.94	49.49
株距50		3647.47	16.87	61 505.07	27.88	47.12
株距55		3522.87	17.45	61 393.51	30.35	42.60
株距60		3108.52	18.47	57 369.08	33.87	45.17

（2）高海拔试点。

如表5-29所示，高海拔试点的烤后烟叶产量随施氮量的增加呈上升趋势，均价、上等烟率、产值呈先升高而后降低的趋势。说明适宜的施氮量有益于烟草产量提高，但当施氮量过高时烤烟长势过旺，烤后烟叶的质量降低、产值降低。随着株距的增加，烤烟产量呈现降低的趋势，均价、上等烟率呈上升趋势，产值呈先升高而后降低的趋势。这说明，在海拔 1400 m 左右种植烤烟，施氮量 90 kg/hm^2、种植密度 1.2 m×55 cm 最有利于烟草产量、产值的提高。

表 5-29 高海拔试点烤后烟叶经济性状

施氮/(kg/hm^2)	株距/cm	产量/(kg/hm^2)	均价/(元/kg)	产值/(元/hm^2)	上等烟率/(%)
75	50	2213.59	20.93	46 330.44	37.08
75	55	2151.64	21.57	46 410.87	38.05
75	60	1988.73	22.09	43 931.05	39.96
90	50	2384.11	21.65	51 615.98	36.66
90	55	2312.23	23.28	53 828.71	40.97
90	60	2219.57	23.51	52 182.09	41.77
105	50	2360.75	19.35	45 680.51	35.28
105	55	2422.52	20.12	48 741.10	37.45
105	60	2345.82	21.26	49 872.13	38.11
施氮量 75		2117.99	21.53	45 557.45	38.36
施氮量 90		2305.30	22.81	52 542.26	39.80
施氮量 105		2376.36	20.24	48 097.92	36.95
株距 50		2319.48	20.64	47 875.64	36.34
株距 55		2295.46	21.66	49 660.23	38.82
株距 60		2184.71	22.29	48 661.76	39.95

(3) 十堰竹山试点。

如表 5-30 所示，随着施氮量的增加，十堰竹山试点高海拔、低海拔地区烤烟的产量均呈总体上升趋势，上等烟比例和均价呈先增加而后降低的趋势。低海拔地区的烤烟产量明显高于高海拔地区的烤烟产量，但在上等烟比例和均价方面，高海拔地区明显高于低海拔。种植密度对烤后烟叶经济性状影响趋势不明显，在低海拔地区，施氮量在 75～90 kg/hm^2 水平下，烤后烟叶产量随种植密度的增加有增加的趋势，而上等烟比例有降低的趋势。说明：施氮量是影响烤烟主要经济性状的关键因子，低海拔地区以施氮量 90 kg/hm^2、株距 55 cm 烤后烟叶均价、上等烟比例较高；高海拔地区以施氮量 105 kg/hm^2、株距 55 cm 烤后烟叶产量、产值较高。

表 5-30　十堰竹山试点烤后烟叶经济性状

田块	施氮量 /(kg/hm^2)	株距 /cm	产量 /(kg/hm^2)	均价 /(元/kg)	产值 /(元/hm^2)	上等烟比例 /(%)	中等烟比例 /(%)
十堰竹山高海拔地区	75	50	1871.1	28.35	53 052	78.95	21.05
	75	55	1916.6	28.17	53 989	77.47	22.53
	75	60	1893.8	28.05	53 113	76.8	23.2
	90	50	1749.9	28.95	50 663	83.55	16.45
	90	55	1848.3	28.62	52 890	85.92	14.08
	90	60	1961.4	29.54	57 940	82.68	17.32
	105	50	2030.1	27.2	55 219	83.21	16.79
	105	55	2189.3	27.51	60 220	70.93	29.07
	105	60	2007.5	28.4	57 002	79.25	20.75
	施氮量 75		1893.83	28.19	53 384.67	77.74	22.26
	施氮量 90		1853.20	29.04	53 831.00	84.05	15.95
	施氮量 105		2075.63	27.70	57 480.33	77.80	22.20
	株距 50		1883.70	28.17	52 978.00	81.90	18.10
	株距 55		1984.73	28.10	55 699.67	78.11	21.89
	株距 60		1954.23	28.66	56 018.33	79.58	20.42
十堰竹山低海拔地区	75	50	2708.1	20.21	54 739	35.66	64.34
	75	55	2613.5	19.78	51 696	36.59	63.41
	75	60	2509.2	21.2	53 195	38.49	61.51
	90	50	2864.6	19.72	56 490	28.77	64.67
	90	55	2730.8	21.07	57 537	35.33	71.23
	90	60	2609.1	20.2	52 703	41.94	58.06
	105	50	2989.8	17.97	53 726	27.61	62.39
	105	55	3002	19.21	57 675	38.32	61.68
	105	60	3011.3	18.19	54 768	19.25	80.75
	施氮量 75		2610.27	20.40	53 210.00	36.91	63.09
	施氮量 90		2734.83	20.33	55 576.67	35.35	64.65
	施氮量 105		3001.03	18.46	55 389.67	28.39	68.27
	株距 50		2854.17	19.30	54 985.00	30.68	63.80
	株距 55		2782.10	20.02	55 636.00	36.75	65.44
	株距 60		2709.87	19.86	53 555.33	33.23	66.77

(4) 宜昌兴山试点。

① 榛子试点。

如表 5-31 所示，2015 年，在宜昌兴山榛子试点(高海拔地区)，烤烟产量随施氮量的增加表现出先上升而后降低的趋势，其中 90 kg/hm^2 的产量最高，在产值上的表现为施氮量 75 kg/hm²和 90 kg/hm²处理间差异不明显，但都明显高于施氮量 105 kg/hm²，均价则表现为施氮量 75 kg/hm²处理最优。综合施氮量对烤烟经济性状的影响来看，在榛子试点，适宜的施氮量为 75～90 kg/hm²。不同种植密度对烤烟经济性状的影响主要表现为对产量、产值的影响，随着种植密度的增加，烤烟的产量、产值表现出先增加而后降低的趋势，其中株距 55 cm 的产量、产值最高。综合施氮量和种植密度对烤烟经济性状的影响，2015 年结果表明：在榛子种植烤烟适宜的施氮量为 75～90 kg/hm²，适宜的种植密度为 1.2 m×55 cm。

2016 年，榛子试点烤烟产量、产值均随施氮量的增加表现出先上升而后降低的趋势，其中 90 kg/hm²的产量最高，均价以施氮量 75 kg/hm²处理最优，上等烟比例表现为施氮量 90 kg/hm²和 105 kg/hm²处理间差异不明显，但都明显高于施氮量 75 kg/hm²。综合施氮量对烤烟经济性状的影响来看，在榛子试点，适宜的施氮量为 90 kg/hm²。不同种植密度对烤烟经济性状的影响主要表现在上等烟比例方面，株距 50 cm 和 55 cm 处理差异不明显，但比株距 45 cm 处理约提高 2 个百分点，说明株距 50～55 cm 有利于提高烤烟的上等烟比例；在产量、产值方面，株距 55 cm 处理效果较好。综合施氮量和种植密度对烤烟经济性状的影响，2016 年结果表明：在榛子种植烤烟适宜的施氮量为 90 kg/hm²，适宜的种植密度为 1.2 m×55 cm。

综合榛子试点 2015、2016 两年不同施氮量和种植密度对烤烟经济性状的影响表明：在宜昌兴山海拔 1250 m 的榛子试点，适宜的施氮量为 90 kg/hm²，适宜的种植密度为 1.2 m×55 cm。

表 5-31 榛子试点烤后烟叶经济性状

年度	施氮量/(kg/hm²)	株距/(cm)	产量/(kg/hm²)	产值/(元/hm²)	均价/(元/kg)	上等烟比例/(%)	中等烟比例/(%)
2015	75	50	1935.9	46 910.55	24.23	44.92	55.08
	75	55	2131.8	52 475.4	24.62	45.23	54.77
	75	60	2093.55	53 226.9	25.42	50.35	49.65
	90	50	2112.3	44 735.7	21.18	32.55	67.45
	90	55	2555.85	57 208.95	22.38	38.56	61.44
	90	60	2235.15	49 169.7	22	37.72	62.28
	105	50	2200.35	55 837.5	25.38	51.14	48.86
	105	55	1989	44 814.9	22.53	42.38	57.62
	105	60	1723.35	39 634.8	23	40.52	59.48
	施氮量 75		2053.75	50 870.95	24.76	46.83	53.17
	施氮量 90		2301.1	50 371.45	21.85	36.28	63.72
	施氮量 105		1970.9	46 762.4	23.64	44.68	55.32
	株距 50		2082.85	49 161.25	23.6	42.87	57.13
	株距 55		2225.55	51 499.75	23.18	42.06	57.94
	株距 60		2017.35	47 343.8	23.47	42.86	57.14

续表

年度	施氮量/(kg/hm²)	株距/(cm)	产量/(kg/hm²)	产值/(元/hm²)	均价/(元/kg)	上等烟比例/(%)	中等烟比例/(%)
2016	75	45	1515	48 286.05	31.87	42.57	57.43
	75	50	1597.5	40 391.55	25.28	41.78	58.22
	75	55	1572.45	43 857	27.89	43.88	56.12
	90	45	1842.45	49 539.45	26.89	47.63	52.37
	90	50	1849.95	49 870.95	26.96	49.73	50.27
	90	55	1830	48 458.55	26.48	44.13	55.87
	105	45	1789.95	45 970.5	25.68	43.85	56.15
	105	50	1692.45	45 610.95	26.95	49.19	50.81
	105	55	1875	49 308	26.3	53.2	46.8
	施氮量 75		1561.65	44 178.15	28.35	42.74	57.26
	施氮量 90		1840.8	49 289.7	26.78	47.16	52.84
	施氮量 105		1785.75	46 963.2	26.31	48.75	51.25
	株距 45		1715.85	44 869.47	26.15	44.68	55.32
	株距 50		1713.3	45 291.15	26.4	46.9	53.1
	株距 55		1759.2	47 207.85	26.89	47.07	52.93

如表 5-32 所示，2015 年宜昌兴山黄粮试点试验结果表明：随着施氮量的增加，烤后烟叶产量有降低的趋势，其中施氮量 75 kg/hm² 和 90 kg/hm² 处理差异不明显，但明显高于 105 kg/hm² 的施氮量，可能是由于黄粮 2015 年降雨比较充沛，肥料利用率高，造成高施氮量烤烟长势过旺，不易烘烤，烤后有效产量低；在均价和上等烟比例方面则表现为施氮量 90 kg/hm² 和 105 kg/hm² 处理间差异不明显，但明显高于 75 kg/hm² 的施氮量。随着种植密度的增加，烤后烟叶产量、产值、上等烟比例有降低的趋势，其中株距 55 cm 和株距 60 cm 处理间差异不明显，但都明显高于株距 50 cm，而在均价上的表现为株距 55 cm 处理效果最好。说明：在海拔 1100 m 的黄粮，适宜的施氮量为 90 kg/hm²、种植密度为 1.2 m×55 cm。

2016 年黄粮试验结果表明：随着施氮量的增加，烤烟的均价和上等烟比例增加，其中施氮量 75 kg/hm² 和 90 kg/hm² 处理在烤烟产量、产值上差异不明显，但都明显低于 105 kg/hm² 的施氮量，可能是由于 2016 年黄粮干旱严重，造成肥料利用率低，高施氮量的处理有利于提高烤烟的产量、产值等经济性状。在种植密度上，株距 50 cm 和 55 cm 的产量、产值差异不明显，但都显著高于株距 45 cm，均价则表现为株距 55 cm 处理最好。说明：在海拔 1100 m 的黄粮植烟，密度为 1.2 m×(50～55) cm 有利于提高烤烟的产量、产值。

综合 2015、2016 两年的试验对烤烟经济性状的影响表明：在海拔 1100 m 的黄粮种植烤烟，适宜的施氮量为 90～105 kg/hm²，种植密度为 1.2 m×55 cm。

表 5-32　黄粮试点烤后烟叶经济性状

年度	施氮量/(kg/hm²)	株距/cm	产量/(kg/hm²)	产值/(元/hm²)	均价/(元/kg)	上等烟比例/(%)	中等烟比例/(%)
2015	75	50	1358.1	33 814.95	24.9	36.45	63.55
	75	55	2108.4	57 909.75	27.47	45.22	54.78
	75	60	1966.5	47 568	24.19	46.49	53.51
	90	50	1355.7	35 678.7	26.32	58.74	41.26
	90	55	1979.1	51 256.95	25.9	71.05	28.95
	90	60	1996.5	52 930.5	26.51	76.82	23.18
	105	50	1311.9	34 816.2	26.54	68.75	31.25
	105	55	1368	36 819.45	26.91	65.23	34.77
	105	60	1866.75	502 24.5	26.9	72.16	27.84
	施氮量 75		1811	46 430.9	25.52	42.72	57.28
	施氮量 90		1777.1	46 622.05	26.24	68.87	31.13
	施氮量 105		1515.55	40 620.05	26.78	68.71	31.29
	株距 50		1341.9	34 769.95	25.92	54.65	45.35
	株距 55		1818.5	48 662.05	26.76	60.5	39.5
	株距 60		1943.25	50 241	25.87	65.16	34.84
2016	75	45	1920.3	42 878.7	22.33	32.22	67.78
	75	50	1996.35	46 080.3	23.08	35.74	64.26
	75	55	2090.4	48 571.8	23.24	23.24	76.76
	90	45	1770.9	40 681.05	22.97	37.75	62.25
	90	50	1888.2	43 090.8	22.82	32.82	67.18
	90	55	2192.4	52 870.65	24.12	40.2	59.8
	105	45	1941.6	47 667.9	24.55	46.15	53.85
	105	50	2464.8	57 045.15	23.14	38.89	61.11
	105	55	1973.85	48 394.05	24.52	41.7	58.3
	施氮量 75		2002.35	45 843.6	22.88	30.4	69.6
	施氮量 90		1950.45	45 547.5	23.3	36.92	63.08
	施氮量 105		2126.7	51 035.7	24.07	42.25	57.75
	株距 45		1877.55	43 742.55	23.28	38.71	61.29
	株距 50		2116.5	48 738.75	23.01	35.82	64.18
	株距 55		2085.6	49 945.5	23.96	35.05	64.95

4）烤后烟叶化学成分比较

(1) 利川试点。

如表 5-33 所示，氮肥与密度的互作效应对总糖、总氮含量及两糖比影响显著，具体表现为：低施氮量、低密度有利于提高烟叶中总糖的含量，降低烟叶中总氮含量，低施氮量、高密度有利于提高烟叶的两糖比。烤烟各部位以施氮量 72 kg/hm²、种植密度 1.2 m×55 cm 烤后烟叶烟碱、总糖、还原糖含量较适宜，糖碱比、氮碱比、两糖比较为协调。

表 5-33　利川试点烤后烟叶化学成分

部位	处理		烟碱含量/(%)	还原糖含量/(%)	总糖含量/(%)	总氮含量/(%)	钾含量/(%)	氯含量/(%)	糖碱比	氮碱比	两糖比
	施氮量/(kg/hm²)	株距/cm									
下部叶	63	50	2.16	22.93	25.63	2.40	2.03	0.16	11.85	1.11	0.89
	63	55	2.48	28.96	35.88	1.72	1.38	0.10	14.49	0.70	0.81
	63	60	2.39	27.62	34.22	1.96	1.47	0.12	14.31	0.82	0.81
	72	50	2.32	26.21	32.88	2.12	1.92	0.27	14.16	0.91	0.80
	72	55	2.30	23.35	31.00	2.04	2.07	0.23	13.50	0.89	0.75
	72	60	1.64	24.35	28.06	1.86	2.17	0.29	17.16	1.14	0.87
	90	50	2.44	26.96	33.54	2.09	1.73	0.22	13.76	0.86	0.80
	90	55	2.47	22.51	26.47	2.23	1.92	0.23	10.72	0.90	0.85
	90	60	2.39	20.54	26.39	2.20	1.88	0.44	11.03	0.92	0.78
中部叶	63	50	2.28	25.27	29.85	2.28	1.73	0.18	13.11	1.00	0.85
	63	55	2.88	26.99	34.07	1.73	1.47	0.20	11.81	0.60	0.79
	63	60	2.80	26.07	32.76	1.81	1.41	0.12	11.69	0.64	0.80
	72	50	3.03	24.78	34.33	1.99	1.26	0.42	11.33	0.66	0.72
	72	55	2.37	24.32	30.59	2.15	1.86	0.28	12.91	0.91	0.80
	72	60	2.70	24.66	29.60	2.10	1.64	0.24	10.96	0.78	0.83
	90	50	2.90	25.56	31.14	1.88	1.80	0.23	10.75	0.65	0.82
	90	55	2.73	26.44	30.77	2.07	1.62	0.25	11.27	0.76	0.86
	90	60	2.61	28.55	33.57	2.03	1.80	0.17	12.85	0.78	0.85
上部叶	63	50	2.83	27.80	32.73	2.00	1.10	0.27	11.58	0.71	0.85
	63	55	3.11	25.37	30.45	2.14	1.41	0.15	9.78	0.69	0.83
	63	60	3.69	26.22	32.75	2.01	1.30	0.25	8.87	0.54	0.80
	72	50	3.00	25.52	30.99	2.14	1.52	0.19	10.33	0.71	0.82
	72	55	2.89	23.34	28.16	2.04	1.86	0.22	9.75	0.71	0.83
	72	60	2.89	24.43	28.85	1.98	1.64	0.25	10.00	0.68	0.85
	90	50	3.29	24.76	29.55	2.12	1.73	0.33	8.99	0.64	0.84
	90	55	3.82	24.11	27.28	2.42	1.77	0.29	7.14	0.63	0.88
	90	60	4.60	21.68	26.31	2.37	1.39	0.39	5.72	0.51	0.82

续表

部位	处理		烟碱含量/(%)	还原糖含量/(%)	总糖含量/(%)	总氮含量/(%)	钾含量/(%)	氯含量/(%)	糖碱比	氮碱比	两糖比
	施氮量/(kg/hm²)	株距/cm									
	施氮量 63		2.74	26.36	32.04	2.01	1.48	0.17	11.94	0.76	0.83
	施氮量 72		2.57	24.55	30.50	2.05	1.77	0.27	12.23	0.82	0.81
	施氮量 90		3.03	24.57	29.45	2.16	1.74	0.28	10.25	0.74	0.83
	株距 50		2.69	25.53	31.18	2.11	1.65	0.25	11.76	0.81	0.82
	株距 55		2.78	25.04	30.52	2.06	1.71	0.22	11.26	0.75	0.82
	株距 60		2.86	24.90	30.28	2.04	1.63	0.25	11.40	0.76	0.82
	氮肥		0.32	0.11	0.10	0.13	0.04*	0.01**	0.25	0.53	0.19
	密度		0.86	0.78	0.72	0.56	0.80	0.53	0.92	0.75	0.99
	氮肥×密度		0.76	0.43	0.05*	0.04*	0.36	0.72	0.96	0.23	0.00**

（2）高海拔试点。

如表 5-34 所示，在高海拔试点对于上部烟叶，随着施氮量的增加，烟碱、总氮、钾和氯含量呈升高的趋势，还原糖、总糖含量呈降低趋势。随着株距的增加，烟碱、还原糖、总氮和钾含量呈先降低后升高的趋势，氯和总糖含量呈降低趋势。

表 5-34 烤后烟叶化学成分

部位	施氮量/(kg/hm²)	株距/cm	烟碱含量/(%)	还原糖含量/(%)	总糖含量/(%)	总氮含量/(%)	钾含量/(%)	氯含量/(%)	糖碱比	氮碱比	两糖比
上部叶	75	50	2.98	15.08	25.83	2.16	1.76	0.31	8.66	0.72	0.58
	75	55	2.55	16.61	28.51	2.04	1.54	0.25	11.16	0.8	0.58
	75	60	3.08	13.34	24.93	2.21	1.67	0.25	8.1	0.72	0.54
	90	50	2.72	10.77	22.38	2.26	1.7	0.29	8.23	0.83	0.48
	90	55	3.29	9.98	20.26	2.28	1.81	0.29	6.15	0.69	0.49
	90	60	2.76	18.15	28.37	2.1	1.64	0.25	10.26	0.76	0.64
	105	50	2.92	17.18	27.17	2.07	1.59	0.35	9.29	0.71	0.63
	105	55	2.51	11.11	23.93	2.11	1.59	0.26	9.54	0.84	0.46
	105	60	3.6	9.82	17.66	2.44	1.98	0.3	4.91	0.68	0.56
	施氮量 75		2.87	15.01	26.42	2.14	1.66	0.27	9.31	0.75	0.57
	施氮量 90		2.92	12.97	23.67	2.21	1.72	0.28	8.21	0.76	0.54
	施氮量 105		3.01	12.70	22.92	2.21	1.72	0.30	7.91	0.74	0.55
	株距 50		2.87	14.34	25.13	2.16	1.68	0.32	8.73	0.75	0.56
	株距 55		2.78	12.57	24.23	2.14	1.65	0.27	8.95	0.78	0.51
	株距 60		3.15	13.77	23.65	2.25	1.76	0.27	7.76	0.72	0.58

续表

部位	施氮量/(kg/hm^2)	株距/cm	烟碱含量/(%)	还原糖含量/(%)	总糖含量/(%)	总氮含量/(%)	钾含量/(%)	氯含量/(%)	糖碱比	氮碱比	两糖比
中部叶	75	50	2.4	17.5	32.07	1.87	1.79	0.22	13.33	0.78	0.55
	75	55	2.17	17.71	31.19	1.8	1.93	0.26	14.35	0.83	0.57
	75	60	2.04	17.34	34.74	1.69	1.9	0.14	17.06	0.83	0.5
	90	50	2.25	14.34	29.02	1.8	1.89	0.18	12.9	0.8	0.49
	90	55	2.61	18.21	28.48	1.93	1.91	0.21	10.93	0.74	0.64
	90	60	2.12	15.6	29.04	1.84	1.93	0.15	13.71	0.87	0.54
	105	50	2.08	16.08	29.46	1.72	1.93	0.23	14.18	0.83	0.55
	105	55	2.16	16.83	30.91	1.8	1.92	0.21	14.28	0.83	0.54
	105	60	2.5	16.52	26.31	2.01	1.83	0.21	10.54	0.8	0.63
	施氮量 75		2.20	17.52	32.67	1.79	1.87	0.21	14.91	0.81	0.54
	施氮量 90		2.33	16.05	28.85	1.86	1.91	0.18	12.51	0.80	0.56
	施氮量 105		2.25	16.48	28.89	1.84	1.89	0.22	13.00	0.82	0.57
	株距 50		2.24	15.97	30.18	1.80	1.87	0.21	13.47	0.80	0.53
	株距 55		2.31	17.58	30.19	1.84	1.92	0.23	13.19	0.80	0.58
	株距 60		2.22	16.49	30.03	1.85	1.89	0.17	13.77	0.83	0.56
下部叶	75	50	1.49	15.76	30.51	1.52	2.08	0.16	20.52	1.02	0.52
	75	55	1.27	11.54	23.89	1.86	2.92	0.14	18.77	1.46	0.48
	75	60	1.34	11.87	23.76	1.9	2.74	0.12	17.72	1.41	0.5
	90	50	1.3	10.49	21.06	1.86	2.89	0.14	16.18	1.43	0.5
	90	55	1.67	13.9	25.78	1.75	2.52	0.18	15.45	1.05	0.54
	90	60	1.39	11.91	23.26	1.82	2.94	0.13	16.79	1.31	0.51
	105	50	1.47	11.67	23.5	1.9	2.79	0.16	16.02	1.29	0.5
	105	55	1.29	13.24	23.5	1.9	2.87	0.16	18.21	1.48	0.56
	105	60	1.82	24.74	33.21	1.67	2.18	0.15	18.2	0.92	0.74
	施氮量 75		1.37	13.06	26.05	1.76	2.58	0.14	19.00	1.30	0.50
	施氮量 90		1.45	12.10	23.37	1.81	2.78	0.15	16.14	1.26	0.52
	施氮量 105		1.53	16.55	26.74	1.82	2.61	0.16	17.48	1.23	0.60

续表

部位	施氮量/(kg/hm^2)	株距/cm	烟碱含量/(%)	还原糖含量/(%)	总糖含量/(%)	总氮含量/(%)	钾含量/(%)	氯含量/(%)	糖碱比	氮碱比	两糖比
下部叶	株距 50		1.42	12.64	25.02	1.76	2.59	0.15	17.57	1.25	0.51
	株距 55		1.41	12.89	24.39	1.84	2.77	0.16	17.48	1.33	0.53
	株距 60		1.52	16.17	26.74	1.80	2.62	0.13	17.57	1.21	0.58
施氮量 75			2.15	15.19	28.38	1.89	2.04	0.21	14.41	0.95	0.54
施氮量 90			2.23	13.71	25.29	1.96	2.14	0.2	12.29	0.94	0.54
施氮量 105			2.26	15.24	26.18	1.96	2.08	0.23	12.8	0.93	0.57
株距 50			2.18	14.32	26.78	1.91	2.05	0.23	13.26	0.93	0.53
株距 55			2.17	14.35	26.27	1.94	2.11	0.22	13.2	0.97	0.54
株距 60			2.29	15.48	26.81	1.96	2.09	0.19	13.03	0.92	0.57
氮肥			0.95	0.62	0.37	0.82	0.93	0.76	0.62	0.99	0.3
密度			0.93	0.76	0.96	0.88	0.97	0.51	0.99	0.94	0.32
氮肥×密度			0.75	0.68	0.93	0.96	0.98	0.91	0.9	0.68	0.13

对于中部烟叶，随施氮量的增加，烟碱、总氮和钾含量呈先升高后降低的趋势，还原糖、总糖和氯含量呈先降低后升高的趋势。随着株距的增加，还原糖、总糖、氯含量呈先降低后升高的趋势，总氮含量呈升高趋势，钾含量呈先升高后降低的趋势。

对于下部烟叶，随施氮量的增加，总氮含量呈升高趋势，还原糖、总糖含量呈先降低后升高的趋势，钾含量呈先升高后降低的趋势。随着株距的增加，烟碱和总糖含量呈先降低后升高的趋势，钾含量呈先升高后降低的趋势，还原糖、总氮含量呈升高趋势。

综合来看，随着施氮量的增加，烟碱、总氮含量呈升高趋势，糖碱比的协调性有变优的趋势，施氮量 90 kg/hm^2 较优；随着株距的增加，烟碱、总氮、还原糖含量有升高的趋势，从氮碱比的协调性上来看，株距 55 cm 较好。

(3) 十堰竹山试点。

从表 5-35 可以看出，十堰竹山试点两个海拔地区烤后烟叶主要化学成分含量随着施氮量不同而变化的规律基本相同，随着施氮量的增加，总糖含量呈先降低而后升高的趋势，总氮含量呈先升高而后降低的趋势，氯含量呈升高的趋势。在高海拔地区，随着植烟密度的增加，烟碱、总氮含量呈先升高而后降低的趋势，总糖、还原糖含量呈先降低而后升高的趋势；在低海拔地区，随着植烟密度的增加，烟碱、总氮含量呈先降低而后升高的趋势，总糖含量呈降低趋势，还原糖含量呈升高趋势。从烟碱含量的适宜程度及主要化学成分的协调性来看，竹山试点低海拔地区的适宜施氮量为 75～90 kg/hm^2，种植密度以 1.2 m×55 cm 较好，高海拔地区的适宜施氮量为 90 kg/hm^2，种植密度以 1.2 m×55 cm 较好。

表 5-35　十堰竹山试点烤后烟叶化学成分

田块	施氮量/(kg/hm²)	株距/cm	烟碱含量/(%)	还原糖含量/(%)	总糖含量/(%)	总氮含量/(%)	钾含量/(%)	氯含量/(%)	糖碱比	氮碱比	两糖比
竹山高海拔地区	75	50	2.81	28.00	35.62	2.30	1.52	0.07	12.68	0.82	0.79
	75	55	3.07	26.36	34.88	2.35	1.48	0.08	11.36	0.77	0.76
	75	60	3.06	24.82	29.21	2.35	1.71	0.08	9.55	0.77	0.85
	90	50	2.74	27.51	31.62	2.20	1.75	0.11	11.54	0.80	0.87
	90	55	3.20	24.00	27.32	2.54	2.02	0.10	8.54	0.79	0.88
	90	60	2.51	27.28	32.82	2.31	1.84	0.07	13.08	0.92	0.83
	105	50	3.25	24.41	31.64	2.40	1.66	0.10	9.74	0.74	0.77
	105	55	2.98	25.53	30.27	2.32	1.62	0.10	10.16	0.78	0.84
	105	60	3.12	27.42	33.18	2.27	1.54	0.08	10.63	0.73	0.83
竹山低海拔地区	75	50	1.76	28.83	35.95	1.62	1.56	0.06	20.43	0.92	0.80
	75	55	1.77	27.28	33.92	1.65	1.60	0.07	19.16	0.93	0.80
	75	60	1.61	25.59	32.91	1.63	1.77	0.06	20.44	1.01	0.78
	90	50	2.03	25.05	30.29	1.94	1.56	0.09	14.92	0.96	0.83
	90	55	2.13	22.75	29.34	1.74	1.73	0.09	13.77	0.82	0.78
	90	60	1.92	25.26	33.28	1.71	1.44	0.06	17.33	0.89	0.76
	105	50	2.15	27.41	31.98	2.00	1.64	0.07	14.87	0.93	0.86
	105	55	1.91	27.92	35.49	1.61	1.69	0.07	18.58	0.84	0.79
	105	60	2.63	25.07	34.37	1.76	1.40	0.16	13.07	0.67	0.73
高海拔地区	施氮量 75		2.98	26.39	33.24	2.33	1.57	0.08	11.20	0.79	0.80
	施氮量 90		2.82	26.26	30.59	2.35	1.87	0.09	11.05	0.84	0.86
	施氮量 105		3.12	25.79	31.70	2.33	1.61	0.09	10.18	0.75	0.81
	株距 50		2.93	26.64	32.96	2.30	1.64	0.09	11.32	0.79	0.81
	株距 55		3.08	25.30	30.82	2.40	1.71	0.09	10.02	0.78	0.83
	株距 60		2.90	26.51	31.74	2.31	1.70	0.08	11.09	0.81	0.84
低海拔地区	施氮量 75		1.71	27.23	34.26	1.63	1.64	0.06	20.01	0.95	0.79
	施氮量 90		2.03	24.35	30.97	1.80	1.58	0.08	15.34	0.89	0.79
	施氮量 105		2.23	26.80	33.95	1.79	1.58	0.10	15.51	0.81	0.79
	株距 50		1.98	27.10	32.74	1.85	1.59	0.07	16.74	0.94	0.83
	株距 55		1.94	25.98	32.92	1.67	1.67	0.08	17.17	0.86	0.79
	株距 60		2.05	25.31	33.52	1.70	1.54	0.09	16.95	0.86	0.76

(4) 宜昌兴山试点。

如表5-36所示,在宜昌兴山海拔较高的榛子试点,随着施氮量的增加,烤后烟叶的烟碱、总氮含量有升高的趋势,总糖、还原糖含量有降低的趋势,说明增加施氮量能提高烟叶的烟碱含量,降低还原糖的含量。从烟叶主要化学成分的协调性来看,施氮量75 kg/hm^{2}处理较好,其次是施氮量90 kg/hm^2。在种植密度上,株距50～55 cm处理的烤后烟叶化学成分协调性较好。说明:在海拔1250 m的榛子烟区,施氮量75～90 kg/hm^2、植烟密度1.2 m×(50～55) cm有利于改善烤烟的内在化学品质。

表5-36 榛子试点烤后烟叶化学成分

年度	施氮量/(kg/hm^2)	株距/cm	烟碱含量/(%)	还原糖含量/(%)	总糖含量/(%)	总氮含量/(%)	钾含量/(%)	氯含量/(%)	糖碱比	氮碱比	两糖比
2015	75	50	2.79	24.03	30.01	2.18	1.57	0.2	10.76	0.78	0.8
	75	55	2.69	21.24	27.29	2.04	1.57	0.27	10.14	0.76	0.78
	75	60	2.55	25.05	32.16	2.05	1.5	0.29	12.61	0.8	0.78
	90	50	2.33	23.9	30.32	2.05	1.82	0.2	13.01	0.88	0.79
	90	55	3.59	17.8	22.86	2.44	1.61	0.23	6.37	0.68	0.78
	90	60	2.94	17.96	22.71	2.39	1.69	0.29	7.72	0.81	0.79
	105	50	3.13	16.15	19.29	2.64	1.61	0.41	6.16	0.84	0.84
	105	55	2.9	16.8	21	2.37	1.61	0.35	7.24	0.82	0.8
	105	60	4.04	17.06	20.69	2.54	1.34	0.31	5.12	0.63	0.82
2016	75	45	3.93	19.60	28.50	2.90	1.27	0.10	7.25	0.74	0.69
	75	50	2.75	19.78	26.20	1.81	1.66	0.24	9.53	0.66	0.75
	75	55	2.74	18.02	23.40	1.64	1.93	0.35	8.54	0.60	0.77
	90	45	3.40	17.20	23.50	2.43	1.44	0.21	6.91	0.71	0.73
	90	50	3.17	18.38	23.57	2.92	1.75	0.24	7.44	0.92	0.78
	90	55	2.59	21.88	28.22	2.94	1.52	0.18	10.90	1.14	0.78
	105	45	4.76	15.27	20.39	2.94	1.27	0.23	4.28	0.62	0.75
	105	50	3.73	16.48	23.34	2.91	1.61	0.33	6.26	0.78	0.71
	105	55	2.29	23.49	30.00	2.64	1.79	0.38	13.10	1.15	0.78

如表5-37所示,在宜昌兴山海拔较低的黄粮试点,随着施氮量的增加,烤后烟叶的烟碱含量有升高的趋势,氮碱比有降低的趋势,其中施氮量75 kg/hm^{2}和90 kg/hm^{2}处理烤后烟叶主要化学成分差异不明显,以施氮量75 kg/hm^{2}处理烟叶内在化学成分的协调性较好。在种植密度上,株距50 cm和55 cm处理的烤后烟叶内在化学成分协调性较好。说明:在海拔1100 m的黄粮烟区,施氮量75 kg/hm^2、植烟密度1.2 m×(50～55) cm有利于改善烤烟的内在化学品质。

表 5-37　黄粮试点烤后烟叶化学成分

年度	部位	施氮量/(kg/hm²)	株距/cm	烟碱含量/(%)	还原糖含量/(%)	总糖含量/(%)	总氮含量/(%)	钾含量/(%)	氯含量/(%)	糖碱比	氮碱比	两糖比
2015	中部叶	75	50	2.14	25.59	32.68	1.62	1.98	0.22	15.27	0.76	0.78
		75	55	1.84	26.53	33.73	1.7	2.07	0.18	18.33	0.92	0.79
		75	60	1.85	23.53	26.55	1.94	2.48	0.31	14.35	1.05	0.89
		90	50	1.91	25.59	30.01	1.72	2.17	0.26	15.71	0.9	0.85
		90	55	2.1	24.29	31.33	1.74	1.89	0.26	14.92	0.83	0.78
		90	60	1.73	26.26	32.42	1.58	2.07	0.19	18.74	0.91	0.81
		105	50	2.73	22.64	23.84	2.21	2.54	0.47	8.73	0.81	0.95
		105	55	2.14	24.44	27.92	1.9	2.27	0.29	13.05	0.89	0.88
		105	60	1.87	25.04	33.54	1.55	1.93	0.25	17.94	0.83	0.75
	上部叶	75	50	2.7	22.76	28.29	2.1	1.71	0.45	10.48	0.78	0.8
		75	55	3.2	21.38	24.3	2.5	2.07	0.46	7.59	0.78	0.88
		75	60	2.66	21.71	26.21	2.54	1.84	0.41	9.85	0.95	0.83
		90	50	3.19	22.67	25.44	2.42	1.93	0.61	7.97	0.76	0.89
		90	55	2.85	17.54	19.48	2.67	2.27	0.63	6.84	0.94	0.9
		90	60	2.61	24.08	31.66	2.13	1.55	0.43	12.13	0.82	0.76
		105	50	3.28	19.47	22.1	2.45	2.17	0.7	6.74	0.75	0.88
		105	55	2.59	24.72	29.92	2.21	1.71	0.41	11.55	0.85	0.83
		105	60	3.06	23.94	28.08	2	1.71	0.72	9.18	0.65	0.85
2016	中部叶	75	45	2.50	23.34	27.46	1.76	1.68	0.46	10.98	0.70	0.85
		75	50	2.52	23.64	26.30	2.06	2.13	0.52	10.44	0.82	0.90
		75	55	2.58	24.34	30.30	1.65	1.93	0.43	11.74	0.64	0.80
		90	45	2.15	23.95	29.37	1.61	1.77	0.36	13.66	0.75	0.82
		90	50	2.18	24.00	26.41	1.80	1.83	0.42	12.11	0.83	0.91
		90	55	2.16	23.90	30.38	1.96	1.83	0.22	14.06	0.91	0.79
		105	45	2.30	23.69	30.15	2.04	1.88	0.60	13.11	0.89	0.79
		105	50	3.27	20.75	24.55	1.98	2.13	0.34	7.51	0.61	0.85
		105	55	2.20	22.48	27.92	1.30	2.08	0.28	12.69	0.59	0.81
	上部叶	75	45	3.46	21.22	25.95	1.91	1.68	0.62	7.50	0.55	0.82
		75	50	3.72	19.55	24.71	2.41	1.88	0.72	6.64	0.65	0.79
		75	55	2.94	21.77	27.39	1.91	1.73	0.77	9.32	0.65	0.79
		90	45	2.29	22.57	31.56	1.43	1.36	0.39	13.78	0.62	0.72
		90	50	2.37	23.43	31.15	1.59	1.45	0.27	13.14	0.67	0.75
		90	55	3.13	20.63	27.15	2.07	1.64	0.31	8.67	0.66	0.76
		105	45	2.46	24.57	28.79	1.58	1.73	0.25	11.70	0.64	0.85
		105	50	3.55	20.85	22.76	2.41	1.88	0.45	6.41	0.68	0.92
		105	55	2.70	23.02	31.40	1.60	1.41	0.31	11.63	0.59	0.73

5）烤后烟叶感官质量

（1）利川试点。

如表 5-38 所示，在利川试点，随着施氮量的增加，烟叶的香气质有所提升，但当施氮量达到 90 kg/hm² 的时候，上部烟叶的刺激性增大，故施氮量在 72 kg/hm² 的时候烤后烟叶综合感官质量较好；随着株距的增加，烟叶在杂气、刺激性、余味方面的得分呈先上升而后下降的趋势。综合施氮量、株距对烤烟中、上部烟叶综合评吸质量的影响可知，施氮量 72 kg/hm²、株距 55cm 能提高烤烟的评吸质量。其中施氮量对烤后烟叶的香气质，香气量和余味有显著影响。

表 5-38 利川试点烤后烟叶评吸结果

部位	处理		质量特征								风格特征	
	施氮量/(kg/hm²)	株距/cm	香气质 18	香气量 16	杂气 16	刺激性 20	余味 22	燃烧性 4	灰色 4	合计 100	浓度	劲头
中部叶	63	50	14.0	13.0	13.0	17.0	17.0	4	4	82.0	3.0	3
	63	55	14.0	13.0	13.0	17.0	16.5	4	4	81.5	3.5	3
	63	60	13.5	12.5	12.5	16.5	16.0	4	4	79.0	3.5	3
	72	50	14.5	13.5	13.0	17.0	17.0	4	4	83.0	3.5	3
	72	55	14.5	13.5	13.5	17.5	17.5	4	4	84.5	3.0	3
	72	60	14.0	13.0	13.0	16.5	16.5	4	4	81.0	3.0	3
	90	50	14.5	13.5	13.5	17.5	17.0	4	4	84.0	3.0	3
	90	55	14.5	13.0	13.0	17.5	17.0	4	4	83.0	3.0	3
	90	60	14.0	13.5	13.0	16.5	17.0	4	4	82.0	3.5	3
上部叶	63	50	14.0	12.5	13.0	17.0	16.5	4	4	81.0	2.5	3
	63	55	14.0	12.5	13.0	17.0	16.5	4	4	81.0	2.5	3
	63	60	14.0	12.5	13.5	17.0	17.0	4	4	82.0	2.5	3
	72	50	14.5	13.0	13.0	17.0	17.0	4	4	82.5	3.0	3
	72	55	14.5	13.5	13.5	17.0	17.5	4	4	84.0	3.0	3
	72	60	14.5	13.5	13.0	17.0	17.0	4	4	83.0	3.0	3
	90	50	14.5	13.0	13.0	16.5	17.0	4	4	82.0	3.0	3
	90	55	14.5	13.0	13.0	16.5	17.0	4	4	82.0	3.0	3
	90	60	14.5	13.5	13.0	16.5	17.0	4	4	82.5	3.5	3
施氮量 63			13.92	12.67	13.00	16.92	16.58	4.00	4.00	81.08	2.92	3.00
施氮量 72			14.42	13.33	13.17	17.00	17.08	4.00	4.00	83.00	3.08	3.00
施氮量 90			14.42	13.25	13.08	16.83	17.00	4.00	4.00	82.58	3.17	3.00
株距 50			14.33	13.08	13.08	17.00	16.92	4.00	4.00	82.42	3.00	3.00

续表

部位	处理		质量特征								风格特征	
	施氮量/(kg/hm²)	株距/cm	香气质 18	香气量 16	杂气 16	刺激性 20	余味 22	燃烧性 4	灰色 4	合计 100	浓度	劲头
株距 55			14.33	13.08	13.17	17.08	17.00	4.00	4.00	82.67	3.00	3.00
株距 60			14.08	13.08	13.00	16.67	16.75	4.00	4.00	81.58	3.17	3.00
施氮量			0.00*	0.00*	0.57	0.77	0.03*			0.03*	0.52	
种植密度			0.10	1.00	0.57	0.20	0.35			0.23	0.68	
施氮量×种植密度			1.00	0.28	0.37	0.96	0.30			0.62	0.61	

（2）高海拔试点。

如表 5-39 所示，在高海拔试点，随着施氮量的增加，烤后烟叶香气量、杂气、余味得分有降低的趋势。随着种植密度的降低，烤后烟叶的香气量变差，刺激性增强。说明：在高海拔烟区，施氮量 75 kg/hm²、植烟密度 1.2 m×55 cm 的烤后烟叶感官品质最好。

表 5-39　高海拔试点烤后烟叶评吸结果

处理		质量特征								风格特征	
施氮量/(kg/hm²)	株距/cm	香气质 18	香气量 16	杂气 16	刺激性 20	余味 22	燃烧性 4	灰色 4	合计 100	浓度	劲头
75	50	14	13.5	13	16.5	17	4	4	82	3.5	3.5
75	55	14.5	13.5	13.5	17	17	4	4	83.5	3.5	3.5
75	60	14	13.5	13	17	17	4	4	82.5	3.5	3.5
90	50	14	13.5	13	16.5	17	4	4	82	3.5	3.5
90	55	14	13.5	13	17	17	4	4	82.5	3.5	3.5
90	60	14	13	12.5	17	17	4	4	81.5	3.5	3.5
105	50	14	13.5	13	16.5	17	4	4	82	3.5	3.5
105	55	14	13.5	12.5	17	16.5	4	4	81.5	3.5	3.5
105	60	14	13	12	17	17	4	4	81	3.5	3.5

（3）宜昌兴山试点。

如表 5-40 所示，在宜昌兴山海拔 1250 m 的榛子试点，随着施氮量的增加，烤后烟叶的香气质有变差的趋势，杂气、刺激性有增加的趋势，以施氮量 75 kg/hm² 的烤后烟叶综合评吸质量较好；随着植烟密度的增加，烤后烟叶的香气质、余味有变优的趋势，但杂气有所上升，以株距 55 cm 处理的烤后烟叶综合评吸质量最优。说明：在海拔 1250 m 的榛子试点，施氮量 75 kg/hm²、种植密度 1.2 m×55 cm 较为适宜，能改善烤烟内在评吸质量。

表 5-40　宜昌兴山试点烤后烟叶评吸结果

试验地点	施氮量/(kg/hm²)	株距/cm	香气质 18	香气量 16	杂气 16	刺激性 20	余味 22	燃烧性 4	灰色 4	合计 100	浓度	劲头
榛子	75	50	14	12.5	13	17.5	17.5	4	4	82.5	3	3
	75	55	14.5	13	13.5	17.5	17.5	4	4	84	3	3
	75	60	14.5	13	13.5	17.5	17.5	4	4	84	3	3
	90	50	14.5	13	12.5	17.5	17.5	4	4	83	3	3
	90	55	14.5	13	13	17.5	17.5	4	4	83.5	3	3
	90	60	14	13	13	17.5	17	4	4	82.5	3	3
	105	50	14.5	13	13	17.5	17.5	4	4	83.5	3	3
	105	55	14	13	13	17	17.5	4	4	82.5	3	3
	105	60	14	12.5	13	17.5	17.5	4	4	82.5	2.5	3
	施氮量 75		14.33	12.83	13.33	17.5	17.5	4	4	83.5	3	3
	施氮量 90		14.33	13	12.83	17.5	17.33	4	4	83	3	3
	施氮量 105		14.17	12.83	13	17.33	17.5	4	4	82.83	2.83	3
	株距 50		14.33	12.83	12.83	17.5	17.5	4	4	83	3	3
	株距 55		14.33	13	13.17	17.33	17.5	4	4	83.33	3	3
	株距 60		14.17	12.83	13.17	17.5	17.33	4	4	83	2.83	3
	氮肥		0.73	0.63	0.10	0.42	0.42			0.49	0.42	
	密度		0.73	0.63	0.33	0.42	0.42			0.82	0.42	
黄粮	75	50	15	13	13.5	17.5	18	4	4	85	3	3
	75	55	15	13	13.5	17.5	17.5	4	4	84.5	3	3
	75	60	14.5	13	13.5	17.5	17	4	4	83.5	3	3
	90	50	14.5	13	13.5	17.5	18	4	4	84.5	3	3
	90	55	15	13	13.5	17.5	17.5	4	4	84.5	3	3
	90	60	14.5	13	13	17.5	17	4	4	83	3.5	3
	105	50	14.5	13	13.5	17.5	17.5	4	4	84	3.5	3
	105	55	15	13	13.5	17.5	17.5	4	4	84.5	3	3
	105	60	14	12.5	13.5	17.5	17	4	4	82.5	2.5	2.5
	施氮量 75		14.83	13	13.5	17.5	17.5	4	4	84.33	3	3
	施氮量 90		14.67	13	13.33	17.5	17.5	4	4	84	3.17	3
	施氮量 105		14.5	12.83	13.5	17.5	17.33	4	4	83.67	3	2.83
	株距 50		14.67	13	13.5	17.5	17.83	4	4	84.5	3.17	3

续表

试验地点	施氮量/(kg/hm^2)	株距/cm	香气质 18	香气量 16	杂气 16	刺激性 20	余味 22	燃烧性 4	灰色 4	合计 100	浓度	劲头
黄粮	株距 55		15	13	13.5	17.5	17.5	4	4	84.5	3	3
	株距 60		14.33	12.83	13.33	17.5	17	4	4	83	3	2.83
	氮肥		0.58	0.42	0.42		0.87			0.68	0.79	0.42
	密度		0.04*	0.42	0.42		0.00**			0.01**	0.79	0.42

在海拔 1100 m 的黄粮试点，随着施氮量的增加，烤后烟叶的香气质、余味有变差的趋势，以施氮量 75 kg/hm^2 处理的烤后烟叶综合评吸质量较好；随着种植密度的增加，烤后烟叶的香气质、杂气等都有所改善，表现为株距 50 cm 和 55 cm 处理的烤后烟叶综合评吸质量优于株距 60 cm 处理。说明：在海拔 1100 m 的黄粮试点，施氮量 75 kg/hm^2、种植密度 1.2 m×(50～55) cm 较为适宜，能改善烤烟内在评吸质量。

6）结论

十堰海拔 870 m 试点：施氮量 75～90 kg/hm^2、种植密度 1.2 m×55 cm，烤烟的内在化学成分较好；施氮量 90 kg/hm^2、种植密度 1.2 m×55 cm，烤烟的均价、上等烟比例较高。

宜昌海拔 1100 m 试点：施氮量 75 kg/hm^2、植烟密度 1.2 m×(50～55) cm 有利于改善烤烟的内在化学品质和评吸质量；施氮量 75～90 kg/hm^2、种植密度 1.2 m×55 cm，烤烟主要经济性状较好。

恩施海拔 1180 m 试点：施氮量 63 kg/hm^2、种植密度 1.2 m×50 cm，烤烟的内在化学成分较好；施氮量 72 kg/hm^2、株距 55 cm 能提高烤烟的评吸质量；施氮量 72 kg/hm^2、种植密度 1.2 m×(50～55) cm，烤烟主要经济性状较好。

十堰海拔 1245 m 试点：施氮量 90 kg/hm^2、种植密度 1.2 m×55 cm，烤烟的内在化学成分较好；施氮量 105 kg/hm^2、种植密度 1.2 m×55 cm，烤烟的产量、上等烟比例、产值较高。

宜昌海拔 1250 m 试点：施氮量 75～90 kg/hm^2、植烟密度 1.2 m×(50～55) cm 有利于改善烤烟的内在化学品质；施氮量 75 kg/hm^2、种植密度 1.2 m×55 cm 能改善烤烟内在评吸质量；施氮量 90 kg/hm^2、种植密度为 1.2 m×55 cm，烤烟主要经济性状较好。

恩施海拔 1400 m 试点：90～105 kg/hm^2 的施氮水平、55～60 cm 的株距有利于提高烟株旺长期的光合速率，促进烤烟生长发育；施氮量 75～90 kg/hm^2、植烟密度 1.2 m×(50～55) cm 有利于改善烤烟的内在化学品质；施氮量 75 kg/hm^2、植烟密度 1.2 m×55 cm，烤后烟叶感官品质最好；施氮量 90 kg/hm^2、种植密度 1.2 m×55 cm，烤烟主要经济性状较好。

综合不同海拔试点、不同施氮量及种植密度对对烤烟生长发育、主要经济性状、内在化学品质及其评吸质量的影响可以确定：海拔 1200 m 以下种植烤烟，施氮量 75～

90 kg/hm^2、种植密度 15 000～16 500 株/hm^2(行株距 1.2 m×(50～55) cm)较为适宜;海拔 1200 m 以上种植烤烟,施氮量 90 kg/hm^2、种植密度 15 000 株/hm^2(行株距 1.2 m×55 cm)较为适宜。同一海拔区域,阳坡栽烟可提高施氮量 20%左右(海拔 1180 m 试点,平田施氮量 75 kg/hm^2,阳坡适宜施氮量 90 kg/hm^2),适宜的植烟密度为 15 000～16 500 株/hm^2;阴坡栽烟施氮量可与同海拔平田相同,但应降低植烟密度,适宜的植烟密度为 15 000 株/hm^2。

5. 揭膜培土对上部叶质量的影响

各试点海拔为:利川试点海拔 1180 m,宜昌兴山榛子试点海拔 1250 m,宜昌兴山黄粮试点海拔 1100 m,十堰竹山柳林试点海拔 1245 m,十堰竹山官渡试点海拔 870 m。

1) 对农艺性状的影响

(1) 利川试点。

如图 5-8 所示,全生育期覆膜(即不揭膜)的烤烟株高、叶长、叶宽均高于揭膜和扩膜处理,说明:在海拔 1180 m 试点,全生育期覆膜有利于烤烟的生长发育。

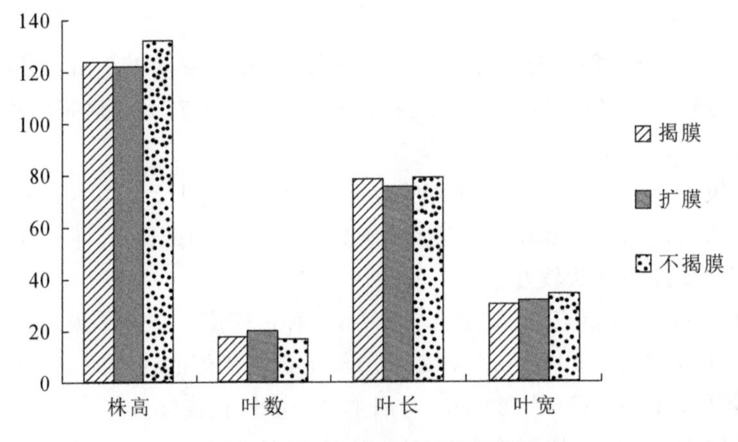

图 5-8　利川试点烤烟打顶期农艺性状

(2) 宜昌兴山试点。

在宜昌兴山,高海拔区域(榛子试点)以全生育期覆膜处理的烤烟农艺性状较优,中海拔区域(黄粮试点)以揭膜培土处理的农艺性状较优(见表 5-41)。

表 5-41　宜昌兴山试点烤烟打顶期农艺性状

试验地点	处理	株高/cm	叶片数	最大叶长/cm	最大叶宽/cm	长宽比
榛子	揭膜	97.00	18.40	76.00	32.00	2.38
	扩膜	105.60	18.80	74.80	31.00	2.41
	覆膜	114.60	19.60	77.60	30.80	2.52
黄粮	揭膜	125.00	19.60	87.70	31.80	2.76
	扩膜	116.00	18.20	81.80	28.60	2.86
	覆膜	105.20	18.20	81.60	29.00	2.81

（3）十堰竹山试点。

如表 5-42 所示，低海拔区域（官渡试点）各处理间烤烟主要农艺性状差异不明显，揭膜培土处理的农艺性状稍优于全生育期覆膜处理；高海拔区域（柳林试点）各处理间的烤烟株高、叶片数、最大叶长没有明显差异，但叶宽上，全生育期覆膜处理明显高于其他两个处理。说明：在十堰竹山试点，低海拔区域揭膜培土处理有利于烟株的生长发育，而高海拔区域全生育期覆膜处理有利于烟株的生长发育。

表 5-42　十堰竹山试点烤烟打顶期农艺性状

试验地点	处理	株高/cm	叶片数	最大叶长/cm	最大叶宽/cm
官渡	揭膜	108.40	14.40	73.40	25.00
	扩膜	107.00	14.20	72.80	25.40
	覆膜	106.00	14.40	72.20	24.80
柳林	揭膜	117.40	17.20	73.60	24.50
	扩膜	118.40	17.30	73.00	25.00
	覆膜	116.80	17.20	72.70	26.50

2）对烟叶经济性状的影响

（1）利川试点。

如表 5-43 所示，全生育期覆膜处理的烤后烟叶产量、均价、产值较高，与揭膜培土处理相比，产量提高 3.9 个百分点，产值提高 7.2 个百分点，均价提高 0.59 元/kg，上等烟比例提高 5.72 个百分点。说明：在海拔 1180 m 试点，全生育期覆膜有利于提高烤烟的产量、均价、产值和上等烟比例。

表 5-43　利川试点烤后烟叶经济性状

处理	产量/(kg/hm^2)	均价/(元/kg)	产值/(元/hm^2)	上等烟比例/(%)	中等烟比例/(%)
揭膜	3675.00	18.59	68 318.25	25.93	57.56
扩膜	3576.30	18.36	65 667.45	32.79	44.27
覆膜	3819.60	19.18	73 260.00	31.65	54.76

（2）宜昌兴山试点。

如表 5-44 所示，宜昌兴山试点高海拔区域以全生育期覆膜处理烤烟产量、均价、产值、上等烟比例明显高于揭膜培土处理，中海拔区域扩膜培土、揭膜培土处理之间的烤后烟叶经济性状差异不大，但都明显高于全生育期覆膜处理。说明：在海拔 1250 m 试点，全生育期覆膜有利于烤烟主要经济性状的提升，而在海拔 1100 m 试点，适时扩膜培土、揭膜培土有利于烤烟主要经济性状的提升。

表 5-44 宜昌兴山试点烤后烟叶经济性状

试验地点	处理	产量/(kg/hm²)	均价/(元/kg)	产值/(元/hm²)	上等烟比例/(%)	中等烟比例/(%)
榛子	揭膜	1946.40	22.54	43 869.90	46.51	53.49
	扩膜	1859.55	23.83	44 317.20	49.35	50.65
	覆膜	2079.60	25.86	53 777.40	66.24	33.76
黄粮	揭膜	2574.75	24.89	64 095.00	69.18	30.82
	扩膜	2502.75	25.00	62 557.50	68.09	31.91
	覆膜	2364.00	24.22	57 247.50	49.78	50.22

(3) 十堰竹山试点

如表 5-45 所示，竹山低海拔区域各处理间烤后烟叶主要经济性状差异不明显，揭膜培土处理的产量、产值、上等烟比例较高；高海拔区域扩膜培土、全生育期覆膜处理的产值、均价、上等烟比例明显高于揭膜培土处理。说明：在海拔较低的区域，揭膜培土有利于提高烤烟的均价、产值和上等烟比例，而在高海拔区域，全生育期覆膜和扩膜培土处理能显著提高烤烟的产值、均价、上等烟比例。

表 5-45 十堰竹山试点烤后烟叶经济性状

试验地点	处理	产量/(kg/hm²)	均价/(元/kg)	产值/(元/hm²)	上等烟比例/(%)	中等烟比例/(%)
竹山低海拔	揭膜	2030.10	28.07	56 994.30	78.36	21.64
	扩膜	1924.05	28.26	54 381.00	77.95	22.05
	覆膜	1999.80	28.01	56 005.10	75.76	24.24
竹山高海拔	揭膜	2406.10	21.19	50 958.30	33.18	56.35
	扩膜	2631.60	24.02	63 206.90	41.79	55.01
	覆膜	2519.40	24.48	61 674.90	53.77	43.80

3) 对烟叶化学成分的影响

(1) 利川试点。

如表 5-46 所示，利川试点不同处理方式对烟叶化学成分的影响差异不显著，以全生育期覆膜处理的不同部位烟叶烟碱含量较适宜，化学成分较协调。

表 5-46 利川试点烤后烟叶化学成分

部位	处理	烟碱含量/(%)	还原糖含量/(%)	总糖含量/(%)	总氮含量/(%)	钾含量/(%)	氯含量/(%)	糖碱比	氮碱比	两糖比
下部叶	揭膜	2.57	21.01	24.30	2.50	2.23	0.33	9.44	0.97	0.86
	扩膜	2.46	27.00	33.84	2.00	1.75	0.21	13.77	0.82	0.80
	覆膜	2.24	22.89	27.51	2.32	2.08	0.35	12.29	1.04	0.83

续表

部位	处理	烟碱含量/(%)	还原糖含量/(%)	总糖含量/(%)	总氮含量/(%)	钾含量/(%)	氯含量/(%)	糖碱比	氮碱比	两糖比
中部叶	揭膜	3.87	20.92	25.33	2.41	1.65	0.35	6.54	0.62	0.83
	扩膜	3.20	24.78	31.28	2.19	1.62	0.32	9.76	0.68	0.79
	覆膜	2.69	27.06	33.30	1.94	1.65	0.24	12.37	0.72	0.81
上部叶	揭膜	3.74	24.54	28.52	2.18	1.47	0.26	7.62	0.58	0.86
	扩膜	3.84	20.32	24.58	2.50	1.62	0.35	6.40	0.65	0.83
	覆膜	3.39	24.46	29.45	2.00	1.56	0.35	8.68	0.59	0.83

(2) 宜昌兴山试点。

表 5-47 所示为宜昌兴山试点烤后烟叶化学成分。

表 5-47 宜昌兴山试点烤后烟叶化学成分

部位	区域	处理	烟碱含量/(%)	还原糖含量/(%)	总糖含量/(%)	总氮含量/(%)	钾含量/(%)	氯含量/(%)	糖碱比	氮碱比	两糖比
中部叶	高海拔	揭膜	2.87	16.53	21.6	2.46	2.2	0.24	7.53	0.86	0.77
		扩膜	3.57	17.14	21.57	2.59	2.07	0.19	6.04	0.73	0.79
		覆膜	3.17	22.48	27.4	2.31	1.8	0.19	8.64	0.73	0.82
	中海拔	揭膜	2.85	22.95	26.75	2.07	2.59	0.2	9.39	0.73	0.86
		扩膜	2.7	20.96	21.16	2.38	3.09	0.15	7.84	0.88	0.99
		覆膜	2.77	21.72	22.95	2.28	2.68	0.13	8.29	0.82	0.95
上部叶	高海拔	揭膜	4.76	15.17	18.68	2.86	1.5	0.31	3.92	0.6	0.81
		扩膜	4.24	20.99	27.42	2.64	1.5	0.22	6.47	0.62	0.77
		覆膜	4.13	18.79	24.48	2.68	1.57	0.24	5.93	0.65	0.77
	中海拔	揭膜	3.45	18.74	22.14	2.59	2.43	0.33	6.42	0.75	0.85
		扩膜	3.67	16.51	18.07	2.63	2.79	0.14	4.92	0.72	0.91
		覆膜	3.55	17.21	18.44	2.68	2.79	0.12	5.19	0.75	0.93

对于中部烟叶，高海拔区域以揭膜培土处理的化学成分较适宜，其他两个处理的烟碱含量偏高；中海拔区域各个处理的化学成分均较适宜，以揭膜培土处理更接近适宜值。

对于上部烟叶，高海拔区域各处理的烟碱含量均偏高，以全生育期覆膜处理较接近适宜值，其他成分处于较适宜范围内；中海拔区域各处理的化学成分均在适宜范围内。

总体上，高海拔试点全生育期覆膜处理的烟叶烟碱含量较为适宜，内在化学成分的协调性较好；中海拔试点以揭膜培土处理的烟叶烟碱含量较为适宜，内在化学成分的协调性较好。

（3）十堰竹山试点。

如表5-48所示，在十堰竹山试点，对于中、上部烟叶，全生育期覆膜处理的烟碱含量高于揭膜培土和扩膜培土处理，低海拔区域的烟碱含量明显高于高海拔区域；低海拔区域全生育期覆膜处理的烟叶还原糖、总糖含量低于揭膜培土处理，高海拔区域全生育期覆膜处理的烟叶还原糖、总糖含量高于揭膜培土处理；在中、上部烟叶糖碱比、氮碱比、两糖比协调性上，低海拔区域揭膜培土处理要优于扩膜培土和全生育期覆膜处理，高海拔区域全生育期覆膜和扩膜培土处理优于揭膜培土处理。说明：低海拔区域揭膜培土处理可以降低中、上部烟叶烟碱含量，提高烟叶还原糖、总糖含量，改善主要化学成分的协调性；高海拔区域全生育期覆膜处理能提高烟叶还原糖、总糖含量，改善主要化学成分的协调性。

表5-48　竹山试点烤后烟叶化学成分

部位	田块	处理	烟碱含量/(%)	还原糖含量/(%)	总糖含量/(%)	总氮含量/(%)	钾含量/(%)	氯含量/(%)	糖碱比	氮碱比	两糖比
中部叶	低海拔	揭膜	2.97	24.78	29.56	2.56	1.84	0.10	9.95	0.86	0.84
		扩膜	3.07	24.56	30.93	2.38	1.66	0.10	10.07	0.78	0.79
		覆膜	3.08	23.22	29.34	2.49	1.58	0.16	9.53	0.81	0.79
	高海拔	揭膜	2.00	24.52	32.88	1.45	1.52	0.16	16.44	0.73	0.75
		扩膜	2.37	27.77	34.09	1.77	1.20	0.32	14.38	0.75	0.81
		覆膜	2.48	30.87	36.23	1.81	1.05	0.54	14.61	0.73	0.85
上部叶	低海拔	揭膜	3.69	24.67	27.52	2.39	1.62	0.31	7.46	0.65	0.90
		扩膜	3.80	23.61	27.28	2.45	1.50	0.18	7.18	0.64	0.87
		覆膜	4.02	22.37	26.34	2.58	1.50	0.24	6.55	0.64	0.85
	高海拔	揭膜	1.45	24.4	30.74	1.60	2.08	0.32	21.20	1.10	0.79
		扩膜	2.26	34.88	39.56	1.65	1.20	0.62	17.50	0.73	0.88
		覆膜	3.03	28.29	32.41	2.02	1.05	0.66	10.70	0.67	0.87

4）对烟叶感官质量的影响

（1）利川试点。

如表5-49所示，在利川试点，全生育期覆膜的烤后烟叶整体评吸质量较好，与揭膜培土处理相比，全生育期覆膜处理有助于降低烤后烟叶的杂气、刺激性，改善余味。

表5-49　利川试点烤后烟叶感官质量

部位	处理	质量特征								风格特征	
		香气质 18	香气量 16	杂气 16	刺激性 20	余味 22	燃烧性 4	灰色 4	合计 100	浓度	劲头
中部叶	揭膜	14.0	13.5	13.0	16.5	17.0	4.0	4.0	82.0	3.5	3.5
	扩膜	14.0	13.0	12.5	17.5	17.5	4.0	4.0	82.5	3.0	3.0
	覆膜	14.0	13.0	13.0	17.5	17.5	4.0	4.0	83.0	3.0	3.0

续表

部位	处理	质量特征								风格特征	
		香气质 18	香气量 16	杂气 16	刺激性 20	余味 22	燃烧性 4	灰色 4	合计 100	浓度	劲头
上部叶	揭膜	14.0	13.5	13.0	16.5	16.5	4.0	4.0	81.5	3.5	3.5
	扩膜	14.0	13.5	13.5	17.0	16.5	4.0	4.0	82.5	3.5	3.5
	覆膜	14.5	12.5	13.5	18.0	17.5	4.0	4.0	84.0	2.5	2.5

（2）宜昌兴山试点。

如表 5-50 所示，宜昌兴山试点中部烟叶感官质量各处理间没有明显的差异，高海拔区域以全生育期覆膜处理略好，杂气和刺激性略有改善，中海拔区域以揭膜培土和扩膜培土处理略好，刺激性和余味有所改善；上部烟叶感官质量各处理间也没有明显差异，高海拔区域以全生育期覆膜处理略好，杂气和刺激性略有改善，中海拔区域以揭膜培土处理略好，香气量和杂气有所改善。

表 5-50　宜昌兴山试点烤后烟叶感官质量

部位	区域	处理	质量特征								风格特征	
			香气质 18	香气量 16	杂气 16	刺激性 20	余味 22	燃烧性 4	灰色 4	合计 100	浓度	劲头
中部叶	高海拔	揭膜	14	13	13	17.5	17.5	4	4	83	3	3
		扩膜	14	13	13	17.5	17.5	4	4	83	3	3
		覆膜	14	12.5	13.5	18	17.5	4	4	83.5	2.5	3
	中海拔	揭膜	14.5	13	13.5	17.5	17.5	4	3	83	3	3
		扩膜	14.5	13	13	17.5	17.5	4	3	82.5	3	3
		覆膜	14.5	13	13.5	17	17	4	3	82	3	3
上部叶	高海拔	揭膜	14	13.5	13	16	17	4	4	81.5	3.5	3.5
		扩膜	14	13.5	13	16.5	17	4	4	82	3.5	3.5
		覆膜	14	13.5	13.5	16.5	17	4	4	82.5	3.5	3
	中海拔	揭膜	14	13.5	13.5	16.5	17	4	3.5	82	3	3
		扩膜	14	13	13.5	16.5	17	4	3.5	81.5	3	3
		覆膜	14	13.5	13	16.5	17	4	3.5	81.5	3	3

5）结论

农艺性状：在海拔 870 m、1100 m 试点，揭膜培土处理有利于烟株的生长发育；在海拔 1180 m、1245 m、1250 m、1400 m 试点，全生育期覆膜处理较优，有利于烟株的生长发育。

经济性状：在海拔 870 m 试点，揭膜培土处理有利于提高烤烟的均价、产值和上等烟比例；在海拔 1100 m 试点，揭膜处理的烤烟主要经济性状较优；海拔 1180 m 试点 2015 年的表现为全生育期覆膜处理有利于提高烤烟的产量、均价、产值和上等烟比例，2016 年的表现为全生育期覆膜或扩膜培土处理有利于提高烤烟的产量、产值、上等烟比例等经济性状；在海拔 1250 m 试点，全生育期覆膜处理有利于提高烤烟的产量、产值、上等烟比例等经济性状，

化学成分：在海拔 870 m 试点，揭膜处理可以降低烤烟中、上部烟叶烟碱含量，提高烟叶还原糖、总糖含量，改善主要化学成分的协调性；在海拔 1100 m 试点，扩膜处理、全生育期覆膜处理的烤烟化学成分协调性较好；在海拔 1180 m、1245 m、1250 m、1400 m 试点，全生育期覆膜处理利于改善烤烟化学成分的协调性。

评吸质量：海拔 1180 m 试点 2015 年的表现为全生育期覆膜的整体评吸质量较好，与揭膜培土处理相比，全生育期覆膜处理有助于降低烤后烟叶的杂气、刺激性，改善其余味；2016 年的表现为全生育期覆膜和扩膜培土处理的评吸质量优于揭膜处理。在海拔 1250 m 试点，全生育期覆膜处理较好，烤烟杂气和刺激性略有改善。在海拔 1100 m 试点揭膜培土处理较好，烤烟香气量和杂气有所改善。在海拔 1400 m 试点，全生育期覆膜处理能降低烤后烟叶的杂气和刺激性，改善其评吸质量。

根据不同揭膜方式对烤烟生长发育、主要经济性状、内在化学品质及其评吸质量的影响可确定，在湖北省烟区，海拔高于 1200 m 可采用全生育期覆膜(一次高起垄，壮苗深栽条件下)，海拔低于 1200 m 需适时揭膜培土(一次高起垄，壮苗深栽条件下)。

(二) 提高上部烟叶质量的成熟采收技术

1. 采收次数对上部烟叶质量的影响

T1：5 次采收(3、3、3、3、4)。

T2：5 次采收(3、3、3、3、4)、不打顶现蕾套黑袋。

T3：6 次采收(2、2、3、3、3、3)。

T4：4 次采收(4、4、4、4)。

T5：3 次采收(4、6、6)。

T6：4 次采收(2、4、4、6)。

1) 采收次数对上部烟叶相关酶活性的影响

采收次数对上部烟叶的吲哚乙酸氧化酶活性具有显著影响，其中 6 次采收(2、2、3、3、3、3)最高，促进了上部烟叶的衰老，5 次采收(3、3、3、3、4)、不打顶现蕾套黑袋处理最低，减缓了烟叶的衰老速度。

采收次数对上部烟叶的 NI 活性具有显著的影响，其中以 4 次采收(4、4、4、4)NI 活性最高，有利于蔗糖的形成。

采收次数对上部烟叶的 POD 活性具有显著影响，POD 活性随着损伤次数的减少而升高，其中以 4 次采收(2、4、4、6)最高，有效控制了细胞脂膜的过氧化，可维持细胞的稳定性，以 5 次采收(3、3、3、3、4)、不打顶现蕾套黑袋 POD 活性最低。

采收次数对烟叶的 MDA 含量具有显著影响，MDA 含量随着采收次数的增加而升高，以 6 次采收(2、2、3、3、3、3)MDA 含量最高。3 次采收(4、6、6)MDA 含量最低，

减轻了细胞的脂膜氧化水平，有利于维持细胞的稳定。

采收次数对上部烟叶的 NR 活性具有显著影响，与常规栽培 5 次采收(3、3、3、3、4)相比，3 次采收(4、6、6)NR 活性较高。

采收次数对上部烟叶的 H_2O_2 含量具有显著影响，与常规栽培 5 次采收(3、3、3、3、4)相比，4 次采收(2、4、4、6)的 H_2O_2 含量较高；6 次采收(2、2、3、3、3、3)H_2O_2 含量最低，减轻了上部烟叶的过氧化水平。采收次数对上部烟叶的 CAT 活性具有显著影响，其中以 5 次采收(3、3、3、3、4)CAT 活性最高，有效控制了上部烟叶的过氧化水平。

2) 采收次数对烟叶产值、产量的影响

如表 5-51 所示，上等烟比例、均价、亩产值、收购产量、收购产值及收购上等烟比例均以 T5 处理最高；收购均价以 T1 处理最高，T5 处理与其差异不大。可见，T5 处理的烟叶产值、产量最好。

表 5-51　采收次数对烟叶产值、产量的影响

处理	上等烟比例/(%)	中等烟比例/(%)	均价/(元/kg)	亩产量/(kg/亩)	亩产值/元	收购产量/(kg/亩)	收购产值/(元/亩)	收购均价/(元/kg)	收购上等烟比例/(%)
T1	39.48^{a}	39^{b}	19.27^{ab}	235.64^{a}	4540.76^{a}	131.5^{a}	3720.33^{ab}	28.16^{a}	69.96^{a}
T2	21.57^{b}	55.44^{a}	17.29^{bc}	193.25^{a}	3334.96^{a}	100.3^{a}	2465.33^{b}	24.54^{b}	41.44^{b}
T3	24.3^{b}	50.92^{a}	17.43^{bc}	225.59^{a}	3928.93^{a}	116.89^{a}	2974.35^{ab}	25.4^{b}	46.8^{b}
T4	21.7^{b}	58.29^{a}	17.67^{abc}	251.75^{a}	4438.92^{a}	128.79^{a}	3206.46^{ab}	25.00^{b}	43.31^{b}
T5	41.38^{a}	34.64^{b}	20.25^{a}	231.44^{a}	4681.19^{a}	135.71^{a}	3822.08^{a}	28.11^{a}	70.29^{a}
T6	17.65^{b}	57.93^{a}	16.07^{c}	236.26^{a}	3796.61^{a}	102.16^{a}	2498.55^{b}	24.5^{b}	40.74b

3) 烤后烟叶化学质量

如表 5-52 所示，对于上部叶而言，T2 处理烟碱含量最低，套袋免打顶有利于烟碱含量的降低；T4 处理烟碱含量较低，总糖、还原糖含量最高，糖碱比、两糖比较协调。经综合比较，各处理间以 4 次采收(4,4,4,4)各部位烟叶化学成分较协调，质量较好。

表 5-52　烤后烟叶化学成分比较

部位	处理	烟碱含量/(%)	还原糖含量/(%)	氯含量/(%)	总糖含量/(%)	总氮含量/(%)	钾含量/(%)	糖碱比	氮碱比	两糖比
中部叶	T1	3.04	22.72	0.37	25.93	2.23	1.87	7.47	0.73	0.88
	T2	2.40	23.68	0.16	27.01	2.26	1.70	9.86	0.94	0.88
	T3	3.22	24.47	0.23	26.82	2.19	1.91	7.59	0.68	0.91
	T4	2.98	26.66	0.27	30.40	2.47	1.78	8.95	0.83	0.88
	T5	3.09	28.11	0.21	31.08	1.96	1.78	9.09	0.63	0.90
	T6	3.66	23.46	0.27	25.87	2.37	1.91	6.40	0.65	0.91

续表

部位	处理	烟碱含量/(%)	还原糖含量/(%)	氯含量/(%)	总糖含量/(%)	总氮含量/(%)	钾含量/(%)	糖碱比	氮碱比	两糖比
上部叶	T1	4.10	24.62	0.26	27.10	2.33	1.42	6.01	0.57	0.91
	T2	3.20	22.18	0.22	24.73	2.37	1.46	6.94	0.74	0.90
	T3	3.70	26.25	0.27	29.00	2.35	1.62	7.09	0.64	0.91
	T4	3.52	28.49	0.24	31.36	2.15	1.42	8.10	0.61	0.91
	T5	3.70	25.27	0.36	27.43	2.34	1.58	6.83	0.63	0.92
	T6	3.94	24.43	0.29	26.13	2.31	1.70	6.21	0.59	0.93

4）烤后烟叶感官质量

如表 5-53 所示，T2、T4、T6 处理烤后烟叶评吸质量较好，刺激性较低，余味较舒适，可见套袋免打顶和 4 次采收有利于烤后烟叶感官质量的提高。

表 5-53 烤后烟叶感官质量比较

处理	质量特征								风格特征	
	香气质 18	香气量 16	杂气 16	刺激性 20	余味 22	燃烧性 4	灰色 4	合计 100	浓度	劲头
T1	13.50	13.50	13.00	16.50	16.50	4.00	4.00	81.00	3.50	3.00
T2	13.50	13.50	13.50	17.50	17.50	4.00	4.00	83.50	3.50	3.50
T3	13.00	12.50	13.00	16.00	16.50	4.00	4.00	79.00	3.50	3.00
T4	13.50	13.50	13.50	17.50	17.50	4.00	4.00	83.50	3.50	3.00
T5	13.00	13.00	13.00	16.50	16.50	4.00	4.00	80.00	3.00	3.00
T6	13.50	13.50	13.50	17.00	17.50	4.00	4.00	83.00	3.00	3.00

5）讨论与结论

烟叶采收工作是获得优质烤烟的重要途径，烟农在采收过程中通常采取“成熟一片采收一片，上部叶一次采收”的成熟采收策略，采收次数波动较大。长期以来，采收次数对烟株生长发育及烟叶质量的影响一直被忽视，本研究结果表明：采收次数与碳氮代谢相关酶 NR、INV 活性及抗氧化酶 SOD、POD、CAT 活性呈负相关，与烟碱积累呈正相关，采收次数过多或过少均不利于烤烟产量、产值、化学质量和感官质量的提高。

本试验增加中下部叶采收次数，上部叶 NR 活性显著降低，氮同化能力减弱，总氮含量降低；与碳代谢相关的酶 INV 活性先升高后降低，INV 不可逆地催化蔗糖转化为葡萄糖和果糖，与植物生长和器官建成密切相关，因此控制中下部叶采收次数可调控上部叶生长发育，调节上部叶还原糖含量，平衡上部叶化学成分的协调性。王健等研究发现，下部叶采收次数越少越有利于中部叶碳水化合物的转化和利用，本研究表明中下部叶 4 次采收可显著增加上部叶 INV 活性，上部叶还原糖含量较高。

采收过程对烟株生长是一种伤害胁迫，损伤激活了烟株抗氧化防御系统，随着损伤次数的增加，上部叶 SOD、POD、CAT 等抗氧化酶活性降低，对烟株造成的伤害胁迫打破了活性氧产生和清除的动态平衡，H_2O_2 含量增加，氧化胁迫加重，NR 活性下降，影响氮的同化代谢。当采收次数达到 6 次时，膜脂过氧化的主要产物 MDA 含量显著增加，电解质外渗，细胞器结构被破坏；同时催化降解吲哚乙酸的酶 IAAO 活性显著升高，加速了上部叶的衰老。

烟碱在根系伤流液中的含量与采收次数呈指数增长关系，证明采收损伤刺激对烟株根系烟碱合成具有累积效应，采收次数越多，烤后上部叶烟碱含量增幅越大，感官评吸刺激性增强。增加采收次数会造成烟株氮同化代谢降低，但叶片烟碱含量增加，与叶片成熟衰老后氮素的利用转向烟碱合成有关。

控制中下部叶采收次数可以调节上部叶衰老进程，协调碳氮代谢，中下部叶采收次数大于 3 次时上部叶 NR 活性显著降低，氮同化代谢减弱有利于上部叶的成熟，采收次数为 4 次时 INV 活性最高，有利于碳水化合物的积累，同时 H_2O_2、MDA 含量较低，对烟株造成的氧化胁迫较轻，有利于上部叶质量的提高，烤后上部叶烟碱含量较适宜，化学成分协调性较好，感官评吸杂气较轻，刺激性较小，余味较舒适，经济性状较好，上等烟比例、均价、产值均较高，中部叶化学成分较协调，整体质量最佳。

2. 不同海拔烤烟上部烟叶适宜成熟度

T1：打顶时开始依次采收。

T2：打顶后 5 天依次采收。

T3：打顶后 10 天依次采收。

初花期打顶，打顶后留叶 22 片，顶部 2 片烟叶弃采，底部 2 片不适用烟叶处理之后共有可采烟叶 18 片，下部至中部每次采收 3 片烟叶，采收 4 次，10 天为一个采收周期，上部 6 片烟叶一次采收，共计采收 5 次。第二次采收后 15 天再进行中部烟叶采收，第四次采收(中部烟叶)后 20 天，再进行上部烟叶一次采收。

1) 不同成熟度烟叶成熟特征

如表 5-54 所示，随着采收时间的推迟，上部烟叶的成熟度得到有效提高。中部烟叶采收后 15 天采收的上部烟叶成熟度得到了明显提高，叶片稍弯曲、呈弓形，少部分叶尖叶缘有枯焦现象。中部烟叶采收后 15 天、20 天采收的上部烟叶成熟特征都比较明显，中部烟叶采收后 20 天采收的上部烟叶有发白现象。

表 5-54　不同处理烟叶采收时间及成熟特征表

试验点	部位	处理	成熟特征
低海拔	下部叶	T1	烟叶基本色为绿色，叶缘绿中泛黄；茸毛部分脱落；主脉变白 1/3 以上，支脉变白，采收时声音不清脆、带部分茎皮
		T2	烟叶为绿色，显现绿中泛黄；茸毛部分脱落；主脉变白 1/2 以上，支脉大多明显变白，基部支脉褪绿转黄；采收时声音清脆、断面整齐、不带茎皮
		T3	烟叶褪绿，叶尖泛黄；茸毛部分脱落；主脉变白 1/2 以上，支脉大多明显变白，基部支脉褪绿转黄；采收时声音清脆、断面整齐、不带茎皮

续表

试验点	部位	处理	成熟特征
低海拔	中部叶	T1	烟叶基本色为黄绿色，叶面 2/3 以上落黄，叶尖、叶缘呈黄色，叶耳泛黄，主脉 1/2 以上长度变白
		T2	烟叶基本色为黄绿色，叶面 2/3 以上落黄，叶尖、叶缘呈黄色，叶耳泛黄，叶面常有黄色成熟斑；主脉 3/4 以上长度变白，支脉大多变白发亮
		T3	烟叶基本色为黄绿色，叶面 2/3 以上落黄，叶尖、叶缘呈黄色，叶耳泛黄，叶面常有黄色成熟斑；主脉 3/4 以上长度变白，支脉大多变白发亮
	上部叶	T1	烟叶为浅黄绿色，叶面 2/3 以上落黄，叶尖、叶缘呈黄色，叶耳泛黄；主脉 2/3 以上长度变白，支脉大多变白发亮
		T2	烟叶为黄绿色，叶面 2/3 以上落黄，叶尖、叶缘呈黄色，叶耳泛黄，叶面常有黄色成熟斑；主脉 3/4 以上长度变白，支脉大多褪绿
		T3	烟叶为黄绿色，叶面 3/4 以上落黄，叶尖、叶缘呈黄色，叶耳泛黄，叶面常有黄色成熟斑；主脉 3/4 以上长度变白，支脉大多变白发亮
高海拔	下部叶	T1	烟叶基本色为绿色，叶缘绿中泛黄；主脉开始变白，采收时声音不清脆、带茎皮
		T2	烟叶为绿色，显现绿中泛黄；茸毛部分脱落；主脉变白 1/2 以上，支脉大多明显变白，基部支脉褪绿转黄；采收时声音清脆、断面整齐、不带茎皮
		T3	烟叶褪绿，叶尖泛黄；茸毛部分脱落；主脉变白 1/2 以上，支脉大多明显变白，基部支脉褪绿转黄；采收时声音清脆、断面整齐、不带茎皮
	中部叶	T1	烟叶基本色为黄绿色，叶面 2/3 以上落黄，叶尖、叶缘呈黄色，叶耳泛黄，主脉 1/2 以上长度变白
		T2	烟叶基本色为黄绿色，叶面 2/3 以上落黄，叶尖、叶缘呈黄色，叶耳泛黄，叶面常有黄色成熟斑；主脉 3/4 以上长度变白，支脉大多变白发亮
		T3	烟叶基本色为黄绿色，叶面 2/3 以上落黄，叶尖、叶缘呈黄色，叶耳泛黄，叶面常有黄色成熟斑；主脉 3/4 以上长度变白，支脉大多变白发亮
	上部叶	T1	烟叶为浅绿色，叶面 2/3 以上落黄，叶尖、叶缘呈黄色，叶耳泛黄；主脉 1/2 以上长度变白，支脉开始褪绿
		T2	烟叶为浅黄绿色，叶面 2/3 以上落黄，叶尖、叶缘呈黄色，叶耳泛黄，叶面常有黄色成熟斑；主脉 2/3 以上长度变白，支脉大多褪绿
		T3	烟叶为黄绿色，叶面 3/4 以上落黄，叶尖、叶缘呈黄色，叶耳泛黄，叶面常有黄色成熟斑；主脉 3/4 以上长度变白，支脉大多变白发亮

2）不同采收时间鲜叶素质比较

第一次、第二次采收主要是下部叶，从表 5-55 中可以看出，低海拔试验点的第一次采收，随着采收时间的推迟，下部叶叶绿素含量显著降低，单叶干重先增加后降低，可见打顶时采收的下部叶还未成熟，干物质仍在积累，打顶后 10 天采收的下部叶干物质消耗严重，第一次采收在打顶后 5 天较合适。第二次采收在打顶后 15 天下部叶 SPAD 值显著降低，叶片进入成熟阶段。

第三次、第四次采收主要是中部叶。随着叶龄的增加，叶长、单叶鲜重逐渐增加，T2、T3 处理中部叶叶绿素含量、单叶干重差异不明显，即第三次采收可在打顶后 30 天进行，第四次采收可在打顶后 40 天进行。

第五次采收主要是上部叶。将上部叶的上三片和下三片分开比较，对于上三片，T3 处理叶长显著增加，叶绿素含量显著降低；对于下三片，T3 处理叶绿素含量显著降低。因此上部叶一次采收应在打顶后 65 天进行。

高海拔试验点的前四次采收与低海拔试验点表现出相同的趋势，但在第五次采收中，T3 处理的 SPAD 值变化不显著，说明上部叶没有达到充分成熟。根据 SPAD 值的降低规律，高海拔地区上部叶一次采收的时间可较低海拔地区延长 10 天。

表 5-55　鲜烟素质比较

试验点	采收次数	处理	采收时间	打顶后天数/d	叶长/cm	叶宽/cm	长宽比	SPAD	单叶鲜重/g	单叶干重/g
低海拔	第一次	T1	7 月 15 号	0	50.27^{a}	23.73^{b}	2.12^{a}	27.80^{a}	33.56^{a}	6.02^{a}
		T2	7 月 20 号	5	51.80^{a}	24.23^{ab}	2.14^{a}	25.22^{ab}	36.30^{a}	8.37^{a}
		T3	7 月 25 号	10	52.50^{a}	25.57^{a}	2.06^{a}	23.91^{b}	38.72^{a}	6.77^{a}
	第二次	T1	7 月 25 号	10	58.93^{b}	25.80^{b}	2.29^{a}	28.24^{a}	43.58^{a}	7.27^{b}
		T2	7 月 30 号	15	60.07^{ab}	26.70^{ab}	2.26^{a}	21.13^{b}	46.90^{a}	8.99^{ab}
		T3	8 月 4 号	20	62.07^{a}	27.73^{a}	2.25^{a}	20.10^{b}	53.35^{a}	10.91^{a}
	第三次	T1	8 月 10 号	25	62.17^{b}	24.87^{a}	2.51^{a}	26.03^{a}	48.79^{b}	10.15^{b}
		T2	8 月 15 号	30	64.50^{ab}	24.80^{a}	2.63^{a}	22.65^{b}	53.64^{a}	11.52^{a}
		T3	8 月 20 号	35	65.53^{a}	24.43^{a}	2.71^{a}	22.33^{b}	56.87^{a}	13.81^{a}
	第四次	T1	8 月 20 号	35	61.87^{b}	22.07^{a}	2.82^{b}	32.97^{a}	47.17^{b}	10.91^{a}
		T2	8 月 25 号	40	62.07^{ab}	22.40^{a}	2.78^{b}	23.94^{b}	49.23^{b}	11.96^{a}
		T3	8 月 30 号	45	64.91^{a}	21.96^{a}	2.97^{a}	25.04^{b}	55.71^{a}	12.87^{a}
	第五次下三片	T1	9 月 10 号	55	60.80^{b}	21.03^{a}	2.91^{b}	32.81^{a}	49.69^{a}	12.15^{a}
		T2	9 月 15 号	60	61.40^{b}	20.60^{a}	3.14^{a}	29.91^{a}	56.67^{a}	13.63^{a}
		T3	9 月 20 号	65	63.20^{a}	19.46^{a}	3.17^{a}	26.46^{b}	59.69^{a}	14.52^{a}
	第五次上三片	T1	9 月 10 号	55	58.20^{b}	17.67^{a}	3.32^{a}	27.10^{a}	55.36^{a}	13.25^{a}
		T2	9 月 15 号	60	62.90^{a}	18.90^{a}	3.34^{a}	26.06^{a}	52.33^{ab}	12.73^{ab}
		T3	9 月 20 号	65	62.25^{a}	19.09^{a}	3.30^{a}	23.74^{b}	44.58^{b}	11.08^{b}

续表

试验点	采收次数	处理	采收时间	打顶后天数/d	叶长/cm	叶宽/cm	长宽比	SPAD	单叶鲜重/g	单叶干重/g
高海拔	第一次	T1	7月15号	0	49.01^{a}	23.18^{a}	2.11^{a}	29.83^{a}	32.93^{a}	5.56^{b}
		T2	7月20号	5	50.51^{a}	23.67^{a}	2.13^{a}	27.06^{a}	35.62^{a}	7.73^{a}
		T3	7月25号	10	51.19^{a}	24.98^{a}	2.05^{a}	25.66^{a}	37.99^{a}	6.25^{b}
	第二次	T1	7月25号	10	57.46^{a}	25.21^{a}	2.28^{a}	30.30^{a}	42.76^{b}	6.72^{c}
		T2	7月30号	15	58.57^{a}	26.09^{a}	2.25^{a}	22.67^{b}	46.02^{b}	8.30^{b}
		T3	8月4号	20	60.52^{a}	27.09^{a}	2.23^{a}	21.56^{b}	52.35^{a}	10.08^{a}
	第三次	T1	8月10号	25	60.62^{a}	24.30^{a}	2.49^{a}	27.94^{a}	47.87^{b}	9.38^{b}
		T2	8月1号	30	62.89^{a}	24.23^{a}	2.60^{a}	24.30^{a}	52.63^{a}	10.64^{b}
		T3	8月20号	35	63.89	23.87^{a}	2.68^{a}	23.96^{b}	55.80^{a}	12.76^{a}
高海拔	第四次	T1	8月20号	35	60.32^{a}	21.56^{a}	2.80^{a}	35.38^{a}	46.28^{b}	9.12^{b}
		T2	8月25号	40	60.52^{a}	21.88^{a}	2.77^{b}	25.68^{b}	48.30^{b}	10.08^{ab}
		T3	8月30号	45	63.29^{a}	21.45^{a}	2.95^{a}	26.86^{b}	54.66^{a}	11.05^{a}
	第五次下三片	T1	9月10号	55	59.28^{a}	20.55^{a}	2.89^{b}	35.20^{a}	48.76^{c}	11.22^{b}
		T2	9月15号	60	59.67^{a}	19.01^{a}	3.14^{a}	32.10^{a}	55.60^{b}	12.59^{ab}
		T3	9月20号	65	62.79^{a}	20.13^{a}	3.12^{a}	28.38^{b}	58.57^{a}	13.41^{a}
	第五次上三片	T1	9月10号	55	56.75^{a}	17.26^{a}	3.29^{a}	29.08^{a}	54.32^{a}	12.24^{a}
		T2	9月15号	60	61.33^{a}	18.47^{a}	3.32^{a}	27.96^{a}	43.74^{b}	10.23^{b}
		T3	9月20号	65	60.69^{a}	18.65^{a}	3.25^{a}	26.54^{a}	51.35^{a}	11.76^{b}

注：每次采收每小区选取五株，表格数据为45片的平均值。

3）烤后烟叶经济性状。

由表5-56可知，低海拔试验点的3个处理中，T2处理的产量、产值较高，T3处理的均价以及收购产量、产值、上等烟率、均价较高。

高海拔试验点的3个处理中，T3处理的产量、产值以及收购产值、上等烟率较高，T2处理的均价以及收购产量、均价较高。

表5-56 烤后烟叶经济性状

试验点	处理	产量/(kg/hm^{2})	产值/(元/hm^{2})	上等烟率/(%)	上中等烟率/(%)	均价/(元/kg)	收购产量/(kg/hm^{2})	收购产值/(元/hm^{2})	收购上等烟率/(%)	收购均价/(元/kg)
低海拔	T1	2454.93^{a}	43 967.80^{a}	32.69^{a}	70.77^{a}	17.91^{a}	1733.08^{a}	39 033.71^{a}	46.15^{a}	22.53^{a}
	T2	2488.40^{a}	46 259.36^{a}	30.85^{a}	75.02^{a}	18.59^{a}	1801.37^{a}	41 431.51^{a}	41.31^{a}	23.00^{a}
	T3	2438.18^{a}	45 740.26^{a}	37.68^{a}	76.64^{a}	18.76^{a}	1813.23^{a}	42 048.80^{a}	49.17^{a}	23.19^{a}

续表

试验点	处理	产量/(kg/hm²)	产值/(元/hm²)	上等烟率/(%)	上中等烟率/(%)	均价/(元/kg)	收购产量/(kg/hm²)	收购产值/(元/hm²)	收购上等烟率/(%)	收购均价/(元/kg)
高海拔	T1	2396.26[a]	42 891.25[a]	31.91[b]	71.08[a]	17.78[a]	1691.66[b]	37 202.18[b]	40.32[b]	21.99[b]
	T2	2379.91[a]	43 580.00[a]	36.78[a]	74.81[a]	18.31[a]	1769.89[a]	39 474.75[a]	45.05[a]	22.64[a]
	T3	2428.93[a]	44 074.58[a]	32.11[b]	73.23[a]	18.15[a]	1758.32[a]	40 062.89[a]	47.99[a]	22.45[a]

从表5-57可以看出，两个试验点T1、T2处理的下部叶产值显著高于T3处理，适当早采有利于提高下部叶经济性状，以打顶后5天采收较好；中部叶产值低海拔试验点以T2处理较高，高海拔试验点以T3处理较高，不同海拔试验点上等烟率均以T2处理较高；上部叶产值不同海拔试验点均以T3处理较高，且T3处理上等烟率显著高于其他处理。下部叶采烤可在打顶后5天进行，推迟采收产值显著降低。

表5-57　不同部位烟叶收购经济性状

试验点	处理	下部叶产值/(元/hm²)	中部叶产值/(元/hm²)	上部叶产值/(元/hm²)	中部叶上等烟率/(%)	上部叶上等烟率/(%)
低海拔	T1	6758.11[a]	21 767.76[a]	12 223.09[b]	50.22[b]	29.74[b]
	T2	7243.52[a]	21 904.37[a]	12 572.19[a]	54.38[a]	33.50[ab]
	T3	6041.93[b]	20 342.93[b]	12 648.85[a]	52.74[a]	38.25[a]
高海拔	T1	6598.62[ab]	19 862.84[b]	11 434.63[b]	49.93[a]	22.04[b]
	T2	7072.57[a]	21 254.04[a]	11 775.49[b]	52.10[a]	23.78[b]
	T3	5899.34[b]	21 387.43[a]	12 150.34[a]	51.52[a]	30.35[a]

4）不同部位烟叶采收时化学成分含量

如图5-9所示，低海拔试验点下部叶T1处理（打顶时开始依次采收）总糖、还原糖含量较高，后随着采收期的推迟逐渐降低，其他化学成分含量变化不大；中部叶T2处理（打顶后5天依次采收）总糖、还原糖含量较高，淀粉含量较T1处理降低，说明叶片已经开始成熟；上部叶T2处理总糖、还原糖含量较高，淀粉含量也较高，T3处理（打顶后10天依次采收）淀粉含量较T2处理降低，烟叶转向成熟。

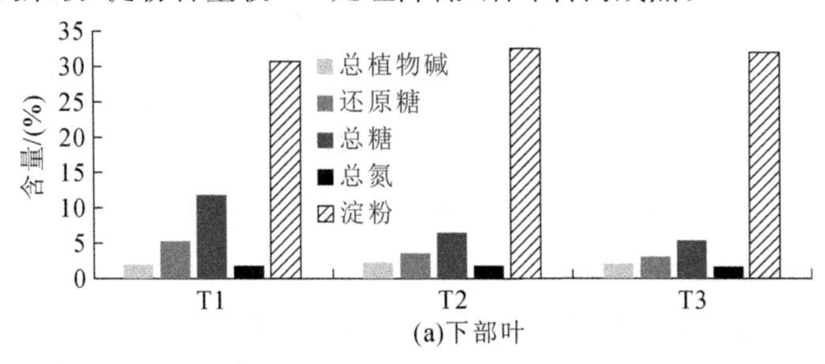

图5-9　低海拔试验点不同部位烟叶采收时化学成分含量

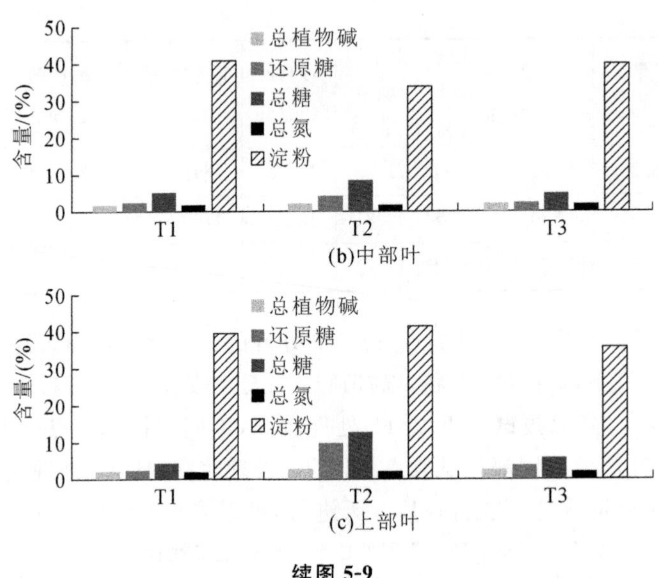

续图 5-9

从高海拔试验点不同部位烟叶采收时化学成分含量(见图 5-10)可以看出,下部叶 T2 处理总糖、还原糖含量较高,因此高海拔区域下部叶采收较低海拔区域可适当推迟;中部叶 T2 处理总糖、还原糖含量较高,淀粉含量较 T1 处理有所降低,打顶后 5 天依次采收较合适;上部叶淀粉含量随采收时间的推迟有增高的趋势,说明上部叶未转向成熟,需适当延长采收期。

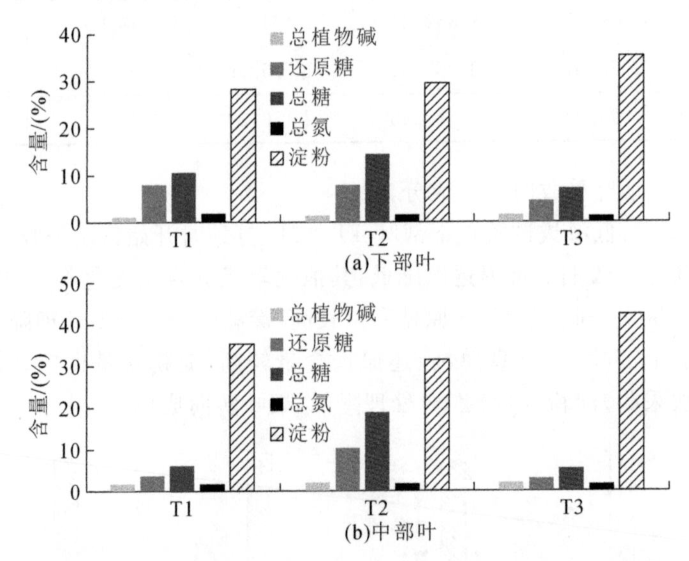

图 5-10 高海拔试验点不同部位烟叶采收时化学成分含量

5)烤后烟叶化学质量

从低海拔试验点烤后烟叶化学成分比较(见表 5-58)可以看出,下部叶、中部叶均以 T2 处理较好,各化学成分含量较适宜,糖碱比、氮碱比、两糖比较协调,上部叶以

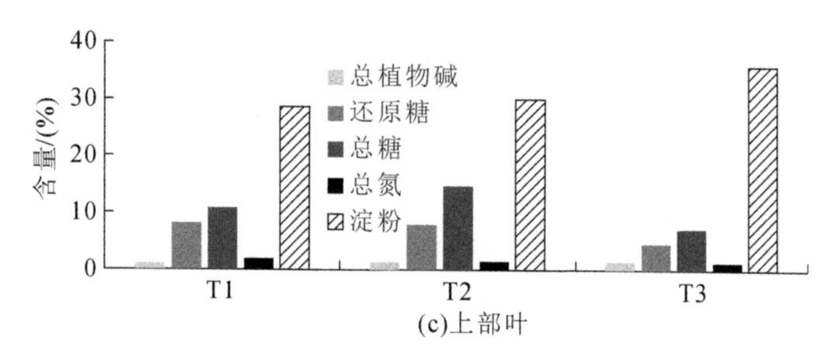

(c)上部叶

续图 5-10

T3(打顶后 10 天依次采收)处理较好,烟碱、总氮含量较低,总糖、还原糖含量较高,糖碱比、氮碱比、两糖比较协调。

表 5-58　低海拔试验点烤后烟叶化学成分比较

部位	处理	烟碱含量/(%)	还原糖含量/(%)	氯含量/(%)	总糖含量/(%)	总氮含量/(%)	钾含量/(%)	糖碱比	氮碱比	两糖比
下部叶	T1	1.18	23.44	0.12	30.42	2.05	1.83	19.87	1.74	0.77
	T2	1.58	25.64	0.11	31.37	1.63	1.78	16.26	1.04	0.82
	T3	1.49	26.09	0.13	30.74	1.70	1.78	17.56	1.15	0.85
中部叶	T1	1.93	27.95	0.10	33.14	1.92	1.44	14.49	1.00	0.84
	T2	2.00	16.92	0.09	26.66	1.73	1.12	8.47	0.87	0.63
	T3	1.83	19.15	0.17	29.10	1.87	1.35	10.47	1.02	0.66
上部叶	T1	2.92	16.59	0.23	21.59	2.66	1.40	5.69	0.91	0.77
	T2	2.45	20.70	0.18	25.87	2.46	1.86	8.45	1.00	0.80
	T3	2.40	22.67	0.17	27.11	2.31	1.30	9.44	0.96	0.84

6) 烤后烟叶感官质量

如表 5-59 所示,中部叶感官质量以 T1、T2 处理较好,明显优于 T3 处理,可见中部叶采收较晚不利于感官质量的提高;上部叶感官质量以 T3 处理较好,上部叶推迟采收有利于感官质量的提高。

表 5-59　低海拔试验点烤后烟叶感官质量比较

部位	处理	质量特征								风格特征	
		香气质 18	香气量 16	杂气 16	刺激性 20	余味 22	燃烧性 4	灰色 4	合计 100	浓度	劲头
中部叶	T1	14.5	13.5	13.5	17.0	17.5	4.0	4.0	84.0	3.0	3.0
	T2	14.5	13.5	13.5	17.0	17.5	4.0	4.0	84.0	3.0	3.0
	T3	14.0	13.0	13.0	16.5	17.0	4.0	4.0	81.5	3.0	3.0

续表

部位	处理	质量特征								风格特征	
		香气质 18	香气量 16	杂气 16	刺激性 20	余味 22	燃烧性 4	灰色 4	合计 100	浓度	劲头
上部叶	T1	14.0	13.0	13.0	17.0	16.5	4.0	4.0	81.5	3.0	3.0
	T2	14.0	13.0	13.0	17.0	16.5	4.0	4.0	81.5	3.0	3.0
	T3	14.0	13.5	13.0	17.0	16.5	4.0	4.0	82.0	3.0	3.0

7）讨论与结论

综合烟叶农艺性状、经济性状、采收时化学成分含量变化及烤后烟叶化学质量、感官质量表现来看，第一次采收一般在打顶后 5 天内进行，第二次采收在打顶后 10～15 天内进行。此时下部叶成熟特征：烟叶基本色为绿色，SPAD 值在 23±2，显现绿中泛黄，茸毛部分脱落，主脉变白 1/2 以上，支脉大多明显变白，基部支脉褪绿转黄，采收时声音清脆、断面整齐、不带茎皮。第三次采收一般在打顶后 25～30 天进行，第四次采收一般在打顶后 40～45 天进行。此时中部叶成熟特征：烟叶基本色为黄绿色，SPAD 值在 20±2，叶面 2/3 以上落黄，叶尖、叶缘呈黄色，叶耳泛黄，叶面常有黄色成熟斑，主脉 3/4 以上长度变白，支脉大多变白发亮，茎叶角度增大。第五次上部叶一次采收一般在打顶后 65～75 天进行。此时上部叶成熟特征：烟叶基本色为黄色，SPAD 值在 18±2，叶面充分落黄、发皱、成熟斑明显，叶耳变黄，主支脉变白发亮，叶尖下垂，稍有枯尖、焦边现象，茎叶角度明显增大。

（三）提高上部烟叶质量的烘烤技术

上部烟叶内含物充实，烘烤中易出现含青、挂灰、烤红等杂色烟现象，给烟农造成了较大的损失；同时，其组织结构紧密，淀粉、烟碱含量过高，内在化学成分不协调，导致工业可用性低，库存压力较大。由此，上部叶烤香、烤软成为解决问题的关键。针对上部叶部位特征开展烘烤工艺优化研究，主要研究结果如下。

上部叶变黄期温度高有利于促进烟叶变黄和失水，缩短变黄时间，失水较快，但烤后橘黄烟、青烟比例均上升，高温变黄不利于大分子物质的降解；采用低温烘烤有利于还原糖、总糖的积累，但需谨慎把握低温的时间，防止内含物过度消耗。本试验设定低海拔烟叶变黄期干球温度 40 ℃，湿球温度 37.5 ℃，变黄程度 9 成（黄片，支脉微青），之后转入正常烘烤，橘黄烟比例较高，上等烟比例、均价较高，化学质量较好，烟碱含量较低，糖碱比、氮碱比、两糖比较协调，感官质量好；高海拔烟叶变黄期干球温度 38 ℃，湿球温度 36.5 ℃，变黄程度 9 成（黄片，支脉微青），之后转入正常烘烤，青杂烟比例较低，上等烟比例、均价较高，烟碱含量较低，糖碱比、氮碱比、两糖比较协调，感官质量较好。变黄前期较高的干球温度，叶绿素降解、叶片失水较快，SOD 和 POD 活性弱，活性氧清除酶活性降低，膜脂过氧化最终分解产物 MDA 含量增加，叶片衰老加剧，过氧化物含量积累较高，PPO 活性较高，烤后烟叶橘黄烟比例较高；定色前期较低的湿球温度，PPO 活性较低，淀粉酶活性较高，蔗糖含量较高，低温定色有利于提高烘烤质量，提高上等烟比例、均价。整体以 39 ℃/37 ℃、42 ℃/36 ℃、45 ℃/36 ℃（干球温度/湿球温度，下同）组合烤后烟叶经济性状较好，定色期淀粉酶活性较高，有利于大分子物质的进一步降解，化学质量较协调，感官评吸质量较好。上部叶变黄前期中温变黄、变黄后期排湿、低温慢定色有利于烘烤质量的提高。

上部叶烤前晾制可以提高烟叶外观质量、经济性状，降低淀粉含量，使化学成分趋于协调，改善评吸质量，降低烤烟能耗 10%以上。晾制 48 h 后进行烘烤，烟叶中性香气成分总量和新植二烯含量最高，其中对烟叶香气有重要影响的 β-大马酮、苯甲醛、3-羟基-β-二氢大马酮等含量较高。烤前晾制时间低于 72 小时 TSNAs 含量较低。对于欠熟上部叶，采用促熟烘烤处理有利于降低烟叶的含青比例，稳温 36 小时要优于稳温 24 小时；在促熟温度上，34 ℃的上等烟比例优于 30 ℃。上部叶促熟烘烤工艺：装烟后按照 1 ℃/h 的速度升温至 34 ℃/33 ℃，稳温 24 小时后升至 38 ℃/36 ℃，9 成黄后转入正常烘烤，均价较常规烘烤平均增加 2.46 元/kg，提高 14.93%，还原糖、总糖含量较适宜，氮碱比、两糖比较协调，淀粉含量较低，烤后烟叶杂气较少，余味较舒适。斩株带茎烘烤有利于降低烤后烟叶烟碱、淀粉含量，两糖比更加协调，钾离子、氯离子含量升高，钾氯比更加协调。高海拔区域以装烟后按照 1 ℃/h 的速度升温至 30 ℃/30 ℃，稳温 24 小时后升至 40 ℃/38 ℃，9 成黄后转入正常烘烤效果较好，橘黄烟比例、上等烟比例、均价较高，感官质量较好。

对按 SPAD 值分类的 3 种不同成熟度烟叶进行工艺匹配，SPAD 值为 9 的上部叶变黄、变褐速度较快，易烤但不耐烤，失水速率较快，宜采用高温快烤工艺；SPAD 值为 25 的上部叶失水、变黄较慢，耐烤但不易烤，宜采用促熟工艺，延长低温高湿变黄时间，提高变黄程度，变黄后期及定色前期压低湿球温度，促进失水；SPAD 值为 17 的上部叶成熟度适宜，变黄和失水速度协调。对不同成熟度烟叶进行工艺优化，与常规工艺相比质量有较明显的提升，烤后烟叶质量适熟优于过熟，欠熟采收质量最差。坚持适熟采收尤为重要，烘烤过程只能弥补采收成熟度的不足，适熟采收的烟叶采用优化工艺质量是最佳的。

近年来，各地烟区均有采用上部 4～6 片叶带茎一次采收烘烤的技术措施，本研究结果表明：与采叶烘烤相比，上部叶带茎烘烤可降低水分散失速度，提高 POD、SOD 活性，降低 MDA、H_2O_2 含量，平均电耗增加 0.72 元/kg，但均价平均增加 1.54 元/kg，烟碱含量降低了 18.4%，总氮含量平均降低了 16.1%，糖碱比、氮碱比更加协调，装烟密度在 473 片/m^3 较好，同一装烟密度下，稀编密装烘烤质量较好。

烟叶烘烤是活体烟叶离体后断绝了养分和水分供应的“饥饿代谢”过程，在烘烤变黄期至定色前期，细胞尚含有一定的水分，仍具有活性，这就为外加物质与烤烟叶片底物结合进而改善品质提供了可能。在烘烤阶段对上部叶品质进行改良，筛选安全外源添加物，促进上部叶大分子物质降解，调节钾氯比、两糖比，改善外观质量、吸食质量及安全性。结果表明：筛选的壳聚糖能够协调烤烟的化学成分，增加烤烟的香气物质含量；水杨酸增强调制过程中活性氧代谢，保护细胞膜结构的稳定性，缓解变黄阶段细胞氧化损伤，利于大分子物质的充分降解；柠檬酸钾和抗坏血酸钙可以抑制氧化反应的发生，减轻叶片的氧化损伤和酶促褐变，同时抑制微生物生长，降低 TSNAs 的产生，烟草对柠檬酸钾具有良好的吸附作用，有利于增强配方溶液的吸收利用，柠檬酸钾可以调节烟气 pH 值，增加烟叶钾离子含量，改善烤后烟叶的吸食质量和安全性。

第六章　特殊烟叶烘烤

特殊烟叶是指非人为因素(主要是降雨时空分布不均)造成的不能正常生长和成熟的烟叶,如嫩黄烟、雨淋烟、返青烟、旱天烟、旱黄烟等。这些烟叶的烘烤特性较差。至于因施肥、种植密度、打顶等管理不当造成素质和烘烤特性异常的烟叶,应另当别论,必须从源头予以解决。

一、水分大的烟叶

1. 嫩黄烟

(1) 产生原因:嫩黄烟多见于南方烟区和长江中下游烟区,主要发生在雨水过多、徒长和过于繁茂的烟田,多为下部烟叶,干物少,水分大,嫩而发黄,如图 6-1 所示。

图 6-1　嫩黄烟

(2) 烘烤特性:烘烤时变色快,变黑也快,耐烤性极差。

(3) 烤前措施:

① 早采第一房烟,改善小环境。第一房烟叶适当提早采收,可使烟叶具有较好的

干物质基础，同时可改善田间小气候，有利于第二房、第三房烟叶的成熟采烤。经验表明，第一房烟叶于绿中泛黄时采收较好。

② 适当减小编烟、装烟密度。每竿编叶数略少于正常烟叶，装烟密度控制在正常情况的7成左右。

(4) 烘烤措施：高温快烤，严防烤黑。首先，高温低湿脱水，点火后，以每小时1 ℃的速度将干球温度升至38 ℃，湿球温度控制在37～38 ℃，使烟叶尽快发汗，之后降低湿球温度至35～36 ℃，快速排出烟叶水分，使烟叶叶片变软。当叶片变软后，干球温度升至40 ℃，略提高湿球温度，保持湿球温度在36～37 ℃，促使烟叶顺利变黄，待高温层烟叶变黄6～7成，稳定湿球温度在36～37 ℃，提升干球温度至42 ℃，使高温层烟叶变黄7～8成，勾尖卷边。接下来，每1～2 h升1 ℃，升温至46 ℃，稳定湿球温度在37 ℃，稳温至全房烟叶全黄不含青。之后转入正常烘烤，但要减小循环风量，防止风量过大使烟叶褪色。具体见表6-1。

表6-1 嫩黄烟烘烤措施

阶段	干球温度/℃	湿球温度/℃	目标
1	38	37～38	烟叶发汗
2	38	35～36	快速排出水分，叶片变软
3	40	36～37	高温层烟叶6～7成黄
4	42	36～37	高温层烟叶7～8成黄，勾尖卷边
5	46	37	全房烟叶全黄不含青
……转入正常烘烤			

2. 雨淋烟

(1) 产生原因：已经达到正常成熟的烟叶突遭雨水，并在降水开始24 h内及时采收的烟叶叫雨淋烟。

(2) 烘烤特性：雨淋烟生理特性和烘烤特性未发生明显改变，只是烟叶含水量显著增加，而且增加大量的叶表附着水。

(3) 烤前措施：由于叶外附有明水，叶内水分也有所增加，烘烤时应加大排湿力度，装烟竿距要适当放稀，减少烘烤排湿任务。

(4) 烘烤措施：烘烤雨淋烟时要先拿水、后拿色，具体做法是，装烟完成后开启风机和打开进风门，排除叶面明水，防止烟叶相互粘连而造成蒸片或花片；点火后，排除烟叶表层的附着水，促使叶片失水发软，确保烟叶在失去部分水分后正常变黄，防止出现硬变黄；在干球温度38 ℃、湿球温度36 ℃稳温至高温层烟叶变黄6～7成，之后提高干球温度至42 ℃，稳定湿球温度在36～37 ℃，稳温至高温层烟叶变黄8～10成（下、中、上部烟叶分别达到8、9、10成黄）、主脉变软，转入定色，恢复正常烘烤。见表6-2。

表 6-2　雨淋烟烘烤措施

阶段	干球温度/℃	湿球温度/℃	目标
1	32	—	排除叶面明水
2	38	36	高温层烟叶达到 6～7 成黄
3	42	36～37	高温层烟叶达到 8～10 成黄(下、中、上部烟叶分别达到 8、9、10 成黄)、主脉变软
……转入正常烘烤			

3. 返青烟

(1) 产生原因:已经达到或接近成熟的烟叶受较长时间降雨影响后,明显转青发嫩,失去原有成熟特征,这类烟称为返青烟。返青烟是雨淋烟的特殊类型,其生理特性和烘烤特性与一般的雨淋烟有很大差别。

(2) 烘烤特性:变黄、脱水困难,变黄表现为先慢后快,变黄后变黑明显加快,易出现青黄烟、青筋、花片和烤黑等。

(3) 烤前措施:对于雨前发育正常、成熟良好的返青烟,如果雨过天晴,一般需要再等待 10 天左右,待烟叶再次表现落黄成熟特征时采收,尽量在叶脉发白时采收。再次成熟的烟叶,采烤技术措施同正常烟叶。若是长期阴雨,则需及时采收,需稀编烟、稀装炕,便于排湿,避免花片、烤黑。

(4) 烘烤措施:采用"高温变黄,低温定色,边变黄边定色"的烘烤策略。点火后,以每小时 1 ℃的速度升温至干球温度 38 ℃,稳定湿球温度在 36 ℃,促使烟叶失水,叶片变软;之后升温至干球温度 39～40 ℃,干湿球温度差保持在 3～4 ℃,加速烟叶失水变黄,防止硬变黄,直到高温层烟叶变黄 7～8 成,主脉变软。然后以 1 ℃/2 h 的速度升到干球温度 42 ℃,湿球温度保持在 36.5 ℃左右,稳温至高温层烟叶变黄 8～9 成,勾尖卷边。之后转入定色,以 1 ℃/3～4 h 的速度升到干球温度 46～ 48 ℃,湿球温度保持在 36.5 ℃左右,稳温至全房烟叶完全变黄,大量排湿,达到叶片 2/3 干燥(小卷筒)。此后,以 2 h 左右升温 1 ℃的速度将干球温度升至 54～55 ℃,稳定湿球温度在 38～39 ℃,实现全炕干片。干筋阶段转入正常烘烤。变黄阶段要防止温度偏低,水分难以汽化脱除,变黄慢且消耗养分较多而出现硬变黄,给定色造成困难;又要防止点火后升温过高(如超过 42 ℃)造成青烟蒸片。特别要注意,在 40 ℃以前,烟叶的变黄程度不能高,干燥程度不能低,防止烟叶后期来不及脱水定色而烤黑。见表 6-3。

表 6-3　返青烟烘烤措施

阶段	干球温度/℃	湿球温度/℃	目标
1	38	36	叶片变软
2	40	36	高温层烟叶变黄 7～8 成,主脉变软
3	42	36.5	高温层烟叶变黄 8～9 成,勾尖卷边
4	46～48	36.5	烟叶完全变黄,大量排湿,叶片 2/3 干燥(小卷筒)
5	54～55	38～39	全房烟叶全黄,不含青
……转入正常烘烤			

4. 多雨寡日照烟叶

(1) 产生原因:长期在阴雨寡日照环境中生长达到成熟的烟叶,含水较多,干物质积累相对亏缺,蛋白质、叶绿素等含氮组分的含量较正常烟叶高得多。

(2) 烘烤特性:多雨寡日照烟叶内含物质少,自由水含量高,易失水,变黄慢,易烤青,不耐烤,不易烤。若烟田管理水平较高,则烟叶主要化学成分还比较协调,内含物质还算丰富,耐烤性较好,易烤性稍差。这类烟叶只要管理精细,烘烤措施得当,仍有较多的上等烟。但若烘烤工艺和技术指标调整不当,则容易烤出青烟或蒸片等。

(3) 烤前措施:一要及时抹除杈芽,增加叶内干物质积累水平,改善烟叶的耐烤性;二要适熟采收、防止过熟。阴雨天烟叶不容易显现叶面落黄的成熟特征,要根据叶脉的白亮程度和叶龄等确定烟叶成熟度,并及时采收,勿使过熟。采收时间最好在午间或下午。三要稀编竿、稀装烟,以减小排湿压力。

(4) 烘烤措施:应先拿水、后拿色,防止硬变黄,减少烤后黑糟烟比例。

① 点火后,升温至干球温度 38~40 ℃,稳定湿球温度在 35~36 ℃,促使烟叶失水变软,干湿球温度差保持在 3~5 ℃较好,以点火后 12~24 h 烟叶变软凋萎为宜。② 烟叶变软塌架后,转入正常稳温变黄阶段,并保证烟叶变黄与干燥同步。变黄程度达到 5~6 成时,将干球温度升到 42 ℃,稳定湿球温度在 36~37 ℃,加速变黄,防止干物质过度消耗而影响烟叶外观质量和内在品质。③ 42 ℃转火时烟叶变黄程度宜低、失水干燥程度宜高,转火宜早不宜迟。转火时高温层烟叶的变黄程度以 7~8 成为宜,二级支脉少部分变黄,三级支脉大部分变黄;干燥程度要达到充分塌架,主脉变软。之后稳定湿球温度,干球温度升至 44 ℃,使烟叶达到 9 成黄,勾尖卷边。④ 定色阶段烧火要稳、升温要准、排湿要快,必要时要控温排湿。以 2~3 h 升温 1 ℃的速度提升干球温度到 48 ℃,稳定至全房烟叶全部变黄,中棚烟叶呈小卷筒。然后以 2~3 h 提升 1 ℃的速度升到 54 ℃稳温干叶,之后转入正常烘烤。见表 6-4。

表 6-4 多雨寡日照烟叶烘烤措施

阶段	干球温度/℃	湿球温度/℃	目标
1	38~40	35~36	叶片变软,高温层烟叶变黄 5~6 成
2	42	36~37	高温层烟叶的变黄程度以 7~8 成为宜,二级支脉少部分变黄,三级支脉大部分变黄;干燥程度要达到充分塌架,主脉变软
3	44	37	烟叶达到 9 成黄,勾尖卷边
4	48	37.5	低温层烟叶支脉全部变黄,中棚烟叶呈小卷筒
5	54	38	稳温干叶
……转入正常烘烤			

对于水分特别大的各类烟叶,变黄阶段还可以采用高温快速排湿法进行烘烤,促进烟叶失水凋萎塌架,先把烟叶拿软再变黄。主要变黄期在干球温度 40~42 ℃、湿球

温度 35～36 ℃。要提前转火，缓慢升温，延长排湿时间。烟叶变黄程度在 4～6 成、充分塌架即可转火，以 3～4 h 升温 1 ℃的速度提升干球温度到 46～48 ℃，并保持湿球温度 37～38 ℃到全炕烟叶基本变黄；再以 2～3 h 升温 1 ℃的速度提升干球温度到 54～55 ℃，保持湿球温度在 38 ℃左右干叶。前期保证烟叶及早失水、凋萎塌架，定色期确保稳定烧火供热、排湿顺畅，是烤好此类烟叶的关键所在。

高温快速排湿法是用来烘烤容易出现硬变黄、易变黑烟叶的行之有效的方法。通常用来处理嫩黄烟、嫩黑暴烟和水分含量特别大的、用正常烘烤方法极易烤坏的烟叶。具体方法是：烟叶装房关严天窗、地洞，点火后在很短时间内把烤房内温度提高到36～38 ℃稳定一段时间，当底棚烟叶的叶尖、叶边基本变黄后迅速加大烧火，用 1 h 左右将烤房温度提高到 40～42 ℃，促使叶内水分汽化，直到烤房内水汽弥漫后打开天窗、地洞，甚至将烤房门打开尽快排湿。当温度计观察玻璃窗水珠减少至消失时关闭天窗、地洞。此时若底棚、二棚烟叶完全发软塌架，可转入正常烘烤；否则需要第二次甚至第三次高温快速排湿。进行多次高温快速排湿时，原则上温度要一次比一次高，但最高不超过 45 ℃，每次时间在 2～3 h，以整个变黄阶段烟叶完全发软塌架、消除硬变黄为目的。

二、水分小的烟叶

水分含量少的烟叶，最为常见的是旱天烟和旱黄烟，见图 6-2。

图 6-2 旱天烟和旱黄烟

1. 旱天烟

（1）产生原因：旱天烟是指在干旱地区和非灌溉烟田在干旱气候条件下形成的烟叶。该类烟叶特点为，一是水分含量较少，鲜干比多为 5～6。同时，在水分组成中，结合水所占比例增加，自由水占比减少。二是烟叶身份较厚，结构较紧密。三是干物质积累较为充实。四是发育和成熟缓慢，较耐成熟，有利于烟叶养熟。

（2）烘烤特性：烟叶变黄慢，脱水困难，因而更容易出现挂灰和回青，尤其当烟叶含水尚多时，急升温极易出现回青与挂灰，降温则出现冷挂灰。

（3）烤前措施：一要提高烟叶采收成熟度；二要趁露采收，增加烟叶水分和烤房湿度；三要防止采收后烟叶受太阳暴晒降低自身和烤房有效水分；四要稀编烟、密装烟，以利于保湿和均匀排湿，为促进烟叶保湿变黄和顺利排湿定色奠定基础。

（4）烘烤措施：针对旱天烟的特点，采用“保湿慢变黄，前慢后快定色”的烘烤策略，即低温保湿变黄，先拿色，后拿水；大胆变黄，必要时可补湿变黄。应掌握以下烘烤要点：一是变黄阶段湿球温度宜稍高，保持在37～37.5 ℃，点火后，升温至干球温度38 ℃，稳定湿球温度在37 ℃，使高温层烟叶变黄6～7成，之后升温至干球温度40 ℃，稳定湿球温度在37.5 ℃，促进烟叶进一步变黄，待高温层烟叶变黄7～8成，升温至干球温度42 ℃，稳定湿球温度在37.5 ℃，促使烟叶完成变黄。二是转火时间宜晚，烟叶变黄程度要稍高，即干球温度42 ℃，稳温至高温层烟叶达到9～10成黄，叶片接近全黄，支脉大部分变黄，干燥程度达到烟叶塌架，主脉变软后，升温进入定色期。三是定色阶段前期升温速度要慢，在干球温度42～48 ℃，升温速度以1 ℃/3～4 h为宜，在干球温度48 ℃稳温，湿球温度稳定在38～39 ℃，使烟叶叶片、支脉全黄，烟叶呈小卷筒。干球温度超过50 ℃后，湿球温度稳定在39～40 ℃，之后转入正常烘烤。见表6-5。

表6-5 旱天烟烘烤措施

阶段	干球温度/℃	湿球温度/℃	目标
1	38	37	高温层烟叶变黄6～7成
2	40	37.5	高温层烟叶变黄7～8成
3	42	37.5	高温层烟叶达到9～10成黄，叶片接近全黄，支脉大部分变黄；干燥程度达到烟叶塌架，主脉变软
4	48	38～39	全房烟叶叶片、支脉全黄，烟叶呈小卷筒
5	54	39～40	稳温干叶
……转入正常烘烤			

2. 旱黄烟

（1）产生原因：旱黄烟是指烟叶旺长至成熟过程中遭遇严重的空气干旱和土壤干旱双重胁迫，不能正常吸收营养和水分，“未老先衰”，提早表现落黄现象的假熟烟。这类烟在丘陵旱薄地最为常见。这类烟叶的主要特点为，烟叶成熟度不够、含水量低，叶片结构紧密，内含物欠充实，主要化学成分不协调。

（2）烘烤特性：变黄和脱水都比较困难，但由于内含物含量低，不耐烤，容易出现变黄不够而烤青，以及水分难排造成的挂灰和花片。

（3）烤前措施：一是不能盲目抢采，如果能解除干旱，烟叶仍能恢复生长，应待烟叶真正成熟时采收，按正常烘烤工艺烘烤。但若持续干旱，当烟叶出现枯尖焦边时应及时采收，按旱黄烟烘烤技术进行烘烤。二是采“露水烟”，稀编竿、装满炕，以利于保湿变黄和均匀排湿。

（4）烘烤措施：针对旱黄烟的特点和烘烤特性，应采取“高温保湿变黄，慢升温中湿定色”的烘烤策略，尽量减少烤后青杂烟比例。应掌握以下烘烤要点：一是高温保湿变黄，变黄阶段起点干球温度宜稍高。点火后，以每小时1 ℃的升温速度升温至干球温度 40 ℃，稳定湿球温度在 37 ℃，促使烟叶脱除适量水分，增加烤房内湿度，保证正常变黄；待叶片发软后，再降低干球温度到 38 ℃，干湿球温度差保持在 1 ℃，保湿变黄，待高温层烟叶变黄 6～7 成时，提高干球温度至 41～42 ℃，保持湿球温度在 37 ℃，加速变黄，防止烟叶内含物过度消耗而使烟叶挂灰或颜色灰暗。二是变黄阶段的湿球温度宜稍高，如果烤房内湿度达不到要求，需要向烤房内加水补湿。三是提前转火，慢升温定色。在干球温度 42 ℃，烟叶变黄程度宜低，失水要适宜，即高温层烟叶达到7～8 成黄、烟叶塌架、主脉变软即可转火定色。定色阶段升温速度要慢中求快，先慢后快，先以 2～3 h 升温 1 ℃的速度将干球温度升到 46～48 ℃，保持湿球温度在 38 ℃，稳温至全房烟叶基本全黄，叶片半干、呈小卷筒，然后以 1～2 h 升温 1 ℃的速度将干球温度升到 54～55 ℃，稳定湿球温度在 39 ℃，稳温至干叶，之后转入正常烘烤。见表 6-6。

表 6-6　旱黄烟烘烤措施

阶段	干球温度/℃	湿球温度/℃	目标
1	40	37	烟叶发汗变软
2	38	37	高温层烟叶变黄 6～7 成
3	42	37	高温层烟叶达到 7～8 成黄；烟叶塌架，主脉变软。
4	47	38	烟叶基本全黄，叶片半干、呈小卷筒。
5	54	39	稳温干叶
……转入正常烘烤			

3. 旱烘烟

旱烘烟是旱天烟中的特殊类型。旱黄烟若不及时采收，就会因持续干旱而烘坏，这就成了旱烘烟。旱烘烟需要高温快烤，即高温快变黄，快速升温排湿定色。所以，旱烘烟和旱黄烟配炕烘烤时，要装在烤房的高温区。

三、氮素营养过剩的烟叶

氮素营养过剩的烟叶主要包括嫩黑暴烟和老黑暴烟，嫩黑暴烟多发生在中下部烟叶，老黑暴烟多发生在中上部烟叶。

1. 嫩黑暴烟

（1）产生原因：嫩黑暴烟多是在高肥水、高氮素营养、田间光照不足的条件下形成的中下部烟叶。烟叶内含水多，干物质少，保水力较强，叶绿素、蛋白质含量较高，田间难以落黄，难以烘烤；烤后叶片薄，油分少，色度差，品质不佳。

（2）烘烤特性：主要表现为变黄、脱水困难，不易烤，不耐烤，较难定色，容易出现变黄不够而烤青，以及内含物消耗过度、水分没有及时排出造成的花片、糟片。

（3）烤前措施：根据叶龄及时采收，避免烟叶在田间消耗过度；应稀编烟，满装炕，确保排湿顺畅，利于烟叶脱水干燥。

(4) 烘烤措施：采用“高温变黄、低温定色”的烘烤策略，提高黄烟率，具体做到以下几个方面：一是起火温度宜高，点火后升温至干球温度 39 ℃，稳定湿球温度在 36 ℃，稳温至叶片变软；二是保证烟叶先变软，后变黄，防止硬变黄，待烟叶变软后，升温至干球温度 40 ℃，保持湿球温度在 36.5 ℃，在高温棚烟叶变黄 5～6 成时，把干球温度升到 42 ℃，控制湿球温度在 37 ℃，促进烟叶进一步变黄，稳温至高温层烟叶变黄 7～8 成时，再升温至干球温度 44 ℃，稳定湿球温度在 37 ℃，稳温至全房烟叶叶片全黄，仅少部分支脉微青，干燥状态达到勾尖卷边；三是升温要慢，干球温度 44～47 ℃的升温速度控制在 3～4 小时升温 1 ℃，湿球温度稳定在 37～38 ℃，防止蒸片，稳温至全房烟叶达到黄片黄筋、小卷筒，之后转入正常烘烤。见表 6-7。

表 6-7　嫩黑暴烟烘烤措施

阶段	干球温度/℃	湿球温度/℃	目标
1	39	36	叶片变软
2	40	36.5	高温层烟叶变黄 5～6 成
3	42	37	高温层烟叶变黄 7～8 成、主脉变软
4	44	37	烟叶黄片青筋、勾尖卷边
5	47	38	全房烟叶达到黄片黄筋、小卷筒
……转入正常烘烤			

2. 老黑暴烟

(1) 产生原因：老黑暴烟多是在高水肥、强光照、高氮素营养条件下形成的中上部烟叶。叶片肥厚、叶色深，甚至会形成僵硬厚脆的草质烟。这类烟叶含水少，干物质较多，蛋白质、氮化合物含量高，碳水化合物含量偏低，内在化学成分不协调，叶片结构紧实，在田间多呈现深绿色，成熟落黄困难。

(2) 烘烤特性：老黑暴烟变黄困难，难脱水，易烤性和耐烤性均差，易烤青、挂灰、烤黑、蒸片，烤后烟叶片厚色深，油分不足，质量欠佳。

(3) 烤前措施：集中采收和适量装烟，只要烟叶不坏，就不急于采收，待烟叶绿中泛黄、叶尖黄色、叶面起黄斑时集中采收，编烟、装烟密度适中，以利于排湿定色。

(4) 烘烤措施：针对老黑暴烟的特点和烘烤特性，应采用“高温低湿变黄，早转火，慢升温，稳定色”的烘烤策略，提高烤后黄烟率。在烘烤操作上要掌握以下几点：一是烘烤起点温度宜高，点火后升温至干球温度 39 ℃，稳定湿球温度在 38 ℃，使烟叶发汗变软，之后升温至干球温度 40 ℃，降低湿球温度至 37 ℃，促使烟叶失水和变黄，使烟叶尽快塌架，当高温层烟叶变黄 5～6 成、叶片变软塌架后，升温至干球温度 42 ℃，进一步降低湿球温度至 36 ℃，促使烟叶进一步变黄和失水；二是转火定色要早，在干球温度 42 ℃稳温至高温层烟叶变黄 7～8 成、主脉变软时，即可转火定色；三是慢升温定色，定色期升温速度要慢，以防回青和挂灰，以每 4 个小时升温 1 ℃的速度将干球温度升至 44 ℃，稳定湿球温度在 36 ℃，促进烟叶进一步失水和变黄，待全房烟叶黄片青筋、勾尖卷边时再升温至干球温度 48 ℃，稳定湿球温度在 37 ℃，延长时间，使全房烟叶达黄片黄筋、小卷筒，之后转入正常烘烤。见表 6-8。

表 6-8　老黑暴烟烘烤措施

阶段	干球温度/℃	湿球温度/℃	目标
1	39	38	叶片发汗变软
2	40	37	高温层烟叶变黄 5～6 成
3	42	36	高温层烟叶变黄 7～8 成、主脉变软
4	44	36	烟叶黄片青筋、勾尖卷边
5	48	37	烟叶黄片黄筋、小卷筒
……转入正常烘烤			

四、其他特殊烟叶

1. 后发烟

（1）产生原因：后发烟也是烟叶生产中较为常见的一种特殊烟叶，主要形成于烟株生长前期干旱，中后期降雨相对较多的情况（见图 6-3）。烟叶的主要特点是内含物组成不协调，叶龄往往较长，干物质积累较多，身份较厚，叶片组织结构紧实，保水能力强，难以真正成熟；有时叶面落黄极不均匀，或者尖部黄、基部青，反差过大，或者叶片黄、叶脉绿，差异过大，或者泡斑处落黄（甚至发白），凹陷处却浓绿不落黄，极不协调，难以准确判断烟叶的成熟度。

图 6-3　后发烟

（2）烘烤特性：变黄、脱水困难，易烤性差，常因变黄困难而烤青，因脱水困难而烤黑，烤后烟叶常出现不同程度的挂灰、杂色、僵硬等。

（3）烤前措施：一是要加强田间管理，清除烟杈和田间杂草，提高鲜烟素质；二是要适时采收，要根据烟叶熟相和叶龄综合分析，在熟相上要尽可能使其表现成熟特征，叶龄达到或略多于营养水平正常烟叶即可采收；三是要合理编装烟，编竿宜略稀，装烟竿距视烟叶水分而定，不宜过稀。

（4）烘烤措施：应采用"中温低湿变黄、慢升温定色"的烘烤策略，减少挂灰、杂色、僵硬烟比例。具体到烘烤操作上，需做到以下几个方面：一是中温变黄，点火后升温至干球温度 38 ℃，干湿球温度差 3 ℃，达到高温层变黄 7～8 成，然后升温至干球温度 42 ℃、湿球温度 37 ℃，稳温至高温层变黄 8～9 成，叶片发软。二是早转火，慢升温定色。定色阶段的升温速度宜慢不宜快，以促进内含物质在较高温度下转化，使黄烟等青烟，并使烟叶身份变薄、色泽略浅。定色前期先升温至干球温度 44 ℃、湿球温度 37～38 ℃，稳温至烟叶黄片青筋、勾尖卷边，再升温至干球温度 48 ℃，稳定湿球温度在 38 ℃，稳温至低温层烟叶全黄，支脉变白，呈小卷筒，之后转入正常烘烤。第三是湿球温度控制，在正常范围内湿球温度以略偏低为宜，越难烤的烟叶干湿球温度差越大。在定色阶段，湿球温度可以保持在 37～38 ℃。第四是整个定色过程要慢升温、逐渐排湿，既不要在某一温度上久拖，也不可跳跃式大跨度升温，使烟叶边变黄、边干燥。见表 6-9。

表 6-9　后发烟烘烤措施

阶段	干球温度/℃	湿球温度/℃	目标
1	38	35	高温层烟叶变黄 7～8 成
2	42	37	高温层烟叶变黄 8～9 成，叶片变软
3	44	37～38	烟叶黄片青筋、勾尖卷边
4	48	38	低温层烟叶全黄，支脉变白，呈小卷筒
……转入正常烘烤			

2. 秋后烟

（1）产生原因：秋后烟是指由于栽培耕作或气候方面的原因，在不利于烘烤的秋后气候条件下采烤的烟叶，主要是干燥凉爽的秋季气候条件下发育而成的上部烟叶。其特点是叶内含水量少，尤其是自由水含量少，叶片厚实，叶组织细胞排列紧实，内含物质充实，最突出的问题是容易烤青和挂灰。

（2）烘烤特性：由于水分少，变黄困难；组织紧密导致失水困难；烟叶内含物充实，因此较耐烤，但易烤性差，易烤青、挂灰。除秋后烟自身的特点造成难以烘烤外，不利的气候条件也影响了烘烤质量，主要表现为凌晨气温低，排湿时烧大火也很难升温，甚至常出现降温，使烟叶变化过度，极可能出现猛升温或大幅度降温而引起挂灰，或者烤后烟叶又黑又青。

（3）烤前措施：在采收烘烤之前首先要整修烤房，使其严密保温保湿。采收时应以叶龄为主要判断依据，适当早采，趁露采烟以增加炕内水分；编烟绑竿要适中，装烟要密，以便于增加烤房湿度。

（4）烘烤措施：根据秋后烟叶难变黄、难失水、易挂灰的特点，烘烤上应采取"低温保湿慢变黄、充分变黄慢定色"的烘烤策略，减少烤后青、杂、僵硬烟叶比例。具体到烘烤操作上，主要掌握以下三个方面：一是点火升温要慢，增湿保湿变黄，点火后，以1～2小时升温1℃的速度升温至34℃，保持干球、湿球温度同步，稳温12～24小时，如果湿度达不到要求，可采取烤房内增湿措施，如地面泼水。之后以1.5～2小时升温1℃的速度升温至38℃，保持干湿球温度差在1℃，稳温至高温层烟叶达到黄片青筋，叶片发软后，再以2～3小时升温1℃的速度升温至干球温度42℃，保持湿球温度在37～38℃，加速变黄，并使烟叶排出部分水分，稳温至低温层烟叶黄片青筋，主脉变软。二是待低温层烟叶黄片青筋，主脉变软时，开始转火定色。以2～3小时升温1℃的速度升温至干球温度48℃，保持湿球温度在38℃，拉长时间，适当排湿，待全烤房烟叶全黄，呈小卷筒之后转入正常烘烤。三是烘烤过程中注意温度控制，谨防烤房大幅度降温。见表6-10。

表6-10　秋后烟烘烤措施

阶段	干球温度/℃	湿球温度/℃	目标
1	34	34	稳温12～24 h，烟叶适度失水，提高烤房湿度
2	38	37	高温层烟叶黄片青筋，叶片发软
3	42	37～38	低温层烟叶黄片青筋，主脉变软
4	48	38	烟叶全黄，呈小卷筒
……转入正常烘烤			

第七章 烤坏烟叶分析

烟叶烘烤是烟叶生产的关键环节，烘烤质量的好坏直接决定了烟农种烟收益。在实际生产中，常因成熟采收不到位、分类编装不到位、工艺应用不到位、设备检修不到位、烘烤管理不到位“五个不到位”造成大量烤坏现象，对烟农种烟收益产生较大影响。

一、烤坏烟叶定义及类型

烤坏烟叶是指在烟叶采、编、装、烤过程中因设施设备、人为操作失误等因素导致降低烟叶应有价值，造成直接经济损失的烤后烟叶。例如：鲜烟素质较差或烘烤不当，往往造成烟叶烤后表现出种种异常现象，如青黄烟、挂灰、蒸片、黑糟、花片、光泽灰暗、洇筋洇片、活筋，即烟叶烘烤后出现基本色（淡黄、金黄、橘黄、红棕）以外的黑色、红色、霉烂等症状。

常见烤坏烟叶类型有烤青、挂灰、蒸片、花片、糟片、腐烂、烤红、叶片中毒、洇筋洇片、平滑僵硬、活筋、机械损伤等 12 种（见图 7-1）。

图 7-1 常见烤坏烟叶类型

二、造成烤坏烟叶的总体原因

造成烤坏烟叶的总体原因有采收素质、分类编装、设施设备、烘烤工艺、人为因素等5个方面。

1. 采收素质

一是成熟度把控不准，主要表现为采收时机把控不准，导致部分烟叶未熟、过熟或假熟，这部分烟叶与成熟烟叶混采、混装、混烤，易引起烟叶烤坏。二是采收操作不规范，主要表现为鲜烟叶采收时，常因采烟、抱烟等动作的不规范导致烟叶组织受损而形成机械损伤。三是鲜烟叶包装不合理，主要表现为鲜烟叶包装过紧或过松，长时间不包装而暴露在阳光下等不规范现象，易导致烟叶组织受损。四是采后烟叶运输不当，主要表现为鲜烟叶运输过程中常因装卸过程不规范发生摩擦、晒伤等，导致烟叶组织受损而形成机械损伤。

2. 分类编装

一是分类不到位，主要表现为未按成熟度对鲜烟叶进行分类编竿，未对不适用鲜烟叶进行二次处理即进行编竿烘烤，易产生烤坏烟。二是编装不均匀，主要表现为编烟过稀，数量过少，导致孔隙过大、风速不匀；或是编烟过密，数量过多，导致孔隙过小，风速快、风量大，影响通风排湿，易产生烤坏烟。三是堆放不合理，主要表现为采收后鲜烟叶和编竿后烟叶堆放过高、堆积数量过多，易造成烟叶蒸片；或堆放时间过长、水分流失过多等，导致灼伤、机械损伤等，易产生烤坏烟。四是装炕不合理，主要表现为烟叶装炕时分层不到位，装烟不均匀，未按烤房气流方向要求进行分层装炕，或是装炕数量过多、过少，影响烟叶通风排湿、变黄、定色等，易产生烤坏烟。

3. 设施设备

设施设备检修、建造不当会产生烤坏烟，主要体现在以下几个方面。一是烤前检修不到位，主要表现为烤前未对设施设备进行系统检修，造成烘烤过程中设施设备出现故障（如加热设备漏气、烤房漏水、通风排湿系统损坏等）而产生烤坏烟；二是烤中维护不及时，主要表现为烘烤过程中设备出现问题，相应管理人员未及时发现或及时进行有效维护（如停电后再次供电风机反转、水壶缺水、通风排湿系统故障等），从而产生烤坏烟；三是建设规格不规范，主要表现为烤房建设尺寸与规格不符，影响烟叶烘烤过程升温、排湿性能，如加热室、热风进风口、冷风回风口不规则，造成烤坏烟。

4. 烘烤工艺

一是工艺制定不科学，主要表现为烘烤过程中未有效根据气候条件、栽培措施、品种特征等烘烤特性合理制定烘烤工艺。例如，低温变黄时间长、湿度高导致的挂灰、蒸片、腐烂；干筋阶段湿球温度过高导致的全叶烤红等。二是工艺执行不灵活，主要表现为烘烤过程中未根据烘烤进程灵活调整温湿度及烘烤时间。例如，变黄不足、失水过快导致的烤青，变黄过度、失水不足导致的硬变黄等。

5. 人为因素

在人为因素方面，一是技术落实不到位，主要表现在烘烤人员素质、技能水平高低不一，且服务范围点多面广，导致技术落实不到位。二是人员管理不到位，主要表现在部分人员责任心不强，有脱岗、离岗等擅离职守行为，难以实现全覆盖式管理，造成烟叶烤坏。

三、不同烤坏烟叶的产生原因

1. 烤青烟

烤青烟一般是烟叶内物质转化分解不完全，烟叶表面呈现明显青色，糖含量低，氮化合物含量高，香气质差，香气量少，刺激性和青杂气增加。随着烟叶含青度的增加，质量愈加变差，可用性变低。常见的烤青烟包括青筋、青片、青尖、浮青、青黄等(见图 7-2)。

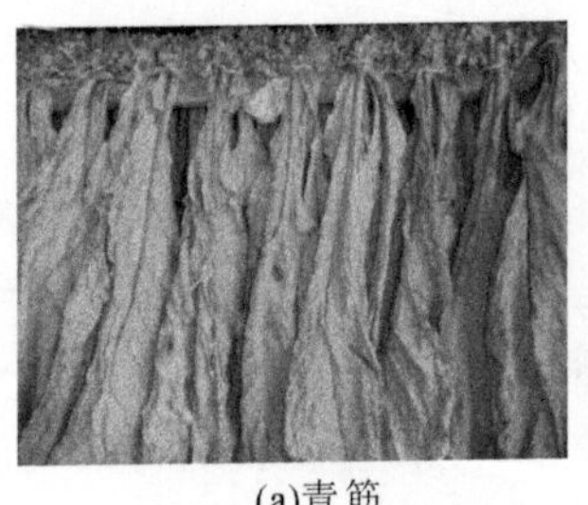

(a)青筋

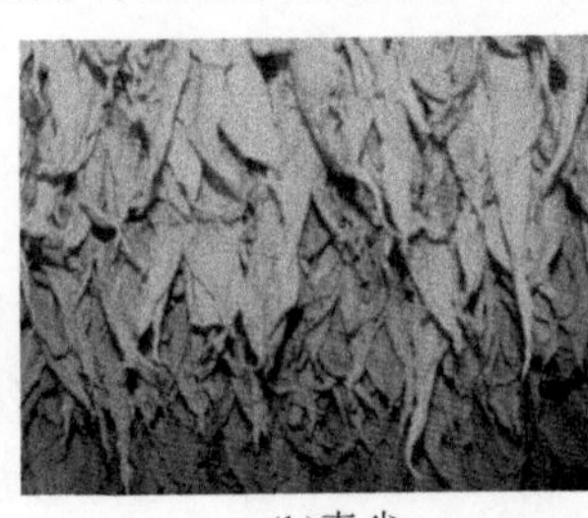

(b)青尖

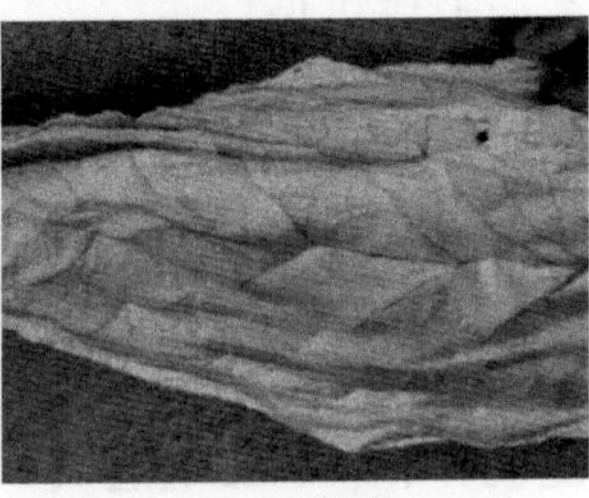

(c)青片

图 7-2 常见的烤青烟

(1) 产生青筋的主要原因有：在工艺方面，变黄阶段支脉变黄程度不够、转火过早、定色期升温过快易导致烤青；在分类编装方面，未分类编装、编装烟不匀、编烟密度过稀易导致烟叶失水过快而烤青。应对措施主要有合理装炕、充分变黄、稳定升温等，在变黄后期，烟叶支脉达到相应变黄程度后及时转火升温排湿，转火后升温不能过急，要慢升温、稳排湿，促进烟叶支脉变黄(断青)。

(2) 产生青片的主要原因有：下降式烤房起火温度高，高温区烟叶失水过快，或烟叶变黄阶段变黄程度不够，失水干燥过快；上升式烤房风机反转，冷风门长期打开未关闭，脱水干燥过快；下降式烤房顶层烟叶基部高于进风口下沿，装烟室层距不足等。应对措施：下降式烤房起火温度不宜过高，湿球温度不宜过低；烟叶变黄阶段要达到变黄要求后才能进行转火升温；开烤前要对设施设备进行检修，防止风机反转、冷风门损坏、层距不足造成烤青；烘烤过程中电源切换后要及时检查风机转向。

(3) 产生青尖的主要原因有：上升式烤房起火温度高，高温区烟叶失水过快；烟叶叶尖变黄阶段变黄程度不够，失水干燥过快；编装烟不均匀，编烟过稀区域失水过快；冷风门长期打开未关闭，脱水干燥过快；风速过大，叶尖脱水干燥过快等。应对措施：均匀编装烟；上升式烤房起火温度不宜过高，湿球温度不宜过低；叶尖变黄要达到要求后才能进行升温；烤前要对设施设备进行检修，防止冷风门损坏造成烤青；变黄前期风机风速使用中低速挡，严禁使用高速挡。

(4) 产生浮青的主要原因有：一是采收烟叶成熟度不够、成熟整齐度不够，编装烟不分类，部分成熟度较低烟叶易烤青。二是编装烟不均匀或密度小，叶间隙风速过大，容易造成烟叶失水干燥过快，造成烤青。三是烟叶在变黄阶段变黄不够，转火过早，而且转火后升温过快，造成浮青。四是设施设备损坏（如烤房漏气、冷风门损坏等），保湿性差，烟叶脱水干燥过快导致烤青。应对措施主要有四个方面：一要做好成熟采收和分类编装；二要做好变黄进程判定，待烟叶充分变黄后，才能转火升温定色；三要做到稳烧火、慢升温，防止升温过快；四要做好烤前检修、烤中维护，保障烤房严密不漏气，确保保温保湿需要。

2. 挂灰烟

烤后烟叶的正表面产生一层黑褐色的细微小斑点，如同蒙上一层灰一样，称为挂灰烟。挂灰通常只表现在烟叶的正面，这是由于叶片正面较叶片背面气孔少，排湿不顺畅，容易受害。上部叶及较厚的烟叶容易产生挂灰，也是由于正面气孔少，加之蜡质层较厚，水分排出过程中发生了故障。挂灰烟实质是棕色化反应的产物，是多酚类物质在多酚氧化酶的作用下，氧化成黑色的醌类物质。挂灰烟又分热挂灰、冷挂灰、饿挂灰、湿挂灰及鲜烟叶素质差引起的挂灰五类。

(1) 热挂灰。烟叶在变黄阶段、定色阶段，因为猛升温，叶内细胞水分强行排出，细胞破裂，汁液外流，凝结于叶片上，多酚类物质在空气中氧气的作用下氧化成醌类物质，称为热挂灰，见图 7-3。应对措施：在变黄阶段、定色阶段稳烧火、稳升温，防止猛升温引起挂灰。

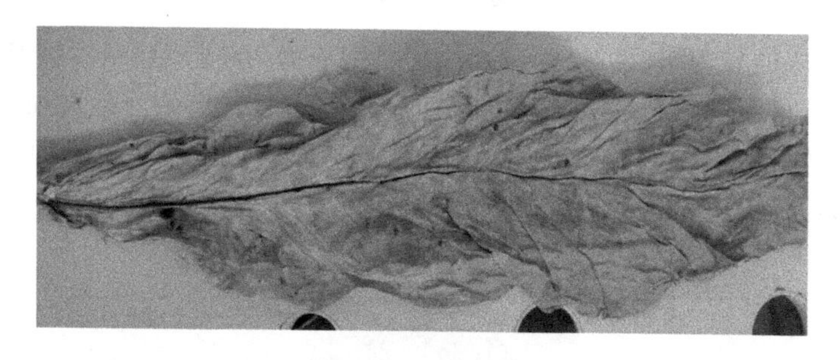

图 7-3　热挂灰

(2) 冷挂灰。烟叶在变黄阶段、定色阶段，因为猛降温，烤房内部空气的饱和水汽压降低，湿热空气中的水分析出，凝结成小水珠，落在烟叶表面上，烫伤烟叶组织，发生棕色化反应，变成黑褐色，称为冷挂灰，见图 7-4。应对措施：在变黄阶段、定色阶段烧火要稳，防止猛降温，特别在昼夜温差较大期间要着重预防。

(3) 饿挂灰。一般是烟叶成熟或变黄过度，烟叶低温变黄时间长，细胞内含物质进一步分解，以致枯绝，此时，细胞生命活动发生紊乱，氧气自由进出，多酚类物质被氧化成醌类物质，形成挂灰，见图 7-5。应对措施：要做到适熟采烤，勿使烟叶过熟，减少烟叶低温变黄时间，变黄阶段烟叶变黄后及时转火升温、排湿定色，勿使烟叶变黄过度。

(4) 湿挂灰。一般是编烟、装烟过密，水分难以排出，通风障碍导致高温高湿，促

图 7-4 冷挂灰

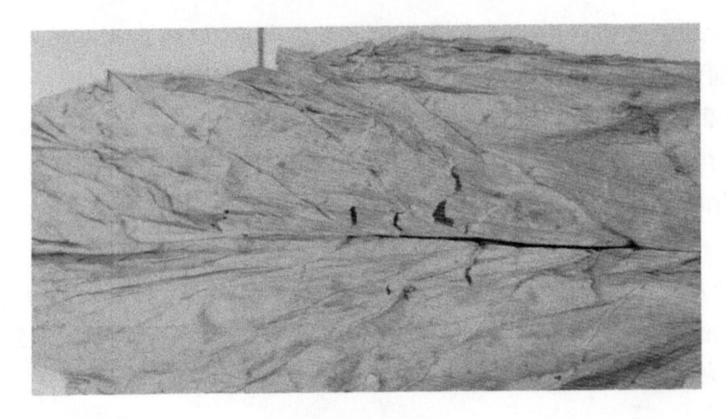

图 7-5 饿挂灰

成了棕色化反应的发生，产生挂灰；或是烤房排湿不力，排湿口面积不够或回风口面积过大，导致烤房内湿度大，烟叶水分不能及时排出，多酚氧化酶活性增强，产生棕色化反应，形成挂灰，见图 7-6。应对措施：要做到合理编竿、装炕，适时排湿，避免形成高温高湿环境；加强设施设备检修工作，确保烘烤过程中正常排湿需要。

图 7-6 湿挂灰

（5）鲜烟叶素质差引起的挂灰。受栽培管理、未熟采收、气候或者药害等因素的影响，鲜烟叶结构紧、保水能力强、内含物质不协调、多酚氧化酶活性高，在烘烤时易挂灰。应对措施:注意加强栽培管理,合理施肥,科学用药,调控烟株营养平衡,适时成熟采收,提升烟叶素质。

3.蒸片烟

鲜烟叶在堆放过程或者在烘烤的变黄阶段和定色阶段,由于操作不当,形成恶劣的高温、高湿环境,使烟叶蒸熟之后再排湿、定色、干燥,烤成的烟叶呈现黑褐色,称为蒸片烟。蒸片烟又分为鲜烟蒸片、烘烤蒸片两种类型。

(1)鲜烟蒸片。鲜烟叶在采、编后,堆放过高、时间过长等引起堆积发热,形成高温高湿环境,由此产生的蒸片称为鲜烟蒸片。应对措施:注意避免在高温时段采烟,在烟叶采、编后,加强堆放管理,堆放不宜过高,堆放时间不宜过长,要散开摆放,避免堆积发热,有条件的地方采取挂竿存放。

(2)烘烤蒸片。在变黄阶段和定色阶段,烟叶水分含量尚多时猛升温,或设施设备原因导致排湿不畅,形成高温高湿环境,由此产生的蒸片称为烘烤蒸片。应对措施:注重烤前检修,合理、均匀装炕,在变黄阶段和定色阶段温度不宜过高,湿度不宜过大,边变黄边排湿,做到黄干协调,防止形成高温高湿环境。

4.糟片、花片

烟叶烘烤过程中,因干物质消耗过度而变黑,失去成丝能力,称为糟片。烟叶出现局部黑糟,使黄色叶片上有黑褐色的斑点或斑块,品质极不均匀,称为花片。

(1)糟片。成熟过度、变黄过度、硬变黄、定色不及时等原因导致的烤坏烟。应对措施:避免烟叶过熟采收,在烟叶烘烤过程中,要做到适时转火定色,避免硬变黄和变黄过度。

(2)花片。由病斑、机械损伤、局部挂灰等引起的烤坏烟。应对措施:加强田间管理,合理施肥、科学用药,调控烟株营养平衡,提升鲜烟叶素质,提高烟叶成熟程度,在采、编等操作过程中避免机械损伤。

5.腐烂烟

腐烂烟一般是指在烟叶烘烤过程中,因病菌、排湿不畅等引起烟叶霉烂的现象,分为病菌腐烂和烘烤腐烂。

(1)病菌腐烂。田间病害以及设施设备、操作工具携带病菌,烘烤过程中诱发米根霉等霉菌滋生,导致烟叶腐烂。应对措施:田间管理过程做好烟株病害防治,烘烤前对烤房环境、烘烤工具进行消毒,对带病菌烟叶进行单列喷药防治。

(2)烘烤腐烂。烘烤过程中装烟不均匀、装烟过密、低温时间过长、湿度高(烤房屋顶滴水、漏水)、排湿不畅(低温死角)等原因导致的烟叶腐烂。应对措施:一是避免雨天采收烟叶。二是含水量大的中下部叶实行稀编、稀装。三是烟叶表面有明水时,先打开风机和冷风门,将烟叶表面的水分吹干后再点火。四是 38 ℃及以下时间不能过长。五是上升式烤房顶板加装吸水装置,避免滴水。

6.烤红烟

干筋阶段温度过高、湿度过大,烟叶中的胡萝卜素和叶黄素进一步氧化分解,红色素(主要是多酚和氧化芸香苷)表现出来,烟叶表面呈现红色、红褐色的斑点、斑块,甚至全叶发红,称为烤红烟。烤红烟分为全叶烤红和斑点、斑块烤红。

(1) 全叶烤红。在干筋阶段,湿球温度超过 43 ℃,相对湿度超过 18%,在高温与较大湿度的交互作用下,整个叶片内的类胡萝卜素分解转化,红色素表现出来,形成全叶发红。该类烤红烟在形成过程中香味较少,烤干出炉摆放时香味较浓。应对措施:干筋阶段湿球温度控制在 43 ℃以内。

(2) 斑点、斑块烤红。在干筋阶段,温度超过 73 ℃或干筋后期时间过长,叶片局部较薄区域不耐烤,类胡萝卜素提前分解转化,以多酚和氧化芸香苷为代表的红色素物质表现出来,形成斑点、斑块状烤红烟。该类烤红烟在形成过程中由于色素降解产物的挥发,产生较浓的香味。应对措施:干筋阶段最高温度不得超过 70 ℃,烟叶干筋后及时停火,避免高温和干筋后期烘烤时间过长。

7. 平滑僵硬

烟叶成熟度低、鲜烟叶素质差、集中快速排湿,或是定色期升温速度过快、排湿过快等都易导致平滑僵硬烟叶产生。应对措施:提高田间管理、成熟采收水平,提升烟叶成熟度和鲜烟叶素质;在烘烤过程中,升温不宜过急,排湿不宜过快。

8. 活筋烟

烤后烟叶主脉未烤干、未达到干筋要求,称为活筋烟。一般烤房装烟室有低温死角区域或干筋期停火过早会导致烟叶活筋。应对措施:注意把控停火时间,即烟叶干筋后找准停火时机,适时停火;同时加强烤前检修和合理装炕,避免低温死角。

9. 洇筋洇片

烤后烟叶的烟筋两边呈褐色的现象称为洇筋,洇筋严重的称为洇片。产生洇筋洇片的主要原因是烟叶干筋阶段长时间、大幅度降温,导致烟筋水分渗入叶片。应对措施:烟叶干筋阶段烧火要稳,防止长时间、大幅度降温。

10. 叶片中毒

在烘烤过程中,烟叶表面产生绿色的水渍状花斑,称为 CO 或 SO_2 中毒。主要原因有:一是换热器漏烟,煤燃烧产生的 CO 或 SO_2 进入烤房,直接伤害烟叶;二是通风排湿不顺畅,湿度过大,烟叶表面存在凝结水;三是 SO_2 溶于水形成 H_2SO_3。在烘烤的变黄阶段、定色阶段,烟叶同时具备这三个条件便会产生 CO 或 SO_2 中毒。应对措施:一是严格密封热交换系统,不让带有 SO_2 的烟气进入烤房;二是在烟叶烘烤过程中注意适时通风排湿;三是在烟叶烘烤过程中,若发现烤房内进入烟气,要及时排出,并查清源头,彻底整治。

11. 机械损伤

机械损伤是指鲜烟叶在采、运、编、装等过程中因操作不当导致组织结构受损,烤后呈现青痕、褐色斑块等现象。应对措施:规范操作,避免破坏烟叶组织结构。

附录 A　烘烤工艺图表

附表 A-1　上部烟叶带茎烘烤工艺

阶段	变黄阶段			定色阶段			干筋阶段
	凋萎期	变黄前期	变黄后期	定色前期	定色中期	定色后期	干筋
	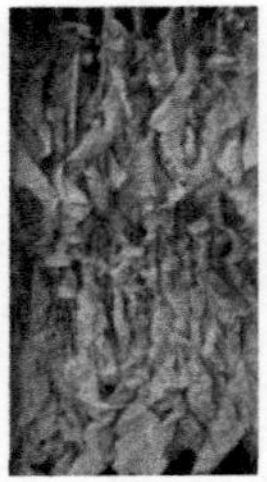	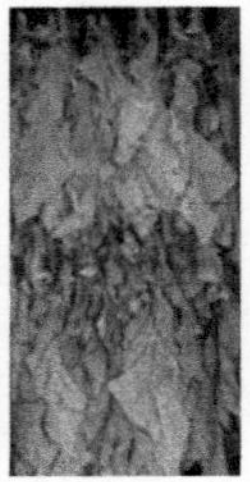	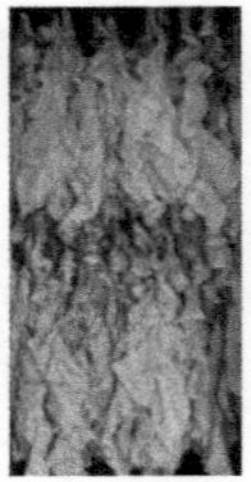				
干球温度/℃	34	39	42	45	49	57	68
湿球温度/℃	33	37	36	36	37	39	40～42
升温速度	1 ℃/1 h	1 ℃/2 h	1 ℃/2 h	1 ℃/3 h	1 ℃/3 h	1 ℃/2 h	1 ℃/1 h
稳温时间/h	24～48	24～36	24～30	15～20	12～18	12～16	20～30
风机操作	间歇性低速运转	低速运转	低速转高速运转	高速运转	高速转低速运转	低速运转	低速运转
烟叶变化	叶色由以绿为主变为七成黄	高温层叶片 2/3 变黄，1/2 支脉变黄发软	黄片青筋，主脉发软，烟叶收身塌架，中棚叶尖 2～3 cm 干燥	主脉开始变黄，叶尖、叶缘干燥	叶片进一步干燥，呈小卷筒，支脉全黄，主脉呈淡绿色	全炕叶片基本全干，充分收缩卷曲，主脉 1/3 左右变干	全炕烟叶主脉、茎秆干燥
注意事项	以叶片呼吸放热为主，风机间歇性运转供热排湿，使烤房温度维持在 30～34 ℃	叶片适当失水，避免硬变黄	避免变黄不够而烤青，以及失水不足导致的硬变黄	避免失水干燥过快而出现浮青或蒸片	慢升温定色，防止温度猛升猛降造成挂灰，防止湿度过高形成蒸片	防挂灰及干物质消耗过度	防掉温、早停火造成洇筋，防高温、高湿造成烤红
失水程度	低于 5%	20%	40%	50%	60%	70%～80%	91%

附表 A-2 上部烟叶中温中湿慢定色烘烤工艺

阶段	变黄阶段				定色阶段			干筋阶段	
	初变黄	变黄	变黄凋萎		变筋		干片	干筋	
	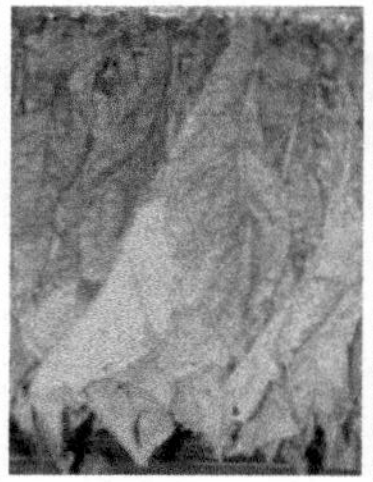	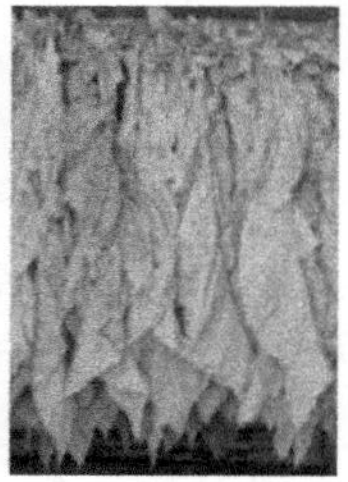							
干球温度/℃	38	40	42	44	46	48	54	60	65～68
湿球温度/℃	36～37	37	35.5～36.5	35.5～36.5	36～37	37	28～39	40	40～42
升温速度	1 ℃/1 h	1 ℃/2 h	1 ℃/2 h	1 ℃/3 h	1 ℃/3 h	1 ℃/3 h	1 ℃/2 h	1 ℃/1 h	1 ℃/1 h
稳温时间/h	15～20	18～24	15～20	10～12	12～16	10～12	12～16	8～10	10～20
风机操作	低速运转	高速运转	高速运转	高速运转	高速运转	高速运转	高速转低速运转	低速运转	低速运转
烟叶变化	高温层烟叶变黄 5～6 成，叶尖、叶缘变黄，叶尖凋萎，叶片发软	高温层烟叶变黄 7～8 成，主脉发软，叶尖处 1/3 支脉变黄，叶片发软	高温层烟叶变黄 9～10 成，黄片青筋，主脉发软，叶尖干燥 2～3 cm	低温层烟叶变黄 9～10 成，黄片青筋，主脉发软，叶尖干燥 2～3 cm	高温层烟叶黄片黄筋，呈小卷筒，叶尖、叶缘干燥	低温层烟叶黄片黄筋，呈小卷筒，叶尖、叶缘干燥	全炕叶片基本全干，充分收缩卷曲，主脉 1/3 左右变干	高温层烟叶主脉干燥 2/3 以上	全炕烟叶主脉干燥
注意事项	不能急升温或升温太高，防烤青	避免变黄过度，失水不够	避免变黄不够而烤青，以及失水不足而硬变黄，造成定色困难		使烟叶支脉充分变黄，主脉褪绿，避免变黄不够，造成支脉含青		防止温度猛升猛降造成挂灰，防止湿度过高而蒸片	防大幅掉温、及早停火造成洇筋，防高温、高湿而烤红	

附表 A-3　中下部烟叶密集烘烤工艺

阶段	变黄阶段				定色阶段			干筋阶段	
	初变黄	变黄	变黄凋萎		变筋		干片	干筋	
干球温度/℃	38	40	42	44	46	48	52～54	60	65～67
湿球温度/℃	35～36	36～37	36.5～37.5	36.5～37.5	37～38	37～38	38～39	39～40	41～42
升温速度	1 ℃/1 h	1 ℃/2 h	1 ℃/2 h	1 ℃/2～3 h	1 ℃/2～3 h	1 ℃/2～3 h	1 ℃/1～2 h	1 ℃/1 h	1 ℃/1 h
稳温时间/h	12～15	18～24	12～18	8～12	10～16	8～12	8～12	5～10	12～24
风机挡位	低速	低速	高速	高速	高速	高速	高速转低速	低速	低速
观察烟叶位置	高温层	高温层	高温层	低温层	高温层	低温层	低温层	高温层	低温层
烟叶变化	叶尖、叶缘变黄，叶尖凋萎	烟叶变黄 7～8 成黄，叶尖处 1/3 支脉变黄，主脉发软	烟叶黄片青筋，主脉发软，烟叶收身塌架，中棚叶尖 2～3 cm 干燥		叶片、支脉全黄，干片 1/3 以上(叶尖、叶缘干燥)		全炕叶片基本全干，充分收缩卷曲，主脉 1/3 左右变干	主脉干燥 2/3 以上	全房主脉干燥
注意事项	不能急升温或升温太高，防烤青(气流上升式底层青尖、气流下降式上层青烟基)	避免变黄过度，失水不够	避免变黄不够而烤青，以及失水不足而硬变黄，造成定色困难		防止温度猛升猛降造成挂灰，防止湿度过高而蒸片		防止掉温造成洇筋洇片，防止湿度过低、干燥过快造成烟叶色淡、致香物质合成不够	防止掉温造成洇筋洇片	防止掉温造成洇筋洇片，防止温度过高，烟叶烤红
操作原则	四看四定：看鲜烟质量定烘烤技术；看烟叶变化定干湿球温度；看干球温度定烧火大小；看湿球温度高低及上下层温差定风量大小，上下层温差接近时调为低速，上下层温差较大时再调为高速。 四严四灵活：烘烤技术应用同鲜烟素质相适应要严，掌握要灵活；干湿球温度与烟叶变化相适应要严，各阶段持续时间长短要灵活；确保干球温度在规定范围内要严，烧火大小要灵活；湿球温度适宜且稳定要严，风量控制要灵活。水分含量大、干物质少的烟叶，变黄温度宜高，干湿差宜大，变黄程度低一点，快升温、快定色；水分含量小、干物质多的烟叶，变黄温度宜低，干湿差宜小，变黄程度高一点，慢升温、慢定色								

参考文献

[1]宫长荣.烤烟三段式烘烤及其配套技术[M].北京:科学技术文献出版社,1996.

[2]宫长荣.烟草调制学[M].北京:中国农业出版社,2003.

[3]于建军,宫长荣.烟草原料初加工[M].北京:中国农业出版社,2009.

[4]云南省烟草农业科学研究院.烤烟密集型自动化烤房及烘烤工艺技术[M].北京:科学出版社,2012.

[5]王汉文.烤烟密集烘烤及其配套技术[M].合肥:中国科学技术大学出版社,2006.

[6]王瑞新.烟草化学[M].北京:中国农业出版社,2003.

[7]宫长荣,潘建斌,宋朝鹏.我国烟叶烘烤设备的演变与研究进展[J].烟草科技,2005(11):34-36.

[8]罗贞宝,李德仑,黄宁,等.新型内置一体式生物质密集烤房烘烤效果研究[J].中国烟草科学,2021,42(5):75-80.

[9]宋朝鹏,陈江华,许自成,等.我国烤房的建设现状与发展方向[J].中国烟草学报,2009,15(3):83-86.

[10]孙光伟,陈振国,孙敬国.密集烤房能源利用现状及发展方向[J].安徽农业科学,2013(20):8691-8693.

[11]陈永安,徐增汉,罗红香,等.我国利用太阳能辅助烘烤烟叶研究现状[J].中国农业科技导报,2012(06):122-127.

[12]沈燕金,许龙,冯坤,等.太阳能辅助热源烟叶的烘烤特性及含水率变化模型[J].太阳能学报,2017,38(10):2737-2742.

[13]宫长荣,潘建斌.热泵型烟叶自控烘烤设备的研究[J].农业工程学报,2003(1):155-158.

[14]王建安,段卫东,申洪涛,等.醇基燃料密集烘烤加热设备及其烘烤效果研究[J].中国农业科技导报,2017,19(9):70-76.

[15]潘建斌,王卫峰,宋朝鹏,等.热泵型烟叶自控密集烤房的应用研究[J].西北农林科技大学学报(自然科学版),2006,34(1):25-29.

[16]张雨薇,易镇邪,周清明.不同密集烤房对烤烟烘烤能耗成本与上部叶品质的影响[J].甘肃农业大学学报,2019,54(5):112-120.

[17]朱尊权.烟叶分级和烟草生产技术的改革(一)——在1990年2月13日中国烟草总公司于广州召开的烟叶分级研讨会上的讲话[J].烟草科技,1990(3):2-7.

[18]陈逸鹏.烤烟烟叶成熟度的外观特征研究Ⅰ.烟叶成熟与叶龄的关系[J].福建农业科技,1997(5):13-14.

[19]贾其光.烟叶生长发育过程中主要化学成分含量与成熟度关系的研究[J].烟草科技,1988(6):40-43.

[20]高步青.怎样掌握烟叶的田间成熟度[J].山西农业,1999(6):43.

[21]崔国民.烟叶的成熟度标准[J].云南农业,2006(9):16-17.

[22]王小东,汪孝国,许自成,等.对烟叶成熟度的再认识[J].安徽农业科学,2007,35(9):2644-2645.

[23]李佛琳,赵春江,刘良云,等.烤烟鲜烟叶成熟度的量化[J].烟草科技,2007(1):55-57.

[24]周冀衡,朱小平,王彦亭,等.烟草生理与生物化学[M].合肥:中国科学技术大学出版社,1996.

[25]陈颐,郑竹山,王建兵,等.不同成熟度烤烟烘烤过程中游离氨基酸及转氨酶活性变化[J].中国烟草科学,2019,40(3):75-83.

[26]周康,李青山,张富军等.采收成熟度对烤烟上部叶不同分切区段质量的影响[J].中国烟草科学,2021,42(2):62-70.

[27]路晓崇,杨超,王松峰,等.基于图像分析技术的烤烟上部叶采收成熟度判别[J].烟草科技,2021,54(5):31-37.

[28]陈振国,李建平,孙光伟,等.烤烟上部6片叶不同采收方式对产量及品质的影响[J].西南农业学报,2013(6):2522-2526.

[29]刘素参,欧明毅,马坤,等.烟叶成熟度与品质关系及其影响因素研究进展[J].江西农业学报,2016,28(12):75-79.

[30]徐兴阳,廖孔凤,代瑾然,等.不同鲜烟叶成熟度的组织结构和生理生化研究[J].云南大学学报(自然科学版),2017,39(2):313-323.

[31]卢贤仁,谢已书,李国彬,等.密集型烤房不同装烟方式对烤后烟叶品质的影响[J].贵州农业科学,2011(9):47-50.

[32]彭琳,朱列书,李跃平,等.编烟夹在密集烤房中的应用研究[J].作物研究,2015,29(A2):859-860.

[33]徐秀红,王林立,王传义,等.密集烤房不同装烟方式对烟叶质量及效益的影响[J].中国烟草科学,2010(6):72-74.

[34]梁荣,何振峰,文俊,等.密集烤房不同装烟方式烘烤效果研究[J].广东农业科学,2014(3):33-35,40.

[35]刘闯,陈振国,李进平,等.不同装烟方式对烟叶挥发性性致香物质含量的影响[J].云南农业大学学报,2011,26(1):70-74.

[36]王先伟,王喜功,王暖春,等.烤烟箱式堆积烘烤工艺的探究[J].中国农学通报,2012(27):308-312.

[37]孙光伟,陈振国,王玉军,等.烤烟上部叶采收时SPAD值与鲜烟组织结构、生理

指标及烤后烟叶内在质量的关系[J]. 中国烟草学报,2019,25(5):66-69.
[38]孙光伟,孙敬国,王康,等. 烤烟烤前晾制时间对烤后烟叶香气吸味和 TSNAs 含量的影响[J]. 烟草科技,2016,49(8):28-34.
[39]刘腾江,张荣春,杨乘,等. 不同变黄期时间对上部烟叶可用性的影响[J]. 西南农业学报,2015,28(1):73-78.
[40]刘要旭,卢晓华,蔡宪杰,等. 烘烤湿球温度对皖南烟叶焦甜香风格的影响[J]. 中国烟草科学,2018,39(2):89-95.
[41]江厚龙,刘国顺,周辉,等. 变黄时间和定色时间对烤烟烟叶化学成分的影响[J]. 烟草科技,2012(12):33-38.
[42]马力,樊军辉,黄克久,等. 密集烘烤关键温度点不同稳温时间对烟叶香气物质和评吸质量的影响[J]. 江苏农业科学,2011,39(4):326-329.
[43]陈颐,张笑,杨志怀,等. 烟叶烘烤过程中蛋白质的降解及相关酶活性的变化[J]. 中国烟草学报,2019,25(5):70-76.
[44]李志刚,冯先情,杨晓亮,等. 密集烘烤中变黄和定色末期稳温时间对烤烟中部叶质量的影响[J]. 湖北农业科学,2019,58(5):76-79,84.
[45]张保占,孟智勇,马浩波,等. 密集烘烤定色阶段不同湿球温度对烤后烟叶品质的影响[J]. 河南农业科学,2012(1):56-61.
[46]魏硕,谭方利,马明,等. 上部叶带茎烘烤水分迁移及形态结构变化[J]. 河南农业大学学报,2018,52(2):187-192,231.
[47]孙光伟,陈振国,张鹏龙,等. 湿球控制烘烤对烤烟香吃味和 TSNAs 含量的影响[J]. 华北农学报. 2016(A1):201-205.
[48]朱尊权. 提高上部烟叶可用性是促"卷烟上水平"的重要措施[J]. 烟草科技,2010(6):5-9,31.
[49]张海,昝建朋,张权,等. 变黄期湿度和风机转速对上部烟叶烘烤质量的影响[J]. 安徽农业科学,2021,49(6):178-180.
[50]王涛,毛岚,范宁波,等. 密集烘烤变黄期和定色期关键温度点延长时间对上部烟叶质量的影响[J]. 天津农业科学,2021,27(2):6-10.